直升机导弹飞行力学

王天玉　曾　宇　刘晓芹　编著

西北工業大學出版社
西安

图书在版编目(CIP)数据

直升机导弹飞行力学/王天玉,曾宇,刘晓芹编著
.—西安:西北工业大学出版社,2021.10
ISBN 978-7-5612-8007-2

Ⅰ.①直… Ⅱ.①王… ②曾… ③刘… Ⅲ.①直升机
-机载导弹-导弹飞行力学 Ⅳ.①TJ762.201.2

中国版本图书馆CIP数据核字(2021)第214717号

ZHISHENGJI DAODAN FEIXING LIXUE

直升机导弹飞行力学

王天玉 曾宇 刘晓芹 编著

责任编辑:朱辰浩 **策划编辑**:黄 佩
责任校对:孙 倩 **装帧设计**:李 飞
出版发行:西北工业大学出版社
通信地址:西安市友谊西路127号 邮编:710072
电　　话:(029)88491757,88493844
网　　址:www.nwpup.com
印 刷 者:陕西奇彩印务有限责任公司
开　　本:787 mm×1 092 mm 1/16
印　　张:16.125
字　　数:423千字
版　　次:2021年10月第1版 2021年10月第1次印刷
书　　号:ISBN 978-7-5612-8007-2
定　　价:82.00元

如有印装问题请与出版社联系调换

《直升机导弹飞行力学》

编写委员会

王天玉　曾　宇　刘晓芹　郭亚泽
吴晓中　陈　伟　王宏宇　张秀华
王伟龙　毕　嘉　李志宇

前　言

本书主要研究了大气中战术导弹的空间运动规律，介绍了直升机机载导弹运动的基本理论、弹道研究和仿真方法。

本书共分为三个部分。第一部分即第 1 章，主要分析了作用在导弹上的力和力矩以及导弹常用的坐标系。第二部分即第 2 章到第 9 章，重点研究了直升机导弹飞行力学中弹道学问题，其中：第 2 章到第 4 章重点研究了导弹运动方程组、低速自旋导弹的运动方程组和旋翼下洗流场对导弹气动特性的影响及直升机机载导弹运动方程组。第 5 章简要介绍了导弹运动方程组的简化与求解。第 6 章主要介绍了导弹机动性和过载。第 7 章到第 9 章主要介绍了方案飞行与弹道、导引弹道的运动学分析和带落角约束的导引方法。第三部分即第 10 章，简要分析了导弹的动态特性。

本书可以作为高等院校相关专业的通用教材或参考资料。

本书由王天玉、曾宇、刘晓芹、郭亚泽、吴晓中、陈伟、王宏宇、张秀华、王伟龙、毕嘉、李志宇等 11 名同志编写。其中第 1、2、5 章由王天玉编写，第 9 章由曾宇编写，第 7 章由刘晓芹编写，第 8 章由郭亚泽、毕嘉编写，第 4 章由吴晓中编写，第 6 章由刘晓芹、李志宇编写，第 3 章由陈伟、王宏宇编写，第 10 章由曾宇、张秀华、王伟龙编写。王天玉主要负责本书的论证、内容的规划和统稿工作，王天玉、曾宇、刘晓芹、郭亚泽、王宏宇参与了资料的收集整理、绘图和校对工作。

在编写本书的过程中曾参考了部分相关经典教材内容，在此，对其作者深表感谢。

由于水平有限，书中难免存在一些缺点，诚恳希望读者给予信息反馈和批评指正。

编著者

2021 年 6 月

目　　录

第 1 章　作用在导弹上的力和力矩 …… 1

1.1　导弹的气动外形及主要几何参数 …… 1

1.2　作用在导弹上的力及导弹常用的坐标系 …… 4

1.3　作用在导弹上的力矩 …… 14

第 2 章　导弹运动方程组 …… 28

2.1　常用坐标系之间的转换 …… 29

2.2　导弹运动方程组 …… 35

第 3 章　低速自旋导弹的运动方程组 …… 47

3.1　滚转导弹常用的坐标系和坐标系间的转换 …… 47

3.2　自旋导弹的操纵力和操纵力矩 …… 51

3.3　低速自旋导弹运动方程组 …… 53

第 4 章　旋翼下洗流场对导弹气动特性的影响及直升机机载导弹运动方程组 …… 58

4.1　直升机机载导弹常用的坐标系及其变换 …… 58

4.2　旋翼下洗流场对导弹气动特性的影响 …… 61

4.3　直升机机载导弹运动方程组 …… 65

4.4　导弹相对于瞄准线偏差角的数学模型 …… 67

第 5 章　导弹运动方程组的简化与求解 …… 69

5.1　导弹的纵向运动和侧向运动 …… 69

5.2　导弹质心的运动 …… 71

5.3　导弹运动方程组的数值解法 …… 74

第 6 章　导弹机动性和过载 …… 82

6.1　机动性与过载 …… 82

6.2　过载的投影 …… 83

6.3　运动与过载 …… 85

6.4　弹道曲率半径与法向过载的关系 …… 87

6.5　常用的重要过载 …… 88

第7章　方案飞行与弹道 …… 90

7.1　铅垂平面内的方案飞行 …… 90

7.2　水平面内的方案飞行 …… 95

第8章　导引弹道的运动学分析 …… 97

8.1　导弹与目标的相对运动方程 …… 98

8.2　追踪导引法 …… 102

8.3　平行接近法 …… 110

8.4　比例导引法 …… 114

8.5　三点法 …… 126

8.6　前置量导引法 …… 140

8.7　选择导引方法的基本要求 …… 147

8.8　导引运动方程组 …… 148

8.9　比例导引弹道仿真 …… 154

第9章　带落角约束的导引方法 …… 159

9.1　带落角约束的偏置比例导引法 …… 159

9.2　带落角约束的方案弹道设计 …… 163

9.3　带落角约束的导引弹道仿真 …… 167

第10章　导弹的动态特性 …… 188

10.1　导弹的扰动运动及研究方法 …… 188

10.2　导弹运动方程组的线性化 …… 191

10.3　导弹弹体纵向扰动运动 …… 193

10.4　导弹的稳定性和操纵性 …… 206

10.5　导弹弹体的纵向动态特性分析 …… 210

10.6　导弹侧向运动动态分析 …… 231

参考文献 …… 249

第1章　作用在导弹上的力和力矩

1.1　导弹的气动外形及主要几何参数

1.1.1　导弹的气动外形

在其他条件相同的情况下，作用在导弹上的空气动力和空气动力矩取决于导弹的气动外形。导弹气动外形可以划分为无翼式和有翼式两大类。

(1)无翼式导弹有些不带弹翼，如图1-1(e)所示，也有一些带有小固定尾翼，这些导弹都可称为无翼式导弹。采用无翼式气动外形的导弹通常从地面发射打击远程地面目标，多用于战略用途。它的飞行轨迹与炮弹的弹道相类似，因此又称为弹道式导弹，其大部分弹道处在稠密大气层外。

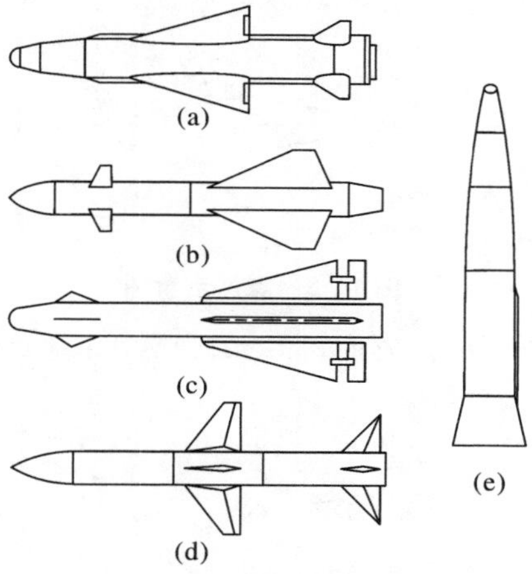

图1-1　导弹的不同外形

(2)有翼式导弹通常作为战术武器使用。它攻击的目标有活动的，也有固定的。它按攻击的目标区域可分为“地对空”“舰对空”“空对地”“空对舰”导弹，前两者可统称为“面对空”导弹，后两者可统称为“空对面”导弹，类似地还有“地对地”“空对空”“潜对空”“潜对舰”导弹等。这些导弹通常采用有翼式导弹气动外形设计。有翼式导弹绝大多数都在大气层内飞行。其显著特点是，导弹上有弹翼和舵面。根据弹翼和舵面的布局，其又可以分为以下几种：①正常式——舵面在弹翼的后面[见图1-1(a)]；②鸭式——舵面在弹翼前面[见图1-1(b)]；③无尾式——弹翼和操纵面连在一起[见图1-1(c)]；④旋转弹翼式——把整个弹翼当作舵面来转动[见图 1-1(d)]。有的导弹除了弹翼、舵面以外,还装有固定的前小翼(又称反安定面),以调节压力中心的位置。

此外,还可把导弹气动外形分成气动轴对称型和面对称型两种,后者的外形与飞机相类似,如图 1-2 所示,称为飞航式导弹或飞机型导弹。对于气动轴对称型导弹,前翼(舵面或弹翼)和后翼(舵面或弹翼)相对于弹体的安置(按前视图看)又有若干不同的组合,常见的有"×-×"型、"+-+"型、"×-+"型及"+-×"型等。

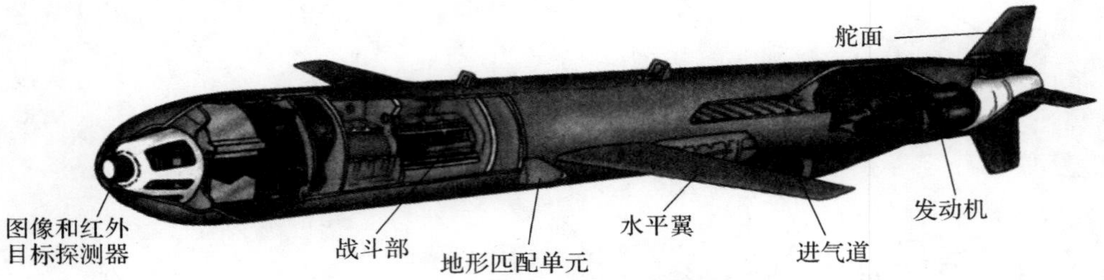

图 1-2　某型飞航式导弹气动外形和结构

1.1.2　弹翼的主要几何参数

有翼式导弹全弹的升力绝大部分是由弹翼提供的。因此,弹翼的翼型和主要几何参数对导弹的气动力特性影响很大。

有翼式导弹常见的弹翼翼型通常是指平行于弹体纵向对称平面的翼剖面形状,有时也指与弹翼前缘相垂直的翼剖面,常见的有亚声速翼型、菱形、六角形、双弧形和双楔形等,如图 1-3所示。

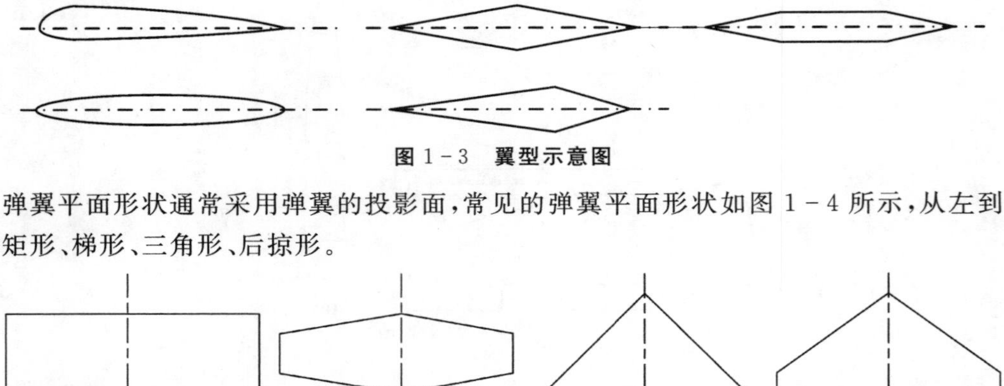

图 1-3　翼型示意图

弹翼平面形状通常采用弹翼的投影面,常见的弹翼平面形状如图 1-4 所示,从左到右依次为矩形、梯形、三角形、后掠形。

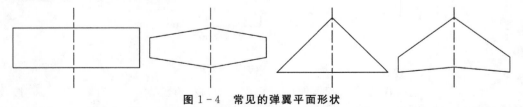

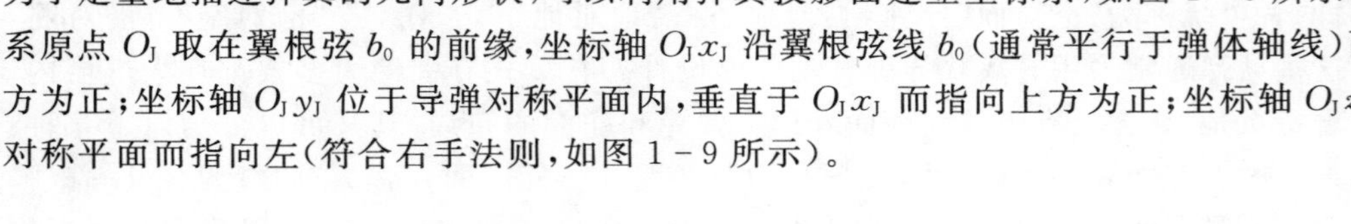

图 1-4　常见的弹翼平面形状

为了定量地描述弹翼的几何形状,可以利用弹翼投影面建立坐标系,如图 1-5 所示。其坐标系原点 O_J 取在翼根弦 b_0 的前缘,坐标轴 O_Jx_J 沿翼根弦线 b_0(通常平行于弹体轴线)而指向后方为正;坐标轴 O_Jy_J 位于导弹对称平面内,垂直于 O_Jx_J 而指向上方为正;坐标轴 O_Jz_J 垂直于对称平面而指向左(符合右手法则,如图 1-9 所示)。

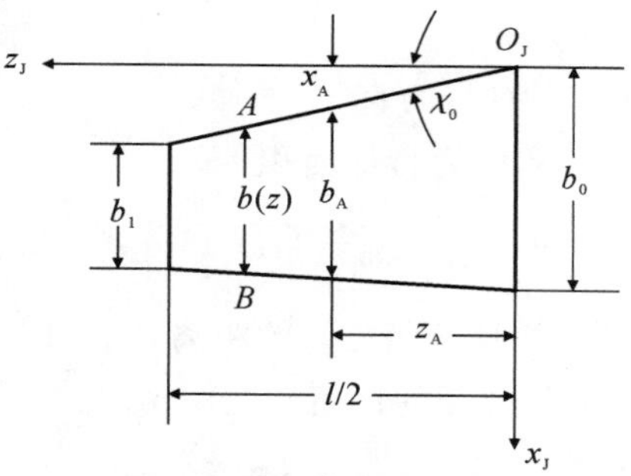

图1-5　弹翼投影坐标系及弹翼平面的几何参数

弹翼的主要几何参数有以下几项：

(1)翼弦b：平行于导弹对称面的翼剖面的弦长称为翼弦，即翼型前缘A到后缘B的距离，沿z_J轴各剖面的翼弦是不同的，因此b是坐标z_J的函数。

(2)翼展l：左、右翼端之间垂直于弹体纵向对称面的距离。

(3)翼面积S：弹翼平面的投影面积，常作为特征面积。

(4)平均几何弦长b_{Ag}：翼面积S与翼展l的比值，即

$$b_{Ag}=\frac{S}{l} \tag{1-1}$$

(5)平均气动力弦长b_A：与实际弹翼面积相等且力矩特性相等的当量矩形翼的弦长，常作为特征长度。

(6)展弦比λ：翼展l与平均几何弦长b_{Ag}的比值，即

$$\lambda=\frac{l}{b_{Ag}}=\frac{l^2}{S} \tag{1-2}$$

(7)根梢比η：翼根弦长与翼端弦长之比，又称为梯形比、斜削比。

(8)后掠角χ：翼弦线与纵轴垂线间的夹角，超声速弹翼常用前缘后掠角χ_0、后缘后掠角χ_1和中线后掠角$\chi_{0.5}$(即翼弦中点连线与纵轴垂线之间的夹角)的概念。

(9)最大厚度(翼剖面最大厚度处的厚度)c：不同剖面处的最大厚度是不相同的，通常取平均几何弦长处剖面的最大厚度。

(10)相对厚度$\bar{c}$：翼剖面最大厚度c与弦长b的比值，即

$$\bar{c}=\frac{c}{b}\times 100\% \tag{1-3}$$

1.1.3　弹身的主要几何参数

导弹弹身通常是轴对称的，可分为头部、中段和尾部三部分。头部常见的形状有锥形(母线为直线)、抛物线形和圆弧形(见图1-6)。尾部常见的母线形状有直线和抛物线两种(见图1-7)。

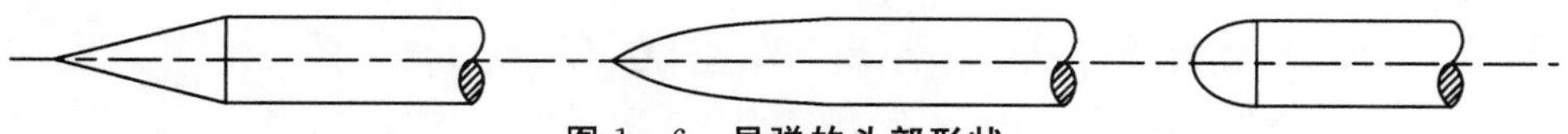

图1-6　导弹的头部形状

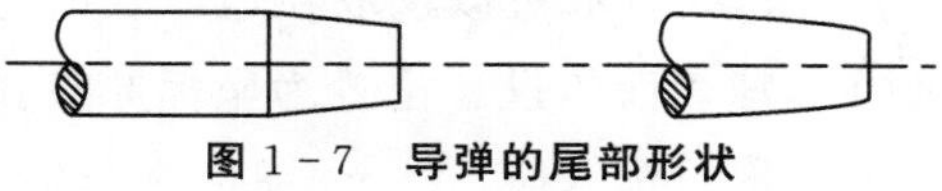

图1-7　导弹的尾部形状

弹身的主要几何参数有以下几项：

(1)弹径 D：弹身最大横截面所对应的直径。

(2)弹身最大横截面面积 S_B，常作为特征面积，即

$$S_B=\frac{\pi}{4}D^2 \tag{1-4}$$

(3)弹长 L_B：导弹头部顶点至弹身底面之间的距离，也常作为特征长度。

(4)弹身长细比 λ_B：弹身长度与弹径的比值，又称长径比，即

$$\lambda_B=\frac{L_B}{D} \tag{1-5}$$

从整体来看，尾翼或舵面就好似缩小了的弹翼，它的翼剖面形状和翼平面形状与弹翼相似。

1.2 作用在导弹上的力及导弹常用的坐标系

1.2.1 作用在导弹上的力及导弹常用坐标系的建立原则

一般来讲，作用在导弹上的力主要由重力、推力和空气动力等组成。由于导弹受到的力为三维空间的矢量，所以若要把这几个力建立在同一个坐标系上，比如以飞航式导弹为例，若要把空气动力建立在地面坐标系上，空气动力在该坐标系上的数学表达式就比较复杂，不方便空气动力的力学分析和导弹受力数学公式的表达。但是，如果把重力建立在地面坐标系上，研究就会比较方便。因此，根据不同的力的特点将它们建立在合适的坐标系上，有利于分析导弹受力以及建立导弹运动和受力之间关系的数学模型。

根据导弹受力研究和弹道研究的需要，导弹常用的坐标系有地面坐标系、弹体坐标系、速度坐标系和弹道坐标系。当然，还可以根据研究需要自行建立其他所需的坐标系。例如，在研究不同发射载体上的导弹受力和运动之间的关系或在研究直升机机载导弹时，需要建立直升机机体坐标系、相对气流坐标系等，以便对旋翼气流给导弹产生的影响进行分析。所有建立的坐标系都是为了建立数学模型和能在工程上得以实现服务的，因此其建立的基本原则是表达简单、分析便利和工程可行。如前面描述的地面坐标系有利于建立重力 $\boldsymbol{G}$ 的最简数学表达式，弹体坐标系则有利于建立导弹发动机推力 $\boldsymbol{P}$ 的数学表达式，速度坐标系则对于建立空气动力 $\boldsymbol{R}$ 的数学表达式更方便。而在研究有关弹道问题时，弹道坐标系更有利于对弹道问题进行分析。

1.2.2 地面坐标系 $O_Dx_Dy_Dz_D$ 及重力 $\boldsymbol{G}$

地面坐标系 $O_Dx_Dy_Dz_D$ 的坐标原点 O_D 可以选取在地球表面上的任一点。在计算导弹的弹道时，通常取导弹的发射点在地球表面的投影位置为坐标原点。O_Dx_D 轴与地球表面相切，其指向可以是任意方向，但通常选取目标方向。O_Dy_D 轴与地平面垂直，向上为正。O_Dz_D 轴垂

直于 $O_D x_D y_D$ 平面，方向按右手坐标系确定(见图 1－8 和图 1－9)。这一坐标系与地球表面固连，相对地球是静止的，它随着地球自转而旋转，在研究射程较近的战术导弹时可近似地看作惯性坐标系。

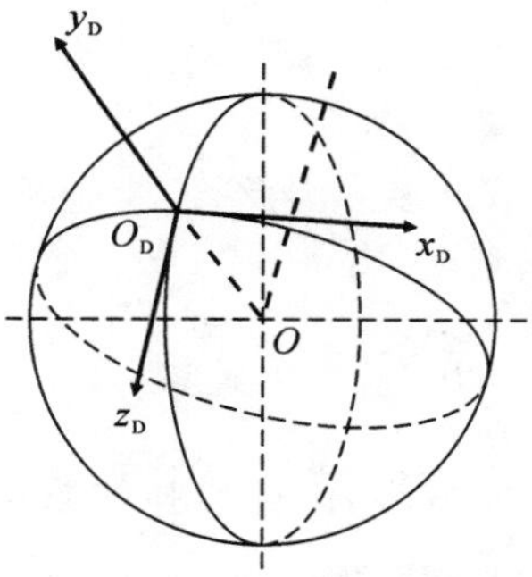

图 1－8　地面坐标系

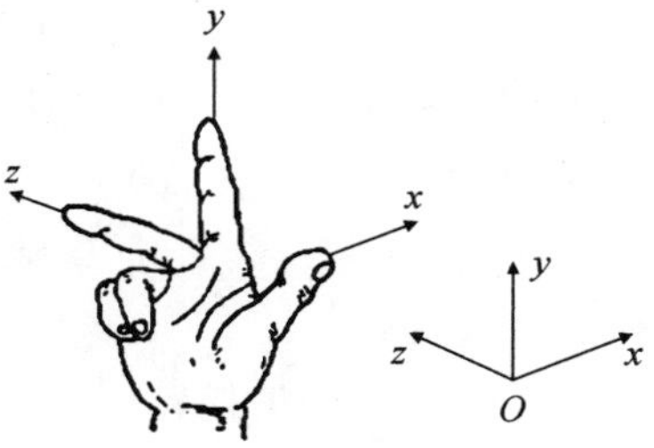

图 1－9　右手坐标系

地面坐标系 $O_D x_D y_D z_D$ 与下面即将定义的其他坐标系一起，可以用来确定导弹质心相对于地面坐标系的位置、导弹速度矢量的方向和导弹在空间的姿态。

通常情况下，作用在导弹上的重力建立在地面坐标系上研究起来比较方便直观。在不考虑地球自转对导弹影响的情况下，矢量 $\boldsymbol{G}$ 在地面坐标系的一般表示形式如下：

$$\boldsymbol{G}_D = \begin{bmatrix} 0 \\ -G \\ 0 \end{bmatrix} \tag{1-6}$$

实际上，重力 $\boldsymbol{G}$ 是根据万有引力定律，即所有物体之间都存在着相互作用力的原理而得到的。导弹在空间飞行就要受到地球、太阳、月球等的引力。对于战术导弹而言，由于它是在贴近地球表面的大气层内飞行的，其他物体对它的影响很小，所以只考虑地球对导弹的引力。如图 1－10 所示，在考虑地球自转的情况下，导弹除了受地心的引力($\boldsymbol{G}_1$)外，还要受到因地球自转所产生的离心惯性力 $\boldsymbol{F}_e$，因此，作用在导弹上的重力就是地心引力和离心惯性力的矢量和，即

$$\boldsymbol{G} = \boldsymbol{G}_1 + \boldsymbol{F}_e \tag{1-7}$$

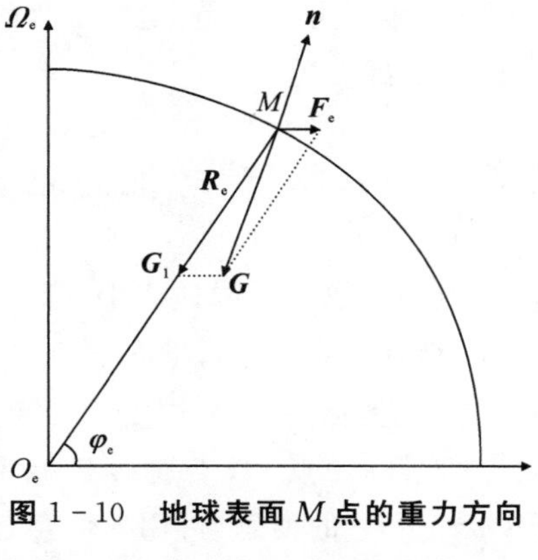

图 1－10　地球表面 M 点的重力方向

根据万有引力定律，地心引力 $\boldsymbol{G}_1$ 的大小与地心至导弹的距离二次方成反比，方向总是指向地心。

由于地球自转，所以导弹在各处受到的离心惯性力也不相同。事实上，地球并不是严格的球形，其质量分布也不均匀。为了研究方便，通常把地球看作均质的椭球体。设导弹在椭球形地球表面上的质量为 m，地心至导弹的矢径为 $\boldsymbol{R}_e$，导弹所处地理纬度为 φ_e，地球绕极轴的旋转角速度为 $\boldsymbol{\Omega}_e$，则导弹所受到的离心惯性力 $\boldsymbol{F}_e$ 的大小为

$$F_e = mR_e\Omega_e^2\cos\varphi_e \tag{1-8}$$

计算表明：离心惯性力 $\boldsymbol{F}_e$ 比地心引力 $\boldsymbol{G}_1$ 的大小要小得多。因此，通常把地心引力 $\boldsymbol{G}_1$ 就视为重力 $\boldsymbol{G}$，其大小为

$$G \approx G_1 = mg \tag{1-9}$$

式中：m——导弹的瞬时质量。

发动机在工作过程中，不断消耗燃料，导弹的质量不断减小，因此导弹的质量 m 是时间的函数，表达式如下：

$$\frac{\mathrm{d}m}{\mathrm{d}t} = -m_c \text{ 或 } m(t) = m_0 - \int_0^t m_c \mathrm{d}t \tag{1-10}$$

式中：m_0——导弹的起始瞬时质量；

m_c——质量秒消耗量，也称为质量秒流量，该参数可由导弹发动机试验给出（严格来说，m_c 不是常量，在发动机从一个工作状态过渡到另一个工作状态时，如启动、加速或减小推力，或者导弹上安装有多个或者多级火箭发动机，m_c 的变化是很显著的）；

g ——重力加速度，当略去地球形状的椭球性及自转影响时，重力加速度可表示为

$$g = g_0 \frac{R_e^2}{(R_e + H)^2} \tag{1-11}$$

式中：g_0 ——地球表面的重力加速度，工程上一般取 $g_0 = 9.806\ \mathrm{m/s^2} \approx 9.81\ \mathrm{m/s^2}$；

R_e ——地球平均半径，$R_e = 6\ 371\ \mathrm{km}$；

H ——导弹的飞行高度。

由式(1-11)可知，重力加速度 g 是高度 H 的函数。当 $H = 50\ \mathrm{km}$ 时，按式(1-11)计算，$g = 9.66\ \mathrm{m/s^2}$，与地球表面的重力加速度 g_0 相比，只减小 1.5%左右。因此，对于近程战术导弹来说，在整个飞行过程中，重力加速度 g 可认为是常量，工程计算中，取 $g = 9.81\ \mathrm{m/s^2}$，且可视航程内的地表面为平面，重力场是平行力场。

1.2.3 弹体坐标系 $O_t x_t y_t z_t$ 及发动机的推力 $\boldsymbol{P}$

弹体坐标系 $O_t x_t y_t z_t$ 的坐标原点 O_t 取在导弹质心上；$O_t x_t$ 轴与弹体纵轴重合，指向头部为正；$O_t y_t$ 轴在弹体纵向对称面内，垂直于 $O_t x_t$ 轴，指向上为正；$O_t z_t$ 轴垂直于平面 $O_t x_t y_t$，方向按右手坐标系确定（见图 1-11）。此坐标系与弹体固连，是动坐标系。

将地面坐标系平移，使地面坐标系的原点 O_D 与弹体坐标系的原点 O_t 重合。弹体（即坐标系 $O_t x_t y_t z_t$）相对地面坐标系 $O_D x_D y_D z_D$ 的姿态，可用 3 个姿态角来确定，它们分别为俯仰角 ϑ、偏航角 Ψ 和滚转角 γ，如图 1-11 所示，现定义如下：

(1)俯仰角 ϑ：导弹的纵轴 Ox_t 和水平平面 $O_D x_D z_D$ 之间的夹角。导弹纵轴在水平平面之

上，形成的夹角为正，反之为负。

(2)偏航角 Ψ：导弹的纵轴 Ox_t 在水平平面 $O_Dx_Dz_D$ 上的投影与地面坐标系 O_Dx_D 轴之间的夹角。由 O_Dx_D 轴逆时针方向转到导弹纵轴的投影线时为正，反之为负。

(3)滚转角 γ：导弹 Oy_t 轴与包含导弹纵轴 Ox_t 的铅垂平面之间的夹角。站在弹体尾部顺 Ox_t 轴前视，Oy_t 轴位于铅垂平面的右侧为正，反之为负。

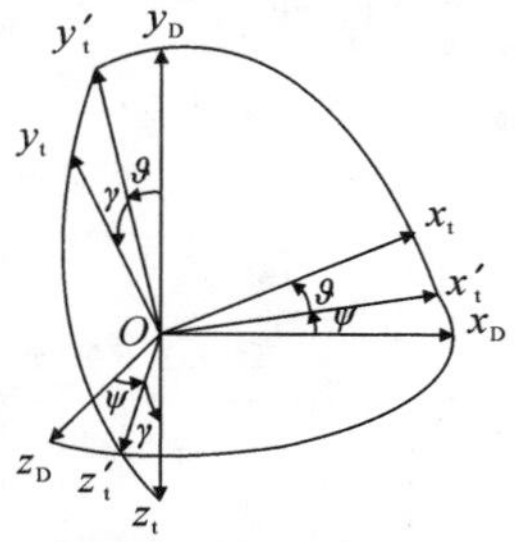

图 1-11　地面和弹体坐标系及俯仰角、偏航角、滚转角

俯仰角 ϑ、偏航角 Ψ 和滚转角 γ 以及它们的角速度可以用陀螺来测量。陀螺测量俯仰角 ϑ、偏航角 Ψ 和滚转角 γ 的基本原理如图 1-12 所示。其中角位移传感器输出的电压可以用于测量角度；角位移力矩电机输出的电压可以用于测量角速度，并可根据角速度变化率计算出角加速度。因此，陀螺在导弹的工程实践中得到非常广泛的应用，工程计算上可以认为它们是已知量。

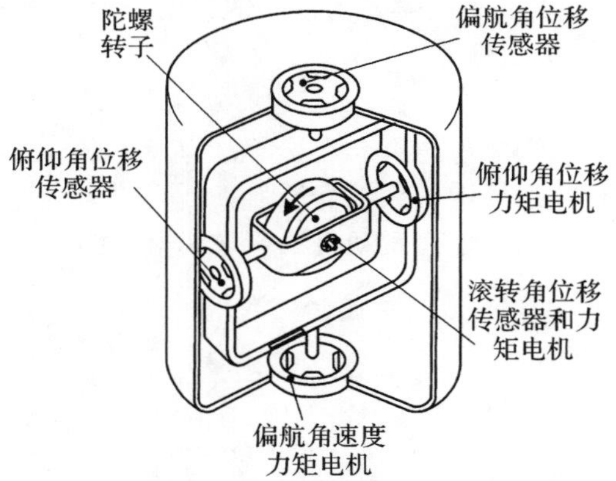

图 1-12　俯仰角 ϑ、偏航角 Ψ 和滚转角 γ 陀螺测角原理

通常情况下，作用在导弹上的推力用符号 $\boldsymbol{P}$ 表示，通常建立在弹体坐标系上比较直观和方便，其方向主要取决于发动机在弹体上的安装，一般和导弹的纵轴 O_tx_t 重合[见图 1-13(a)]，其推力的表达式为

$$\boldsymbol{P}=\begin{bmatrix}P\\0\\0\end{bmatrix} \tag{1-12}$$

导弹发动机推力 $\boldsymbol{P}$ 也可能和导弹纵轴 O_tx_t 平行[见图 1-13(b)]。推力矢量发动机的推力通常还要考虑偏转角度影响[见图 1-13(c)]。

导弹的推力是由发动机内的燃气流以高速喷出而产生的反作用力等组成的。推力是导弹飞行的动力。导弹上采用的发动机有火箭发动机(采用固体或液体燃料)和航空发动机(如冲压发动机、涡轮喷气发动机等)。发动机的类型不同，它的推力特性也就不同。火箭发动机的推力值可以由下式确定：

$$P = m_c v_e + S_a(p_a - p_H) \tag{1-13}$$

式中：m_c——单位时间内燃料的消耗量(又称为质量秒消耗量)；

v_e——燃气在喷管出口处的平均有效喷出速度；

S_a——发动机喷管出口处的横截面积；

p_a——发动机喷管出口处燃气流静压强；

p_H——导弹所处高度的大气静压强。

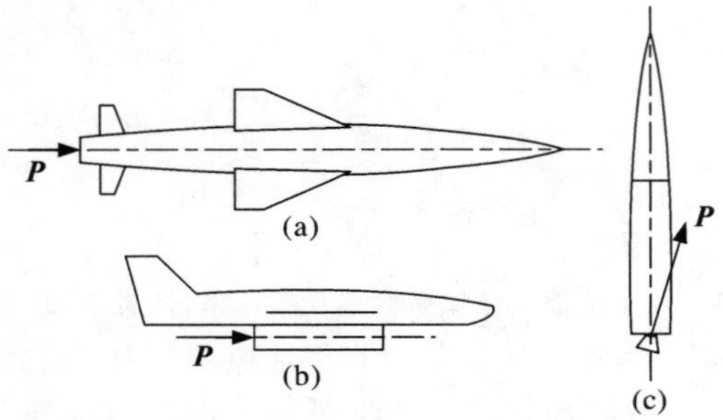

图 1-13　推力 P 的作用方向

由式(1-13)可以看出：火箭发动机推力 $\boldsymbol{P}$ 与导弹的飞行高度有关。它的大小主要取决于发动机的性能参数。式(1-13)中等号右边的第一项是由燃气流高速喷出产生的推力，称为反作用力(或动推力)；第二项是由发动机喷管出口处的燃气流静压强 p_a 与大气静压强 p_H 的压差引起的推力部分，称为静推力。

火箭发动机的地面推力为

$$P_0 = m_c v_e + S_a(p_a - p_0) \tag{1-14}$$

式中：p_0——在地面，发动机喷口周围的大气静压强。

导弹发动机地面推力可以通过地面发动机试验来获得。图 1-14 所示为典型的固体火箭发动机的推力与时间的关系。

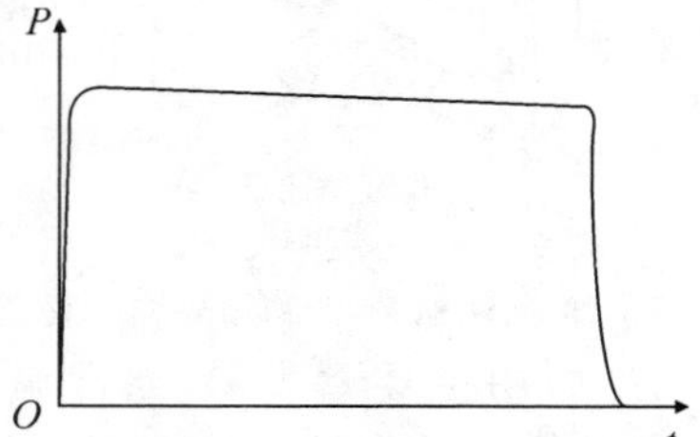

图 1-14　固体火箭发动机推力曲线

随着导弹飞行高度的增加，推力也会略有增加，其值可表示为

$$P = P_0 + S_a(p_0 - p_H) \tag{1-15}$$

航空喷气发动机的推力特性，就不像火箭发动机这样简单。航空喷气发动机推力的大小与导弹的飞行高度、马赫数、飞行速度、攻角 α 等参数有十分密切的关系。

如果发动机推力与导弹纵轴构成任意夹角[见图 1-13(c)]，即推力 $\boldsymbol{P}$ 可能通过导弹质心，也可能不通过导弹质心。

若推力 $\boldsymbol{P}$ 不通过导弹质心，且与导弹纵轴构成某一夹角，则产生推力矩 $\boldsymbol{M}_P$。设推力 $\boldsymbol{P}$ 在弹体坐标系中的投影分量分别为 P_{x_t}、P_{y_t}、P_{z_t}，推力作用线至质心的偏心矢径 $\boldsymbol{R}_P$ 在弹体坐标系中的投影分量分别为 x_{t_P}、y_{t_P}、z_{t_P}。那么，推力 $\boldsymbol{P}$ 产生的推力矩 $\boldsymbol{M}_P$ 可表示为

$$\boldsymbol{M}_P=\boldsymbol{R}_P\times\boldsymbol{P}=\begin{vmatrix} \boldsymbol{i} & \boldsymbol{j} & \boldsymbol{k} \\ x_{t_P} & y_{t_P} & z_{t_P} \\ P_{x_t} & P_{y_t} & P_{z_t} \end{vmatrix} \tag{1-16}$$

于是，推力矩 $\boldsymbol{M}_P$ 在弹体坐标系上的 3 个分量可表示为

$$\begin{bmatrix} M_{Px_t} \\ M_{Py_t} \\ M_{Pz_t} \end{bmatrix}=\begin{bmatrix} P_{z_t}y_{t_P}-P_{y_t}z_{t_P} \\ P_{x_t}z_{t_P}-P_{z_t}x_{t_P} \\ P_{y_t}x_{t_P}-P_{x_t}y_{t_P} \end{bmatrix} \tag{1-17}$$

1.2.4 速度坐标系 $O_sx_sy_sz_s$ 及空气动力 $\boldsymbol{R}$

速度坐标系 $O_sx_sy_sz_s$ 的坐标原点 O_s 取在导弹的质心上，O_sx_s 轴与速度矢量 $\boldsymbol{v}$ 重合；O_sy_s 轴位于弹体纵向对称面内与 O_sx_s 轴垂直，指向上为正；O_sz_s 轴垂直于平面 $O_sx_sy_s$，其方向按右手坐标系确定(见图 1-15)。此坐标系与导弹速度矢量固连，是一个动坐标系。

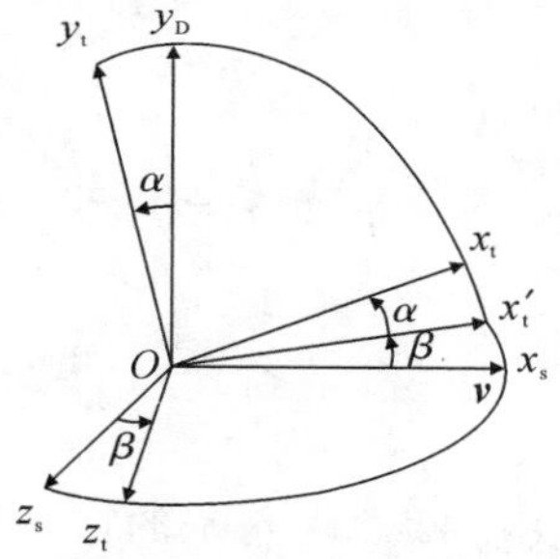

图 1-15 速度和弹体坐标系及攻角、侧滑角

(1)攻角 α：速度矢量 $\boldsymbol{v}$ 在纵向对称面 $O_tx_ty_t$ 上的投影与 O_tx_t 轴的夹角。若 O_tx_t 轴位于投影线的上方，则攻角 α 为正，反之为负。

(2)侧滑角 β：速度矢量 $\boldsymbol{v}$ 与纵向对称面 $O_tx_ty_t$ 之间的夹角。若来流从右侧(沿飞行方向观察)流向弹体，则所对应的侧滑角为正，反之为负。

通常情况下，把作用在导弹上的空气动力建立在速度坐标系上比较直观和方便。把总空气动力 $\boldsymbol{R}$ 沿速度坐标系分解为 3 个分量，分别称为阻力 X、升力 Y 和侧向力(简称侧力)Z。习惯上，把阻力 X 的正向定义为 O_sx_s 轴(即 $\boldsymbol{v}$)的负向，而升力 Y 和侧向力 Z 的正向则分别与 O_sy_s 轴、O_sz_s 轴的正向一致，则有

$$\boldsymbol{R}=\begin{bmatrix} -X \\ Y \\ Z \end{bmatrix} \tag{1-18}$$

式中：$X=c_xqS$，$Y=c_yqS$，$Z=c_zqS$，c_x、c_y、c_z 为无量纲的比例系数，分别称为阻力系数、升力系数和侧向力系数；

q ——作用在导弹上来流的动压，$q=\frac{1}{2}\rho v^2$(ρ 为导弹所处高度的空气密度)；

S ——特征面积，对有翼式导弹来说，常用弹翼的面积作为特征面积，对无翼式导弹来

说，则常用弹身的最大横截面积作为特征面积。

在导弹气动外形及其几何参数、飞行速度和高度给定的情况下，研究导弹在飞行中所受的空气动力，可简化为研究这些空气动力系数。

(1)升力。全弹的升力可以看成是弹翼、弹身、尾翼(或舵面)等各部件产生的升力之和，再加上各部件之间的相互干扰所引起的附加升力。弹翼是提供升力的最主要部件，而导弹的尾翼(或舵面)和弹身产生的升力较小。在导弹气动布局和外形尺寸给定的条件下，升力系数 c_y 基本上取决于马赫数 Ma、攻角 α 和升降舵的舵面偏转角 δ_z(简称为舵偏角，按照通常的符号规则，升降舵的后缘相对于中立位置向下偏转时，舵偏角定义为正)，即

$$c_y = f(Ma, \alpha, \delta_z) \tag{1-19}$$

在攻角和舵偏角不大的情况下，升力系数可以表示为 α 和 δ_z 的线性函数，即

$$c_y = c_{y0} + c_y^{\alpha}\alpha + c_y^{\delta_z}\delta_z \tag{1-20}$$

式中：c_{y0}——攻角和升降舵偏角均为零时的升力系数，简称为零升力系数，主要是由导弹气动外形不对称产生的。

对于气动外形轴对称的导弹而言，$c_{y0}=0$，于是有

$$c_y = c_y^{\alpha}\alpha + c_y^{\delta_z}\delta_z \tag{1-21}$$

式中：$c_y^{\alpha} = \dfrac{\partial c_y}{\partial \alpha}$——升力系数对攻角 α 的偏导数，又称升力线斜率，它表示当攻角变化单位角度时升力系数的变化量；

$c_y^{\delta_z} = \dfrac{\partial c_y}{\partial \delta_z}$——升力系数对舵偏角的偏导数，它表示当舵偏角 δ_z 变化单位角度时，升力系数的变化量。

当某导弹外形尺寸给定时，c_y^{α}，$c_y^{\delta_z}$ 是 Ma 的函数。$c_y^{\alpha}-Ma$ 的函数关系如图 1-16 所示，$c_y^{\delta_z}-Ma$ 的关系曲线与此相似。

当马赫数 Ma 固定时，升力系数 c_y 随着攻角 α 的增大而呈线性增大，但升力曲线的线性关系只能保持在攻角不大的范围内，而且，随着攻角的继续增大，升力曲线的斜率可能还会下降。当攻角增至一定程度时，升力系数将达到其极值，升力也将达到其极值，如图 1-17 所示。此时，与极值相对应的攻角称为临界攻角，用 α_L 表示。超过临界攻角以后，由于气流分离迅速加剧，升力急剧下降，这种现象称为失速。

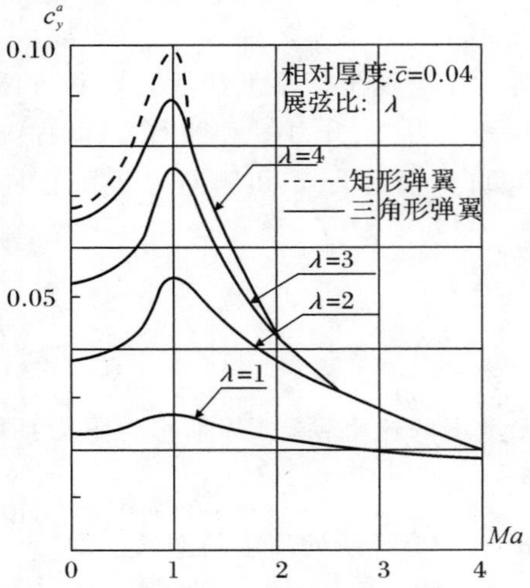

图 1-16 $c_y^{\alpha}=f(Ma)$关系曲线

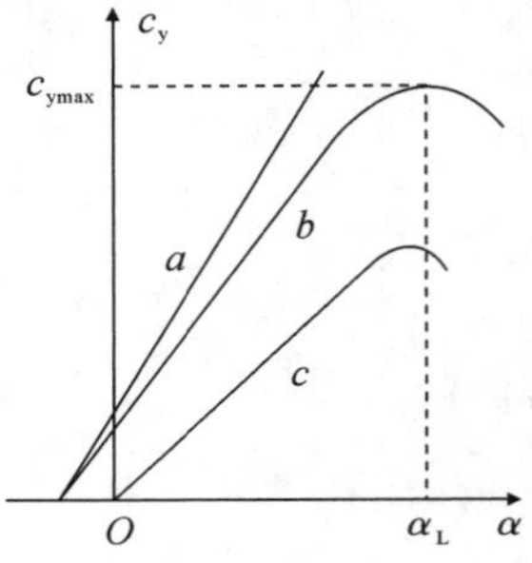

图 1-17 升力曲线示意图

必须指出：确定升力系数，还应考虑导弹的气动布局和舵偏角的偏转方向等因素。因数 c_y^α 和 $c_y^{\delta_z}$ 的数值可以通过理论计算得到，也可由风洞试验或飞行试验确定。已知因数 c_y^α、$c_y^{\delta_z}$，飞行高度 H（用于确定空气密度 ρ）和速度 v，以及导弹的飞行攻角 α 和舵偏角 δ_z 之后，就可以确定升力的大小，即

$$Y=Y_0+(c_y^\alpha\alpha+c_y^{\delta_z}\delta_z)qS \quad 或 \quad Y=Y_0+Y^\alpha\alpha+Y^{\delta_z}\delta_z \tag{1-22}$$

式中：Y_0 ——攻角和升降舵偏角均为零时的升力；

$Y^\alpha\alpha$ ——由攻角 α 引起的升力；

$Y^{\delta_z}\delta_z$——由舵偏角 δ_z 引起的升力。

Y^α 和 Y^{δ_z} 可表示为

$$\left.\begin{aligned} Y^\alpha &= c_y^\alpha qS \\ Y^{\delta_z} &= c_y^{\delta_z} qS \end{aligned}\right\} \tag{1-23}$$

因此，对于给定的导弹气动布局和外形尺寸，升力可以看作导弹速度 v、飞行高度 H、飞行攻角 α 和升降舵偏角 δ_z 这 4 个参数的函数。

（2）侧向力。侧向力（简称侧力）Z 与升力 Y 类似，在导弹气动布局和外形尺寸给定的情况下，侧向力因数基本上取决于马赫数 Ma、侧滑角 β 和方向舵的偏转角 δ_y（后缘向右偏转为正）。当 β、δ_y 较小时，侧向力因数 c_z 可以表示为

$$c_z=c_z^\beta\beta+c_z^{\delta_z}\delta_z \tag{1-24}$$

根据所采用的符号规则，正的 β 值对应于负的 c_z 值，正的 δ_y 值也对应于负的 c_z 值，因此，因数 c_z^β 和 $c_z^{\delta_z}$ 永远是负值。

对于轴对称的导弹，侧向力的计算方法和升力是相同的。如果将导弹看作绕 $O_t x_t$ 轴转过了 90°，这时侧滑角将起攻角的作用，方向舵偏角 δ_y 起升降舵偏角 δ_z 的作用，而侧向力则起升力的作用，如图 1－18 所示。由于所采用的符号规则不同，所以在计算公式中应该用 $-\beta$ 代替 α，而用 $-\delta_y$ 代替 δ_z，于是对气动轴对称的导弹，有

$$\left.\begin{aligned} c_z^\beta &= -c_y^\alpha \\ c_z^{\delta_y} &= -c_y^{\delta_z} \end{aligned}\right\} \tag{1-25}$$

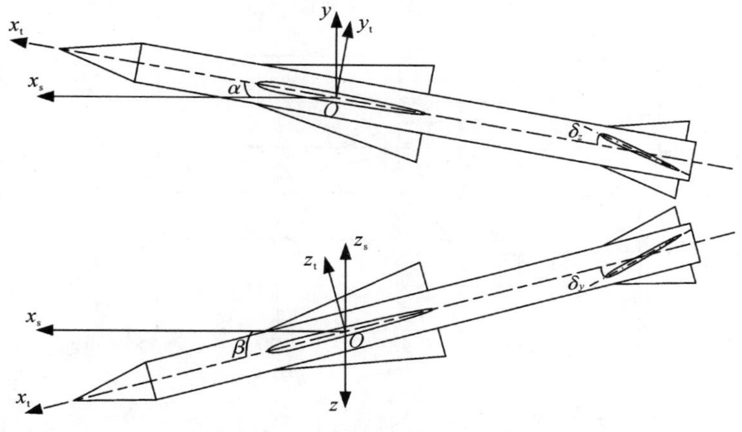

图 1－18　导弹的升力和侧向力

(3)阻力。作用在导弹上的空气动力在速度方向的分量称为阻力，它总是与速度方向相反，起阻碍导弹运动的作用。阻力受空气的黏性影响最为显著，用理论方法计算阻力必须考虑空气黏性的影响。但无论采用理论方法还是风洞试验方法，要想求得精确的阻力都比较困难。

导弹阻力的计算方法是：先分别计算出弹翼、弹身、尾翼(或舵面)等部件的阻力，再求和，然后加以适当的修正。

导弹的空气阻力通常分成两部分来进行研究。与升力无关的部分称为零升阻力(即升力为零时的阻力)；另一部分取决于升力的大小，称为诱导阻力。因此，导弹的空气阻力为

$$X = X_0 + X_i \tag{1-26}$$

式中：X_0 ——零升阻力；

X_i ——诱导阻力。

零升阻力包括摩擦阻力和压差阻力，是由气体的黏性引起的。压差阻力是弹丸在飞行过程中，其头部和尾部压力差形成的阻力。在超声速情况下，空气还会产生另一种形式的压差阻力，即激波阻力，简称为波阻。大部分诱导阻力是由弹翼产生的，弹身和舵面产生的诱导阻力较小。

必须指出：当有侧向力时，与侧向力大小有关的那部分阻力也是诱导阻力。影响诱导阻力的因素与影响升力和侧力的因素相同。计算分析表明，导弹的诱导阻力近似地与攻角、侧滑角的二次方成正比。

由式(1-18)可以确定阻力系数为

$$c_x = \frac{X}{qS} \tag{1-27}$$

相应地，阻力系数也可表示成两部分，即

$$c_x = c_{x0} + c_{xi} \tag{1-28}$$

式中：c_{x0}——零升阻力系数；

c_{xi}——诱导阻力系数。

阻力系数 c_x 可通过理论计算或试验确定。在导弹气动布局和外形尺寸给定的条件下，c_x 主要取决于马赫数 Ma、雷诺数 Re、攻角 α 和侧滑角 β。$c_x - Ma$ 的关系曲线如图 1-19 所示。当 Ma 接近于 1 时，阻力系数急剧增大。这种现象可由在导弹的局部地方和头部形成的激波来解释，即这些激波产生了波阻。随着马赫数的增加，阻力系数 c_x 逐渐减小。

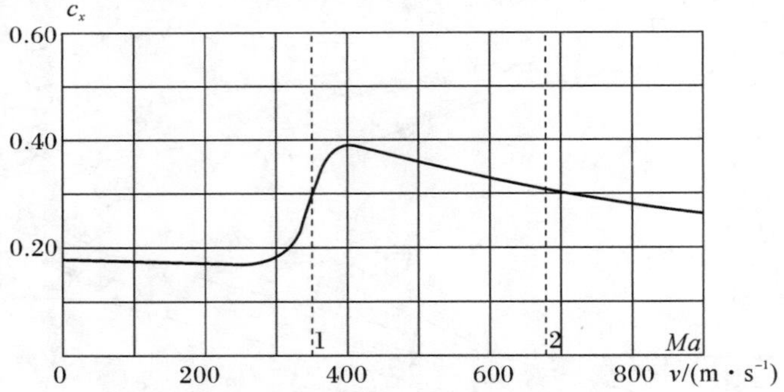

图 1-19　$c_x = f(Ma)$关系曲线

一般在导弹气动布局和外形尺寸给定的情况下，阻力随着导弹的速度、攻角和侧滑角的增大而增大。但是，随着飞行高度的增加，阻力将减小。

1.2.5　弹道坐标系 $O_d x_d y_d z_d$

弹道坐标系 $O_d x_d y_d z_d$ 的坐标原点 O_d 取在导弹的质心上，$O_d x_d$ 轴同导弹质心的速度矢量 $\boldsymbol{v}$ 重合(即与速度坐标系 $O_s x_s$ 轴的方向完全一致)；$O_d y_d$ 轴位于包含速度矢量 $\boldsymbol{v}$ 的铅垂平面内，且垂直于 $O_d x_d$ 轴，指向上为正；$O_d z_d$ 轴垂直于 $O_d x_d y_d$ 平面，其方向按右手定则确定，如图 1-20 所示。

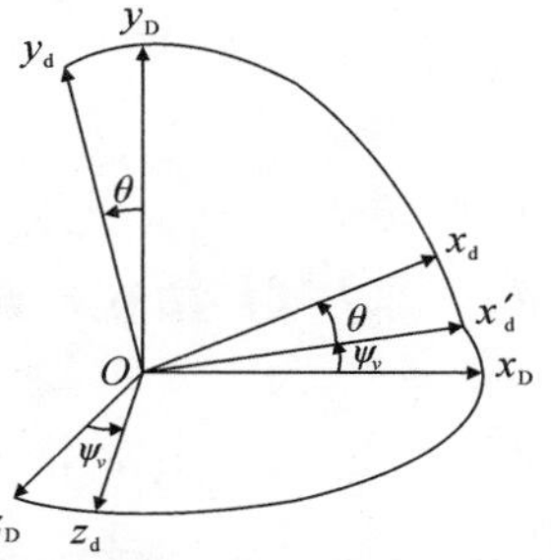

图 1-20　弹道和地面坐标系及弹道倾角、弹道偏角

该坐标系主要用于研究导弹质心的运动特性，在以后的研究中将会发现，利用该坐标系确定的导弹质心运动规律的动力学方程，在分析、研究弹道特性时比较简单清晰。同时，弹道坐标系与地面坐标系相配合可以研究任一瞬间导弹相对地面的运动趋势。

由弹道坐标系 $O x_d y_d z_d$ 相对于地面坐标系 $O_D x_D y_D z_D$ 的定义可知，它们之间的相互方位可由 θ、Ψ_v 两个角确定，现定义如下：

(1)弹道倾角 θ：导弹的速度矢量 $\boldsymbol{v}$ 与地面坐标系 $O_D x_D z_D$ 面(水平平面)之间的夹角。若速度矢量 $\boldsymbol{v}$ 在水平平面之上，则 θ 为正，反之为负。

(2)弹道偏角(又称航向角)Ψ_v：导弹的速度矢量 $\boldsymbol{v}$(即 $O x_d$ 轴)在地面坐标系 $O_D x_D z_D$ 面上的投影线 Ox' 与 $O_D x_D$ 轴之间的夹角。迎 $O_D y_D$ 轴顶视，若 $O_D x_D$ 轴逆时针方向旋转到投影线 Ox' 上，则弹道偏角 Ψ_v 为正，反之为负。

由速度坐标系和弹道坐标系的定义可知，$O x_d$ 轴和 $O x_s$ 轴都与速度矢量 $\boldsymbol{v}$ 重合，因此，它们之间的相互方位只用一个角参数 γ_v，即速度倾斜角，如图 1-21 所示。

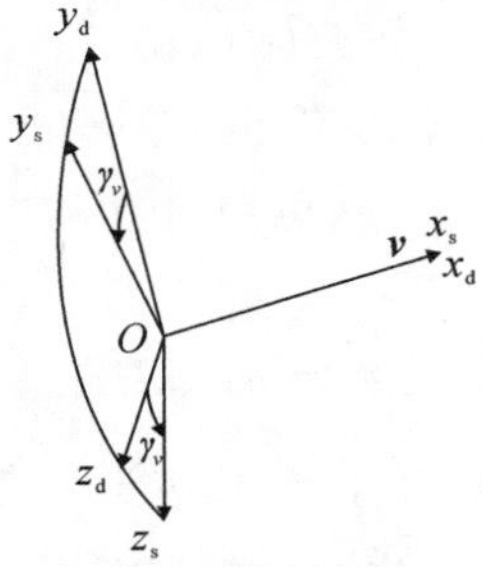

图 1-21　弹道坐标系及速度倾斜角

(3)速度倾斜角 γ_v：位于导弹纵向对称平面 $O x_t y_t$ 内的 $O y_s$ 轴与包含速度矢量 $\boldsymbol{v}$ 的铅垂平面之间的夹角。迎 $O x_s$ 轴方向看去，由铅垂面逆时针方向旋转到 $O y_s$ 轴时，γ_v 为正，反之为负。

为了书写方便，本书将各坐标系作用在导弹质心上的原点统一用 O 表示。

1.3 作用在导弹上的力矩

1.3.1 空气动力矩、压力中心和焦点

1.3.1.1 空气动力矩的表达式

为了便于分析研究导弹绕质心的旋转运动，可以把空气动力矩沿弹体坐标系分成 3 个分量 M_{x_t}、M_{y_t}、M_{z_t}，分别称为滚动力矩(又称为倾斜力矩)、偏航力矩和俯仰力矩(又称为纵向力矩)，如图 1-22 所示。

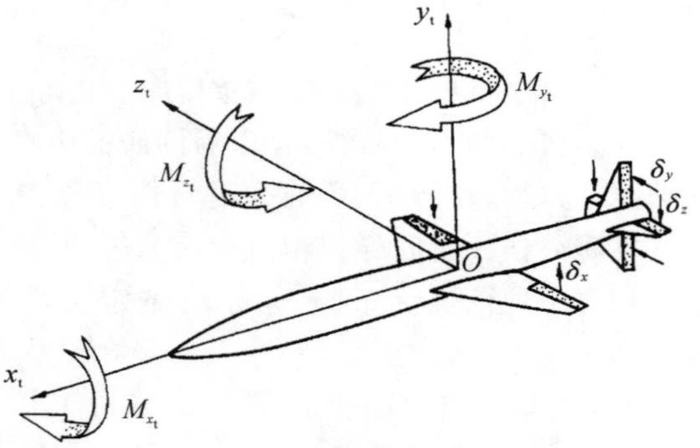

图 1-22 舵(副翼)偏转所产生的空气动力矩

滚动力矩 M_{x_t} 的作用是使导弹绕纵轴 O_tx_t 作转动运动。当副翼偏转角 δ_x 为正时，即右副翼后缘往下、左副翼的后缘往上，将引起负的滚动力矩。

偏航力矩 M_{y_t} 的作用是使导弹绕 Oy_t 轴作旋转运动。对于正常式导弹，当方向舵偏转角 δ_y 为正时，即方向舵的后缘往右偏，将引起负的偏航力矩。

俯仰力矩 M_{z_t} 将使导弹绕横轴 Oz_t 作旋转运动。对于正常式导弹，当升降舵的偏转角 δ_z 为正时，即升降舵的后缘往下，将引起负的俯仰力矩。

研究空气动力矩与研究空气动力一样，可用对气动力矩系数的研究来取代对气动力矩的研究。空气动力矩的表达式为

$$\left.\begin{aligned} M_{x_t} &= m_{x_t} qSL \\ M_{y_t} &= m_{y_t} qSL \\ M_{z_t} &= m_{z_t} qSL \end{aligned}\right\} \tag{1-29}$$

式中：m_{x_t}、m_{y_t}、m_{z_t}——无量纲比例系数，分别称为滚动力矩系数、偏航力矩系数和俯仰力矩系数；

S——特征面积，对有翼式导弹(特别是飞航式导弹)，常以弹翼面积 S 来表示，对弹道式导弹，常以弹身最大横截面积 S_B 来表示；

L ——特征长度，对有翼式导弹，计算俯仰力矩时，特征长度常以弹翼的平均气动力弦长 b_A 来表示，计算偏航力矩和滚动力矩时，特征长度常以弹翼的翼展 l 来表示，对弹道式导弹，计算空气动力矩时，特征长度均以弹身长度 L_B 来表示。

1.3.1.2　压力中心和焦点

总的气动力的作用线与导弹纵轴的交点称为全弹的压力中心。在攻角不大的情况下，常近似地把总升力在纵轴上的作用点作为全弹的压力中心。由式(1-22)可知，作用在轴对称导弹上的升力可近似表示为

$$Y = Y^{\alpha}\alpha + Y^{\delta_z}\delta_z \tag{1-30}$$

由攻角 α 所引起的那部分升力 $Y^{\alpha}\alpha$ 在纵轴上的作用点，称为导弹的焦点。舵面偏转所引起的那部分升力 $Y^{\delta_z}\delta_z$ 作用在舵面的压力中心上。

从导弹头部顶点至压力中心的距离，称为压心距离，用 x_p 来表示。如果知道导弹上各部分产生的升力值的作用点，则全弹的压心距离可根据力矩合成原理用下式求出：

$$x_p = \frac{\sum_{k=1}^{n} Y_k x_{pk}}{\sum_{k=1}^{n} Y_k} = \frac{\sum_{k=1}^{n} c_{yk} x_{pk} \frac{S_k}{S}}{c_y} \tag{1-31}$$

对于有翼导弹，弹翼所产生的气动力是全弹气动力中的主要部分。因此，这类导弹的压力中心位置在很大程度上取决于弹翼相对于弹身的位置。显然，弹翼安装位置离头部越远，x_p 就越大。另外，压力中心的位置还取决于飞行马赫数 Ma、攻角 α、舵偏角 δ_z、弹翼安装角及安定面安装角等。这是因为当 Ma、α、δ_z 等改变时，会改变导弹上的压力分布。压心距离 x_p 与飞行马赫数 Ma 和攻角 α 的关系如图 1-23 所示。由图可知，当飞行马赫数 Ma 接近于 1 时，压心距离的变化幅度较大。

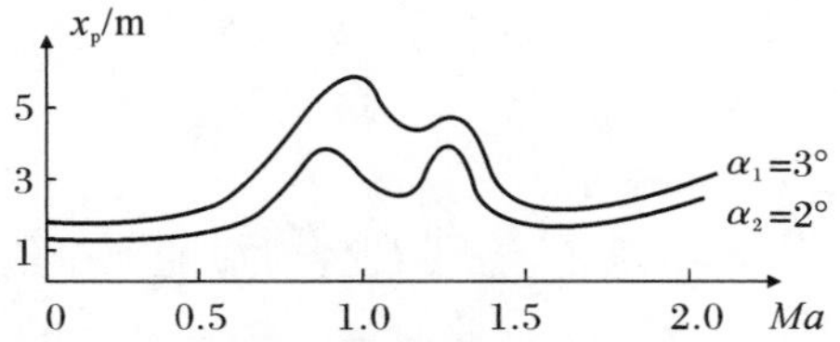

图 1-23　压心距离 x_p 与飞行马赫数 Ma 和攻角 α 的关系

焦点一般并不与压力中心重合，它的位置取决于舵偏角和弹翼安装角等。仅在升降舵偏角 $\delta_z = 0$，而且飞行器相对于 Ox_tz_t 平面完全对称，即 $c_{y0} = 0$ 时，焦点才与压力中心相重合。

用 x_F 表示从导弹头部顶点量起的焦点的坐标，则焦点的位置可以表示为

$$x_F = \frac{\sum_{k=1}^{n} Y_k^{\alpha} x_{Fk}}{\sum_{k=1}^{n} Y_k^{\alpha}} = \frac{\sum_{k=1}^{n} c_{yk}^{\alpha} x_{Fk} \frac{S_k}{S}}{c_y^{\alpha}} \tag{1-32}$$

式中：Y_k^{α} ——导弹某一零部件所产生的升力（包括其他部件对它的影响）对攻角的导数；

x_{Fk}——某一部件由攻角所引起的那部分升力的作用点坐标值。

1.3.2 俯仰力矩

俯仰力矩 M_{z_t} 又称为纵向力矩，它的作用是使导弹绕横轴 Oz_t 作抬头或低头的转动。在气动布局和外形参数给定的情况下，俯仰力矩的大小不仅与飞行马赫数 Ma、飞行高度 H 有关，还与飞行攻角 α、升降舵偏转角 δ_z、导弹绕 Oz_t 轴的旋转角速度 ω_{z_t}、攻角的变化率 $\dot{\alpha}$ 以及升降舵偏转角速度 $\dot{\delta}_z$ 有关。因此，俯仰力矩的函数形式为

$$M_{z_t}=f(Ma,H,\alpha,\delta_z,\omega_{z_t},\dot{\alpha},\dot{\delta}_z) \tag{1-33}$$

当 $\alpha,\delta_z,\dot{\alpha},\dot{\delta}_z$ 和 ω_{z_t} 较小时，俯仰力矩与这些量的关系是近似线性的，其一般表达式为

$$M_{z_t}=M_{z_t0}+M_{z_t}^{\alpha}\alpha+M_{z_t}^{\delta_z}\delta_z+M_{z_t}^{\omega_{z_t}}\omega_{z_t}+M_{z_t}^{\dot{\alpha}}\dot{\alpha}+M_{z_t}^{\dot{\delta}_z}\dot{\delta}_z \tag{1-34}$$

严格地说，俯仰力矩还取决于某些其他参数，如侧滑角 β、副翼偏转角 δ_x、导弹绕 Ox_t 轴的旋转角速度 ω_{x_t} 等。通常这些参数的影响不大，一般予以忽略。

为了讨论方便，俯仰力矩用无量纲力矩系数表示，即

$$m_{z_t}=m_{z_t0}+m_{z_t}^{\alpha}\alpha+m_{z_t}^{\delta_z}\delta_z+m_{z_t}^{\bar{\omega}_{z_t}}\bar{\omega}_{z_t}+m_{z_t}^{\bar{\dot{\alpha}}}\bar{\dot{\alpha}}+m_{z_t}^{\bar{\dot{\delta}}_z}\bar{\dot{\delta}}_z \tag{1-35}$$

式中：$\bar{\omega}_{z_t}=\dfrac{\omega_{z_t}L}{v}$，$\bar{\dot{\alpha}}=\dfrac{\dot{\alpha}L}{v}$，$\bar{\dot{\delta}}_z=\dfrac{\dot{\delta}_zL}{v}$——与旋转角速度 $\bar{\omega}_{z_t}$、攻角变化率 $\dot{\alpha}$ 以及升降舵的偏转角速度 $\dot{\delta}_z$ 对应的无量纲参数；

m_{z_t0}——当 $\alpha=\delta_z=\omega_{z_t}=\dot{\alpha}=\dot{\delta}_z=0$ 时的俯仰力矩系数，是由导弹气动外形不对称所引起的，它主要取决于飞行马赫数 Ma、导弹的几何形状、弹翼（或安定面）的安装角等；

$m_{z_t}^{\alpha}$、$m_{z_t}^{\delta_z}$、$m_{z_t}^{\bar{\omega}_{z_t}}$、$m_{z_t}^{\bar{\dot{\alpha}}}$、$m_{z_t}^{\bar{\dot{\delta}}_z}$——$m_{z_t}$ 关于 α、δ_z、$\bar{\omega}_{z_t}$、$\bar{\dot{\alpha}}$、$\bar{\dot{\delta}}_z$ 的偏导数。

由攻角 α 引起的力矩 $M_{z_t}^{\alpha}\alpha$ 是俯仰力矩中最重要的一项，是作用在焦点的导弹升力 $Y^{\alpha}\alpha$ 对质心的力矩，即

$$M_{z_t}^{\alpha}\alpha=Y^{\alpha}\alpha(x_m-x_F)=c_y^{\alpha}qS\alpha(x_m-x_F) \tag{1-36}$$

式中：x_m、x_F——导弹的质心、焦点至头部顶点的距离。

又因为 $M_{z_t}^{\alpha}\alpha=m_{z_t}^{\alpha}qSL\alpha$，代入式(1-36)，则有

$$m_{z_t}^{\alpha}=c_y^{\alpha}(x_m-x_F)/L=c_y^{\alpha}(\bar{x}_m-\bar{x}_F) \tag{1-37}$$

式中：$\bar{x}_m=x_m/L$，$\bar{x}_F=x_F/L$——导弹质心、焦点位置对应的无量纲值。

为方便起见，先讨论定常飞行情况下（此时 $\omega_{z_t}=\dot{\alpha}=\dot{\delta}_z=0$）的俯仰力矩，然后再研究由 ω_{z_t}、$\dot{\alpha}$、$\dot{\delta}_z$ 所引起的附加俯仰力矩。

1.3.2.1 定常直线飞行时的俯仰力矩及纵向平衡状态

导弹在作定常直线飞行时，$\omega_{z_t}=\dot{\alpha}=\dot{\delta}_z=0$，俯仰力矩系数的表达式(1-35)变为

$$m_{z_t}=m_{z_t0}+m_{z_t}^{\alpha}\alpha+m_{z_t}^{\delta_z}\delta_z \tag{1-38}$$

对于轴对称的导弹，$m_{z_t0}=0$，则有

$$m_{z_t}=m_{z_t}^{\alpha}\alpha+m_{z_t}^{\delta_z}\delta_z \tag{1-39}$$

试验表明：只有在攻角 α 和偏转角 δ_z 值不大的情况下，上述线性关系才成立。随着 α、δ_z 的增大，线性关系将被破坏。若对应于一组 δ_z 值，可画出一组 m_{z_t} 随 α 和 δ_z 的变化曲线，如图

1-24 所示。由图可知，在攻角值超出一定范围以后，m_{z_t} 对 α 的线性关系就不再保持。

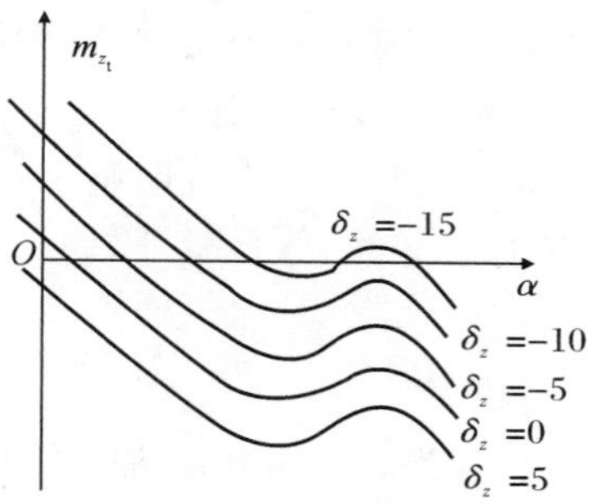

图 1-24　m_{z_t} 随 α 和 δ_z 的变化曲线

同时，由图 1-24 可以看出，这些曲线与横坐标轴的交点满足 $m_{z_t}=0$，这些交点称为静平衡点；这时导弹运动的特征就是 $\omega_{z_t}=\dot{\alpha}=\dot{\delta}_z=0$，而攻角 α 与舵偏角 δ_z 保持一定的关系，使作用在导弹上由 α、δ_z 产生的所有升力相对于质心的俯仰力矩的代数和为零，亦即导弹处于纵向平衡状态。

当导弹处于纵向平衡状态时，攻角 α 与舵偏角 δ_z 之间的关系可令式(1-39)中等号的右端为零，即

$$m_{z_t}^{\alpha}\alpha+m_{z_t}^{\delta_z}\delta_z=0$$

亦即

$$\left(\frac{\delta_z}{\alpha}\right)_{\mathrm{ph}}=-\frac{m_{z_t}^{\alpha}}{m_{z_t}^{\delta_z}}\quad 或\quad \delta_{z\mathrm{ph}}=-\frac{m_{z_t}^{\alpha}}{m_{z_t}^{\delta_z}}\alpha_{\mathrm{ph}} \tag{1-40}$$

式(1-40)表明：为使导弹在某一飞行攻角下处于纵向平衡状态，必须使升降舵(或其他操纵面)偏转一个相应的角度，这个角度称为升降舵的平衡偏转角，以符号 $\delta_{z\mathrm{ph}}$ 表示。换句话说，为在某一升降舵偏转角下保持导弹的纵向平衡所需要的攻角就是平衡攻角，以 α_{ph} 表示。

比值$(-m_{z_t}^{\alpha}/m_{z_t}^{\delta_z})$除了与飞行马赫数 Ma 有关外，还随导弹气动布局的不同而不同。统计数据表明，对于正常式布局，$(-m_{z_t}^{\alpha}/m_{z_t}^{\delta_z})$的值一般为－1.2 左右，鸭式布局为 1.0 左右，对于旋转弹翼式则可高达 6.0～8.0。

平衡升力系数可由下式求得：

$$c_{y\mathrm{ph}}=c_y^{\alpha}\alpha_{\mathrm{ph}}+c_y^{\delta_z}\delta_{z\mathrm{ph}}=\left(c_y^{\alpha}-c_y^{\delta_z}\frac{m_{z_t}^{\alpha}}{m_{z_t}^{\delta_z}}\right)\alpha_{\mathrm{ph}} \tag{1-41}$$

由于讨论的是定常直线飞行的情况，在进行一般弹道计算时，若假设每一瞬时导弹都处于上述平衡状态，则可用式(1-41)来计算弹道每一点上的平衡升力系数。这种假设通常称为“瞬时平衡”假设，即认为导弹从某一平衡状态改变到另一平衡状态是瞬时完成的，也就是忽略了导弹绕质心的旋转运动过程。此时作用在导弹上的俯仰力矩只有 $M_{z_t}^{\alpha}\alpha$ 和 $M_{z_t}^{\delta_z}\delta_z$，而且此两力矩恒处于平衡状态，即

$$m_{z_t}^{\alpha}\alpha_{\mathrm{ph}}+m_{z_t}^{\delta_z}\delta_{z\mathrm{ph}}=0 \tag{1-42}$$

导弹初步设计阶段采用“瞬时平衡”假设，在工程实践中可大大减少计算工作量。

1.3.2.2　纵向静稳定性

静稳定性的定义如下：导弹受外界干扰作用偏离平衡状态后，在外界干扰消失的瞬间，若

导弹不经操纵就能产生空气动力矩，且使导弹具有恢复到原平衡状态的趋势，则称导弹是静稳定的；若产生的空气动力矩使导弹更加偏离原来平衡状态，则称导弹是静不稳定的；若是既无恢复的趋势，也不再继续偏离原平衡状态，则称导弹是中立稳定的。必须强调，静稳定性只是说明导弹偏离平衡状态那一瞬间的力矩特性，并不说明整个运动过程导弹最终是否具有稳定性。判别导弹纵向静稳定性的方法是看导数 $m_{z_t}^{\alpha}$ 的性质，即：

当 $m_{z_t}^{\alpha}\big|_{\alpha=\alpha_{ph}}<0$ 时，为纵向静稳定；

当 $m_{z_t}^{\alpha}\big|_{\alpha=\alpha_{ph}}>0$ 时，为纵向静不稳定；

当 $m_{z_t}^{\alpha}\big|_{\alpha=\alpha_{ph}}=0$ 时，是中立稳定，即当 α 稍离开 α_{ph} 时，不会产生附加力矩。

图 1-25 所示为 $m_{z_t}=f(\alpha)$ 的 3 种典型情况，分别对应于静稳定、静不稳定和中立稳定的 3 种气动特性。

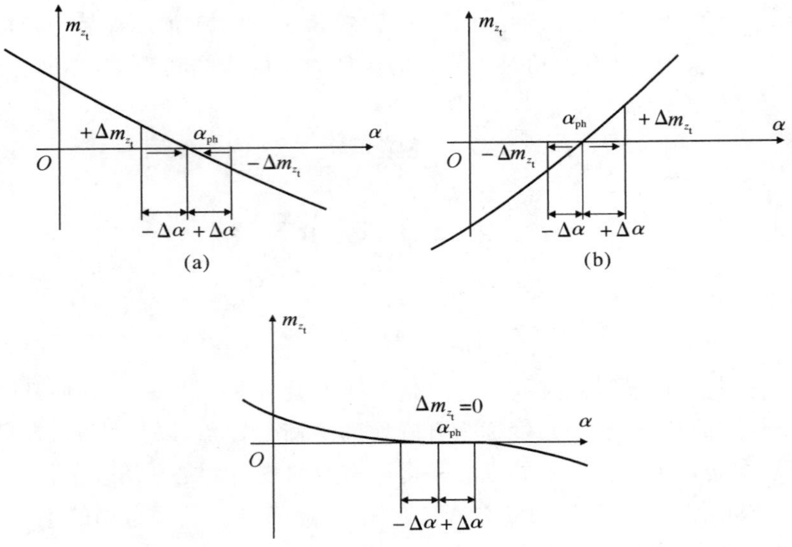

图 1-25　$m_{z_t}=f(\alpha)$ 的 3 种典型情况

(a)静稳定；（b)静不稳定；（c)中立稳定

图 1-25(a)中力矩特性曲线 $m_{z_t}=f(\alpha)$ 所对应的 $m_{z_t}^{\alpha}\big|_{\alpha=\alpha_{ph}}<0$。如果导弹在平衡状态下 $(\alpha=\alpha_{ph})$ 飞行，由于某一微小扰动的瞬时作用，攻角 α 偏离平衡攻角 α_{ph}，设增加一个小量 $\Delta\alpha$，那么，在焦点上将有一附加升力 ΔY 产生，它对质心有一附加俯仰力矩 ΔM_{z_t}，即 $\Delta M_{z_t}=m_{z_t}^{\alpha}\Delta\alpha qSL$，由于 $m_{z_t}^{\alpha}<0$，故 ΔM_{z_t} 是个负值，它使导弹低头，即力图使攻角由 $(\alpha_{ph}+\Delta\alpha)$ 恢复到原来的 α_{ph}。导弹的这种物理属性称为纵向静稳定性。力图使导弹恢复到原来平衡状态的气动力矩称为静稳定力矩或恢复力矩。

图 1-25(b)表示导弹具有静不稳定的情况（$m_{z_t}^{\alpha}\big|_{\alpha=\alpha_{ph}}>0$）。在导弹偏离平衡位置后，所产生的附加力矩使导弹更加偏离平衡位置。

图 1-25(c)表示导弹具有中立稳定的情况（$m_{z_t}^{\alpha}\big|_{\alpha=\alpha_{ph}}=0$）。在导弹偏离平衡位置后，不产生附加力矩，则受到干扰而造成的攻角偏量 $\Delta\alpha$ 既不增大，也不能被消除。

工程上常用 $m_{z_t}^{c_y}$ 评定导弹的静稳定性。与偏导数 $m_{z_t}^{\alpha}$ 一样，偏导数 $m_{z_t}^{c_y}$ 也能对导弹的静稳定性给出质和量的评价，由式(1-37)可知，其计算表达式为

$$m_{z_t}^{c_y}=\frac{\partial m_{z_t}}{\partial c_y}=\frac{\partial m_{z_t}}{\partial \alpha}\frac{\partial \alpha}{\partial c_y}=\frac{m_{z_t}^{\alpha}}{c_y^{\alpha}}=\bar{x}_m-\bar{x}_F \tag{1-43}$$

显然，对于纵向静稳定的导弹，$m_{z_t}^{c_y}<0$，这时，质心位于焦点之前。当质心逐渐向焦点靠近时，静稳定度逐渐降低。当质心后移到与焦点重合时，导弹是静中立稳定的。当质心后移到焦点之后时，$m_{z_t}^{c_y}>0$，导弹则是静不稳定的。因此把焦点无量纲坐标与质心的无量纲坐标之间的差值$(\bar{x}_F-\bar{x}_m)$称为静稳定裕度。

导弹的静稳定度与飞行性能有关。为了保证导弹具有适当的静稳定度，设计过程中常采用两种办法：一是改变导弹的气动布局，从而改变焦点的位置，如改变弹翼的外形、面积及相对弹身的前后位置，改变尾翼面积等；二是改变导弹的部位安排，以调整质心的位置。

1.3.2.3 俯仰操纵力矩

对正常式的气动布局（舵面安装在弹身尾部），并具有静稳定性的导弹来说，当舵面偏转一负的角度 δ_z 时，舵面上产生向下的操纵力，并形成相对于导弹质心的抬头力矩，使攻角 α 增大，则对应的升力对质心形成一低头力矩，如图 1-26 所示。当达到力矩平衡时，α 与 δ_z 应满足平衡关系式(1-42)。舵面偏转形成的气动力对质心的力矩称为操纵力矩，其值为

$$M_{z_t}^{\delta_z}\delta_z=-c_y^{\delta_z}\delta_z qS(x_p-x_m)=m_{z_t}^{\delta_z}\delta_z qSL \tag{1-44}$$

由此可得

$$m_{z_t}^{\delta_z}=-c_y^{\delta_z}(\bar{x}_p-\bar{x}_m) \tag{1-45}$$

式中：$\bar{x}_p=x_p/L$ ——舵面压力中心至弹身头部顶点距离的无量纲值；

$m_{z_t}^{\delta_z}$ ——舵面偏转单位角度时所引起的操纵力矩系数，称为舵面效率，对于正常式导弹，质心总是在舵面之前，因此总有 $m_{z_t}^{\delta_z}<0$，对于鸭式布局导弹，质心在舵面之后，因此有 $m_{z_t}^{\delta_z}>0$；

$c_y^{\delta_z}$ ——舵面偏转单位角度时所引起的升力系数，它随 Ma 的变化规律如图 1-27 所示。

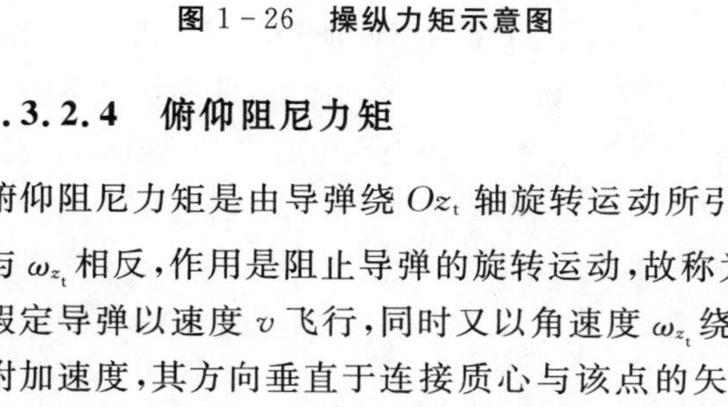

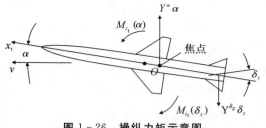

图 1-26 操纵力矩示意图

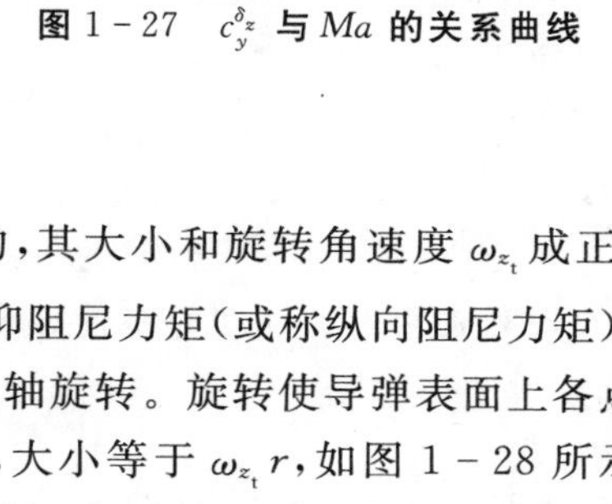

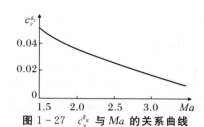

图 1-27 $c_y^{\delta_z}$ 与 Ma 的关系曲线

1.3.2.4 俯仰阻尼力矩

俯仰阻尼力矩是由导弹绕 Oz_t 轴旋转运动所引起的，其大小和旋转角速度 ω_{z_t} 成正比，方向总与 ω_{z_t} 相反，作用是阻止导弹的旋转运动，故称为俯仰阻尼力矩（或称纵向阻尼力矩）。

假定导弹以速度 v 飞行，同时又以角速度 ω_{z_t} 绕 Oz_t 轴旋转。旋转使导弹表面上各点均获得一附加速度，其方向垂直于连接质心与该点的矢径 $\boldsymbol{r}$，大小等于 $\omega_{z_t}r$，如图 1-28 所示。若 $\omega_{z_t}>0$，则处于质心之前的导弹表面上各点的攻角将减小 $\Delta\alpha$，而处于质心之后的导弹表面上

各点的攻角将增加 $\Delta\alpha$。攻角的变化导致附加升力的出现，在质心之前附加升力指向下，在质心之后附加升力指向上，因此所产生的俯仰力矩与 ω_{z_t} 方向相反，即力图阻止导弹绕 Oz_t 轴的旋转运动。

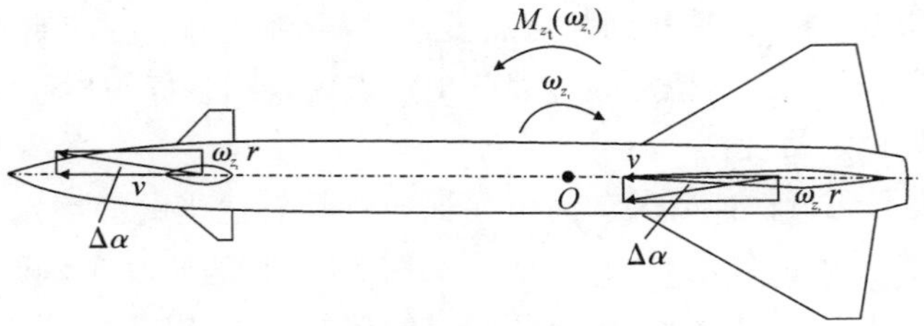

图 1-28　俯仰阻尼力矩

俯仰阻尼力矩常用无量纲俯仰阻尼力矩系数来表示，即

$$M_{z_t}(\omega_{z_t})=m_{z_t}^{\bar{\omega}_{z_t}}\bar{\omega}_{z_t}qSL \tag{1-46}$$

式中：$m_{z_t}^{\bar{\omega}_{z_t}}$ 总是一个负值，它的大小主要取决于飞行马赫数 Ma、导弹的几何形状和质心位置。通常为书写简便，将 $m_{z_t}^{\bar{\omega}_{z_t}}$ 简记作 $m_{z_t}^{\omega_{z_t}}$，但它本来的意义并不因此而改变。

一般情况下，阻尼力矩相对于稳定力矩和操纵力矩来说是比较小的。对某些旋转角速度 ω_{z_t} 较小的导弹来说，甚至可以忽略它对导弹运动的影响。但是，它对导弹不同运动状态的过渡过程的飞行品质影响却不能忽略。

1.3.2.5　非定常飞行时的由下洗延迟引起的附加俯仰力矩

前面所述的关于计算升力和俯仰力矩的方法，严格地说，仅适用于导弹作定常飞行这一特殊情况。在一般情况下，导弹的飞行是非定常飞行，各运动参数、空气动力和力矩都是时间的函数。这时的空气动力系数和力矩系数不仅取决于该瞬时的 α、δ_z、ω_{z_t}、Ma 及其他参数，还取决于这些参数随时间而变化的特性。但是，作为初步的近似计算，可以认为作用在非定常飞行的导弹上的空气动力和空气动力矩仅取决于该瞬时的运动学参数，这个假设通常称为“定常假设”。在此假设下，不但可以大大减少计算工作量，而且由此所求得的空气动力和气动力矩也非常接近实际值。

但是在某些情况下，定常假设是不适用的，例如所谓下洗延迟就是其中的一种情况。对于正常式布局的导弹，流经弹翼和弹身的气流受到弹翼、弹身的反作用力作用，导致气流速度方向发生偏斜，这种现象称为“下洗”。由于下洗气流的存在，尾翼处的实际攻角将小于导弹飞行的攻角。若正常式布局的导弹以速度 v 和随时间而变化的攻角（例如 $\dot{\alpha}>0$）作非定常飞行，相应地弹翼后的下洗流也随之变化。但是被弹翼偏斜了的气流不可能瞬间到达尾翼，而必须经过某一时间间隔 Δt。Δt 的大小取决于弹翼与尾翼间的距离和气流速度，此即所谓下洗延迟现象。因此，尾翼处的实际下洗角是与 Δt 间隔以前的攻角 $\alpha(t-\Delta t)$ 相对应的。在 $\dot{\alpha}>0$ 的情况下，这个下洗角将比定常飞行时的下洗角要小一些，这就相当于在尾翼上引起一个向上的附加升力，由此形成的附加气动力矩使导弹低头，以阻止 α 值的增大。在 $\dot{\alpha}<0$ 时，下洗延迟引起的附加力矩将使导弹抬头以阻止 α 值的减小。总之，由 $\dot{\alpha}$ 引起的附加气动力矩相当于一种阻尼力矩，力图阻止 α 值的变化。

同样，若导弹的气动布局为鸭式或旋转弹翼式，当舵面或旋转弹翼的偏转角速度 $\dot{\delta}_z\neq 0$

时，也存在下洗延迟现象。同理，由 $\dot{\delta}_z$ 引起的附加气动力矩也是一种阻尼力矩。

因此，部分导弹采用了旋转尾翼（尾翼绕导弹纵轴旋转）的设计，以降低舵面或旋转弹翼的偏转角引起的下洗气流的影响。

当 $\dot{\alpha}\neq 0$ 和 $\dot{\delta}_z\neq 0$ 时，由下洗延迟引起的两个附加俯仰力矩系数分别写成 $m_{z_t}^{\bar{\dot{\alpha}}}\bar{\dot{\alpha}}$ 和 $m_{z_t}^{\bar{\dot{\delta}}_z}\bar{\dot{\delta}}_z$，为书写简便，简记作 $m_{z_t}^{\dot{\alpha}}\dot{\alpha}$ 和 $m_{z_t}^{\dot{\delta}_z}\dot{\delta}_z$，它们都是无量纲量。

在分析了俯仰力矩的各项组成以后，必须强调指出，尽管影响俯仰力矩的因素有许多，但其中主要的是两项，即由攻角引起的 $m_{z_t}^{\alpha}\alpha$ 和由舵偏角引起的 $m_{z_t}^{\delta_z}\delta_z$。

1.3.3 偏航力矩

偏航力矩 M_{y_t} 是总空气动力矩 M_R 在弹体坐标系 Oy_t 轴上的分量，它将使导弹绕 Oy_t 轴转动。偏航力矩与俯仰力矩产生的物理原因是类似的。所不同的是，偏航力矩是由侧向力所产生的。偏航力矩系数的表达式可仿照式(1-35)写成如下形式，即

$$m_{y_t}=m_{y_t}^{\beta}\beta+m_{y_t}^{\delta_y}\delta_y+m_{y_t}^{\bar{\omega}_{y_t}}\bar{\omega}_{y_t}+m_{y_t}^{\bar{\dot{\beta}}}\bar{\dot{\beta}}+m_{y_t}^{\bar{\dot{\delta}}_y}\bar{\dot{\delta}}_y \tag{1-47}$$

式中：$\bar{\omega}_{y_t}=\dfrac{\omega_{y_t}L}{v}$；$\bar{\dot{\beta}}=\dfrac{\dot{\beta}L}{v}$；$\bar{\dot{\delta}}_y=\dfrac{\dot{\delta}_yL}{v}$。

由于所有导弹外形相对于 Ox_ty_t 平面都是对称的，所以偏航力矩系数 $m_{y_t0}=0$。

$m_{y_t}^{\beta}$ 表征着导弹航向静稳定性，当 $m_{y_t}^{\beta}<0$ 时，是航向静稳定的。对于飞航式导弹，当存在绕 Ox_t 轴的滚动角速度 ω_{x_t} 时，安装在弹身上方的垂直尾翼的各个剖面上将产生附加的侧滑角 $\Delta\beta$，如图 1-29 所示，其值为

$$\Delta\beta\approx\frac{\omega_{x_t}}{v}y_t \tag{1-48}$$

式中：y_t——弹身纵轴到垂直尾翼所选剖面的距离。

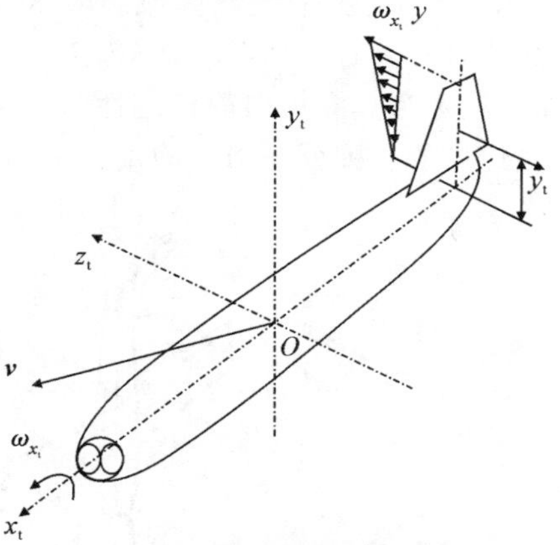

图 1-29　垂直尾翼螺旋角偏航力矩

由于附加侧滑角 $\Delta\beta$ 的存在，垂直尾翼将产生一侧向力，从而产生相对于 Oy_t 轴的偏航力矩 $M_{y_t}(\omega_{x_t})$。它有使导弹作螺旋运动的趋势，故称之为螺旋偏航力矩。因此，对于飞航式导弹，式(1-47)中等号的右端还要加上 $m_{y_t}^{\bar{\omega}_{x_t}}\bar{\omega}_{x_t}$ 这一项。$m_{y_t}^{\bar{\omega}_{x_t}}$ 是无量纲的旋转导数，又称交叉导数，其值是负的。

1.3.4 滚动力矩

滚动力矩(又称为倾斜力矩)M_{x_t}是绕导弹纵轴Ox_t的气动力矩,它是由迎面气流不对称地绕导弹流过所产生的。当导弹有侧滑角、某些操纵机构的偏转或导弹绕Ox_t及Oy_t轴旋转时,均可产生滚动力矩。此外,如左、右弹翼(或安定面等)的安装角和尺寸制造误差所造成的不一致,也会破坏气流流动对称性,从而产生滚动力矩。与分析其他气动力矩一样,只讨论滚动力矩的无量纲系数,即它的力矩系数:

$$m_{x_t}=\frac{M_{x_t}}{qSL} \tag{1-49}$$

滚动力矩的大小取决于导弹的形状和尺寸,飞行速度和高度,侧滑角β,舵面及副翼的偏转角δ_y、δ_x,绕弹体的转动角速度ω_{x_t}、ω_{y_t}及制造误差等。若影响滚动力矩的上述参数都比较小,且略去一些次要因素,则滚动力矩系数m_{x_t}可用如下线性关系近似地表示:

$$m_{x_t}=m_{x_t0}+m_{x_t}^{\beta}\beta+m_{x_t}^{\delta_x}\delta_x+m_{x_t}^{\delta_y}\delta_y+m_{x_t}^{\bar{\omega}_{x_t}}\bar{\omega}_{x_t}+m_{x_t}^{\bar{\omega}_{y_t}}\bar{\omega}_{y_t} \tag{1-50}$$

式中:m_{x_t0}——由制造误差引起的外形不对称产生的,对于某一特定的导弹,m_{x_t0}是个定值;

$m_{x_t}^{\beta}$、$m_{x_t}^{\delta_x}$、$m_{x_t}^{\delta_y}$、$m_{x_t}^{\bar{\omega}_{x_t}}=\dfrac{\partial m_{x_t}}{\partial\bar{\omega}_{x_t}}$、$m_{x_t}^{\bar{\omega}_{y_t}}=\dfrac{\partial m_{x_t}}{\partial\bar{\omega}_{y_t}}$分别是$m_{x_t}$关于$\beta$、$\delta_x$、$\delta_y$、$\omega_{x_t}$、$\omega_{y_t}$的偏导数,所有这些量主要是与导弹的几何参数和$Ma$有关。

1.3.4.1 横向静稳定性

当气流以某一侧滑角β流过导弹的平置弹翼和尾翼时,由于左、右翼的绕流条件不同,所以压力分布也就不同,左、右弹翼不对称的升力将给导弹一个绕纵轴滚动的力矩。

偏导数$m_{x_t}^{\beta}$表征导弹的横向静稳定性,它对飞航式导弹来说具有重要意义。为了说明这一概念,以水平直线飞行的情况为例。假定出于某种原因导弹突然向右倾斜了某一γ角,如图1-30所示,因升力总在对称平面Ox_ty_t内,故当导弹倾斜时,则产生升力的水平分量$Y\sin\gamma$,它使导弹作侧滑飞行,产生正的侧滑角。若$m_{x_t}^{\beta}<0$,则$M_{x_t}^{\beta}\beta<0$,于是该力矩使导弹有消除原来倾斜运动的趋势,因此,该导弹就称为具有横向静稳定性。否则$m_{x_t}^{\beta}>0$,因侧滑所产生的滚动力矩将增强导弹的倾斜运动,这样的导弹就是横向静不稳定的。

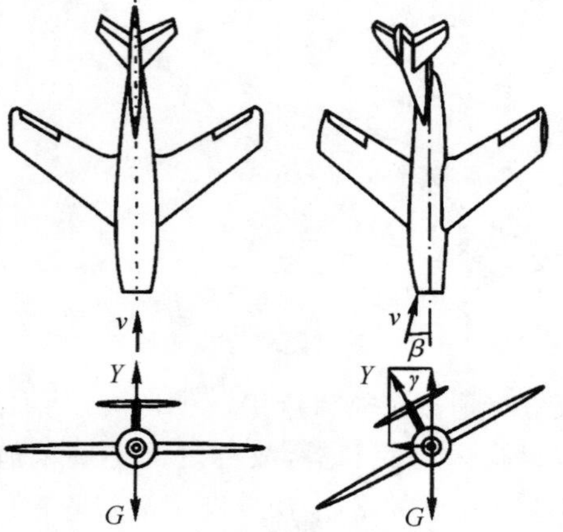

图1-30 倾斜时产生的侧滑

飞航式导弹的横向静稳定性主要是由弹翼和垂直尾翼产生的。弹翼的 $m_{x_t}^{\beta}$ 主要与弹翼的后掠角和上反角有关。

(1)弹翼后掠角的影响。有后掠角 χ 的平置弹翼在有侧滑飞行时，当 $\beta>0$ 时，左翼的实际后掠角为($\chi+\beta$)，而右翼的实际后掠角则为($\chi-\beta$)，如图 1-31 所示。因此，来流速度 v 在右翼前缘的垂直速度分量(称为有效速度)$v\cos(\chi-\beta)$大于左翼前缘的垂直速度分量 $v\cos(\chi+\beta)$。此外，右翼的有效展弦比也比左翼的大，且当 $\beta>0$ 时，右翼的侧缘一部分变成了前缘，而左翼侧缘的一部分变成了后缘。综合这些因素，右翼产生的升力大于左翼，这就导致弹翼产生负的滚动力矩，即 $m_{x_t}^{\beta}<0$，由此增加了横向静稳定性。

(2)弹翼上反角的影响。弹翼上反角 Ψ_W 是翼弦平面与 Ox_ty_t 平面之间的夹角，如图 1-32所示。当翼弦平面在 Ox_tz_t 平面之上时，Ψ_W 为正。

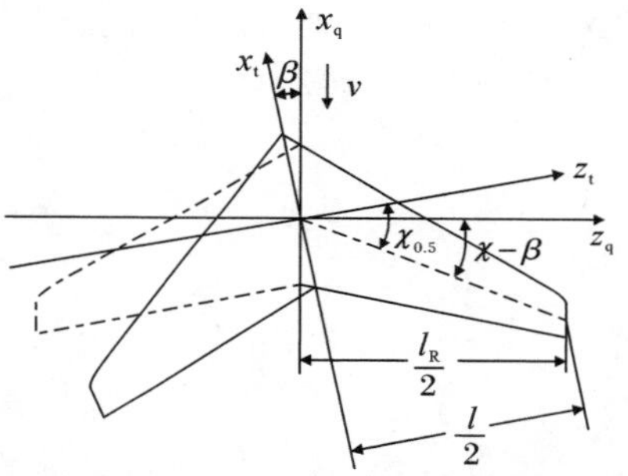

图 1-31　侧滑时弹翼几何参数变化示意图

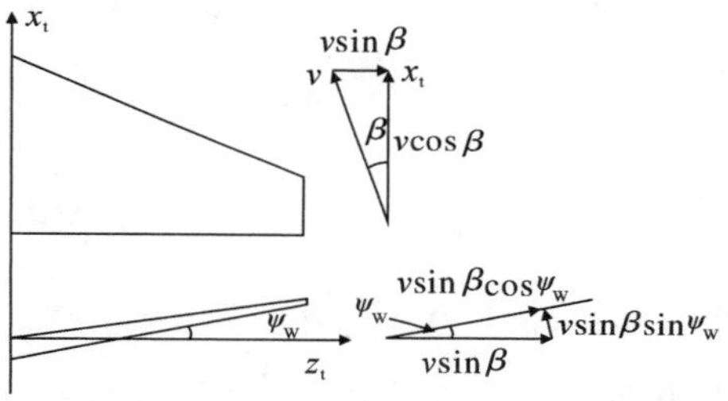

图 1-32　侧滑时上反角导致有效攻角的变化

设导弹以 $\beta>0$ 作侧滑飞行，由于上反角 Ψ_W 的存在，垂直于右翼面的速度分量 $v\sin\beta\sin\Psi_W$ 将使该翼面的攻角有一个增量，其值为

$$\sin\Delta\alpha=\frac{v\sin\beta\sin\Psi_W\Delta t}{v\Delta t}=\sin\beta\sin\Psi_W \tag{1-51}$$

当 β 和 Ψ_W 都较小时，式(1-51)可写为

$$\Delta\alpha=\beta\Psi_W \tag{1-52}$$

左翼则有与其大小相等、方向相反的攻角变化值。

不难看出，在 $\beta>0$ 和 $\Psi_W>0$ 的情况下，右翼 $\Delta\alpha>0$，$\Delta Y>0$，左翼 $\Delta\alpha<0$，$\Delta Y<0$，于是将产生负的滚动力矩，即 $m_{x_t}^{\beta}<0$。因此，正上反角的存在使导弹产生横向静稳定力矩。

1.3.4.2　滚动操纵力矩

面对称导弹绕 Ox_t 转动或保持倾斜稳定，主要是由一对副翼产生滚动操纵力矩实现的。副翼一般安装在弹翼后缘的翼梢处，两边副翼的偏转角方向相反，如图 1-33 所示。

轴对称导弹则利用升降舵和方向舵的差动实现副翼的功能。如果升降舵的一对舵面上下对称偏转(同时向上或向下)，那么，它将产生俯仰力矩；如果方向舵的一对舵面左右对称偏转(同时向左或向右)，那么，它将产生偏航力矩；如果升降舵或方向舵不对称偏转(方向相反或大小不同)，那么，它将产生滚动力矩。

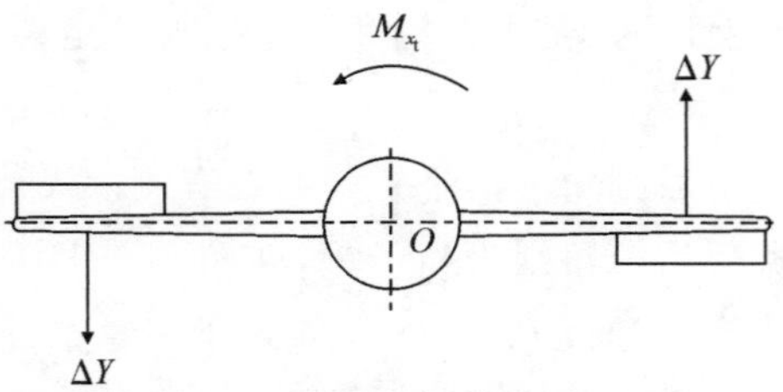

图 1-33 副翼工作原理示意图(后视图)

现以面对称导弹副翼偏转一个 δ_x 角后产生的滚动操纵力矩为例。由图 1-33 可以看出，后缘向下偏转的右副翼产生正的升力增量 ΔY，而后缘向上偏转的左副翼使升力减小了 ΔY。由此产生了负的滚动操纵力矩。该力矩一般与副翼的偏转角 δ_x 成正比，即

$$m_{x_t}(\delta_x)=m_{x_t}^{\delta_x}\delta_x \tag{1-53}$$

式中：$m_{x_t}^{\delta_x}$——副翼的操纵效率。通常定义右副翼下偏、左副翼上偏时 δ_x 为正，因此 $m_{x_t}^{\delta_x}<0$。

对于面对称导弹，垂直尾翼相对于 Ox_tz_t 平面布局是非对称的，在垂直尾翼后缘安装有方向舵，当舵面偏转 δ_y 角时，作用于舵面上的侧向力除使导弹绕 Oy_t 轴转动之外，还将产生一个与舵偏角 δ_y 成比例的滚动力矩，即

$$m_{x_t}(\delta_y)=m_{x_t}^{\delta_y}\delta_y \tag{1-54}$$

1.3.4.3 滚动阻尼力矩

当导弹绕纵轴 Ox_t 旋转时，将产生滚动阻尼力矩 $m_{x_t}^{\omega_{x_t}}\omega_{x_t}$，该力矩产生的物理原因与俯仰阻尼力矩类似。滚动阻尼力矩主要由弹翼产生。由图 1-34 可以看出，导弹绕 Ox_t 轴的旋转使得弹翼的每个剖面均获得相应的附加速度，即

$$v_y=-\omega_{x_t}z \tag{1-55}$$

式中：z——弹翼所选剖面至导弹纵轴 Ox_t 的垂直距离。

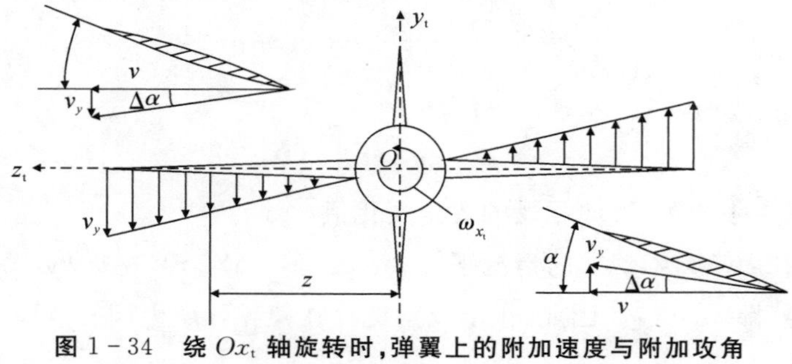

图 1-34 绕 Ox_t 轴旋转时，弹翼上的附加速度与附加攻角

当 $\omega_{x_t}>0$ 时，右翼每个剖面的附加速度方向是向下的，而左翼与之相反。因此，右翼任意剖面上的攻角增量为

$$\Delta\alpha=\frac{\omega_{x_t}z}{v} \tag{1-56}$$

而左翼对称剖面上的攻角则减小了同样的数值。

左、右翼攻角的差别将引起升力的不同，因而产生滚动力矩，该力矩的方向总是阻止导弹绕纵轴 Ox_t 转动，故称该力矩为滚动阻尼力矩。不难证明，滚动阻尼力矩系数与无量纲角速度 $\bar{\omega}_{x_t}$ 成正比，即

$$m_{x_t}(\omega_{x_t}) = m_{x_t}^{\bar{\omega}_{x_t}} \bar{\omega}_{x_t} \tag{1-57}$$

1.3.4.4 交叉导数

为说明 $m_{x_t}^{\bar{\omega}_{y_t}}$ 产生的物理原因，以无后掠弹翼为例。当导弹绕 Oy_t 轴转动时，弹翼的每一个剖面将获得沿 Ox_t 轴方向的附加速度(见图 1-35)，即

$$\Delta v = \omega_{y_t} z \tag{1-58}$$

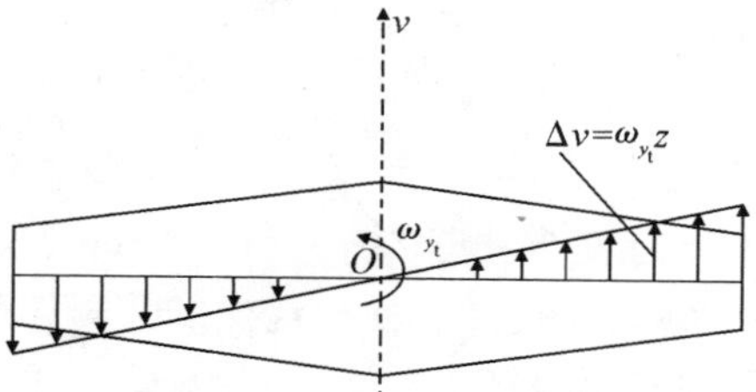

图 1-35　绕 Oy_t 轴转动时，弹翼上的附加速度

如果 $\omega_{y_t} > 0$，则附加速度在右翼上是正的，而在左翼上是负的。这就导致右翼的绕流速度大于左翼的绕流速度，虽然使得左、右翼对称剖面的攻角发生变化，即右翼的攻角减小了 $\Delta\alpha$，而左翼则增大了一个 $\Delta\alpha$ 角，但主要还是由左、右翼动压头改变引起的左、右翼面升力差，形成的滚动力矩影响更大。当 ω_{y_t} 为正时，由此产生的滚动力矩总为负。此滚动力矩系数与无量纲角速度 $\bar{\omega}_{y_t}$ 成正比，即

$$m_{x_t}(\omega_{y_t}) = m_{x_t}^{\bar{\omega}_{y_t}} \bar{\omega}_{y_t} \tag{1-59}$$

1.3.5 铰链力矩

当操纵面偏转某一个角度时，在操纵面上产生空气动力，它除了产生相对于导弹质心的力矩之外，还产生相对于操纵面铰链轴(即转轴)的力矩，称之为铰链力矩，其表达式为

$$M_{JL} = m_{JL} q_t S_t b_t \tag{1-60}$$

式中：m_{JL} ——铰链力矩系数；

q_t ——流经舵面的动压头；

S_t、b_t ——舵面面积和弦长。

对于有人驾驶的飞机来说，铰链力矩的大小决定了驾驶员施予操纵杆上的力的大小。而对于导弹而言，驱动操纵面偏转的舵机所需的功率则取决于铰链力矩的大小。以升降舵为例，当舵面处的攻角为 α、舵偏角为 δ_z 时，铰链力矩主要由舵面上的升力 Y_t 所引起，如图 1-36 所示。若不计舵面阻力对铰链力矩的影响，则铰链力矩的表达式为

$$M_{JL} = -Y_t h \cos(\alpha + \delta_z) \tag{1-61}$$

式中：h——舵面压心至铰链轴的距离。

当攻角 α 和舵偏角 δ_z 较小时，式(1-61)中的升力 Y_t 可看作与 α 和 δ_z 呈线性关系，且 $\cos(\alpha+\delta_z)\approx 1$，则式(1-61)可改写为

$$M_{JL} = -(Y_t^{\alpha}\alpha + Y_t^{\delta_z}\delta_z)h \tag{1-62}$$

铰链力矩系数也可写为

$$m_{JL} = m_{JL}^{\alpha}\alpha + m_{JL}^{\delta_z}\delta_z \tag{1-63}$$

铰链力矩系数 m_{JL} 主要取决于操纵面的类型及形状、Ma、攻角(对于垂直安装的操纵面则

取决于β角)、操纵面的偏转角以及铰链轴的位置。

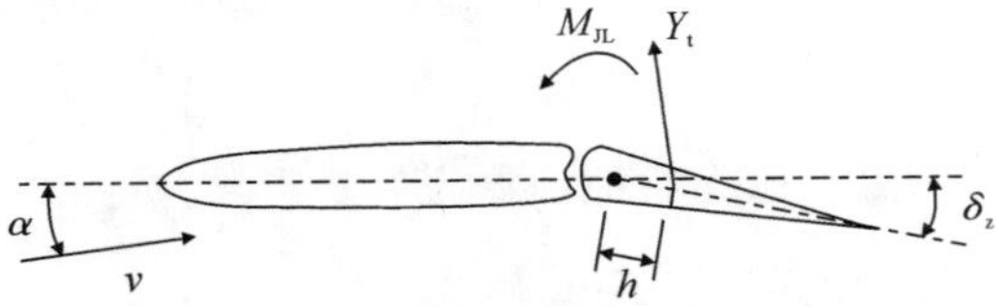

图 1-36　铰链力矩

1.3.6　马格努斯效应

早在1852年,德国科学家海因里希·马格努斯(Heinrich Magnus)曾经预言,当绕自身对称轴旋转的弹丸以攻角α飞行时,由于旋转和横向绕流的共同作用,弹丸上将出观一个与攻角平面垂直的附加空气动力,称为"马格努斯力"。该力对弹丸质心之矩,称为"马格努斯力矩"。这就是通常所说的古典马格努斯效应。

对于飞行中低速滚动的有翼导弹来说,也会产生与攻角平面垂直的力,一般也把这个力和相应的力矩叫作马格努斯力和力矩。但是,由于弹翼的存在,弹翼引起的马格努斯力和力矩远远超过弹身引起的古典马格努斯效应。实验研究表明:马格努斯力对低速滚动的有翼导弹运动的影响不大,甚至可以略而不计,而马格努斯力矩对导弹运动的影响则是不可忽视的因素。下面扼要分析由弹身和弹翼产生的马格努斯力和力矩。

1.3.6.1　弹身的马格努斯力矩

弹身的马格努斯力矩就是弹身的马格努斯力对质心的力矩。

人们曾对来流以速度v和攻角α绕过一个无限长的圆柱体的运动进行过研究。研究时将来流分解成轴向流$v\cos\alpha$和横向流$v\sin\alpha$。如果弹身不绕纵轴旋转($\omega_{x_t}=0$),则$v\sin\alpha$绕圆柱的流动对称于攻角平面。如果圆柱体以ω_{x_t}沿顺时针方向滚动,那么空气黏性将使圆柱体左侧流线密集、流速大、压强小,而右侧正好相反。因此,圆柱体得到一个指向左方的侧向力,即马格努斯力。该力与角速度ω_{x_t}和攻角α相关联,如图1-37所示。当$\omega_{x_t}\neq0$时,若对导弹进行俯仰操纵($\alpha\neq0$),将伴随偏航运动发生。反之,当对导弹进行偏航操纵时,也会发生俯仰运动。这就是所谓运动的交连。

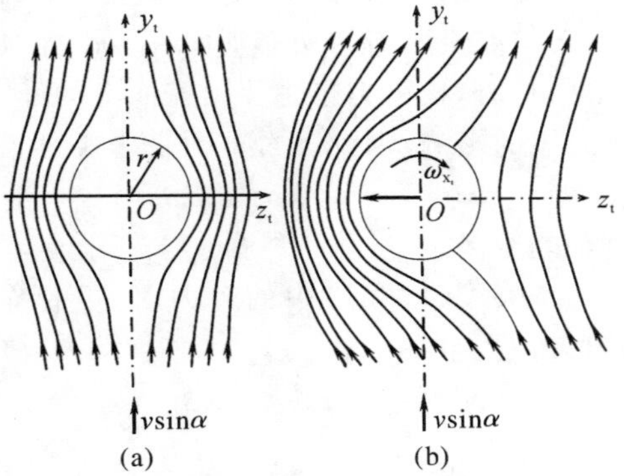

图 1-37　弹身的马格努斯效应

(a)$\omega_{x_t}=0$;　(b)$\omega_{x_t}\neq0$

1.3.6.2　弹翼的马格努斯力矩

下面以有差动安装角 φ 的斜置弹翼在绕 Ox_t 轴旋转时产生马格努斯效应的情形为例来进行分析。

图 1-38 所示是一个十字形斜置尾翼弹。当导弹的飞行攻角为 α，且以角速度 ω_{x_t} 旋转时，左、右翼片位于压心 z 处的剖面上，将产生附加速度 $\omega_{x_t}z$。左、右翼的有效攻角分别用 α_1 和 α_2 表示，则有

$$\begin{cases}\alpha_1=\alpha+\varphi-\dfrac{\omega_{x_t}z}{v}\\[2ex]\alpha_2=\alpha-\varphi+\dfrac{\omega_{x_t}z}{v}\end{cases}$$

垂直于左、右翼面的法向力分别用 Y_{1W} 和 Y_{2W} 表示，在弹体纵轴方向上的投影分别为

$$\begin{cases}Y_{1W}\sin\varphi\approx Y_{1W}\varphi\\Y_{2W}\sin\varphi\approx Y_{2W}\varphi\end{cases}$$

其方向是相反的。那么，左、右两翼形成的马格努斯力矩为

$$M_{y_t}=-(Y_{1W}z_1+Y_{2W}z_2)\varphi \tag{1-64}$$

式中：z_1、z_2——左、右翼的压心至弹体纵轴的距离。

由此可以得出：当气流以速度 v 和攻角 α 流经不旋转的斜置弹翼时，或流经旋转的平置弹翼时，都将产生相应的马格努斯力矩，使导弹运动产生交连现象。

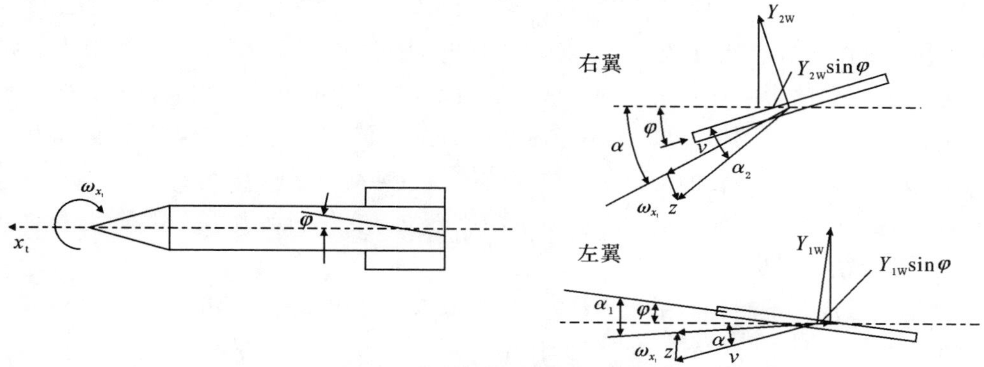

图 1-38　弹翼的马格努斯效应

同理，若来流以速度 v 和侧滑角 β 流经斜置垂直弹翼或具有旋转角速度 ω_{x_t} 的平置垂直弹翼时，也将产生俯仰方向的马格努斯力矩。

第2章 导弹运动方程组

导弹运动方程组是对导弹受力和运动之间关系的数学描述，可以理解为导弹的数学模型。另外，对导弹运动轨迹的模拟计算与分析，以及对导弹的稳定性与操纵性方面的研究也是以导弹运动方程组为依据和出发点的。

从理论上讲，全面、准确地描述导弹的数学模型是非常复杂的。因为导弹在飞行过程中受力并不是均匀的，其外形会发生弹性或塑性变形；操纵面的偏转也会不时地改变导弹的外形；火箭发动机不断以高速排出燃料燃烧后的产物，使导弹的质量时刻发生着改变；对于使用喷气发动机的导弹，新的空气不断进入发动机，燃烧后的产物又连续往外排出。这些因素会导致导弹的质量、外形都随时间而变化。因此，完整描述导弹在空间运动和制导系统中各元件工作过程的数学模型是相当复杂的。同时，不同研究阶段、不同设计要求，所需建立的导弹运动数学模型也不同。

因此，为了便于了解导弹运动的主要特性，可以把导弹质量与喷射出的燃气质量合在一起考虑，将其转换成为一个常质量系，即采用所谓“固化原理”，指在任意研究瞬时，把变质量系的导弹视为虚拟刚体，把该瞬时在导弹所包围的“容积”内的质点“固化”在虚拟的刚体上并作为它的组成。同时，忽略影响导弹运动的一些次要因素，即采用如下的简化假设：

(1)把导弹看作绝对刚体，也就是不考虑结构的弹性变形，不考虑旋转部件(例如发动机转子)的陀螺效应和操纵面偏转的动力学效应及液体燃料晃动的影响。

(2)不考虑由燃料消耗而造成的导弹质量和质心位置变化的动力学效应，而把发动机的推力当作“外力”看待。

(3)把地球看成是不旋转的平坦大地，而忽略地球的旋转和曲率的影响。

(4)把大气看作是平静的，不考虑风的作用。

如果考虑上述因素，那么建立的导弹运动方程组将是非常复杂的。而且每一个因素的考虑都将形成飞行力学的一个专门课题和研究领域。因此，基于以上假设，研究导弹的质心运动就可以转化为研究刚体的运动。于是，导弹质心的运动可运用刚体运动方程式[式(2-1)：牛顿第二定律]，而导弹绕质心的转动也可以用同样的方法来处理[式(2-2)：动量矩定律]，最后形成了由非线性的一阶常微分方程及代数方程组成的方程组来描述导弹的运动。给出相应的初始条件，在计算机上进行数值积分，就可确定其各运动参数的变化规律，为结构强度设计和制导系统的设计及导弹的战斗使用研究提供必要的数据。

$$m\frac{\mathrm{d}\boldsymbol{v}}{\mathrm{d}t}=\boldsymbol{F} \tag{2-1}$$

$$\frac{\mathrm{d}\boldsymbol{H}_0}{\mathrm{d}t}=\boldsymbol{M}_0 \tag{2-2}$$

式中：$\boldsymbol{v}$ ——刚体的速度；

m ——刚体的质量；

$\boldsymbol{F}$ ——作用于刚体上的合外力；

$\boldsymbol{H}_0$——刚体相对于质心的动量矩；

$\boldsymbol{M}_0$——合外力对刚体质心的力矩。

2.1　常用坐标系之间的转换

2.1.1　矢量在坐标系之间变换

导弹在飞行过程中受到空气动力、推力和重力的作用。要把导弹受力的矢量方程变换成相应坐标系上的标量方程，需要将作用于导弹上的力和力矩投影到对应坐标系上。

第 1 章已经介绍了将空气动力建立在速度坐标系下，推力建立在弹体坐标系下，而重力则建立在地面坐标系下的情况，由于各个力分别定义在不同的坐标系中，欲要建立描绘导弹质心运动的动力学方程，必须分别将定义在各坐标系中的力变换（投影）到某个选定的、能够表征导弹运动特征的动坐标系（如弹道坐标系）中。为此，就要首先建立各坐标系之间的变换关系，以便把不同的坐标系中的矢量投影到同一坐标系上，从而建立对应的标量方程。

假设把某一坐标系 A 中的矢量 $\boldsymbol{r}$ 变换到另一个坐标系 B 中去，亦即求解矢量 $\boldsymbol{r}$ 在坐标系 B 中各个轴的投影分量，就必须知道坐标系 A 和 B 各对应坐标轴的相互方位。如果各对应轴的相互方位确定了，则它们之间的变换关系就可以用一个确定的变换矩阵（正交矩阵）给出。而该矩阵的各个元素就是两个坐标系各对应轴之间的方向余弦。欲求矢量 $\boldsymbol{r}$ 在坐标系 B 中各轴上的投影，只需将变换矩阵乘以矢量 $\boldsymbol{r}$ 的列矩阵 $[x_A \quad y_A \quad z_A]^{\mathrm{T}}$ 即可得到

$$\boldsymbol{r}_B = \boldsymbol{B}_A^B \cdot \boldsymbol{r}_A \tag{2-3}$$

亦即

$$\begin{bmatrix} x_B \\ y_B \\ z_B \end{bmatrix} = \begin{bmatrix} \cos(x_A, x_B) & \cos(y_A, x_B) & \cos(z_A, x_B) \\ \cos(x_A, y_B) & \cos(y_A, y_B) & \cos(z_A, y_B) \\ \cos(x_A, z_B) & \cos(y_A, z_B) & \cos(z_A, z_B) \end{bmatrix} \begin{bmatrix} x_A \\ y_A \\ z_A \end{bmatrix}$$

式中

$$\boldsymbol{B}_A^B = \begin{bmatrix} \cos(x_A, x_B) & \cos(y_A, x_B) & \cos(z_A, x_B) \\ \cos(x_A, y_B) & \cos(y_A, y_B) & \cos(z_A, y_B) \\ \cos(x_A, z_B) & \cos(y_A, z_B) & \cos(z_A, z_B) \end{bmatrix} \tag{2-4}$$

求任何两个坐标系之间的变换矩阵的方法，首先要确定两个坐标系之间的坐标轴的相对方位角。而任何两个三自由度的坐标系之间的空间变换，都可以通过绕相应的坐标轴进行 3 次旋转得到。因此，坐标系 B 可通过坐标系 A 的坐标轴按一定的顺序，据方位角定义正向旋转 3 次得到，每旋转一次得到一个基元旋转矩阵。因此，从坐标系 A 到坐标系 B 的变换矩阵就等于几个基元矩阵的乘积。下面讨论地面、弹体、气流和弹道 4 个坐标系之间的变换矩阵。

2.1.2 地面坐标系与弹体坐标系之间的变换矩阵

弹体坐标系 $Ox_t y_t z_t$ 相对地面坐标系 $O_D x_D y_D z_D$ 的姿态，可用 3 个姿态角来确定，它们分别为俯仰角 ϑ、偏航角 Ψ 和滚转角 γ（定义见 1.2.3 节）。地面坐标系中的矢量可以通过分别绕 y_D 轴、z_t' 轴、x_t 轴旋转 Ψ、ϑ、γ 得到弹体坐标系中投影分量，如图 2-1(a)所示。

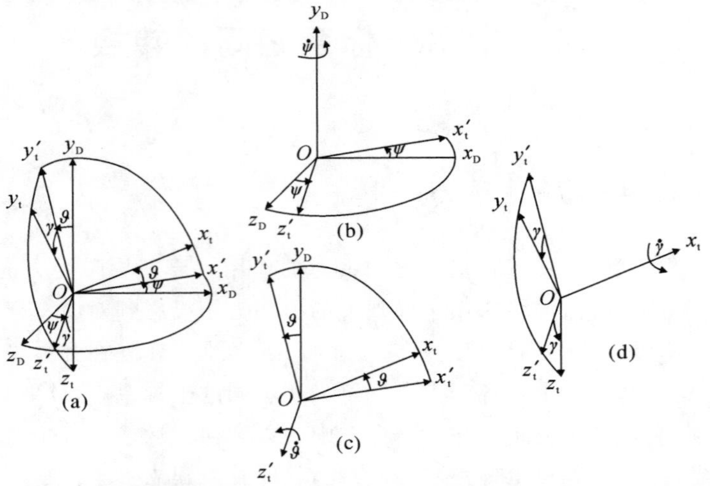

图 2-1　地面坐标系 $O_D x_D y_D z_D$ 与弹体坐标系 $Ox_t y_t z_t$ 的相对关系

首先视弹体坐标系和地面坐标系原点以及各对应轴分别重合，然后按照姿态角的定义，绕相应坐标轴依次旋转 Ψ、ϑ 和 γ，获得 3 个基元旋转矩阵。这 3 个基元旋转矩阵的积就是变换矩阵 $\boldsymbol{B}_D^t(\Psi,\vartheta,\gamma)$。具体步骤如下：

首先，将地面坐标系 $O_D x_D y_D z_D$ 以角速度 $\dot{\Psi}$ 绕 $O_D y_D$ 轴旋转 Ψ，形成 $O_D x_t' y_D z_t'$ 坐标系[见图 2-1(b)]，若将地面坐标系 $O_D x_D y_D z_D$ 中矢量 $\boldsymbol{r}$ 的列矩阵 $[x_D \quad y_D \quad z_D]^T$ 转换到坐标系 $O_D x_t' y_D z_t'$ 中去，所得矢量 $\boldsymbol{r}$ 的列矩阵 $[x_t' \quad y_D \quad z_t']^T$ 为

$$\begin{bmatrix} x_t' \\ y_D \\ z_t' \end{bmatrix} = \boldsymbol{B}_{y_D}(\Psi) \begin{bmatrix} x_D \\ y_D \\ z_D \end{bmatrix} \tag{2-5}$$

由式(2-4)得

$$\boldsymbol{B}_{y_D}(\Psi) = \begin{bmatrix} \cos(x_D, x_t') & \cos(y_D, x_t') & \cos(z_D, x_t') \\ \cos(x_D, y_D) & \cos(y_D, y_D) & \cos(z_D, y_D) \\ \cos(x_D, z_t') & \cos(y_D, z_t') & \cos(z_D, z_t') \end{bmatrix} = \begin{bmatrix} \cos\Psi & 0 & -\sin\Psi \\ 0 & 1 & 0 \\ \sin\Psi & 0 & \cos\Psi \end{bmatrix} \tag{2-6}$$

式(2-6)是绕 $O_D y_D$ 轴旋转而获得的基元旋转矩阵。

其次，将坐标系 $O_D x_t' y_D z_t'$ 以角速度 $\dot{\vartheta}$ 绕 $O_D z_t'$ 轴旋转 ϑ，组成新的 $O_D x_t y_t' z_t'$ 坐标系[见图 2-1(c)]，同样，将矢量 $\boldsymbol{r}$ 的列矩阵 $[x_t' \; y_D \; z_t']^T$ 变换到 $O_D x_t y_t' z_t'$ 坐标系上，可得

$$\begin{bmatrix} x_t \\ y_t' \\ z_t' \end{bmatrix} = \boldsymbol{B}_{z_t'}(\vartheta) \begin{bmatrix} x_t' \\ y_D \\ z_t' \end{bmatrix} \tag{2-7}$$

同式(2-6)的求解一样，基元旋转矩阵 $\boldsymbol{B}_{z_t'}(\vartheta)$ 为

$$\boldsymbol{B}_{z_t'}(\vartheta)=\begin{bmatrix}\cos\vartheta & \sin\vartheta & 0\\ -\sin\vartheta & \cos\vartheta & 0\\ 0 & 0 & 1\end{bmatrix} \tag{2-8}$$

最后，将坐标系 $O_Dx_ty_t'z_t'$ 以角速度 $\dot{\gamma}$ 绕 O_Dx_t 轴旋转 γ，即构成弹体坐标系 $Ox_ty_tz_t$[见图 2-1(d)]。若将 $O_Dx_ty_t'z_t'$ 中矢量 $\boldsymbol{r}$ 的列矩阵 $[x_t \quad y_t' \quad z_t']^T$ 变换到弹体坐标系上，则有

$$\begin{bmatrix}x_t\\ y_t\\ z_t\end{bmatrix}=\boldsymbol{B}_{x_t}(\gamma)\begin{bmatrix}x_t\\ y_t'\\ z_t'\end{bmatrix} \tag{2-9}$$

于是，式中的基元旋转矩阵 $\boldsymbol{B}_{x_t}(\gamma)$ 为

$$\boldsymbol{B}_{x_t}(\gamma)=\begin{bmatrix}1 & 0 & 0\\ 0 & \cos\gamma & \sin\gamma\\ 0 & -\sin\gamma & \cos\gamma\end{bmatrix} \tag{2-10}$$

由以上推导得知，若将地面坐标系 $O_Dx_Dy_Dz_D$ 中的列矢量 $[x_D \quad y_D \quad z_D]^T$ 变换到坐标系 $Ox_ty_tz_t$ 中，并用列矢量 $[x_t \quad y_t \quad z_t]^T$ 来表示，由式(2-5)、式(2-7)和式(2-9)联立即可得

$$\begin{bmatrix}x_t\\ y_t\\ z_t\end{bmatrix}=\boldsymbol{B}_{x_t}(\gamma)\boldsymbol{B}_{z_t'}(\vartheta)\boldsymbol{B}_{y_D}(\Psi)\begin{bmatrix}x_D\\ y_D\\ z_D\end{bmatrix} \tag{2-11}$$

在式(2-11)中，令 $\boldsymbol{B}_D^t(\Psi,\vartheta,\gamma)=\boldsymbol{B}_{x_t}(\gamma)\boldsymbol{B}_{z_t'}(\vartheta)\boldsymbol{B}_{y_D}(\Psi)$，并将式(2-6)、式(2-8)和式(2-10)代入式(2-11)中，则有

$$\boldsymbol{B}_D^t(\Psi,\vartheta,\gamma)=\begin{bmatrix}\cos\vartheta\cos\Psi & \sin\vartheta & -\cos\vartheta\sin\Psi\\ -\sin\vartheta\cos\Psi\cos\gamma+\sin\Psi\sin\gamma & \cos\vartheta\cos\gamma & \sin\vartheta\sin\Psi\cos\gamma+\cos\Psi\sin\gamma\\ \sin\vartheta\cos\Psi\sin\gamma+\sin\Psi\cos\gamma & -\cos\vartheta\sin\gamma & -\sin\vartheta\sin\Psi\sin\gamma+\cos\Psi\cos\gamma\end{bmatrix} \tag{2-12}$$

式(2-12)称为地面坐标系 $O_Dx_Dy_Dz_D$ 向弹体坐标系 $Ox_ty_tz_t$ 作矢量坐标变换的变换矩阵。因此式(2-11)又可写为

$$\begin{bmatrix}x_t\\ y_t\\ z_t\end{bmatrix}=\boldsymbol{B}_D^t(\Psi,\vartheta,\gamma)\begin{bmatrix}x_D\\ y_D\\ z_D\end{bmatrix} \tag{2-13}$$

由于这两个坐标系都是正交坐标系，其变换矩阵为正交矩阵，所以变换矩阵的逆矩阵等于变换矩阵的转置矩阵。利用这种性质，式(2-13)的逆变换则为

$$\begin{aligned}\begin{bmatrix}x_D\\ y_D\\ z_D\end{bmatrix}&=\boldsymbol{B}_D^t(\Psi,\vartheta,\gamma)^{-1}\begin{bmatrix}x_t\\ y_t\\ z_t\end{bmatrix}=\boldsymbol{B}_D^t(\Psi,\vartheta,\gamma)^T\begin{bmatrix}x_t\\ y_t\\ z_t\end{bmatrix}=\boldsymbol{B}_t^D(\Psi,\vartheta,\gamma)\begin{bmatrix}x_t\\ y_t\\ z_t\end{bmatrix}\\ &=\begin{bmatrix}\cos\vartheta\cos\Psi & -\sin\vartheta\cos\Psi\cos\gamma+\sin\Psi\sin\gamma & \sin\vartheta\cos\Psi\sin\gamma+\sin\Psi\cos\gamma\\ \sin\vartheta & \cos\vartheta\cos\gamma & -\cos\vartheta\sin\gamma\\ -\cos\vartheta\sin\Psi & \sin\vartheta\sin\Psi\cos\gamma+\cos\Psi\sin\gamma & -\sin\vartheta\sin\Psi\sin\gamma+\cos\Psi\cos\gamma\end{bmatrix}\begin{bmatrix}x_t\\ y_t\\ z_t\end{bmatrix}\end{aligned} \tag{2-14}$$

2.1.3 地面坐标系与弹道坐标系之间的变换矩阵

弹道坐标系 $Ox_d y_d z_d$ 相对于地面坐标系 $O_D x_D y_D z_D$ 的姿态，可用 2 个方位角来确定，它们分别为弹道倾角 θ、弹道偏角 Ψ_v（定义见 1.2.5 节）。地面坐标系中的矢量可以通过分别绕 $O_D y_D$ 轴和 $O_d z_d$ 轴的旋转 Ψ_v、θ 得到在弹道坐标系中的投影分量，如图 2-2 所示。

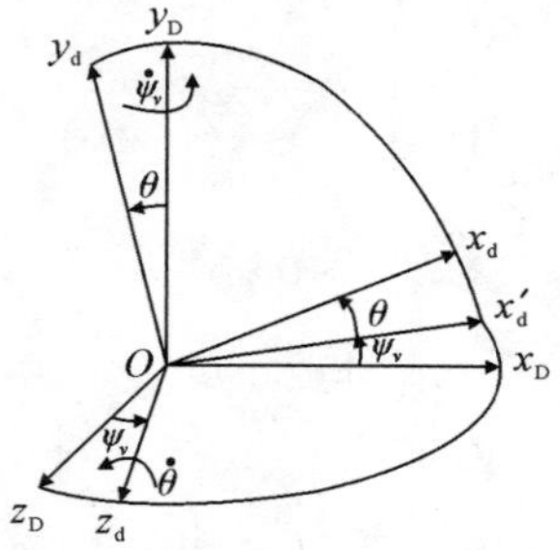

图 2-2 地面坐标系 $O_D x_D y_D z_D$ 与弹道坐标系 $Ox_d y_d z_d$ 的相对关系

显然，坐标系 $Ox_d y_d z_d$ 相对坐标系 $O_D x_D y_D z_D$ 之间的变换矩阵可通过两次旋转求得。首先，将地面坐标系 $O_D x_D y_D z_D$ 以角速度 $\dot{\Psi}_v$ 绕 $O_D y_D$ 轴旋转 Ψ_v，组成过渡坐标系 $O_D x' y_D z_d$，得到基元旋转矩阵 $\boldsymbol{B}_{y_D}(\Psi_v)$ 为

$$\boldsymbol{B}_{y_D}(\Psi_v)=\begin{bmatrix}\cos\Psi_v & 0 & -\sin\Psi_v\\ 0 & 1 & 0\\ \sin\Psi_v & 0 & \cos\Psi_v\end{bmatrix} \tag{2-15}$$

其次，使过渡坐标系 $O_D x' y_D z_d$ 以角速度 $\dot{\theta}$ 绕 $O_D z_d$ 轴旋转 θ，即得到弹道坐标系 $Ox_d y_d z_d$，其基元旋转矩阵 $\boldsymbol{B}_{z_d}(\theta)$ 为

$$\boldsymbol{B}_{z_d}(\theta)=\begin{bmatrix}\cos\theta & \sin\theta & 0\\ -\sin\theta & \cos\theta & 0\\ 0 & 0 & 1\end{bmatrix} \tag{2-16}$$

最后，地面坐标系 $O_D x_D y_D z_D$ 向弹道坐标系 $Ox_d y_d z_d$ 作矢量坐标转换的变换矩阵就等于旋转矩阵 $\boldsymbol{B}_{y_D}(\Psi_v)$ 和 $\boldsymbol{B}_{z_d}(\theta)$ 之积，即

$$\boldsymbol{B}_D^d(\Psi_v,\theta)=\boldsymbol{B}_{z_d}(\theta)\boldsymbol{B}_{y_D}(\Psi_v)=\begin{bmatrix}\cos\theta\cos\Psi_v & \sin\theta & -\cos\theta\sin\Psi_v\\ -\sin\theta\cos\Psi_v & \cos\theta & \sin\theta\sin\Psi_v\\ \sin\Psi_v & 0 & \cos\Psi_v\end{bmatrix} \tag{2-17}$$

若已知坐标系 $O_D x_D y_D z_D$ 中的列矢量 $[x_D \quad y_D \quad z_D]^T$，求其在坐标系 $Ox_d y_d z_d$ 各轴上的投影分量，则利用式(2-17)可得

$$\begin{bmatrix}x_d\\ y_d\\ z_d\end{bmatrix}=\boldsymbol{B}_D^d(\theta,\Psi_v)\begin{bmatrix}x_D\\ y_D\\ z_D\end{bmatrix} \tag{2-18}$$

式(2-18)的逆变换则为

$$\begin{bmatrix}x_D\\y_D\\z_D\end{bmatrix}=\boldsymbol{B}_D^d(\Psi_v,\theta)^{-1}\begin{bmatrix}x_d\\y_d\\z_d\end{bmatrix}=\boldsymbol{B}_D^d(\Psi_v,\theta)^T\begin{bmatrix}x_d\\y_d\\z_d\end{bmatrix}=\boldsymbol{B}_d^D(\Psi_v,\theta)\begin{bmatrix}x_d\\y_d\\z_d\end{bmatrix}$$

$$=\begin{bmatrix}\cos\theta\cos\Psi_v & -\sin\theta\cos\Psi_v & \sin\Psi_v\\ \sin\theta & \cos\theta & 0\\ -\cos\theta\sin\Psi_v & \sin\theta\sin\Psi_v & \cos\Psi_v\end{bmatrix}\begin{bmatrix}x_d\\y_d\\z_d\end{bmatrix} \tag{2-19}$$

2.1.4 速度坐标系与弹体坐标系之间的变换矩阵

根据这两个坐标系的定义，弹体坐标系 $Ox_ty_tz_t$ 相对于速度坐标系 $Ox_sy_sz_s$ 的方位，完全由弹体纵轴 Ox_t 相对速度坐标系的空间方位来确定，亦即用攻角 α 和侧滑角 β 来确定(定义见 1.2.4 节)。

根据攻角 α 和侧滑角 β 的定义，首先将速度坐标系 $Ox_sy_sz_s$ 以角速度 $\dot{\beta}$ 绕 Oy_s 轴旋转 β，得到过渡坐标系 $Ox_t'y_sz_t$(见图 2-3)，其基元旋转矩阵 $\boldsymbol{B}_{y_s}(\beta)$ 为

$$\boldsymbol{B}_{y_s}(\beta)=\begin{bmatrix}\cos\beta & 0 & -\sin\beta\\ 0 & 1 & 0\\ \sin\beta & 0 & \cos\beta\end{bmatrix} \tag{2-20}$$

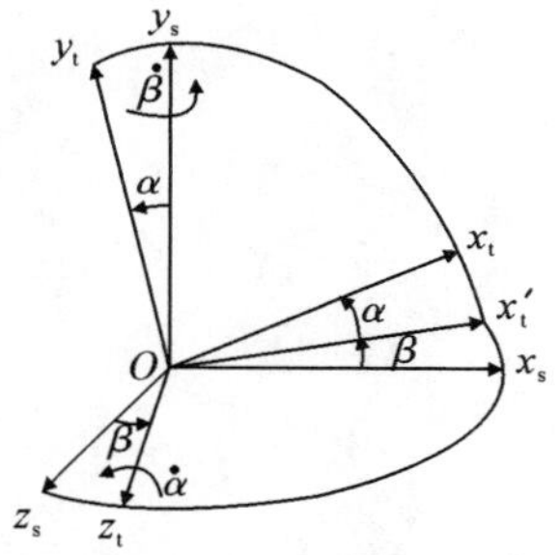

图 2-3　速度坐标系 $Ox_sy_sz_s$ 与弹体坐标系 $Ox_ty_tz_t$ 的相对关系

然后，再将 $Ox_t'y_sz_t$ 以角速度 $\dot{\alpha}$ 绕 Oz_t 轴旋转 α，即得到弹体坐标系 $Ox_ty_tz_t$，其基元旋转矩阵 $\boldsymbol{B}_{z_t}(\alpha)$ 为

$$\boldsymbol{B}_{z_t}(\alpha)=\begin{bmatrix}\cos\alpha & \sin\alpha & 0\\ -\sin\alpha & \cos\alpha & 0\\ 0 & 0 & 1\end{bmatrix} \tag{2-21}$$

同样，速度坐标系 $Ox_sy_sz_s$ 向弹体坐标系 $Ox_ty_tz_t$ 作矢量坐标变换的变换矩阵可写为

$$\boldsymbol{B}_s^t(\alpha,\beta)=\boldsymbol{B}_{z_t}(\alpha)\boldsymbol{B}_{y_s}(\beta)=\begin{bmatrix}\cos\alpha\cos\beta & \sin\alpha & -\cos\alpha\sin\beta\\ -\sin\alpha\cos\beta & \cos\alpha & \sin\alpha\sin\beta\\ \sin\beta & 0 & \cos\beta\end{bmatrix} \tag{2-22}$$

利用式(2-22)，列矢量 $[x_s\ y_s\ z_s]^T$ 与 $[x_t\ y_t\ z_t]^T$ 之间具有如下关系：

$$\begin{bmatrix}x_t\\y_t\\z_t\end{bmatrix}=\boldsymbol{B}_s^t(\alpha,\beta)\begin{bmatrix}x_s\\y_s\\z_s\end{bmatrix} \tag{2-23}$$

同样式(2-23)的逆变换则为

$$\begin{bmatrix} x_s \\ y_s \\ z_s \end{bmatrix} = \boldsymbol{B}_s^t(\beta,\alpha)^{-1} \begin{bmatrix} x_t \\ y_t \\ z_t \end{bmatrix} = \boldsymbol{B}_s^t(\beta,\alpha)^{\mathrm{T}} \begin{bmatrix} x_t \\ y_t \\ z_t \end{bmatrix} = \boldsymbol{B}_t^s(\beta,\alpha) \begin{bmatrix} x_t \\ y_t \\ z_t \end{bmatrix}$$

$$= \begin{bmatrix} \cos\alpha\cos\beta & -\sin\alpha\cos\beta & \sin\beta \\ \sin\alpha & \cos\alpha & 0 \\ -\cos\alpha\sin\beta & \sin\alpha\sin\beta & \cos\beta \end{bmatrix} \begin{bmatrix} x_t \\ y_t \\ z_t \end{bmatrix} \tag{2-24}$$

2.1.5 弹道坐标系与速度坐标系之间的变换矩阵

由这两个坐标系的定义可知，Ox_d 轴和 Ox_s 轴都与速度矢量 $\boldsymbol{v}$ 重合，因此，它们之间的相互方位只用一个角参数——速度倾斜角 γ_v（定义见 1.2.5 节）即可确定。

弹道坐标系向速度坐标系作矢量坐标变换的变换矩阵即为以角速度 $\dot{\gamma}_v$ 绕 Ox_d 轴旋转过 γ_v（见图 2-4），所得的基元旋转矩阵 $\boldsymbol{B}_{x_d}(\gamma_v)$ 为

$$\boldsymbol{B}_d^s(\gamma_v) = \boldsymbol{B}_{x_d}(\gamma_v)$$

$$= \begin{bmatrix} 1 & 0 & 0 \\ 0 & \cos\gamma_v & \sin\gamma_v \\ 0 & -\sin\gamma_v & \cos\gamma_v \end{bmatrix} \tag{2-25}$$

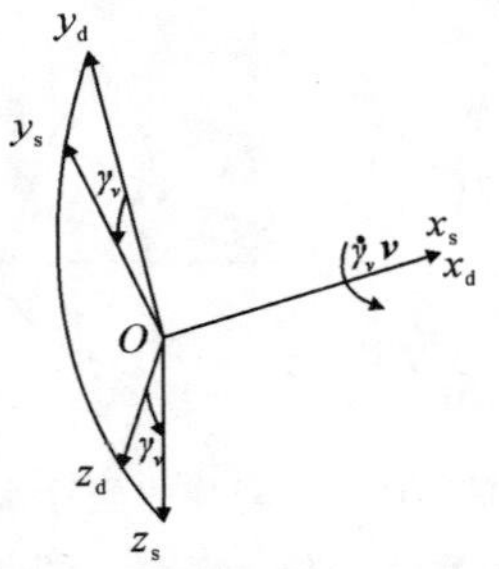

图 2-4 弹道坐标系 $Ox_dy_dz_d$ 与速度 $Ox_sy_sz_s$ 的相对关系

应用式(2-25)，可将弹道坐标系中的列矢量$[x_d \quad y_d \quad z_d]^{\mathrm{T}}$ 变换到速度坐标系中去，即

$$\begin{bmatrix} x_s \\ y_s \\ z_s \end{bmatrix} = \boldsymbol{B}_d^s(\gamma_v) \begin{bmatrix} x_d \\ y_d \\ z_d \end{bmatrix} = \boldsymbol{B}_{x_d}(\gamma_v) \begin{bmatrix} x_d \\ y_d \\ z_d \end{bmatrix} \tag{2-26}$$

同样，式(2-26)的逆变换则为

$$\begin{bmatrix} x_d \\ y_d \\ z_d \end{bmatrix} = \boldsymbol{B}_d^s(\gamma_v)^{-1} \begin{bmatrix} x_s \\ y_s \\ z_s \end{bmatrix} = \boldsymbol{B}_d^s(\gamma_v)^{\mathrm{T}} \begin{bmatrix} x_s \\ y_s \\ z_s \end{bmatrix} = \boldsymbol{B}_s^d(\gamma_v) \begin{bmatrix} x_s \\ y_s \\ z_s \end{bmatrix}$$

$$= \begin{bmatrix} 1 & 0 & 0 \\ 0 & \cos\gamma_v & -\sin\gamma_v \\ 0 & \sin\gamma_v & \cos\gamma_v \end{bmatrix} \begin{bmatrix} x_s \\ y_s \\ z_s \end{bmatrix} \tag{2-27}$$

要将导弹所受到的力和力矩投影到相应的坐标系上，只需将它们左乘相应的坐标变换矩阵就可以得到投影后相应的坐标分量。上面导出的坐标变换矩阵式(2－12)、式(2－17)、式(2－22)和式(2－25)，在建立导弹的空间运动方程时将要用到它们。需要说明的是，坐标系的选取不是唯一的，因此，正确、合理地选取坐标系会使所建立的导弹运动方程组更加简明清晰，也便于求解。需要注意的是，坐标系的选取与所研究的具体对象有着密切的联系。

2.1.6　各个坐标系相互关系的汇总

以上介绍的 4 套坐标系之间的相互关系可以用一个示意图(见图 2－5)清楚而形象地表示出来。

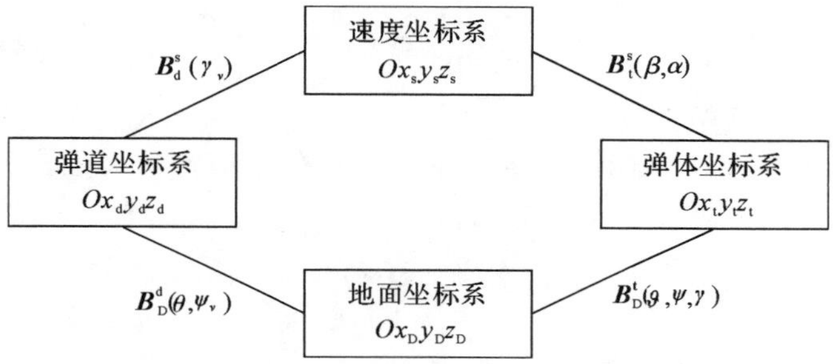

图 2－5　4 个坐标系之间的关系

2.2　导弹运动方程组

导弹运动方程组是描述导弹的力、力矩与导弹运动参数(如加速度、速度、位置、姿态等)之间关系的方程组，它由动力学方程、运动学方程、质量变化方程、几何关系方程和控制关系方程组成。

2.2.1　动力学方程

导弹在空间的运动一般看成可控制的变质量系统具有 6 个自由度的运动。根据前述“固化原理”和简化假设，把变质量系的导弹当作常质量系来看待，并建立导弹动力学基本方程，为研究导弹运动特性方便起见，通常将这两个矢量方程分别投影到相应的坐标系上，写成导弹质心运动的 3 个动力学标量方程和导弹绕质心转动的 3 个动力学标量方程。

2.2.1.1　导弹质心运动的动力学方程

工程实践表明：对研究导弹质心运动来说，把矢量方程式(2－1)写成投影在弹道坐标系上的标量方程最为简单，又便于分析导弹的运动特性。把地面坐标系视为惯性坐标系，能保证所需要的计算准确度。弹道坐标系是动坐标系，它相对地面坐标系既有位移运动，又有转动运动，位移速度为 v，转动角速度用 Ω 表示。

设弹道坐标系 $Ox_d y_d z_d$ 相对于惯性坐标系的转动角速度为 $\boldsymbol{\Omega}$，在弹道坐标系中，$\boldsymbol{\Omega}$ 的投影分量为 Ω_x、Ω_y、Ω_z，故有

$$\boldsymbol{\Omega}=\Omega_x\boldsymbol{i}+\Omega_y\boldsymbol{j}+\Omega_z\boldsymbol{k} \tag{2-28}$$

式中：$\boldsymbol{i}$、$\boldsymbol{j}$、$\boldsymbol{k}$——沿弹道坐标系 Ox_d、Oy_d、Oz_d 轴的单位矢量。同样地，质心运动的速度 $\boldsymbol{v}$ 和力 $\boldsymbol{F}$ 在同一坐标系中分解为

$$\boldsymbol{v}=v\,\boldsymbol{i} \tag{2-29}$$

$$\boldsymbol{F}=F_x\boldsymbol{i}+F_y\boldsymbol{j}+F_z\boldsymbol{k} \tag{2-30}$$

将式(2-29)和式(2-30)代入式(2-1)得

$$m\left[\frac{\mathrm{d}v}{\mathrm{d}t}\boldsymbol{i}+v\,\frac{\mathrm{d}\boldsymbol{i}}{\mathrm{d}t}\right]=F_x\boldsymbol{i}+F_y\boldsymbol{j}+F_z\boldsymbol{k} \tag{2-31}$$

理论力学指出，当一个刚体绕定点 O 以角速度 $\boldsymbol{\Omega}$ 转动时，刚体上任何一点 M 的速度等于

$$\frac{\mathrm{d}\boldsymbol{r}}{\mathrm{d}t}=\boldsymbol{\Omega}\times\boldsymbol{r} \tag{2-32}$$

式中：$\boldsymbol{r}$——从点 O 引向点 M 的矢径。

现在，把矢量 $\boldsymbol{i}$ 看作弹道坐标系中 Ox_d 轴上单位矢量端点的矢径，于是，与式(2-32)类似，可写为

$$\frac{\mathrm{d}\boldsymbol{i}}{\mathrm{d}t}=\boldsymbol{\Omega}\times\boldsymbol{i} \tag{2-33}$$

代入式(2-31)得

$$m\left[\frac{\mathrm{d}v}{\mathrm{d}t}\boldsymbol{i}+\boldsymbol{\Omega}\times v\boldsymbol{i}\right]=F_x\boldsymbol{i}+F_y\boldsymbol{j}+F_z\boldsymbol{k} \tag{2-34}$$

令

$$\frac{\mathrm{d}\boldsymbol{v}^*}{\mathrm{d}t}=\frac{\mathrm{d}v}{\mathrm{d}t}\cdot\boldsymbol{i},\quad v\,\boldsymbol{i}=\boldsymbol{v}$$

式(2-34)又可写为

$$m\left[\frac{\mathrm{d}\boldsymbol{v}^*}{\mathrm{d}t}+\boldsymbol{\Omega}\times\boldsymbol{v}\right]=\boldsymbol{F} \tag{2-35}$$

式中：$\frac{\mathrm{d}\boldsymbol{v}^*}{\mathrm{d}t}$——站在弹道坐标系中观察者所看到的质心运动速度 $\boldsymbol{v}$ 随时间的变化率，称为“速度矢量 $\boldsymbol{v}$ 对时间的相对导数”。

而式(2-1)中的$\frac{\mathrm{d}\boldsymbol{v}}{\mathrm{d}t}$为站在惯性坐标系中观察者看到的质心运动速度 $\boldsymbol{v}$ 随时间的变化率，称为“速度矢量 $\boldsymbol{v}$ 对时间的绝对导数”。

又从矢量代数得知：

$$\boldsymbol{\Omega}\times\boldsymbol{v}=\begin{vmatrix}\boldsymbol{i} & \boldsymbol{j} & \boldsymbol{k}\\ \Omega_x & \Omega_y & \Omega_z\\ v & 0 & 0\end{vmatrix}=v\Omega_z\boldsymbol{j}-v\Omega_y\boldsymbol{k} \tag{2-36}$$

将式(2-36)代入式(2-35)中，并将式(2-35)展开得

$$\left.\begin{aligned} m\,\frac{\mathrm{d}v}{\mathrm{d}t}&=F_x\\ mv\Omega_z&=F_y\\ -mv\Omega_y&=F_z\end{aligned}\right\} \tag{2-37}$$

弹道坐标系 $Ox_{\mathrm{d}}y_{\mathrm{d}}z_{\mathrm{d}}$ 相对于地面坐标系的转动角速度 $\boldsymbol{\Omega}$ 可由沿 $O_{\mathrm{D}}x_{\mathrm{D}}$ 轴的 $\dot{\boldsymbol{\Psi}}_v$ 及沿弹道坐标系 $O_{\mathrm{d}}z_{\mathrm{d}}$ 轴的 $\dot{\boldsymbol{\theta}}$ 两个矢量合成(见图 2-2)。由此可以算出弹道坐标系转动角速度 $\boldsymbol{\Omega}=\dot{\boldsymbol{\Psi}}_v+\dot{\boldsymbol{\theta}}$ 在弹道坐标系上的投影,即

$$\begin{bmatrix}\Omega_x\\ \Omega_y\\ \Omega_z\end{bmatrix}=\boldsymbol{B}_{\mathrm{D}}^{\mathrm{d}}(\Psi_v,\theta)\begin{bmatrix}0\\ \dot{\Psi}_v\\ 0\end{bmatrix}+\begin{bmatrix}0\\ 0\\ \dot{\theta}\end{bmatrix}=\begin{bmatrix}\dot{\Psi}_v\sin\theta\\ \dot{\Psi}_v\cos\theta\\ \dot{\theta}\end{bmatrix}\tag{2-38}$$

将 Ω_y、Ω_z 分别代入式(2-37)得

$$\begin{bmatrix}m\dfrac{\mathrm{d}v}{\mathrm{d}t}\\ mv\dfrac{\mathrm{d}\theta}{\mathrm{d}t}\\ -mv\cos\theta\dfrac{\mathrm{d}\Psi_v}{\mathrm{d}t}\end{bmatrix}=\begin{bmatrix}F_x\\ F_y\\ F_z\end{bmatrix}\tag{2-39}$$

式中：$\dfrac{\mathrm{d}v}{\mathrm{d}t}$——加速度矢量在弹道切线($Ox_{\mathrm{d}}$ 轴)上的投影,又称切向加速度;

$v\dfrac{\mathrm{d}\theta}{\mathrm{d}t}$——加速度矢量在弹道法线($Oy_{\mathrm{d}}$ 轴)上的投影,又称法向加速度。

如图 2-6 所示,该加速度使得导弹质心在铅垂平面内作曲线运动。若在瞬时 t,导弹位于点 A,经 $\mathrm{d}t$ 时间间隔,导弹飞过弧长 $\mathrm{d}s$ 到达点 B,弹道倾角的变化量为 $\mathrm{d}\theta$,那么,这时的法向加速度为

$$a_y=\frac{v^2}{R_y}\tag{2-40}$$

其中,曲率半径为

$$R_y=\frac{\mathrm{d}s}{\mathrm{d}\theta}\quad 或\quad R_y=\frac{\dfrac{\mathrm{d}s}{\mathrm{d}t}}{\dfrac{\mathrm{d}\theta}{\mathrm{d}t}}=\frac{v}{\dfrac{\mathrm{d}\theta}{\mathrm{d}t}}\tag{2-41}$$

将式(2-41)代入式(2-40)可得

$$a_y=\frac{v^2}{R_y}=v\frac{\mathrm{d}\theta}{\mathrm{d}t}\tag{2-42}$$

$-v\cos\theta\dfrac{\mathrm{d}\Psi_v}{\mathrm{d}t}$ 为加速度矢量在 Oz_{d} 轴上的投影分量,也称为法向加速度。该项的“-”号表明,在 Ψ_v 角所采用的符号规则下,当侧力为负时,对应于正的角速度 $\dfrac{\mathrm{d}\Psi_v}{\mathrm{d}t}$,反之亦然。

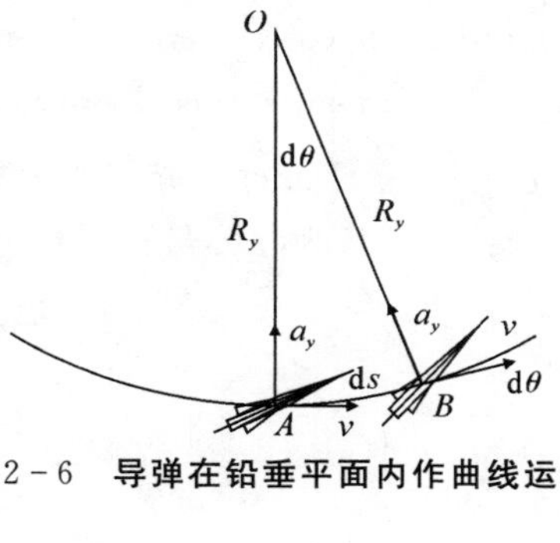

图 2-6　导弹在铅垂平面内作曲线运动

下面将讨论式(2-39)等号右端各力在弹道坐标系各轴上的投影分量。前面已经指出,作用于弹道上的力一般包括空气动力、推力和重力等,它们在弹道坐标系各轴上的投影分量可利用有关变换矩阵得到。

(1)空气动力在弹道坐标系上的投影分量。由第1章的介绍可知,作用在弹道上的空气动力 $\boldsymbol{R}$ 沿速度坐标系 $Ox_sy_sz_s$ 各轴可分解为阻力 X、升力 Y 和侧向力 Z。根据弹道坐标系与速度坐标系之间的变换矩阵,空气动力在弹道坐标系 $Ox_dy_dz_d$ 各轴上的投影分量为

$$\boldsymbol{R}=\begin{bmatrix}R_x\\R_y\\R_z\end{bmatrix}=\boldsymbol{B}_{\mathrm{d}}^{\mathrm{s}}(\gamma_v)^{-1}\begin{bmatrix}-X\\Y\\Z\end{bmatrix}=\boldsymbol{B}_{\mathrm{d}}^{\mathrm{s}}(\gamma_v)^{\mathrm{T}}\begin{bmatrix}-X\\Y\\Z\end{bmatrix}=\begin{bmatrix}-X\\Y\cos\gamma_v-Z\sin\gamma_v\\Y\sin\gamma_v+Z\cos\gamma_v\end{bmatrix}\tag{2-43}$$

式中:R_x、R_y、R_z——空气动力 $\boldsymbol{R}$ 在弹道坐标系 $Ox_dy_dz_d$ 中分别投影在 Ox_d、Oy_d、Oz_d 轴上的分量。

(2)推力 $\boldsymbol{P}$ 在弹道坐标系上的投影分量。假设发动机推力 $\boldsymbol{P}$ 和弹体纵轴 Ox_t 重合,那么,推力 $\boldsymbol{P}$ 在弹道坐标系 $Ox_dy_dz_d$ 各轴上的投影表达式要作两次坐标变换才能得到。首先,利用速度坐标系与弹体坐标系的之间的变换矩阵,将建立在弹体坐标系上的推力 $\boldsymbol{P}$ 投影到速度坐标系 $Ox_sy_sz_s$ 各轴上(见图2-3);然后,利用弹道坐标系与速度坐标系之间的变换矩阵,即可得到推力 $\boldsymbol{P}$ 在弹道坐标系各轴上的投影(见图2-4)。若推力 $\boldsymbol{P}$ 在坐标系 $Ox_ty_tz_t$ 中的分量用 P_{x_t}、P_{y_t}、P_{z_t} 表示,则有

$$\boldsymbol{P}=\begin{bmatrix}P_{x_t}\\P_{y_t}\\P_{z_t}\end{bmatrix}=\begin{bmatrix}P\\0\\0\end{bmatrix}\tag{2-44}$$

利用 $\boldsymbol{B}_{\mathrm{s}}^{\mathrm{t}}(\beta,\alpha)^{\mathrm{T}}$,则得到推力 $\boldsymbol{P}$ 在速度坐标系各轴上的投影 P_{x_s}、P_{y_s}、P_{z_s} 为

$$\begin{bmatrix}P_{x_s}\\P_{y_s}\\P_{z_s}\end{bmatrix}=\boldsymbol{B}_{\mathrm{s}}^{\mathrm{t}}(\beta,\alpha)^{\mathrm{T}}\begin{bmatrix}P_{x_t}\\P_{y_t}\\P_{z_t}\end{bmatrix}\tag{2-45}$$

再利用式(2-27),则得

$$\begin{bmatrix}P_{x_d}\\P_{y_d}\\P_{z_d}\end{bmatrix}=\boldsymbol{B}_{\mathrm{d}}^{\mathrm{s}}(\gamma_v)^{\mathrm{T}}\begin{bmatrix}P_{x_s}\\P_{y_s}\\P_{z_s}\end{bmatrix}=\boldsymbol{B}_{\mathrm{d}}^{\mathrm{s}}(\gamma_v)^{\mathrm{T}}\boldsymbol{B}_{\mathrm{s}}^{\mathrm{t}}(\beta,\alpha)^{\mathrm{T}}\begin{bmatrix}P_{x_t}\\P_{y_t}\\P_{z_t}\end{bmatrix}\tag{2-46}$$

将相应的转置矩阵代入式(2-46),并代入式(2-44),则有

$$\begin{bmatrix}P_{x_d}\\P_{y_d}\\P_{z_d}\end{bmatrix}=\begin{bmatrix}P\cos\alpha\cos\beta\\P(\sin\alpha\cos\gamma_v+\cos\alpha\sin\beta\sin\gamma_v)\\P(\sin\alpha\sin\gamma_v-\cos\alpha\sin\beta\cos\gamma_v)\end{bmatrix}\tag{2-47}$$

(3)重力 $\boldsymbol{G}$ 在弹道坐标系上的投影分量。对于近程战术导弹,常把重力矢量 $\boldsymbol{G}$ 视为与地面坐标系的 O_Dy_D 轴平行,方向相反,亦即认为导弹是在平行重力场中飞行,所以有

$$\boldsymbol{G}=\begin{bmatrix}G_{O_Dx_D}\\G_{O_Dy_D}\\G_{O_Dz_D}\end{bmatrix}=\begin{bmatrix}0\\-G\\0\end{bmatrix}\tag{2-48}$$

显然，重力 $\boldsymbol{G}$ 在弹道坐标系各轴上的投影只要利用变换矩阵 $\boldsymbol{B}_{\mathrm{D}}^{\mathrm{d}}(\Psi_v,\theta)$ 即可得到

$$\begin{bmatrix} G_{x_\mathrm{d}} \\ G_{y_\mathrm{d}} \\ G_{z_\mathrm{d}} \end{bmatrix} = \boldsymbol{B}_{\mathrm{D}}^{\mathrm{d}}(\Psi_v,\theta) \begin{bmatrix} G_{O_\mathrm{D}x_\mathrm{D}} \\ G_{O_\mathrm{D}y_\mathrm{D}} \\ G_{O_\mathrm{D}z_\mathrm{D}} \end{bmatrix} = \begin{bmatrix} -G\sin\theta \\ -G\cos\theta \\ 0 \end{bmatrix} \tag{2-49}$$

将式(2-43)、式(2-47)和式(2-49)代入式(2-39)，即可得到描述导弹质心运动的动力学方程组：

$$\begin{bmatrix} m\dfrac{\mathrm{d}v}{\mathrm{d}t} \\ mv\dfrac{\mathrm{d}\theta}{\mathrm{d}t} \\ -mv\cos\theta \end{bmatrix} = \begin{bmatrix} P\cos\alpha\cos\beta - X - mg\sin\theta \\ P(\sin\alpha\cos\gamma_v + \cos\alpha\sin\beta\sin\gamma_v) + Y\cos\gamma_v - Z\sin\gamma_v - mg\cos\theta \\ P(\sin\alpha\sin\gamma_v - \cos\alpha\sin\beta\cos\gamma_v) + Y\sin\gamma_v + Z\cos\gamma_v \end{bmatrix} \tag{2-50}$$

2.2.1.2　导弹绕质心转动的动力学方程

导弹绕质心转动的动力学矢量方程式(2-2)写在弹体坐标系上的标量形式最为简单。

弹体坐标系是动坐标系，设弹体坐标系相对于地面坐标系的转动角速度为 $\boldsymbol{\omega}$，在该坐标系中，$\boldsymbol{\omega}$ 的分量为 ω_{x_t}、ω_{y_t}、ω_{z_t}，故有

$$\boldsymbol{\omega} = \omega_{x_\mathrm{t}}\boldsymbol{i} + \omega_{y_\mathrm{t}}\boldsymbol{j} + \omega_{z_\mathrm{t}}\boldsymbol{k} \tag{2-51}$$

式中：$\boldsymbol{i}$、$\boldsymbol{j}$、$\boldsymbol{k}$——沿 Ox_t、Oy_t、Oz_t 轴的单位矢量。同样，绕质心转动的动量矩矢量 $\boldsymbol{H}_0$ 和合力矩矢量 $\boldsymbol{M}_0$，在弹体坐标系中可分解为

$$\boldsymbol{H}_0 = H_{x_\mathrm{t}}\boldsymbol{i} + H_{y_\mathrm{t}}\boldsymbol{j} + H_{z_\mathrm{t}}\boldsymbol{k} \tag{2-52}$$

$$\boldsymbol{M}_0 = M_{x_\mathrm{t}}\boldsymbol{i} + M_{y_\mathrm{t}}\boldsymbol{j} + M_{z_\mathrm{t}}\boldsymbol{k} \tag{2-53}$$

将式(2-52)和式(2-53)代入式(2-2)中得

$$\frac{\mathrm{d}H_{x_\mathrm{t}}}{\mathrm{d}t}\boldsymbol{i} + \frac{\mathrm{d}H_{y_\mathrm{t}}}{\mathrm{d}t}\boldsymbol{j} + \frac{\mathrm{d}H_{z_\mathrm{t}}}{\mathrm{d}t}\boldsymbol{k} + H_{x_\mathrm{t}}\frac{\mathrm{d}\boldsymbol{i}}{\mathrm{d}t} + H_{y_\mathrm{t}}\frac{\mathrm{d}\boldsymbol{j}}{\mathrm{d}t} + H_{z_\mathrm{t}}\frac{\mathrm{d}\boldsymbol{k}}{\mathrm{d}t} = M_{x_\mathrm{t}}\boldsymbol{i} + M_{y_\mathrm{t}}\boldsymbol{j} + M_{z_\mathrm{t}}\boldsymbol{k} \tag{2-54}$$

根据理论力学，当一个刚体绕定点 O 以角速度 $\boldsymbol{\omega}$ 转动时，刚体上任何一点 P 的速度等于

$$\frac{\mathrm{d}\boldsymbol{r}}{\mathrm{d}t} = \boldsymbol{\omega} \times \boldsymbol{r} \tag{2-55}$$

式中：$\boldsymbol{r}$——从点 O 引向点 P 的矢径。

现在，把矢量 $\boldsymbol{i}$、$\boldsymbol{j}$、$\boldsymbol{k}$ 分别看作弹体坐标系中 Ox_t、Oy_t、Oz_t 轴上的单位矢量端点的矢径，于是与式(2-55)类似，可得

$$\left.\begin{aligned} \frac{\mathrm{d}\boldsymbol{i}}{\mathrm{d}t} &= \boldsymbol{\omega} \times \boldsymbol{i} \\ \frac{\mathrm{d}\boldsymbol{j}}{\mathrm{d}t} &= \boldsymbol{\omega} \times \boldsymbol{j} \\ \frac{\mathrm{d}\boldsymbol{k}}{\mathrm{d}t} &= \boldsymbol{\omega} \times \boldsymbol{k} \end{aligned}\right\} \tag{2-56}$$

将式(2-56)代入式(2-54)，并令

$$\frac{\mathrm{d}\boldsymbol{H}_0^*}{\mathrm{d}t} = \frac{\mathrm{d}H_{x_\mathrm{t}}}{\mathrm{d}t}\boldsymbol{i} + \frac{\mathrm{d}H_{y_\mathrm{t}}}{\mathrm{d}t}\boldsymbol{j} + \frac{\mathrm{d}H_{z_\mathrm{t}}}{\mathrm{d}t}\boldsymbol{k} \tag{2-57}$$

可得

$$\frac{\mathrm{d}\boldsymbol{H}_0^*}{\mathrm{d}t}+\boldsymbol{\omega}\times\boldsymbol{H}_0=\boldsymbol{M}_0 \tag{2-58}$$

式中：$\frac{\mathrm{d}\boldsymbol{H}_0^*}{\mathrm{d}t}$——站在弹体坐标系中的观察者所看到的绕质心转动的动量矩 $\boldsymbol{H}_0$ 随时间的变化率，称为“动量矩矢量 $\boldsymbol{H}_0$ 对时间的相对导数”；而式(2-2)中$\frac{\mathrm{d}\boldsymbol{H}_0}{\mathrm{d}t}$为站在惯性坐标系中的观察者看到的绕质心转动的动量矩 $\boldsymbol{H}_0$ 随时间的变化率，称为“动量矩矢量 $\boldsymbol{H}_0$ 对时间的绝对导数”。

又由矢量代数关系可得

$$\boldsymbol{\omega}\times\boldsymbol{H}_0=\begin{vmatrix}\boldsymbol{i} & \boldsymbol{j} & \boldsymbol{k}\\ \omega_{x_t} & \omega_{y_t} & \omega_{z_t}\\ H_{x_t} & H_{y_t} & H_{z_t}\end{vmatrix}$$

$$=(\omega_{y_t}H_{z_t}-\omega_{z_t}H_{y_t})\boldsymbol{i}+(\omega_{z_t}H_{x_t}-\omega_{x_t}H_{z_t})\boldsymbol{j}+(\omega_{x_t}H_{y_t}-\omega_{y_t}H_{x_t})\boldsymbol{k} \tag{2—59}$$

将式(2-59)代入式(2-58)，可得

$$\left.\begin{aligned}\frac{\mathrm{d}H_{x_t}}{\mathrm{d}t}+\omega_{y_t}H_{z_t}-\omega_{z_t}H_{y_t}=M_{x_t}\\ \frac{\mathrm{d}H_{y_t}}{\mathrm{d}t}+\omega_{z_t}H_{x_t}-\omega_{x_t}H_{z_t}=M_{y_t}\\ \frac{\mathrm{d}H_{z_t}}{\mathrm{d}t}+\omega_{x_t}H_{y_t}-\omega_{y_t}H_{x_t}=M_{z_t}\end{aligned}\right\} \tag{2-60}$$

从理论力学得知，刚体上各点对某一固定点 O 的动量矩为 $\boldsymbol{r}_i\times m_i\boldsymbol{v}_i$，则整个刚体对某一固定点 O 的动量矩应为

$$\boldsymbol{H}_0=\sum\boldsymbol{r}_i\times m_i\boldsymbol{v}_i=\sum m_i\boldsymbol{r}_i\times(\boldsymbol{\omega}\times\boldsymbol{r}_i)=\sum m_i\hat{\boldsymbol{r}}_i(\hat{\boldsymbol{\omega}}\cdot\boldsymbol{r}_i) \tag{2-61}$$

式中：$\boldsymbol{r}_i$ ——某质点的位置矢径；

$\boldsymbol{\omega}$ ——刚体绕某固定点瞬时转动角速度矢量；

$\boldsymbol{v}_i$ ——某质点的切线速度。

$\hat{\boldsymbol{\omega}}$、$\hat{\boldsymbol{r}}_i$ ——角速度矢量 $\boldsymbol{\omega}$ 和矢径 $\boldsymbol{r}_i$ 的 3×3 反对称阵。

展开式(2-61)，有

$$\boldsymbol{H}_0=\begin{bmatrix}H_{x_t}\\ H_{y_t}\\ H_{z_t}\end{bmatrix}=\sum_i m_i\begin{bmatrix}0 & -z_{t_i} & y_{t_i}\\ z_{t_i} & 0 & -x_{t_i}\\ -y_{t_i} & x_{t_i} & 0\end{bmatrix}\begin{bmatrix}0 & -\omega_{z_t} & \omega_{y_t}\\ \omega_{z_t} & 0 & -\omega_{x_t}\\ -\omega_{y_t} & \omega_{x_t} & 0\end{bmatrix}\begin{bmatrix}x_{t_i}\\ y_{t_i}\\ z_{t_i}\end{bmatrix}$$

$$=\begin{bmatrix}\sum_i m_i(y_{t_i}^2+z_{t_i}^2)\omega_{x_t}-\sum_i m_i x_{t_i}y_{t_i}\omega_{y_t}-\sum_i m_i x_{t_i}z_{t_i}\omega_{z_t}\\ -\sum_i m_i y_{t_i}x_{t_i}\omega_{x_t}+\sum_i m_i(z_{t_i}^2+x_{t_i}^2)\omega_{y_t}-\sum_i m_i y_{t_i}z_{t_i}\omega_{z_t}\\ -\sum_i m_i z_{t_i}x_{t_i}\omega_{x_t}-\sum_i m_i z_{t_i}y_{t_i}\omega_{y_t}+\sum_i m_i(x_{t_i}^2+y_{t_i}^2)\omega_{z_t}\end{bmatrix} \tag{2-62}$$

式中：ω_{x_t}、ω_{y_t}、ω_{z_t} 和 x_{t_i}、y_{t_i}、z_{t_i}——矢量 $\boldsymbol{\omega}$ 和矢径 $\boldsymbol{r}_i$ 分别在弹体坐标系各轴上的投影。

若令

$$\left.\begin{aligned} J_{x_t} &= \sum_i m_i(y_{t_i}^2 + z_{t_i}^2) \\ J_{y_t} &= \sum_i m_i(z_{t_i}^2 + x_{t_i}^2) \\ J_{z_t} &= \sum_i m_i(x_{t_i}^2 + y_{t_i}^2) \end{aligned}\right\} \tag{2-63}$$

$$\left.\begin{aligned} J_{x_t y_t} &= J_{y_t x_t} = \sum_i m_i x_{t_i} y_{t_i} \\ J_{y_t z_t} &= J_{z_t y_t} = \sum_i m_i y_{t_i} z_{t_i} \\ J_{z_t x_t} &= J_{x_t z_t} = \sum_i m_i z_{t_i} x_{t_i} \end{aligned}\right\} \tag{2-64}$$

式(2-63) 给出了惯性矩(J_{x_t}、J_{y_t}、J_{z_t}) 的表达式；式(2-64) 给出了惯性积($J_{x_t y_t}$、$J_{y_t z_t}$、$J_{z_t x_t}$) 的表达式。将它们代入式(2-62) 得

$$\boldsymbol{H}_0 = \begin{bmatrix} H_{x_t} \\ H_{y_t} \\ H_{z_t} \end{bmatrix} = \begin{bmatrix} J_{x_t} & -J_{x_t y_t} & -J_{x_t z_t} \\ -J_{y_t x_t} & J_{y_t} & -J_{y_t z_t} \\ -J_{z_t x_t} & -J_{z_t y_t} & J_{z_t} \end{bmatrix} \begin{bmatrix} \omega_{x_t} \\ \omega_{y_t} \\ \omega_{z_t} \end{bmatrix} \tag{2-65}$$

式(2-65) 等号右边的方形矩阵称为惯性矩阵。

将 H_{x_t}、H_{y_t}、H_{z_t} 的表达式(2-65) 代入式(2-60)，并假定 J_{x_t}，J_{y_t}，… 为常数，最后得到一般情况下导弹绕质心转动的动力学方程的标量形式为

$$\left.\begin{aligned} & J_{x_t}\frac{d\omega_{x_t}}{dt} - (J_{y_t} - J_{z_t})\omega_{y_t}\omega_{z_t} - J_{y_t z_t}(\omega_{y_t}^2 - \omega_{z_t}^2) - J_{z_t x_t} \\ & \left(\frac{d\omega_{z_t}}{dt} + \omega_{z_t}\omega_{y_t}\right) - J_{x_t y_t}\left(\frac{d\omega_{y_t}}{dt} - \omega_{x_t}\omega_{z_t}\right) = M_{x_t} \\ & J_{y_t}\frac{d\omega_{y_t}}{dt} - (J_{z_t} - J_{x_t})\omega_{z_t}\omega_{x_t} - J_{z_t x_t}(\omega_{z_t}^2 - \omega_{x_t}^2) - J_{x_t y_t} \\ & \left(\frac{d\omega_{x_t}}{dt} + \omega_{y_t}\omega_{z_t}\right) - J_{y_t z_t}\left(\frac{d\omega_{z_t}}{dt} - \omega_{y_t}\omega_{x_t}\right) = M_{y_t} \\ & J_{z_t}\frac{d\omega_{z_t}}{dt} - (J_{x_t} - J_{y_t})\omega_{x_t}\omega_{y_t} - J_{x_t y_t}(\omega_{x_t}^2 - \omega_{y_t}^2) - J_{y_t z_t} \\ & \left(\frac{d\omega_{y_t}}{dt} + \omega_{z_t}\omega_{x_t}\right) - J_{z_t x_t}\left(\frac{d\omega_{x_t}}{dt} - \omega_{z_t}\omega_{y_t}\right) = M_{z_t} \end{aligned}\right\} \tag{2-66}$$

若导弹为轴对称型，则弹体坐标系的轴 Ox_t、Oy_t、Oz_t 就是导弹的惯性主轴，因此，方程式(2-66) 中的各惯性积为零，即 $J_{x_t y_t} = J_{y_t z_t} = J_{z_t x_t} = \cdots = 0$，于是有惯性矩阵为

$$\boldsymbol{J} = \begin{bmatrix} J_{x_t} & 0 & 0 \\ 0 & J_{y_t} & 0 \\ 0 & 0 & J_{z_t} \end{bmatrix} \tag{2-67}$$

那么，式(2-67) 就可简化为轴对称型导弹绕质心转动的动力学方程，即

$$\left.\begin{aligned}J_{x_t}\frac{\mathrm{d}\omega_{x_t}}{\mathrm{d}t}+(J_{z_t}-J_{y_t})\omega_{z_t}\omega_{y_t}&=M_{x_t}\\J_{y_t}\frac{\mathrm{d}\omega_{y_t}}{\mathrm{d}t}+(J_{x_t}-J_{z_t})\omega_{x_t}\omega_{z_t}&=M_{y_t}\\J_{z_t}\frac{\mathrm{d}\omega_{z_t}}{\mathrm{d}t}+(J_{y_t}-J_{x_t})\omega_{y_t}\omega_{x_t}&=M_{z_t}\end{aligned}\right\}\tag{2-68}$$

式中：J_{x_t}、J_{y_t}、J_{z_t} —— 导弹相对于弹体坐标系 Ox_t、Oy_t、Oz_t 3 个轴的转动惯量；

M_{x_t}、M_{y_t}、M_{z_t} —— 作用在导弹上的力对弹体坐标系 Ox_t、Oy_t、Oz_t 3 个轴的力矩；

$\frac{\mathrm{d}\omega_{x_t}}{\mathrm{d}t}$、$\frac{\mathrm{d}\omega_{y_t}}{\mathrm{d}t}$、$\frac{\mathrm{d}\omega_{z_t}}{\mathrm{d}t}$ —— 导弹相对于弹体坐标系 Ox_t、Oy_t、Oz_t 3 个轴的角加速度。

方程组式(2-68)等号右端的力矩项包括作用在导弹上的所有力矩，即推力矩和空气动力矩。

2.2.2 运动学方程

建立描述导弹质心相对于地面坐标系的运动学方程和导弹弹体相对于地面坐标系姿态变化的运动学方程，其目的是确定质心每一瞬时相对地面坐标系的坐标位置和导弹的姿态。

2.2.2.1 导弹质心运动的运动学方程

要确定导弹质心相对于地面坐标系的运动轨迹（弹道），需要建立导弹质心相对于地面坐标系的运动学方程。

根据弹道坐标系 $Ox_dy_dz_d$ 的定义（见 1.2.5 节）可知，速度矢量 $\boldsymbol{v}$ 在弹道坐标系下的投影分量为

$$\boldsymbol{v}=[v_x\quad v_y\quad v_z]^{\mathrm{T}}=[v\quad 0\quad 0]^{\mathrm{T}}\tag{2-69}$$

于是，速度矢量 $\boldsymbol{v}$ 相对于地面坐标系 $O_Dx_Dy_Dz_D$ 的投影分量，可利用弹道坐标系向地面坐标系作矢量坐标转换的变换矩阵得到，即

$$\begin{bmatrix}\frac{\mathrm{d}x_D}{\mathrm{d}t}\\\frac{\mathrm{d}y_D}{\mathrm{d}t}\\\frac{\mathrm{d}z_D}{\mathrm{d}t}\end{bmatrix}=\begin{bmatrix}v_{x_D}\\v_{y_D}\\v_{z_D}\end{bmatrix}=\boldsymbol{B}_D^d(\Psi_v,\theta)^{\mathrm{T}}\begin{bmatrix}v_x\\v_y\\v_z\end{bmatrix}=\boldsymbol{B}_D^d(\Psi_v,\theta)^{\mathrm{T}}\begin{bmatrix}v\\0\\0\end{bmatrix}\tag{2-70}$$

将转换矩阵 $\boldsymbol{B}_D^d(\Psi_v,\theta)^{\mathrm{T}}$ 代入式(2-70)中，经整理得到导弹质心的运动学方程为

$$\begin{bmatrix}\frac{\mathrm{d}x_D}{\mathrm{d}t}\\\frac{\mathrm{d}y_D}{\mathrm{d}t}\\\frac{\mathrm{d}z_D}{\mathrm{d}t}\end{bmatrix}=\begin{bmatrix}v\cos\theta\cos\Psi_v\\v\sin\theta\\-v\cos\theta\sin\Psi_v\end{bmatrix}\tag{2-71}$$

2.2.2.2　导弹绕质心转动的运动学方程

要确定导弹在空间中的姿态，就需要建立描述导弹相对地面坐标系 $O_D x_D y_D z_D$ 姿态的运动学方程，也就是建立姿态角 ϑ，Ψ，γ 对时间的导数与转动角速度 ω_{x_t}，ω_{y_t}，ω_{z_t} 之间的关系。

根据地面坐标系与弹体坐标系的转换关系，可得弹体相对地面坐标系的旋转角速度矢量 $\boldsymbol{\omega}$ 为

$$\boldsymbol{\omega} = \dot{\boldsymbol{\Psi}} + \dot{\boldsymbol{\vartheta}} + \dot{\boldsymbol{\gamma}} \tag{2-72}$$

根据合矢量在某轴上的投影为各分矢量的投影和的原理，写出 $\boldsymbol{\omega}$ 矢量在过渡坐标系 $O_D x_t' y_D z_t'$（见图 2-1）各轴上的投影分量为

$$\boldsymbol{\omega} = \begin{bmatrix} \omega_{x_t}' \\ \omega_{y_D} \\ \omega_{z_t}' \end{bmatrix} = \begin{bmatrix} \dot{\gamma}\cos\vartheta \\ \dot{\Psi} + \dot{\gamma}\sin\vartheta \\ \dot{\vartheta} \end{bmatrix} \tag{2-73}$$

根据弹体坐标系与过渡坐标系 $O_D x_t' y_D z_t'$ 之间的几何关系，由基元旋转矩阵 $\boldsymbol{B}_{z_t'}(\vartheta)$、$\boldsymbol{B}_{x_t}(\gamma)$，可得

$$\begin{bmatrix} \omega_{x_t}' \\ \omega_{y_D} \\ \omega_{z_t}' \end{bmatrix} = \boldsymbol{B}_{z_t'}(\vartheta)^{-1}\boldsymbol{B}_{x_t}(\gamma)^{-1}\begin{bmatrix} \omega_{x_t} \\ \omega_{y_t} \\ \omega_{z_t} \end{bmatrix} = \boldsymbol{B}_{z_t'}(\vartheta)^{\mathrm{T}}\boldsymbol{B}_{x_t}(\gamma)^{\mathrm{T}}\begin{bmatrix} \omega_{x_t} \\ \omega_{y_t} \\ \omega_{z_t} \end{bmatrix}$$

$$= \begin{bmatrix} \omega_{x_t}\cos\vartheta - \omega_{y_t}\sin\vartheta\cos\gamma + \omega_{z_t}\sin\vartheta\sin\gamma \\ \omega_{x_t}\sin\vartheta + \omega_{y_t}\cos\vartheta\cos\gamma - \omega_{z_t}\cos\vartheta\sin\gamma \\ \omega_{y_t}\sin\gamma + \omega_{z_t}\cos\gamma \end{bmatrix} \tag{2-74}$$

将式(2-73) 代入式(2-74)，经整理后得导弹绕质心转动的运动学方程为

$$\left.\begin{aligned} \dot{\vartheta} &= \omega_{y_t}\sin\gamma + \omega_{z_t}\cos\gamma \\ \dot{\gamma} &= \omega_{x_t} - \tan\vartheta(\omega_{y_t}\cos\gamma - \omega_{z_t}\sin\gamma) \\ \dot{\Psi} &= \frac{1}{\cos\vartheta}(\omega_{y_t}\cos\gamma - \omega_{z_t}\sin\gamma) \end{aligned}\right\} \tag{2-75}$$

2.2.3　质量变化方程

导弹在飞行过程中，由于发动机不断地消耗燃料，导弹的质量不断地减小，所以，在描述导弹运动的方程组中，还需有描述导弹质量变化的微分方程，即

$$\frac{\mathrm{d}m}{\mathrm{d}t} = -m_c \tag{2-76}$$

式中：m_c——燃料质量秒流量。

对火箭发动机而言，m_c 的大小主要取决于发动机的性能。通常认为 m_c 是时间的已知函数 $m_c(t)$。方程式(2-76) 可独立于其他方程之外单独求解，即

$$m = m_0 - \int_0^t m_c(t)\mathrm{d}t \tag{2-77}$$

式中：m_0——导弹的初始质量。

2.2.4 几何关系方程

在第 1 章中已经定义了 4 个常用的坐标系。从研究它们之间的矢量坐标变换矩阵中可知，这 4 个坐标系之间的关系是由 8 个角参数(ϑ、$\varPsi$、γ、θ、$\varPsi_v$、γ_v、α、β) 联系起来的(见图 2-5)。但是，这 8 个角参数并不是完全独立的。例如，速度坐标系 $Ox_sy_sz_s$ 相对于地面坐标系 $O_Dx_Dy_Dz_D$ 的方位(θ、$\varPsi_v$、γ_v)，还可以通过弹体相对地面坐标系的姿态角(ϑ、$\varPsi$、γ) 以及弹体相对于速度矢量 $\boldsymbol{v}$ 的角参数(α、β) 来确定。这就说明，8 个角参数只有 5 个是独立的，而其余 3 个角参数则可以由这 5 个独立的角参数来表示，因此，8 个角参数之间存在着 3 个独立的几何关系式，即几何关系方程。

根据不同的要求，这些几何关系方程可以表达成不同的形式。因此几个关系方程的形式并不是唯一的。由于在式(2-50) 和式(2-75) 中，对(θ、$\varPsi_v$) 和(ϑ、$\varPsi$、γ) 已有相应的方程来描述，所以，可用这 5 个角参数来表示其他 3 个角参数(α、β、γ_v) 的 3 个几何关系方程。

若已知弹道坐标系 $Ox_dy_dz_d$ 中某矢量 $\boldsymbol{r}$ 在 3 个轴上的投影分量$[r_x\ r_y\ r_z]^{\mathrm{T}}$，欲求它在弹体坐标系 $Ox_ty_tz_t$ 中的 3 个投影分量$[r_{x_t}\ r_{y_t}\ r_{z_t}]^{\mathrm{T}}$，由图 2-5 可知，采用不同的途径求得的结果应该是一样的，即

$$\begin{bmatrix} r_{x_t} \\ r_{y_t} \\ r_{z_t} \end{bmatrix} = \boldsymbol{B}_s^t(\beta,\alpha)\boldsymbol{B}_d^s(\gamma_v)\begin{bmatrix} r_{x_d} \\ r_{y_d} \\ r_{z_d} \end{bmatrix} = \boldsymbol{B}_D^t(\varPsi,\vartheta,\gamma)\boldsymbol{B}_d^D(\varPsi_v,\theta)\begin{bmatrix} r_{x_d} \\ r_{y_d} \\ r_{z_d} \end{bmatrix} \tag{2-78}$$

由式(2-78) 可知

$$\boldsymbol{B}_s^t(\beta,\alpha)\boldsymbol{B}_d^s(\gamma_v) = \boldsymbol{B}_D^t(\varPsi,\vartheta,\gamma)\boldsymbol{B}_d^D(\varPsi_v,\theta) \tag{2-79}$$

将式(2-79) 展开，可得

$$\sin\beta = [\sin\vartheta\sin\gamma\cos(\varPsi-\varPsi_v)+\cos\gamma\sin(\varPsi-\varPsi_v)]\cos\theta-\sin\theta\cos\vartheta\sin\gamma \tag{2-80}$$

$$\begin{aligned}\sin\alpha = \{&\cos\theta[\sin\vartheta\cos\gamma\cos(\varPsi-\varPsi_v)-\sin\gamma\sin(\varPsi-\varPsi_v)] \\ &-\sin\theta\cos\vartheta\cos\gamma\}/\cos\beta\end{aligned} \tag{2-81}$$

同样地，有

$$\boldsymbol{B}_s^D(\varPsi_v,\theta)\boldsymbol{B}_d^s(\gamma_v) = \boldsymbol{B}_t^D(\varPsi,\vartheta,\gamma)\boldsymbol{B}_d^t(\beta,\alpha)$$

展开后可得

$$\sin\gamma_v = (\cos\alpha\sin\beta\sin\vartheta-\sin\alpha\sin\beta\cos\gamma\cos\vartheta+\cos\beta\sin\gamma\cos\vartheta)/\cos\theta \tag{2-82}$$

当已知 ϑ、$\varPsi$、γ、θ、$\varPsi_v$ 时，利用式(2-80) ～ 式(2-82)，可以先后求出 β、α、γ_v。

2.2.5 理想控制关系方程

对于不可控制的飞行器，如火箭弹，有了质心运动动力学方程、绕质心转动的动力学方程、质心运动的运动学方程、绕质心转动的运动学方程以及几何关系、质量变化方程、推力变化方程，那么只要给定飞行的初始条件，飞行器的运动就唯一地确定了。

对于可控制的飞行器来说，即使给出了飞行器飞行的起始条件，其运动规律仍不能确定。

操纵规律不同，飞行器的运动规律就不同。因此，要确定可控飞行器的运动，还必须给出控制方程。

导弹的飞行控制，一般利用导弹的 3 种操纵面，由控制系统控制操纵面的偏转来改变弹体的姿态、弹体与相对气流的关系，从而改变作用在导弹上的法向力，达到实现操纵导弹质心运动的目的。有时还可能对发动机推力进行调节，即利用推力控制来实现控制飞行速度的目的。这样就需要再引入 4 个控制方程。

然而，人们在研究导弹飞行的基本规律时，对于控制系统如何工作，操纵面偏转如何与控制信号发生联系并无直接兴趣，而最关心的是在理想控制系统情况下其作用结果。例如，控制系统的工作结果，导弹的质心如何运动。将这种理想控制系统的工作结果以数学方程形式给出，即理想操纵关系，或称为理想控制方程。这 4 个方程可以抽象地以下面的形式给出：

$$\left.\begin{aligned} \varphi_1 &= 0 \\ \varphi_2 &= 0 \\ \varphi_3 &= 0 \\ \varphi_4 &= 0 \end{aligned}\right\} \tag{2-83}$$

这 4 个函数可以分别为由升降舵偏转角 δ_z 所产生的控制、由方向舵偏转角 δ_y 所产生的控制、由副翼偏转角 δ_x 所产生的控制和由导弹发动机推力 δ_P 所产生的控制。

只有给出具体的控制规律以后，才能写出式(2-83) 这 4 个方程的具体表达形式。例如，对于不可操纵的火箭弹，则有

$$\left.\begin{aligned} \varphi_1 &= \delta_z = 0 \\ \varphi_2 &= \delta_y = 0 \\ \varphi_3 &= \delta_x = 0 \\ \varphi_4 &= 0(\text{按发动机设计的推力规律}) \end{aligned}\right\} \tag{2-84}$$

如果要求操纵导弹在铅垂平面内按给定的弹道倾角 $\theta^*(t)$ 飞行，而且发动机推力不控制(设为常值)，则有

$$\left.\begin{aligned} \varphi_1 &= \theta(t) - \theta^*(t) = 0 \\ \varphi_2 &= \Psi_v(t) = 0 \\ \varphi_3 &= \delta_x = 0 \\ \varphi_4 &= P - P_0 = 0 \end{aligned}\right\} \tag{2-85}$$

2.2.6　导弹的空间运动方程组

综上所得的方程式(2-50)、式(2-68)、式(2-71)、式(2-75)、式(2-76)、式(2-80) 至式(2-83) 即组成描述导弹的空间运动方程组(见下式)。

下式以标量形式给出了导弹的空间运动方程组，它是一组非线性常微分方程。在这 20 个方程式中，除了根据第 1 章介绍的方法计算出推力 P、气动力 X、Y、Z 和力矩 M_x、M_y、M_z 以外，还包括 20 个未知参数：$v(t)$、$\theta(t)$、$\Psi_v(t)$、$\omega_{x_t}(t)$、$\omega_{y_t}(t)$、$\omega_{z_t}(t)$、$\vartheta(t)$、$\Psi(t)$、$\gamma(t)$、$x_\mathrm{D}(t)$、$y_\mathrm{D}(t)$、$z_\mathrm{D}(t)$、$\alpha(t)$、$\beta(t)$、$\gamma_v(t)$、$m(t)$、$\delta_x(t)$、$\delta_y(t)$、$\delta_z(t)$、$P(t)$。因此，下式可以封闭求解。只要具备了描述实际制导系统的数学模型和所需的原始数据，如 v_0、θ_0、Ψ_{v_0}、x_{D_0}、z_{D_0}、ω_{x_t0}、ω_{y_t0}、ω_{z_t0}、m_0 等，

即可唯一地确定导弹的运动情况。

$$
\left.\begin{aligned}
&m\frac{\mathrm{d}v}{\mathrm{d}t}=P\cos\alpha\cos\beta-X-G\sin\theta\\
&mv\frac{\mathrm{d}\theta}{\mathrm{d}t}=P(\sin\alpha\cos\gamma_v+\cos\alpha\sin\beta\sin\gamma_v)+Y\cos\gamma_v-Z\sin\gamma_v-G\cos\theta\\
&-mv\cos\theta\frac{\mathrm{d}\Psi_v}{\mathrm{d}t}=P(\sin\alpha\sin\gamma_v-\cos\alpha\sin\beta\cos\gamma_v)+Y\sin\gamma_v+Z\cos\gamma_v\\
&J_{x_t}\frac{\mathrm{d}\omega_{x_t}}{\mathrm{d}t}+(J_{z_t}-J_{y_t})\omega_{z_t}\omega_{y_t}=M_{x_t}\\
&J_{y_t}\frac{\mathrm{d}\omega_{y_t}}{\mathrm{d}t}+(J_{x_t}-J_{z_t})\omega_{x_t}\omega_{z_t}=M_{y_t}\\
&J_{z_t}\frac{\mathrm{d}\omega_{z_t}}{\mathrm{d}t}+(J_{y_t}-J_{x_t})\omega_{y_t}\omega_{x_t}=M_{z_t}\\
&\frac{\mathrm{d}x_D}{\mathrm{d}t}=v\cos\theta\cos\Psi_v\\
&\frac{\mathrm{d}y_D}{\mathrm{d}t}=v\sin\theta\\
&\frac{\mathrm{d}z_D}{\mathrm{d}t}=-v\cos\theta\sin\Psi_v\\
&\frac{\mathrm{d}\vartheta}{\mathrm{d}t}=\omega_{y_t}\sin\gamma+\omega_{z_t}\cos\gamma\\
&\frac{\mathrm{d}\Psi}{\mathrm{d}t}=(\omega_{y_t}\cos\gamma-\omega_{z_t}\sin\gamma)/\cos\vartheta\\
&\frac{\mathrm{d}\gamma}{\mathrm{d}t}=\omega_{x_t}-\tan\vartheta(\omega_{y_t}\cos\gamma-\omega_{z_t}\sin\gamma)\\
&\frac{\mathrm{d}m}{\mathrm{d}t}=-m_c\\
&\sin\beta=\cos\theta[\cos\gamma\sin(\Psi-\Psi_v)+\sin\vartheta\sin\gamma\cos(\Psi-\Psi_v)]-\sin\theta\cos\vartheta\sin\gamma\\
&\sin\alpha=\{[\sin\vartheta\cos\gamma\cos(\Psi-\Psi_v)-\sin\gamma\sin(\Psi-\Psi_v)]\cos\theta-\sin\theta\cos\vartheta\cos\gamma\}/\cos\beta\\
&\sin\gamma_v=(\cos\alpha\sin\beta\sin\vartheta-\sin\alpha\sin\beta\cos\gamma\cos\vartheta+\cos\beta\sin\gamma\cos\vartheta)/\cos\theta\\
&\varphi_1=0\\
&\varphi_2=0\\
&\varphi_3=0\\
&\varphi_4=0
\end{aligned}\right\}\quad(2-86)
$$

第3章　低速自旋导弹的运动方程组

直升机常用的导弹主要有低速自旋导弹和3个通道稳定控制导弹。低速自旋导弹是指在飞行过程中，绕其纵轴低速自旋(每秒几转或几十转)的一类导弹。低速自旋导弹的研制是从20世纪50年代初开始的，最早被应用于反坦克导弹，到60年代初，又被应用于小型防空导弹。3个通道稳定控制导弹一般具有俯仰、偏航和滚转3个控制通道，控制系统相对比较复杂，常用于直升机机载空空导弹。

低速自旋导弹常采用斜置尾翼、弧型尾翼或起飞发动机喷管斜置等方式赋予导弹一定的滚转角速度。采用单一的控制通道对俯仰与偏航运动进行控制是低速自旋导弹的显著特点，这种控制方式可以使导弹控制系统更加简单，而且也有利于改善弹道初始段的散布特性。但是，当导弹具有绕纵轴的低速滚转角速度时，它在飞行过程中将产生陀螺效应和马格努斯效应，致使纵向运动和侧向运动相互交连，不可分解。如果利用前面已经定义的坐标系及它们之间的坐标变换矩阵来描述低速自旋导弹的运动方程组，则由攻角和侧滑角的定义可知，这两个角将随同弹体的滚转而产生周期交变。为了消除周期交变，方便理论研究和分析，需要补充定义两个新的坐标系，即准弹体坐标系和准速度坐标系，并重新定义攻角、侧滑角和坐标变换矩阵。

3.1　滚转导弹常用的坐标系和坐标系间的转换

3.1.1　准弹体坐标系 $Ox_{zt}y_{zt}z_{zt}$

原点 O 取在导弹质心上；Ox_{zt} 轴与弹体纵轴重合，指向前方为正；Oy_{zt} 轴位于包含弹体纵轴的铅垂平面之内，且垂直于 Ox_{zt} 轴，指向上为正；Oz_{zt} 轴垂直干平面 $Ox_{zt}y_{zt}$，其正向按右手坐标系定则确定。准弹体坐标系 $Ox_{zt}y_{zt}z_{zt}$ 与弹体坐标系 $Ox_ty_tz_t$ 的区别在于：弹体绕纵轴作滚转运动时，坐标系 $Ox_ty_tz_t$ 将跟随弹体一起滚转，而坐标系 $Ox_{zt}y_{zt}z_{zt}$ 则不会跟随弹体作滚转运动。

3.1.2　准速度坐标系 $Ox_{zs}y_{zs}z_{zs}$

原点 O 取在导弹质心上；Ox_{zs} 轴与导弹速度矢量 $\boldsymbol{v}$ 一致；Oy_{zs} 轴位于包含弹体纵轴的铅垂平面之内，且垂直于速度矢量 $\boldsymbol{v}$(即 Ox_{zs} 轴)，向上为正；Oz_{zs} 轴垂直于 $Ox_{zs}y_{zs}$ 平面，其方向按右手坐标系定则确定。

3.1.3 地面坐标系与准弹体坐标系之间的交换矩阵 $\boldsymbol{B}_{\mathrm{D}}^{\mathrm{zt}}(\Psi,\vartheta)$

地面坐标系 $O_{\mathrm{D}}x_{\mathrm{D}}y_{\mathrm{D}}z_{\mathrm{D}}$ 与准弹体坐标系 $Ox_{\mathrm{zt}}y_{\mathrm{zt}}z_{\mathrm{zt}}$ 之间的关系如图 3-1 所示。它们之间的变换矩阵 $\boldsymbol{B}_{\mathrm{D}}^{\mathrm{zt}}(\Psi,\vartheta)$ 可这样求得：首先将地面坐标系 $O_{\mathrm{D}}x_{\mathrm{D}}y_{\mathrm{D}}z_{\mathrm{D}}$ 以角速度 $\dot{\Psi}$ 绕 $O_{\mathrm{D}}y_{\mathrm{D}}$ 轴旋转 Ψ，形成过渡坐标系 $Ox'_{\mathrm{D}}y_{\mathrm{D}}z_{\mathrm{zt}}$；然后将 $Ox'_{\mathrm{D}}y_{\mathrm{D}}z_{\mathrm{zt}}$ 以角速度 $\dot{\vartheta}$ 绕 Oz_{zt} 轴旋转 ϑ，则构成准弹体坐标系 $Ox_{\mathrm{zt}}y_{\mathrm{zt}}z_{\mathrm{zt}}$。因此，变换矩阵 $\boldsymbol{B}_{\mathrm{D}}^{\mathrm{zt}}(\Psi,\vartheta)$ 为两个变换矩阵的乘积，可写为

$$\boldsymbol{B}_{\mathrm{D}}^{\mathrm{zt}}(\Psi,\vartheta)=\boldsymbol{B}_{\mathrm{D}}^{\mathrm{zt}}(\vartheta)\boldsymbol{B}_{\mathrm{D}}^{\mathrm{zt}}(\Psi)=\begin{bmatrix}\cos\vartheta\cos\Psi & \sin\vartheta & -\cos\vartheta\sin\Psi\\ -\sin\vartheta\cos\Psi & \cos\vartheta & \sin\vartheta\sin\Psi\\ \sin\Psi & 0 & \cos\Psi\end{bmatrix} \tag{3-1}$$

显然，若求地面坐标系中的列矢量 $[x_{\mathrm{D}}\ y_{\mathrm{D}}\ z_{\mathrm{D}}]^{\mathrm{T}}$ 在准弹体坐标系 $Ox_{\mathrm{zt}}y_{\mathrm{zt}}z_{\mathrm{zt}}$ 各轴上的投影分量，可利用式(3-1)得到

$$\begin{bmatrix}x_{\mathrm{zt}}\\ y_{\mathrm{zt}}\\ z_{\mathrm{zt}}\end{bmatrix}=\boldsymbol{B}_{\mathrm{D}}^{\mathrm{zt}}(\Psi,\vartheta)\begin{bmatrix}x_{\mathrm{D}}\\ y_{\mathrm{D}}\\ z_{\mathrm{D}}\end{bmatrix} \tag{3-2}$$

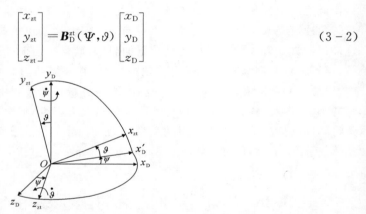

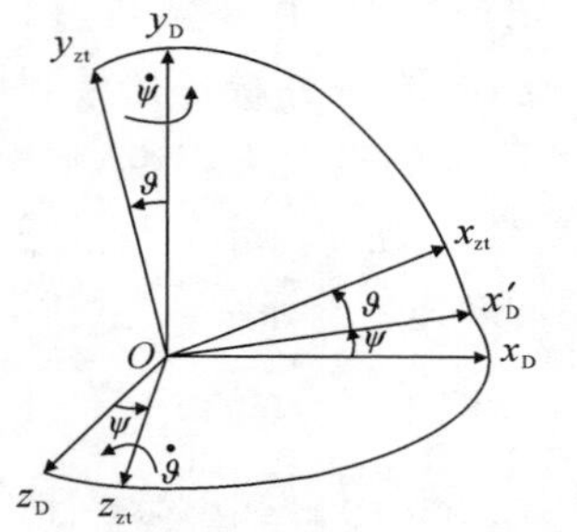

图 3-1 地面坐标系 $O_{\mathrm{D}}x_{\mathrm{D}}y_{\mathrm{D}}z_{\mathrm{D}}$ 与准弹体坐标系 $Ox_{\mathrm{zt}}y_{\mathrm{zt}}z_{\mathrm{zt}}$ 的相对关系

3.1.4 准弹体坐标系与准速度坐标系之间的变换矩阵 $\boldsymbol{B}_{\mathrm{zs}}^{\mathrm{zt}}(\beta^*,\alpha^*)$

与弹体坐标系 $Ox_{\mathrm{t}}y_{\mathrm{t}}z_{\mathrm{t}}$ 和速度坐标系 $Ox_{\mathrm{s}}y_{\mathrm{s}}z_{\mathrm{s}}$ 之间的变换矩阵 $\boldsymbol{B}_{\mathrm{s}}^{\mathrm{t}}(\beta,\alpha)$ 形式类似，准弹体坐标系与准速度坐标系之间的变换矩阵 $\boldsymbol{B}_{\mathrm{s}}^{\mathrm{t}}(\beta,\alpha)$ 中的角参数，根据新定义的准弹体坐标系 $Ox_{\mathrm{zt}}y_{\mathrm{zt}}z_{\mathrm{zt}}$ 和准速度坐标系 $Ox_{\mathrm{zs}}y_{\mathrm{zs}}z_{\mathrm{zs}}$，新攻角和侧滑角定义如下。

(1)攻角 α^*：导弹质心运动的速度矢量 $\boldsymbol{v}$ 在铅垂面 $Ox_{\mathrm{zt}}y_{\mathrm{zt}}$ 上的投影与弹体纵轴 Ox_{zt} 的夹角。产生正升力的攻角 α^* 为正。

(2)侧滑角 β^*：导弹质心运动的速度矢量 $\boldsymbol{v}$ 与铅垂平面 $Ox_{\mathrm{zt}}y_{\mathrm{zt}}$ 的夹角。产生负侧向力的侧滑角 β^* 为正。

这两个坐标系之间的变换矩阵可直接参照式(2-22)写出：

$$\boldsymbol{B}_{\mathrm{zs}}^{\mathrm{zt}}(\beta^*,\alpha^*)=\boldsymbol{B}_{z_{\mathrm{zt}}}(\alpha^*)\boldsymbol{B}_{y_{\mathrm{zs}}}(\beta^*)=\begin{bmatrix}\cos\alpha^*\cos\beta^* & \sin\alpha^* & -\cos\alpha^*\sin\beta^*\\ -\sin\alpha^*\cos\beta^* & \cos\alpha^* & \sin\alpha^*\sin\beta^*\\ \sin\beta^* & 0 & \cos\beta^*\end{bmatrix} \tag{3-3}$$

同样地，坐标系 $Ox_{zs}y_{zs}z_{zs}$ 中的列矢量$[x_{zs}\ \ y_{zs}\ \ z_{zs}]^{T}$ 在 $Ox_{zt}y_{zt}z_{zt}$ 各轴上的投影分量可写为

$$\begin{bmatrix} x_{zt} \\ y_{zt} \\ z_{zt} \end{bmatrix} = \boldsymbol{B}_{zs}^{zt}(\beta^{*},\alpha^{*}) \begin{bmatrix} x_{zs} \\ y_{zs} \\ z_{zs} \end{bmatrix} \tag{3-4}$$

3.1.5　弹道坐标系与准速度坐标系之间的变换矩阵 $\boldsymbol{B}_{d}^{zs}(\gamma_{v}^{*})$

这两个坐标系之间的变换矩阵非常简单。它们之间用由速度倾斜角 γ_{v}^{*} 即可确定其相对方位。角参数 γ_{v}^{*} 是准速度坐标系的 Oy_{zs} 轴与 $Ox_{d}y_{d}$ 平面之间的夹角。参照式(2-25)，即可得变换矩阵 $\boldsymbol{B}_{d}^{zs}(\gamma_{v}^{*})$ 为

$$\boldsymbol{B}_{d}^{zs}(\gamma_{v}^{*}) = \begin{bmatrix} 1 & 0 & 0 \\ 0 & \cos\gamma_{v}^{*} & \sin\gamma_{v}^{*} \\ 0 & -\sin\gamma_{v}^{*} & \cos\gamma_{v}^{*} \end{bmatrix} \tag{3-5}$$

将弹道坐标系中的列矢量$[x\ \ y\ \ z]^{T}$ 变换到准速度坐标系各轴上，即

$$\begin{bmatrix} x_{zs} \\ y_{zs} \\ z_{zs} \end{bmatrix} = \boldsymbol{B}_{d}^{zs}(\gamma_{v}^{*}) \begin{bmatrix} x_{d} \\ y_{d} \\ z_{d} \end{bmatrix} \tag{3-6}$$

3.1.6　弹体坐标系与准弹体坐标系之间的变换矩阵 $\boldsymbol{B}_{zt}^{t}(\dot{\gamma}t)$

设滚转导弹的滚转角速度为 $\dot{\gamma}$。由于导弹纵向对称平面 $Ox_{t}y_{t}$ 随弹体以角速度 $\dot{\gamma}$ 旋转，所以，弹体坐标系 $Ox_{t}y_{t}z_{t}$ 与准弹体坐标系 $Ox_{zt}y_{zt}z_{zt}$ 之间的变换矩阵 $\boldsymbol{B}_{zt}^{t}(\dot{\gamma}t)$（见图 3-2）的表达式为

$$\boldsymbol{B}_{zt}^{t}(\dot{\gamma}t) = \begin{bmatrix} 1 & 0 & 0 \\ 0 & \cos\dot{\gamma}t & \sin\dot{\gamma}t \\ 0 & -\sin\dot{\gamma}t & \cos\dot{\gamma}t \end{bmatrix} \tag{3-7}$$

显然，有如下关系存在：

$$\begin{bmatrix} x_{t} \\ y_{t} \\ z_{t} \end{bmatrix} = \boldsymbol{B}_{zt}^{t}(\dot{\gamma}t) \begin{bmatrix} x_{zt} \\ y_{zt} \\ z_{zt} \end{bmatrix} \tag{3-8}$$

若弹体旋转角速度 $\boldsymbol{\omega}$ 在 $Ox_{t}y_{t}z_{t}$ 各轴上的分量为 $\omega_{x_{t}}$、$\omega_{y_{t}}$、$\omega_{z_{t}}$，而该角速度在准弹体坐标系各轴上的投影分量用 $\omega_{x_{zt}}$、$\omega_{y_{zt}}$、$\omega_{z_{zt}}$ 表示，利用式(3-8)，则有

$$\begin{bmatrix} \omega_{x_{t}} \\ \omega_{y_{t}} \\ \omega_{z_{t}} \end{bmatrix} = \boldsymbol{B}_{zt}^{t}(\dot{\gamma}t) \begin{bmatrix} \omega_{x_{zt}} \\ \omega_{y_{zt}} \\ \omega_{z_{zt}} \end{bmatrix} \tag{3-9}$$

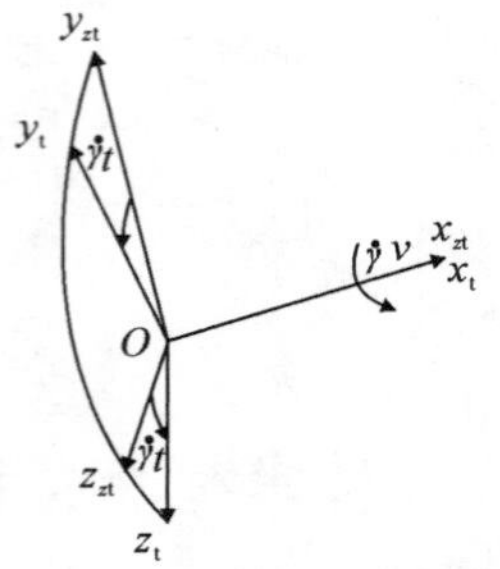

图 3-2 弹体坐标系 $Ox_ty_tz_t$ 和准弹体坐标系 $Ox_{zt}y_{zt}z_{zt}$ 之间的关系

3.1.7 角参数 α、β 与 α^*、β^* 之间的关系

当导弹自旋角速度 $\dot{\gamma}=0$ 时，弹体坐标系 $Ox_ty_tz_t$ 和准弹体坐标系 $Ox_{zt}y_{zt}z_{zt}$，速度坐标系 $Ox_sy_sz_s$ 和准速度坐标系 $Ox_{zs}y_{zs}z_{zs}$ 都是重合的；而当 $\dot{\gamma}\neq 0$ 时，由于纵向对称面 Ox_ty_t 随弹体一起旋转，所以由角参数 α、β 和 γ_v 的定义可知，它们都将随弹体的转动而周期交变。对于低速自旋导弹，由于选取了准弹体坐标系和准速度坐标系，所以定义的角 α^*、β^* 和 γ_v^* 就不会出现周期交变的现象。由式(3-4)和式(3-8)可知，准速度坐标系 $Ox_{zs}y_{zs}z_{zs}$ 和弹体坐标系 $Ox_ty_tz_t$ 之间存在如下关系式：

$$\begin{bmatrix} x_{zs} \\ y_{zs} \\ z_{zs} \end{bmatrix} = \boldsymbol{B}_{zs}^{zt}(\beta^*,\alpha^*)^{\mathrm{T}}\boldsymbol{B}_{zt}^{t}(\dot{\gamma}t)^{\mathrm{T}}\begin{bmatrix} x_t \\ y_t \\ z_t \end{bmatrix} \tag{3-10}$$

式中

$$\boldsymbol{B}_{zs}^{zt}(\beta^*,\alpha^*)^{\mathrm{T}}\boldsymbol{B}_{zt}^{t}(\dot{\gamma}t)^{\mathrm{T}}=$$

$$\begin{bmatrix} \cos\alpha^*\cos\beta^* & \sin\beta^*\sin\dot{\gamma}t-\sin\alpha^*\cos\beta^*\cos\dot{\gamma}t & \sin\alpha^*\cos\beta^*\sin\dot{\gamma}t+\sin\beta^*\cos\dot{\gamma}t \\ \sin\alpha^* & \cos\alpha^*\cos\dot{\gamma}t & -\cos\alpha^*\sin\dot{\gamma}t \\ -\cos\alpha^*\sin\beta^* & \sin\alpha^*\sin\beta^*\cos\dot{\gamma}t+\cos\beta^*\sin\dot{\gamma}t & -\sin\alpha^*\sin\beta^*\sin\dot{\gamma}t+\cos\beta^*\cos\dot{\gamma}t \end{bmatrix}$$

又知速度坐标系 $Ox_sy_sz_s$ 与弹体坐标系 $Ox_ty_tz_t$ 之间的变换关系为

$$\begin{bmatrix} x_s \\ y_s \\ z_s \end{bmatrix} = \boldsymbol{B}_s^t(\beta,\alpha)^{\mathrm{T}}\begin{bmatrix} x_t \\ y_t \\ z_t \end{bmatrix} = \begin{bmatrix} \cos\alpha\cos\beta & -\sin\alpha\cos\beta & \sin\beta \\ \sin\alpha & \cos\alpha & 0 \\ -\cos\alpha\sin\beta & \sin\alpha\sin\beta & \cos\beta \end{bmatrix} \tag{3-11}$$

根据速度坐标系 $Ox_sy_sz_s$ 和准速度坐标系 $Ox_{zs}y_{zs}z_{zs}$ 的定义可知，Ox_s 轴、Ox_{zs} 轴与速度矢量 $\boldsymbol{v}$ 重合，因此，列矢量 $[x_t\ y_t\ z_t]^{\mathrm{T}}=[1\quad 1\quad 1]^{\mathrm{T}}$ 和 $[x_t\ y_t\ z_t]^{\mathrm{T}}=[0\quad 0\quad 1]^{\mathrm{T}}$ 在 Ox_{zs} 和 Ox_s 轴上的投影表达式相等。若视 α、β 和 α^*、β^* 为小量，则由式(3-10)和式(3-11)可得

$$\begin{bmatrix} \alpha \\ \beta \end{bmatrix} = \begin{bmatrix} \cos\dot{\gamma}t & -\sin\dot{\gamma}t \\ \sin\dot{\gamma}t & \cos\dot{\gamma}t \end{bmatrix}\begin{bmatrix} \alpha^* \\ \beta^* \end{bmatrix} \text{或} \begin{bmatrix} \alpha^* \\ \beta^* \end{bmatrix} = \begin{bmatrix} \cos\dot{\gamma}t & \sin\dot{\gamma}t \\ -\sin\dot{\gamma}t & \cos\dot{\gamma}t \end{bmatrix}\begin{bmatrix} \alpha \\ \beta \end{bmatrix} \tag{3-12}$$

通过式(3-12)，可进一步了解自旋导弹和非旋转导弹有关运动参数之间的关系。同时还可看出，选用了准弹体坐标系和准速度坐标系之后，就有可能使某些运动参数(如攻角、侧滑角和倾斜角)的变化规律更加直观、明了。

3.2　自旋导弹的操纵力和操纵力矩

由于低速自旋导弹采用单一的脉冲调宽指令信号通道和继电式舵机就能够实现控制俯仰和偏航运动的任务，所以其具有结构简单、稳定可靠的优点。假设其控制系统理想地工作，当控制信号的极性改变时，操纵机构按继电式工作方式由一个极限位置立刻偏摆到另一个极限位置。操纵机构的偏摆角用 δ 表示。若偏摆轴平行于弹体的 Oy_t 轴，且规定操纵力指向 Oz_t 轴的负向时，则操纵机构的偏摆角 $\delta>0$；反之，$\delta<0$。由于弹体的滚转，操纵机构以及随同它的偏摆所形成的操纵力 $\boldsymbol{F}_{cz}$ 均随弹体旋转。若指令信号的极性不变，亦即操纵机构的摆角不换向时，则操纵力 $\boldsymbol{F}_{cz}$ 随弹体旋转一周，在准弹体坐标系上的 Oy_{zt} 轴和 Oz_{zt} 轴上的周期平均操纵力为零，如图 3－3 所示。

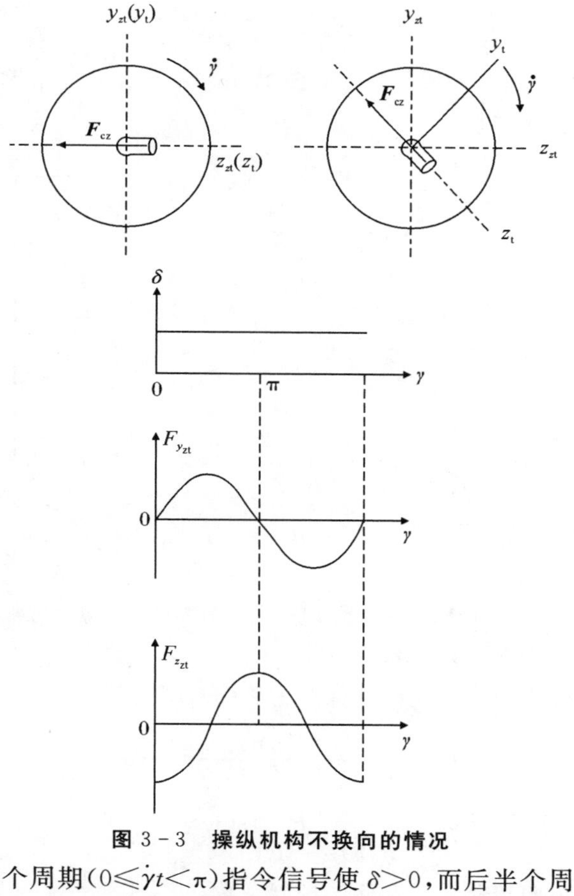

图 3－3　操纵机构不换向的情况

当弹体滚转的前半个周期（$0\leqslant\dot{\gamma}t<\pi$）指令信号使 $\delta>0$，而后半个周期（$\pi\leqslant\dot{\gamma}t<2\pi$）指令信号的极性改变，使 $\delta<0$ 时，操纵力 $\boldsymbol{F}_{cz}$ 随弹体滚转一个周期在 Oy_{zt} 轴和 Oz_{zt} 轴上的投影变化曲线如图 3－4 所示。操纵力 $\boldsymbol{F}_{cz}$ 在 Oy_{zt} 轴方向的周期平均值 $F_{y_{zt}}$ 达到最大，而沿 Oz_{zt} 轴方向的周期平均值 $F_{z_{zt}}=0$。这个结论通过对图 3－4 中的曲线进行积分可以求得：

$$F_{y_{zt}}=\frac{1}{2\pi}\left(\int_0^{\pi}F_c\sin\gamma\mathrm{d}\gamma-\int_{\pi}^{2\pi}F_c\sin\gamma\mathrm{d}\gamma\right)$$

$$=\frac{F_c}{2\pi}\left[(-\cos\gamma)\Big|_0^{\pi}+(\cos\gamma)\Big|_{\pi}^{2\pi}\right]=\frac{2}{\pi}F_{cz} \tag{3-13}$$

$$F_{z_{zt}}=-\frac{F_c}{2\pi}\left(\int_0^{\pi}\cos\gamma d\gamma-\int_{\pi}^{2\pi}\cos\gamma d\gamma\right)=0$$

这就是说，当指令信号的初始相位为零时，弹体每滚转半个周期，指令信号改变一次极性，则作用于导弹上的周期平均操纵力 $F(\delta)$ 为

$$F(\delta)=F_{y_{zt}}+F_{z_{zt}}=F_{y_{zt}} \tag{3-14}$$

在上述条件下，周期平均操纵力 $F(\delta)$ 总是与 Oy_{zt} 轴重合，即

$$F(\delta)=F_{y_{zt}}=\frac{2}{\pi}F_{cz} \tag{3-15}$$

如果指令信号的初始相位超前（或滞后）某个 φ 角，那么，周期平均操纵力也将超前（或滞后）一个 φ 角，如图 3-5 所示。这时，周期平均操纵力 $F(\delta)$ 在准弹体坐标系 Oy_{zt} 轴和 Oz_{zt} 轴上的投影分量为

$$\left.\begin{aligned}F_{y_{zt}}&=F(\delta)\cos\varphi\\F_{z_{zt}}&=F(\delta)\sin\varphi\end{aligned}\right\} \tag{3-16}$$

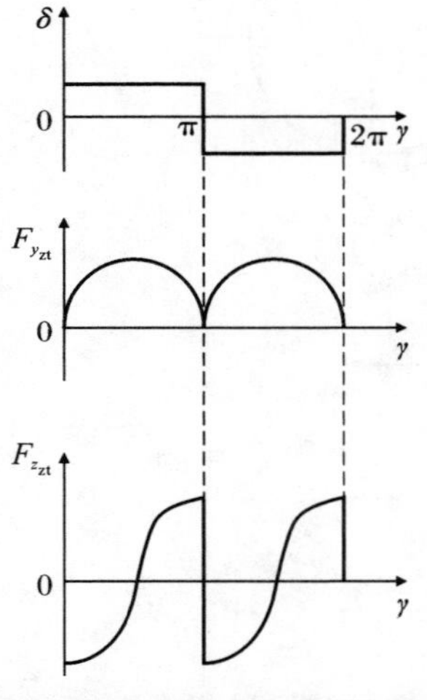

图 3-4　控制信号初始相位为零时，操纵机构偏摆每半个周期换一次的情况

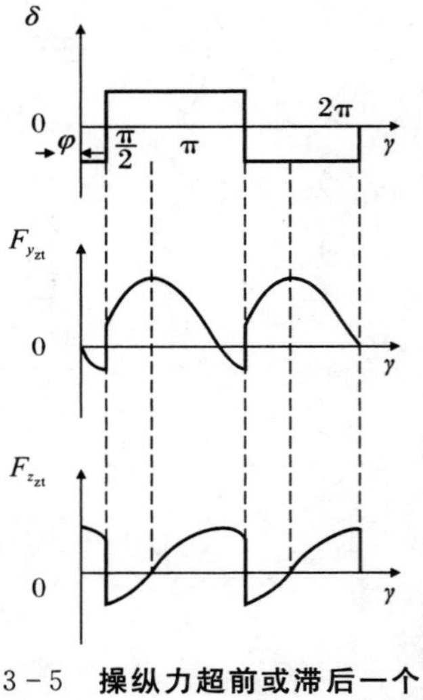

图 3-5　操纵力超前或滞后一个 φ 角的情况

把式(3-16)分别除以最大周期平均操纵力 $F(\delta)$，则得到

$$\left.\begin{aligned}K_y&=\frac{F_{y_{zt}}}{F(\delta)}=\frac{F(\delta)\cos\varphi}{F(\delta)}=\cos\varphi\\K_z&=\frac{F_{z_{zt}}}{F(\delta)}=\frac{F(\delta)\sin\varphi}{F(\delta)}=\sin\varphi\end{aligned}\right\} \tag{3-17}$$

式中：K_y，K_z——称为纵向控制系数和侧向控制系数。

将式(3-15)和式(3-17)代入式(3-16)中，则有

$$\left.\begin{aligned}F_{y_{zt}}&=K_y\frac{2}{\pi}F_{cz}\\F_{z_{zt}}&=K_z\frac{2}{\pi}F_{cz}\end{aligned}\right\} \tag{3-18}$$

那么，$F_{y_{zt}}$、$F_{z_{zt}}$ 相对于 Oz_{zt} 轴和 Oy_{zt} 轴的操纵力矩为

$$\left.\begin{aligned} M_{cy_{zt}} &= K_z \frac{2}{\pi} F_{cz}(x_p - x_m) \\ M_{cz_{zt}} &= -K_y \frac{2}{\pi} F_{cz}(x_p - x_m) \end{aligned}\right\} \tag{3-19}$$

式中：x_p、x_m——由弹体顶点分别至操纵力 $\boldsymbol{F}_{cz}$ 的作用点和导弹质心的距离。

3.3　低速自旋导弹运动方程组

3.3.1　低速自旋导弹质心运动的动力学方程

建立低速自旋导弹质心运动的动力学标量方程时，仍把矢量方程式(2－1)投影到弹道坐标系 $Ox_d y_d z_d$。首先利用变换矩阵式(3－3)、式(3－5)和式(2－17)求出推力、空气动力、重力和控制力在坐标系 $Ox_d y_d z_d$ 各轴上的投影，然后将其代入式(2－39)，即可得到导弹质心运动的动力学方程组：

$$\begin{bmatrix} m\dfrac{dv}{dt} \\ mv\dfrac{d\theta}{dt} \\ -mv\cos\theta\dfrac{d\Psi_v}{dt} \end{bmatrix} = \boldsymbol{B}_d^{zs}(\gamma_v^*)^T \boldsymbol{B}_{zs}^{zt}(\beta^*, \alpha^*)^T \begin{bmatrix} P \\ 0 \\ 0 \end{bmatrix} + \boldsymbol{B}_d^{zs}(\gamma_v^*)^T \begin{bmatrix} -X \\ Y \\ Z \end{bmatrix} +$$

$$\boldsymbol{B}_D^d(\Psi_v, \theta) \begin{bmatrix} 0 \\ -G \\ 0 \end{bmatrix} + \boldsymbol{B}_d^{zs}(\gamma_v^*)^T \boldsymbol{B}_{zs}^{zt}(\beta^*, \alpha^*)^T \begin{bmatrix} 0 \\ K_y \dfrac{2}{\pi} F_{cz} \\ K_z \dfrac{2}{\pi} F_{cz} \end{bmatrix}$$

展开后可得

$$\left.\begin{aligned} m\frac{dv}{dt} &= P\cos\alpha^*\cos\beta^* - X - G\sin\theta + \frac{2}{\pi}F_{cz}(K_z\sin\beta^* - K_y\sin\alpha^*\cos\beta^*) \\ mv\frac{d\theta}{dt} &= P(\sin\alpha^*\cos\gamma_v^* + \cos\alpha^*\sin\beta^*\sin\gamma_v^*) + Y\cos\gamma_v^* - Z\sin\gamma_v^* - G\cos\theta + \\ &\quad \frac{2}{\pi}F_{cz}[K_y(\cos\alpha^*\cos\gamma_v^* - \sin\alpha^*\sin\beta^*\sin\gamma_v^*) - K_z\sin\gamma_v^*\cos\beta^*] \\ -mv\cos\theta\frac{d\Psi_v}{dt} &= P(\sin\alpha^*\sin\gamma_v^* - \cos\alpha^*\sin\beta^*\cos\gamma_v^*) + Y\sin\gamma_v^* + Z\cos\gamma_v^* + \\ &\quad \frac{2}{\pi}F_{cz}[K_y(\sin\alpha^*\sin\beta^*\cos\gamma_v^* + \cos\alpha^*\sin\gamma_v^*) + K_z\cos\gamma_v^*\cos\beta^*] \end{aligned}\right\} \tag{3-20}$$

3.3.2 低速自旋导弹绕质心转动的动力学方程

由图 3－1 可知，准弹体坐标系 $Ox_{zt}y_{zt}z_{zt}$ 相对于地面坐标系的转动角速度 $\boldsymbol{\omega}'$ 应为

$$\boldsymbol{\omega}'=\dot{\boldsymbol{\Psi}}+\dot{\boldsymbol{\vartheta}} \tag{3-21}$$

对于滚转弹体而言，除具有角速度 $\boldsymbol{\omega}'$ 之外，还有绕弹体纵轴的一个自旋角速度 $\dot{\boldsymbol{\gamma}}$，因此，弹体的旋转角速度应为

$$\boldsymbol{\omega}=\boldsymbol{\omega}'+\dot{\boldsymbol{\gamma}} \tag{3-22}$$

由于准弹体坐标系 $Ox_{zt}y_{zt}z_{zt}$ 的旋转角速度为 $\boldsymbol{\omega}'$，则式(2－58)应写成如下形式：

$$\frac{\mathrm{d}\boldsymbol{H}_0^*}{\mathrm{d}t}+\boldsymbol{\omega}'\times\boldsymbol{H}_0=\boldsymbol{M}_0+\boldsymbol{M}_c \tag{3-23}$$

式中：$\boldsymbol{M}_c$——控制力矩矢量。

展开式(3－23)，得

$$\left.\begin{aligned}
&J_{x_{zt}}\frac{\mathrm{d}\omega_{x_{zt}}}{\mathrm{d}t}-J_{x_{zt}z_{zt}}\frac{\mathrm{d}\omega_{z_{zt}}}{\mathrm{d}t}-J_{x_{zt}y_{zt}}\frac{\mathrm{d}\omega_{y_{zt}}}{\mathrm{d}t}+\omega'_{y_{zt}}(-J_{z_{zt}x_{zt}}\omega_{x_{zt}}-J_{z_{zt}y_{zt}}\omega_{y_{zt}}+J_{z_{zt}}\omega_{z_{zt}})\\
&-\omega'_{z_{zt}}(-J_{y_{zt}x_{zt}}\omega_{x_{zt}}+J_{y_{zt}}\omega_{y_{zt}}-J_{y_{zt}z_{zt}}\omega_{z_{zt}})=M_{x_{zt}}+M_{cx_{zt}}\\
&J_{y_{zt}}\frac{\mathrm{d}\omega_{y_{zt}}}{\mathrm{d}t}-J_{y_{zt}x_{zt}}\frac{\mathrm{d}\omega_{x_{zt}}}{\mathrm{d}t}-J_{y_{zt}z_{zt}}\frac{d\omega_{z_{zt}}}{\mathrm{d}t}+\omega'_{z_{zt}}(J_{x_{zt}}\omega_{x_{zt}}-J_{x_{zt}y_{zt}}\omega_{y_{zt}}-J_{x_{zt}z_{zt}}\omega_{z_{zt}})\\
&-\omega'_{x_{zt}}(-J_{z_{zt}x_{zt}}\omega_{x_{zt}}-J_{z_{zt}y_{zt}}\omega_{y_{zt}}+J_{z_{zt}}\omega_{z_{zt}})=M_{y_{zt}}+M_{cy_{zt}}\\
&J_{z_{zt}}\frac{\mathrm{d}\omega_{z_{zt}}}{\mathrm{d}t}-J_{z_{zt}y_{zt}}\frac{\mathrm{d}\omega_{y_{zt}}}{\mathrm{d}t}-J_{z_{zt}x_{zt}}\frac{\mathrm{d}\omega_{x_{zt}}}{\mathrm{d}t}+\omega'_{x_{zt}}(-J_{y_{zt}x_{zt}}\omega_{x_{zt}}+J_{y_{zt}}\omega_{y_{zt}}-J_{y_{zt}z_{zt}}\omega_{z_{zt}})\\
&-\omega'_{y_{zt}}(J_{x_{zt}}\omega_{x_{zt}}-J_{x_{zt}y_{zt}}\omega_{y_{zt}}-J_{x_{zt}z_{zt}}\omega_{z_{zt}})=M_{z_{zt}}+M_{cz_{zt}}
\end{aligned}\right\} \tag{3-24}$$

若坐标系 $Ox_{zt}y_{zt}z_{zt}$ 各轴为导弹惯性主轴，即 $J_{x_{zt}y_{zt}}=J_{y_{zt}z_{zt}}=J_{z_{zt}x_{zt}}=\cdots=0$，则式(3－24)可写为

$$\left.\begin{aligned}
&J_{x_{zt}}\frac{\mathrm{d}\omega_{x_{zt}}}{\mathrm{d}t}+J_{x_{zt}}\omega_{z_{zt}}\omega'_{y_{zt}}-J_{y_{zt}}\omega_{y_{zt}}\omega'_{z_{zt}}=M_{x_{zt}}+M_{cx_{zt}}\\
&J_{y_{zt}}\frac{\mathrm{d}\omega_{y_{zt}}}{\mathrm{d}t}+J_{x_{zt}}\omega_{x_{zt}}\omega'_{z_{zt}}-J_{z_{zt}}\omega_{z_{zt}}\omega'_{x_{zt}}=M_{y_{zt}}+M_{cy_{zt}}\\
&J_{z_{zt}}\frac{\mathrm{d}\omega_{z_{zt}}}{\mathrm{d}t}+J_{y_{zt}}\omega_{y_{zt}}\omega'_{x_{zt}}-J_{x_{zt}}\omega_{x_{zt}}\omega'_{y_{zt}}=M_{z_{zt}}+M_{cz_{zt}}
\end{aligned}\right\} \tag{3-25}$$

又若导弹为轴对称型，同时考虑到

$$\boldsymbol{\omega}'=\begin{bmatrix}\omega'_{x_{zt}}\\ \omega'_{y_{zt}}\\ \omega'_{z_{zt}}\end{bmatrix}=\begin{bmatrix}\omega_{x_{zt}}-\dot{\gamma}\\ \omega_{y_{zt}}\\ \omega_{z_{zt}}\end{bmatrix}$$

则式(3－2)经整理得导弹作滚转运动的动力学方程为

$$\left.\begin{aligned}
&J_{x_{zt}}\frac{\mathrm{d}\omega_{x_{zt}}}{\mathrm{d}t}=M_{x_{zt}}+M_{cx_{zt}}\\
&J_{y_{zt}}\frac{\mathrm{d}\omega_{y_{zt}}}{\mathrm{d}t}+(J_{x_{zt}}-J_{z_{zt}})\omega_{x_{zt}}\omega_{z_{zt}}+J_{z_{zt}}\omega_{z_{zt}}\dot{\gamma}=M_{y_{zt}}+M_{cy_{zt}}\\
&J_{z_{zt}}\frac{d\omega_{z_{zt}}}{dt}+(J_{y_{zt}}-J_{x_{zt}})\omega_{y_{zt}}\omega_{x_{zt}}-J_{y_{zt}}\omega_{y_{zt}}\dot{\gamma}=M_{z_{zt}}+M_{cz_{zt}}
\end{aligned}\right\} \tag{3-26}$$

3.3.3 自旋导弹的运动学方程组

描述导弹质心运动的运动学方程与方程组式(2－71)相同。下面建立描述自旋导弹绕质心转动的运动学方程。由于导弹的旋转角速度 $\boldsymbol{\omega}$ 为

$$\boldsymbol{\omega}=\boldsymbol{\omega}'+\dot{\boldsymbol{\gamma}}=\dot{\boldsymbol{\Psi}}+\dot{\boldsymbol{\vartheta}}+\dot{\boldsymbol{\gamma}} \tag{3-27}$$

$$\begin{bmatrix}\omega_{x_{zt}}\\ \omega_{y_{zt}}\\ \omega_{z_{zt}}\end{bmatrix}=\boldsymbol{B}_{\mathrm{D}}^{\mathrm{zt}}(\Psi,\vartheta)\begin{bmatrix}0\\ \dot{\Psi}\\ 0\end{bmatrix}+\begin{bmatrix}0\\ 0\\ \dot{\vartheta}\end{bmatrix}+\begin{bmatrix}\dot{\gamma}\\ 0\\ 0\end{bmatrix}=\begin{bmatrix}\dot{\Psi}\sin\vartheta+\dot{\gamma}\\ \dot{\Psi}\cos\vartheta\\ \dot{\vartheta}\end{bmatrix}=\begin{bmatrix}1 & \sin\vartheta & 0\\ 0 & \cos\vartheta & 0\\ 0 & 0 & 1\end{bmatrix}\begin{bmatrix}\dot{\gamma}\\ \dot{\Psi}\\ \dot{\vartheta}\end{bmatrix} \tag{3-28}$$

则有

$$\begin{bmatrix}\dot{\gamma}\\ \dot{\Psi}\\ \dot{\vartheta}\end{bmatrix}=\begin{bmatrix}1 & \sin\vartheta & 0\\ 0 & \cos\vartheta & 0\\ 0 & 0 & 1\end{bmatrix}^{-1}\begin{bmatrix}\omega_{x_{zt}}\\ \omega_{y_{zt}}\\ \omega_{z_{zt}}\end{bmatrix}=\begin{bmatrix}1 & -\tan\vartheta & 0\\ 0 & \dfrac{1}{\cos\vartheta} & 0\\ 0 & 0 & 1\end{bmatrix}\begin{bmatrix}\omega_{x_{zt}}\\ \omega_{y_{zt}}\\ \omega_{z_{zt}}\end{bmatrix}=\begin{bmatrix}\omega_{x_{zt}}-\omega_{y_{zt}}\tan\vartheta\\ \dfrac{\omega_{y_{zt}}}{\cos\vartheta}\\ \omega_{z_{zt}}\end{bmatrix} \tag{3-29}$$

方程式(3－29)即为导弹绕质心转动的运动学方程组。

3.3.4 几何关系方程

对低速自旋导弹需要补充 3 个几何关系方程，其推导方法与第 2 章非滚转导弹的几何关系方程的方法相同。经推导可得 3 个几何关系方程为

$$\sin\beta^{*}=\cos\theta\sin(\Psi-\Psi_{v}) \tag{3-30}$$

$$\sin\gamma_{v}^{*}=\tan\beta^{*}\tan\theta \tag{3-31}$$

$$\alpha^{*}=\vartheta-\arcsin(\sin\theta/\cos\beta^{*}) \tag{3-32}$$

式(3－30)～式(3－32)就是所求的 3 个几何关系方程。

3.3.5 描述导弹质量随时间变化的方程

描述导弹质量随时间变化的方程为

$$\frac{\mathrm{d}m}{\mathrm{d}t}=-m_{\mathrm{c}} \tag{3-33}$$

3.3.6 控制关系方程

对于自旋导弹，若认为推力是不可调节的，则控制关系方程为

$$\left.\begin{aligned}\varphi_1=0\\ \varphi_2=0\end{aligned}\right\} \tag{3-34}$$

式(3－34)的具体表达式，将取决于采用的导引方法和系统的实际结构等。

3.3.7 自旋导弹运动方程组

综合式(3-20)、式(3-26)、式(3-29)～式(3-34)，则可得到如下自旋导弹的完整运动方程组：

$$
\left.\begin{aligned}
&m\frac{dv}{dt}=P\cos\alpha^*\cos\beta^*-X-G\sin\theta+\frac{2}{\pi}F_{cz}(K_z\sin\beta^*-K_y\sin\alpha^*\cos\beta^*)\\
&mv\frac{d\theta}{dt}=P(\sin\alpha^*\cos\gamma_v^*+\cos\alpha^*\sin\beta^*\sin\gamma_v^*)+Y\cos\gamma_v^*-Z\sin\gamma_v^*-G\cos\theta+\\
&\qquad\frac{2}{\pi}F_{cz}[K_y(\cos\alpha^*\cos\gamma_v^*-\sin\alpha^*\sin\beta^*\sin\gamma_v^*)-K_z\sin\gamma_v^*\cos\beta^*]\\
&-mV\cos\theta\frac{d\Psi_v}{dt}=P(\sin\alpha^*\sin\gamma_v^*-\cos\alpha^*\sin\beta^*\cos\gamma_v^*)+Y\sin\gamma_v^*+Z\cos\gamma_v^*+\\
&\qquad\frac{2}{\pi}F_{cz}[K_y(\sin\alpha^*\sin\beta^*\cos\gamma_v^*+\cos\alpha^*\sin\gamma_v^*)+K_z\cos\gamma_v^*\cos\beta^*]\\
&J_{x_{zt}}\frac{d\omega_{x_{zt}}}{dt}=M_{x_{zt}}+M_{cx_{zt}}-(J_{z_{zt}}-J_{y_{zt}})\omega_{z_{zt}}\omega_{y_{zt}}\\
&J_{y_{zt}}\frac{d\omega_{y_{zt}}}{dt}=M_{y_{zt}}+M_{cy_{zt}}-(J_{x_{zt}}-J_{z_{zt}})\omega_{x_{zt}}\omega_{z_{zt}}-J_{z_{zt}}\omega_{z_{zt}}\dot{\gamma}\\
&J_{z_{zt}}\frac{d\omega_{z_{zt}}}{dt}=M_{z_{zt}}+M_{cz_{zt}}-(J_{y_{zt}}-J_{x_{zt}})\omega_{y_{zt}}\omega_{x_{zt}}+J_{y_{zt}}\omega_{y_{zt}}\dot{\gamma}\\
&\frac{d\vartheta}{dt}=\omega_{z_{zt}}\\
&\frac{d\Psi}{dt}=\omega_{y_{zt}}/\cos\vartheta\\
&\frac{d\gamma}{dt}=\omega_{x_{zt}}-\omega_{y_{zt}}\tan\vartheta\\
&\frac{dx_D}{dt}=v\cos\theta\cos\Psi_v\\
&\frac{dy_D}{dt}=v\sin\theta\\
&\frac{dz_D}{dt}=-v\cos\theta\sin\Psi_v\\
&\frac{dm}{dt}=-m_c\\
&\beta^*=\arcsin[\cos\theta\sin(\Psi-\Psi_v)]\\
&\alpha^*=\vartheta-\arcsin(\sin\theta/\cos\beta^*)\\
&\gamma_v^*=\arcsin(\tan\beta^*\tan\theta)\\
&\varphi_1=0\\
&\varphi_2=0
\end{aligned}\right\}\qquad(3-35)
$$

式中：K_y、K_z——纵向和侧向系数；

F_{cz}——操纵力；

$M_{cx_{zt}}$——一般不对滚动运动施加控制，因此有

$$\begin{cases} M_{cx_{zt}}=0 \\ M_{cy_{zt}}=K_z\dfrac{2}{\pi}F_{cz}(x_p-x_m) \\ M_{cz_{zt}}=-K_y\dfrac{2}{\pi}F_{cz}(x_p-x_m) \\ M_{x_{zt}}=(m_{x_{zt}0}+m_{x_{zt}}^{\bar{\omega}_{x_{zt}}}\bar{\omega}_{x_{zt}}+m_{x_{zt}}^{\bar{\omega}_{y_{zt}}}\bar{\omega}_{y_{zt}}+m_{x_{zt}}^{\bar{\omega}_{z_{zt}}}\bar{\omega}_{z_{zt}})qSl \\ M_{y_{zt}}=(m_{y_{zt}}^{\beta^*}\beta^*+m_{y_{zt}}^{\bar{\omega}_{x_{zt}}}\bar{\omega}_{x_{zt}}+m_{y_{zt}}^{\bar{\omega}_{y_{zt}}}\bar{\omega}_{y_{zt}})qSL \\ M_{z_{zt}}=(m_{z_{zt}}^{\alpha^*}\alpha^*+m_{z_{zt}}^{\bar{\omega}_{z_{zt}}}\bar{\omega}_{z_{zt}}+m_{z_{zt}}^{\bar{\omega}_{x_{zt}}}\bar{\omega}_{x_{zt}})qSL \end{cases}$$

式中：$m_{z_{zt}}^{\alpha^*}$、$m_{y_{zt}}^{\beta^*}$——纵向和侧向静稳定性导数；

$m_{x_{zt}}^{\bar{\omega}_{x_{zt}}}$、$m_{y_{zt}}^{\bar{\omega}_{y_{zt}}}$、$m_{z_{zt}}^{\bar{\omega}_{z_{zt}}}$——滚转、偏航、俯仰阻尼力矩系数的导数；

$m_{z_{zt}}^{\bar{\omega}_{x_{zt}}}$、$m_{y_{zt}}^{\bar{\omega}_{x_{zt}}}$——马格努斯力矩系数的导数；

$m_{x_{zt}}^{\bar{\omega}_{y_{zt}}}$、$m_{x_{zt}}^{\bar{\omega}_{z_{zt}}}$——交叉力矩系数的导数；

$m_{x_{zt}0}$——导弹外形不对称引起的滚动力矩系数；

l，L——翼展和弹身长度，它们均视为特征长度。

通过分析式(3-35)中描述弹体绕质心转动的动力学方程可以看出：由于绕自身纵轴滚转的弹体具有一定的角动量，所以，它就像陀螺一样，每当在某一方向上受到一个外加力矩时，就会在垂直力矩矢量的方向上产生进动，即所谓滚转弹体的陀螺效应。又由于在力矩的表达式中包含马格努斯力矩项（主要为弹翼马格努斯力矩），说明具有攻角 α^*（或侧滑角 β^*）飞行的滚转弹体将产生绕 Oy_{zt}（或绕 Oz_{zt}）轴的马格努斯力矩。例如，对于 $\omega_{x_{zt}}>0$ 的右旋弹体，当 $\alpha^*>0$(或侧滑角 $\beta^*>0$）时，将产生正的马格努斯力矩（或负的俯仰力矩）使弹体向左偏航（或向下低头）。这就是说，低速自旋导弹在飞行中，由于陀螺效应和马格努斯效应的存在，控制导弹的俯仰运动必然伴随有偏航运动产生，反之亦然，称这种现象为运动的交联。因此，计算滚转导弹的运动轨迹或其他运动参数时，由于交连运动的存在，不可能把俯仰运动和偏航运动分开来进行，需要求解完整的运动方程组式(3-35)。

第 4 章　旋翼下洗流场对导弹气动特性的影响及直升机机载导弹运动方程组

4.1　直升机机载导弹常用的坐标系及其变换

当发射导弹时，不同的载体平台对于导弹飞行的影响可能存在很大的不同。对于从直升机发射的导弹，一方面，由于直升机本身震动水平较高，且发射过程可能是在悬停、平飞、俯冲等多种状态下完成的，机身的摇摆和晃动是不可避免的，所以导弹在离轨后的初始飞行阶段中，质心通常会偏离瞄准线，产生随机变化的角偏差，造成制导飞行阶段的起控点散布：另一方面，由于导弹通常悬挂在直升机的短翼下，而短翼又在主旋翼之下，飞行过程中主旋翼高速旋转，会在其下方形成一个很强的下洗流场，而导弹发射离轨时的速度与下洗流的速度基本具有统一数量级，所以在导弹穿过这个下洗流场时，作用于导弹上的空气动力和气动力矩会快速变化，加之导弹的来流绕流流场以及导弹喷流流场，会对导弹初始飞行阶段的弹道产生重要影响。在这两方面影响中，下洗气流的影响起着主导作用。本章主要研究旋翼下洗流场对于直升机机载导弹运动的影响，进而建立面向直升机机载导弹的导弹运动方程组。

4.1.1　直升机机载导弹常用的坐标系

作为一种旋翼飞行器，直升机与固定翼飞行器相比，其飞行特点及对导弹运动的影响有着明显差异，因此在研究直升机机载导弹的运动时，除了前面介绍的常用坐标系外，还需要特别引入 4 个必要的坐标系，分别是直升机机体坐标系 $O_h x_h y_h z_h$、直升机牵连坐标系 $O_h x_h' y_h' z_h'$、相对气流坐标系 $Ox_r y_r z_r$、光轴坐标系 $O_b x_b y_b z_b$。

4.1.1.1　直升机机体坐标系 $O_h x_h y_h z_h$

取直升机质心 O_h 为直升机机体坐标系的坐标原点，$O_h x_h$、$O_h y_h$ 轴分别位于直升机机体的纵向对称平面内，$O_h x_h$ 轴沿机轴指向前方为正，$O_h y_h$ 轴垂直于 $O_h x_h$ 轴，指向上方为正，$O_h z_h$ 轴方向按右手法则确定。与描述导弹空间姿态相似，直升机在空间运动的姿态可以用直升机俯仰角 ϑ_h、偏航角 Ψ_h 和滚转角 γ_h 来表示，其中：

(1) 直升机俯仰角 ϑ_h：机身纵轴 $O_h x_h$ 在铅垂面 $O_D x_D y_D$ 上的投影与地面坐标系 $O_D x_D$ 轴之间的夹角，机头上仰时为正；

(2) 直升机偏航角 Ψ_h：机身纵轴 $O_h x_h$ 在水平面 $O_D x_D z_D$ 上的投影与地面坐标系 $O_D x_D$ 轴之

间的夹角，绕 O_Dy_D 轴旋转，按右手法则决定其正负；

(3) 直升机滚转角 γ_h：机身纵向对称平面 $O_hx_hy_h$ 与包含纵轴 O_hx_h 的铅垂面之间的夹角，绕 O_hx_h 轴旋转，按右手法则决定其正负。

4.1.1.2　直升机牵连坐标系 $O_hx'_hy'_hz'_h$

直升机牵连坐标系通常用于研究各坐标系之间的关系，其坐标原点 O_h 取在直升机质心上，其 3 个坐标轴 $O_hx'_h$、$O_hy'_h$、$O_hz'_h$ 分别平行于地面坐标系的相应各轴，故又称为地面平移坐标系，简称为平移坐标系。

4.1.1.3 相对气流坐标系 $Ox_ry_rz_r$

取导弹质心 O 为相对气流坐标系的坐标原点。Ox_r 轴与导弹相对于气流的速度矢量方向一致；对于滚转导弹，Oy_r 轴位于包含导弹纵轴的铅垂平面内，对于非滚转导弹，Oy_r 轴位于包含导弹纵轴的纵向对称平面内，且 Oy_r 轴垂直于 Ox_r 轴，指向上方为正；Oz_r 轴按右手法则确定。

对于直升机机载导弹，导弹相对于气流的速度矢量，包括导弹相对于直升机机体飞行气流的速度矢量 $\boldsymbol{v}$ 和导弹相对于直升机旋翼下洗气流的速度 $\boldsymbol{v}_i$，二者的合矢量即导弹相对气流速度，用 $\boldsymbol{v}_r$ 表示，其方向与相对气流坐标系 $Ox_ry_rz_r$ 的 Ox_r 轴一致。$\boldsymbol{v}_r$ 相对弹体坐标系（对非滚转导弹）或相对准弹体坐标系（对滚转导弹）的方位用相对攻角 α_r 和相对侧滑角 β_r 表示。

(1) 对非滚转导弹。

1) 相对攻角 α_r：相对气流速度矢量 $\boldsymbol{v}_r$ 在纵对称面 Ox_ty_t 上的投影与 Ox_t 轴的夹角，产生正升力时攻角为正。

2) 相对侧滑角 β_r：相对气流速度矢量 $\boldsymbol{v}_r$ 与纵对称面 Ox_ty_t 的夹角，产生负侧力时侧滑角为正。

(2) 对滚转导弹。

1) 相对攻角 α_r：相对气流速度矢量 $\boldsymbol{v}_r$ 在准弹体坐标系（铅垂面）$Ox_{zt}y_{zt}$ 上的投影与 Ox_{zt} 轴的夹角，产生正升力时攻角为正。

2) 相对侧滑角 β_r：相对气流速度矢量 $\boldsymbol{v}_r$ 与准弹体坐标系（铅垂面）$Ox_{zt}y_{zt}$ 的夹角，产生负侧力时侧滑角为正。

4.1.1.4　光轴坐标系 $O_bx_by_bz_b$

光轴坐标系的坐标原点 O_b 取在光学瞄准具中心。O_bx_b 轴与瞄准线（瞄准具中心与目标瞄准点连线）重合，指向目标方向为正；O_by_b 轴位于包含瞄准线的铅垂平面内，且垂直于 O_bx_b 轴，指向上方为正；O_bz_b 轴按右手法则确定。

瞄准线相对地面的方位用瞄准线高低角和瞄准线方位角来确定，分别以 ϑ_b 和 Ψ_b 来表示。

(1) 瞄准线高低角 ϑ_b：瞄准线 O_bx_b 与水平面 $O_Dx_Dz_D$ 之间的夹角，O_bx_b 轴位于地面之上时，ϑ_b 为正。

(2) 瞄准线方位角 Ψ_b：瞄准线在水平面 $O_Dx_Dz_D$ 上的投影与 O_Dx_D 轴之间的夹角，绕 O_Dy_D 轴旋转，按右手法则决定其正负。

这两个角度决定了光轴坐标系 $O_bx_by_bz_b$ 与地面坐标系 $O_Dx_Dy_Dz_D$ 之间的相互关系。

4.1.2 直升机机载导弹常用的坐标系之间的变换矩阵

4.1.2.1 直升机机体坐标系与地面坐标系的变换矩阵

如图 4－1 所示，直升机机体坐标系与地面坐标系的变换矩阵可写为

$$\begin{bmatrix} x_h \\ y_h \\ z_h \end{bmatrix} = \boldsymbol{B}_D^h(\gamma_h, \vartheta_h, \Psi_h) \begin{bmatrix} x_D \\ y_D \\ z_D \end{bmatrix} \tag{4-1}$$

式中

$$\boldsymbol{B}_D^h(\gamma_h, \vartheta_h, \Psi_h) =$$
$$\begin{bmatrix} \cos\vartheta_h \cos\Psi_h & \sin\vartheta_h & -\cos\vartheta_h \sin\Psi_h \\ -\sin\vartheta_h \cos\Psi_h \cos\gamma_h + \sin\Psi_h \sin\gamma_h & \cos\vartheta_h \cos\gamma_h & \sin\vartheta_h \sin\Psi_h \cos\gamma_h + \cos\Psi_h \sin\gamma_h \\ \sin\vartheta_h \cos\Psi_h \sin\gamma_h + \sin\Psi_h \cos\gamma_h & -\cos\vartheta_h \sin\gamma_h & \sin\vartheta_h \sin\Psi_h \cos\gamma_h + \cos\Psi_h \cos\gamma_h \end{bmatrix} \tag{4-2}$$

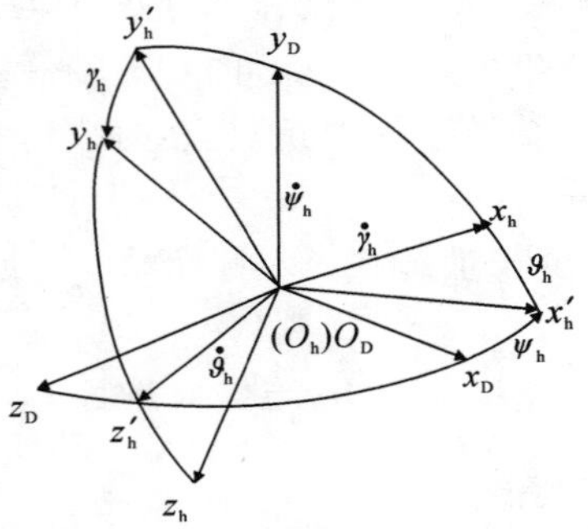

图 4－1 地面坐标系 $O_D x_D y_D z_D$ 与直升机机体坐标系 $O_h x_h y_h z_h$ 的相对关系

4.1.2.2 弹体、准弹体坐标系与相对气流坐标系的转换

对于非滚转导弹，弹体坐标系与相对气流坐标系的变换矩阵为

$$\begin{bmatrix} x_t \\ y_t \\ z_t \end{bmatrix} = \boldsymbol{B}_r^t(\alpha_r, \beta_r) \begin{bmatrix} x_r \\ y_r \\ z_r \end{bmatrix} \tag{4-3}$$

式中

$$\boldsymbol{B}_r^t(\beta_r, \alpha_r) = \begin{bmatrix} \cos\alpha_r \cos\beta_r & \sin\alpha_r & -\cos\alpha_r \sin\beta_r \\ -\sin\alpha_r \cos\beta_r & \cos\alpha_r & \sin\alpha_r \sin\beta_r \\ \sin\beta_r & 0 & \cos\beta_r \end{bmatrix}$$

对于滚转导弹，如图 4－2 所示，准弹体坐标系与相对气流坐标系的变换矩阵可写为

$$\begin{bmatrix} x_{zt} \\ y_{zt} \\ z_{zt} \end{bmatrix} = \boldsymbol{B}_r^{zt}(\beta_r, \alpha_r) \begin{bmatrix} x_r \\ y_r \\ z_r \end{bmatrix} \tag{4-4}$$

式中

$$\boldsymbol{B}_{\mathrm{r}}^{\mathrm{zt}}(\beta_{\mathrm{r}},\alpha_{\mathrm{r}})=\begin{bmatrix}\cos\alpha_{\mathrm{r}}\cos\beta_{\mathrm{r}} & \sin\alpha_{\mathrm{r}} & -\cos\alpha_{\mathrm{r}}\sin\beta_{\mathrm{r}}\\ -\sin\alpha_{\mathrm{r}}\cos\beta_{\mathrm{r}} & \cos\alpha_{\mathrm{r}} & \sin\alpha_{\mathrm{r}}\sin\beta_{\mathrm{r}}\\ \sin\beta_{\mathrm{r}} & 0 & \cos\beta_{\mathrm{r}}\end{bmatrix}$$

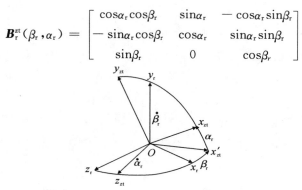

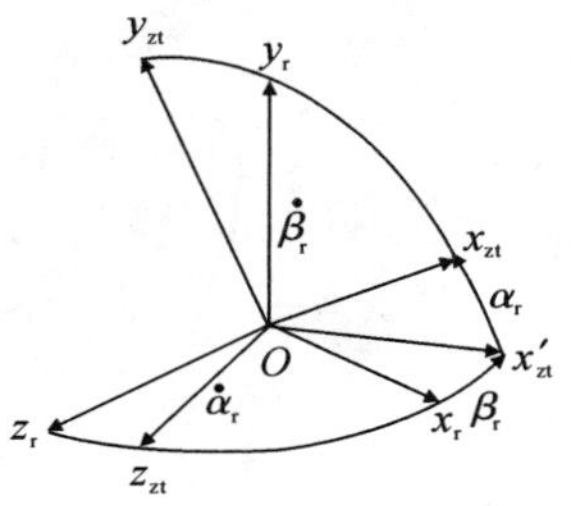

图 4-2　$Ox_{\mathrm{zt}}y_{\mathrm{zt}}z_{\mathrm{zt}}$ 与 $Ox_{\mathrm{r}}y_{\mathrm{r}}z_{\mathrm{r}}$ 的相对关系

4.1.2.3　地面坐标系与直升机牵连坐标系的转换

地面坐标系与直升机牵连坐标系的转换关系可根据地面坐标系和直升机牵连坐标系的定义，由下面公式得到：

$$\begin{bmatrix}x_{\mathrm{D}}\\ y_{\mathrm{D}}\\ z_{\mathrm{D}}\end{bmatrix}=\begin{bmatrix}x_{\mathrm{h}}^{\prime}\\ y_{\mathrm{h}}^{\prime}+H\\ z_{\mathrm{h}}^{\prime}\end{bmatrix}\tag{4-5}$$

式中：H—— 直升机的悬停高度。

4.1.2.4　光轴坐标系与地面坐标系的转换

根据光轴坐标系和地面坐标系的定义，光轴坐标系与地面坐标系的转换矩阵可由下面的公式给出：

$$\begin{bmatrix}x_{\mathrm{b}}\\ y_{\mathrm{b}}\\ z_{\mathrm{b}}\end{bmatrix}=\boldsymbol{B}_{\mathrm{D}}^{\mathrm{b}}(\vartheta_{\mathrm{b}},\boldsymbol{\Psi}_{\mathrm{b}})\begin{bmatrix}x_{\mathrm{D}}\\ y_{\mathrm{D}}\\ z_{\mathrm{D}}\end{bmatrix}\tag{4-6}$$

式中

$$\boldsymbol{B}_{\mathrm{D}}^{\mathrm{b}}(\vartheta_{\mathrm{b}},\boldsymbol{\Psi}_{\mathrm{b}})=\begin{bmatrix}\cos\vartheta_{\mathrm{b}}\sin\boldsymbol{\Psi}_{\mathrm{b}} & \sin\vartheta_{\mathrm{b}} & -\cos\vartheta_{\mathrm{b}}\sin\boldsymbol{\Psi}_{\mathrm{b}}\\ -\sin\vartheta_{\mathrm{b}}\cos\boldsymbol{\Psi}_{\mathrm{b}} & \cos\vartheta_{\mathrm{b}} & \sin\vartheta_{\mathrm{b}}\sin\boldsymbol{\Psi}_{\mathrm{b}}\\ \sin\boldsymbol{\Psi}_{\mathrm{b}} & 0 & \cos\boldsymbol{\Psi}_{\mathrm{b}}\end{bmatrix}$$

4.2　旋翼下洗流场对导弹气动特性的影响

4.2.1　主旋翼洗流场诱导速度

直升机旋翼下洗流场是一个复杂的涡流场。直接影响着导弹的初始弹道和命中精度，对其精确数学模型的获取几乎是不可能的，目前主要通过广义尾流模型并结合一些工程方法计算来近似建模。定性的描述为，旋翼下洗流是由直接从上方的多叶片旋翼流出的圆柱形下洗气流区域所组成的，类似于载流导线在周围会感应出磁场，涡系在周围也会感应出速度场，称为诱导速度场。

为研究方便，通常将洗流诱导速度分解为下洗流、切向流（周向流）和径向流3个方向的流速，由于径向流速和切向流速要比下洗流速小得多，实际计算时可只考虑下洗流速度。其矢量表达式为

$$\boldsymbol{v}_0 = \boldsymbol{v}_i + \boldsymbol{v}_\Psi + \boldsymbol{v}_j \approx \boldsymbol{v}_i \tag{4-7}$$

式中：$\boldsymbol{v}_0$ —— 洗流场诱导速度，又称为总诱导速度；

$\boldsymbol{v}_i$ —— 轴向诱导速度，又称为下洗诱导速度，无论是悬停还是前飞，它的方向总是垂直于桨盘面，沿桨轴向下；

因此，$\boldsymbol{v}_i$ 在机体坐标系上可表示为

$$\begin{bmatrix} \boldsymbol{v}_{ix_h} \\ \boldsymbol{v}_{iy_h} \\ \boldsymbol{v}_{iz_h} \end{bmatrix} = \begin{bmatrix} 0 \\ -\boldsymbol{v}_i \\ 0 \end{bmatrix} \tag{4-8}$$

$\boldsymbol{v}_\Psi$—— 切向诱导速度，又称为周向诱导速度，其方向沿桨盘切向，与桨尖速度方向一致；

$\boldsymbol{v}_j$—— 径向诱导速度，又称为径向流速度，它的方向沿桨叶径向，指向中心。

直升机旋翼下洗流场是一种非定常的周期脉动的不均匀复杂流动，各点的诱导速度不仅与直升机的拉力系数、飞行速度、旋翼转速以及旋翼机构等有关，而且与叶片的位置、摆振等因素有关，加之洗流绕过机身时受机身外形、挂装设备的影响，整个计算过程将是十分复杂的。计算与试验结果表明，直升机悬停状态下的旋翼桨盘面下洗诱导速度呈倒漏斗状分布，而前飞时呈被斜面截过的圆柱分布。

由于直升机主旋翼的下洗诱导速度计算过程十分复杂，所以这里引入了一种简单的工程计算方法。

(1) 悬停状态。当处于悬停状态时，主旋翼桨面下洗诱导速度可表示为

$$v_i = A\bar{r} \tag{4-9}$$

式中：v_i—— 悬停时直升机主旋翼桨面下洗诱导速度；

A—— 比例常数（通过实测得到）；

r—— 导弹质心距旋翼桨面中心的距离；

$\bar{r} = r/R$—— 导弹距旋翼桨面中心的相对距离，其中 R 为旋翼半径。

式(4-9)表明下洗诱导速度的大小只与导弹距桨面中心的相对距离有关。

(2) 前飞状态。当处于前飞状态时，主旋翼桨面下洗诱导速度可表示为

$$v_i = v_i(\bar{r}, \mu, \lambda, \chi) \tag{4-10}$$

式中：v_i—— 前飞时主旋翼桨面下洗诱导速度；

μ—— 旋翼前进比（前飞时相对来流速度在旋翼桨盘上的投影与桨尖的旋转线速度之比）；

λ—— 旋翼入流比（前飞时相对来流速度在旋翼桨盘垂直方向上的投影与桨尖的旋转线速度之比）；

χ—— 方位角（指导弹相对于桨盘面零点的角）。

4.2.2　下洗流场对导弹气动力及气动力矩的影响

在导弹离开发射装置进入下洗流区域后，在下洗流场的作用下，导弹飞行速度的大小和方向都将发生变化，导弹相对气流的攻角和侧滑角也会发生变化，从而改变作用在导弹上的空气动力和气动力矩。

考虑旋翼下洗后导弹的气流角变为相对攻角 α_r 和相对侧滑角 β_r，导弹相对于气流的速度用 $\boldsymbol{v}_r$ 表示为

$$\boldsymbol{v}_r = \boldsymbol{v} - \boldsymbol{v}_i \tag{4-11}$$

相对速度矢量的模用下式表示为

$$v_r = \sqrt{(v_{x_D} - v_{ix_D})^2 + (v_{y_D} - v_{iy_D})^2 + (v_{z_D} - v_{iz_D})^2} \tag{4-12}$$

式中：v_{x_D}、v_{y_D}、v_{z_D} 和 v_{ix_D}、v_{iy_D}、v_{iz_D}——导弹质心运动速度和旋翼下洗速度在地面坐标系上的分量。

利用式(4-8)可得如下坐标变换矩阵：

$$\begin{bmatrix} v_{ix_D} \\ v_{iy_D} \\ v_{iz_D} \end{bmatrix} = \boldsymbol{B}_D^h(\gamma_h, \vartheta_h, \boldsymbol{\Psi}_h)^{-1} \begin{bmatrix} v_{ix_h} \\ v_{iy_h} \\ v_{iz_h} \end{bmatrix} = \boldsymbol{B}_D^h(\gamma_h, \vartheta_h, \boldsymbol{\Psi}_h)^{-1} \begin{bmatrix} 0 \\ -v_i \\ 0 \end{bmatrix} \tag{4-13}$$

将式(4-13)展开得

$$\left.\begin{aligned} v_{ix_D} &= (\sin\vartheta_h \cos\boldsymbol{\Psi}_h \cos\gamma_h - \sin\boldsymbol{\Psi}_h \sin\gamma_h) v_i \\ v_{iy_D} &= -\cos\vartheta_h \cos\gamma_h v_i \\ v_{iz_D} &= -(\sin\vartheta_h \sin\boldsymbol{\Psi}_h \cos\gamma_h + \cos\boldsymbol{\Psi}_h \sin\gamma_h) v_i \end{aligned}\right\} \tag{4-14}$$

则速度矢量的模[(式 4-12)]为

$$\begin{aligned} v_r = \{ & [v_x - (\sin\vartheta_h \cos\boldsymbol{\Psi}_h \cos\gamma_h - \sin\boldsymbol{\Psi}_h \sin\gamma_h) v_i]^2 + [v_y + \cos\vartheta_h \cos\gamma_h v_i]^2 + \\ & [v_z + (\sin\vartheta_h \sin\boldsymbol{\Psi}_h \cos\gamma_h + \cos\boldsymbol{\Psi}_h \sin\gamma_h) v_i]^2 \}^{1/2} \end{aligned} \tag{4-15}$$

当导弹飞越旋翼洗流区时，作用在导弹上的总空气动力和气动力矩取决于 $\boldsymbol{v}_r$、α_r、β_r。

(1) 非滚转导弹。由于相对气流速度 $\boldsymbol{v}_r$ 在弹体坐标系上的分量可用矩阵 $\begin{bmatrix} v_{rx_t} & v_{ry_t} & v_{rz_t} \end{bmatrix}^T$ 表示，又根据相对攻角 α_r、相对侧滑角 β_r 的定义及投影原理，得到关于 α_r、β_r 的表达式为

$$\left.\begin{aligned} \alpha_r &= \arctan\left(\frac{-v_{ry_t}}{v_{rx_t}}\right) \\ \beta_r &= \arcsin\left(\frac{v_{rz_t}}{v_r}\right) \end{aligned}\right\} \tag{4-16}$$

因此，只要能求得相对气流速度在弹体坐标系上的 3 个分量 $\begin{bmatrix} v_{rx_t} & v_{ry_t} & v_{rz_t} \end{bmatrix}^T$，即可求得相对攻角 α_r 和相对侧滑角 β_r。

$\begin{bmatrix} v_{rx_t} & v_{ry_t} & v_{rz_t} \end{bmatrix}^T$ 可根据式(4-11)、式(4-13)，并经坐标变换得到：

$$\begin{bmatrix} v_{rx_t} \\ v_{ry_t} \\ v_{rz_t} \end{bmatrix} = \boldsymbol{B}_D^h(\gamma, \vartheta, \boldsymbol{\Psi}) \begin{bmatrix} v_{rx_D} \\ v_{ry_D} \\ v_{rz_D} \end{bmatrix} = \boldsymbol{B}_D^h(\gamma, \vartheta, \boldsymbol{\Psi}) \left(\begin{bmatrix} v_{x_D} \\ v_{y_D} \\ v_{z_D} \end{bmatrix} - \begin{bmatrix} v_{ix_D} \\ v_{iy_D} \\ v_{iz_D} \end{bmatrix} \right)$$

$$
= \boldsymbol{B}_{\mathrm{D}}^{\mathrm{h}}(\gamma,\vartheta,\Psi)\left(\begin{bmatrix} v_{x_{\mathrm{D}}} \\ v_{y_{\mathrm{D}}} \\ v_{z_{\mathrm{D}}} \end{bmatrix} - \boldsymbol{B}_{\mathrm{D}}^{\mathrm{h}}(\gamma_{\mathrm{h}},\vartheta_{\mathrm{h}},\Psi_{\mathrm{h}})^{-1}\begin{bmatrix} 0 \\ -v_{\mathrm{i}} \\ 0 \end{bmatrix}\right) \tag{4-17}
$$

可以得到相对气流速度 $\boldsymbol{v}_{\mathrm{r}}$ 在弹体坐标系下的分量，于是可以求出相对攻角 α_{r} 和相对侧滑角 β_{r} 的值。

(2) 滚转导弹。与非滚转导弹类似，相对气流速度 $\boldsymbol{v}_{\mathrm{r}}$ 在准弹体坐标系上的分量可用矩阵 $\begin{bmatrix} v_{\mathrm{r}x_{\mathrm{zt}}} & v_{\mathrm{r}y_{\mathrm{zt}}} & v_{\mathrm{r}z_{\mathrm{zt}}} \end{bmatrix}^{\mathrm{T}}$ 表示，根据投影原理，α_{r}、β_{r} 的表达式为

$$
\left.\begin{aligned} \alpha_{\mathrm{r}} &= \arctan\left(\frac{-v_{\mathrm{r}y_{\mathrm{zt}}}}{v_{\mathrm{r}x_{\mathrm{zt}}}}\right) \\ \beta_{\mathrm{r}} &= \arcsin\left(\frac{v_{\mathrm{r}z_{\mathrm{zt}}}}{v_{\mathrm{r}}}\right) \end{aligned}\right\} \tag{4-18}
$$

类似于非滚转导弹，通过坐标变换可求得

$$
\begin{bmatrix} v_{\mathrm{r}x_{\mathrm{zt}}} \\ v_{\mathrm{r}y_{\mathrm{zt}}} \\ v_{\mathrm{r}z_{\mathrm{zt}}} \end{bmatrix} = \boldsymbol{B}_{\mathrm{D}}^{\mathrm{h}}(\gamma_{\mathrm{h}},\vartheta_{\mathrm{h}},\Psi_{\mathrm{h}})\begin{bmatrix} v_{\mathrm{r}x_{\mathrm{D}}} \\ v_{\mathrm{r}y_{\mathrm{D}}} \\ v_{\mathrm{r}z_{\mathrm{D}}} \end{bmatrix} = \boldsymbol{B}_{\mathrm{D}}^{\mathrm{h}}(\gamma,\vartheta,\Psi)\left(\begin{bmatrix} v_{x_{\mathrm{D}}} \\ v_{y_{\mathrm{D}}} \\ v_{z_{\mathrm{D}}} \end{bmatrix} - \begin{bmatrix} v_{\mathrm{i}x_{\mathrm{D}}} \\ v_{\mathrm{i}y_{\mathrm{D}}} \\ v_{\mathrm{i}z_{\mathrm{D}}} \end{bmatrix}\right)
$$

$$
= \boldsymbol{B}_{\mathrm{D}}^{\mathrm{h}}(\gamma,\vartheta,\Psi)\left(\begin{bmatrix} v_{x_{\mathrm{D}}} \\ v_{y_{\mathrm{D}}} \\ v_{z_{\mathrm{D}}} \end{bmatrix} - \boldsymbol{B}_{\mathrm{D}}^{\mathrm{h}}(\gamma_{\mathrm{h}},\vartheta_{\mathrm{h}},\Psi_{\mathrm{h}})^{-1}\begin{bmatrix} 0 \\ -v_{\mathrm{i}} \\ 0 \end{bmatrix}\right) \tag{4-19}
$$

当求得相对攻角 α_{r} 和相对侧滑角 β_{r} 后，即可求出阻力系数 c_x、升力系数 c_y、侧力系数 c_z 以及滚转力矩系数 $m_{x_{\mathrm{r}}}$ (或 $m_{x_{\mathrm{zr}}}$)、偏航力矩系数 $m_{y_{\mathrm{r}}}$ ($m_{y_{\mathrm{zr}}}$)、俯仰力矩系数 $m_{z_{\mathrm{r}}}$ ($m_{z_{\mathrm{zr}}}$)，从而可以根据空气动力和气动力矩的表达式求出对应于相对气流坐标系下的气动力和对应弹体(或准弹体)坐标系下气动力矩。

对应于非滚转导弹和滚转导弹，其表达式分别为

$$
\left.\begin{aligned} X_{\mathrm{r}} &= \frac{1}{2}\rho v_{\mathrm{r}}^2 S c_x \\ Y_{\mathrm{r}} &= \frac{1}{2}\rho v_{\mathrm{r}}^2 S c_y \\ Z_{\mathrm{r}} &= \frac{1}{2}\rho v_{\mathrm{r}}^2 S c_z \\ M_{x_{\mathrm{t}}} &= \frac{1}{2}\rho v_{\mathrm{r}}^2 S m_{x_{\mathrm{t}}} \\ M_{y_{\mathrm{t}}} &= \frac{1}{2}\rho v_{\mathrm{r}}^2 S m_{y_{\mathrm{r}}} \\ M_{z_{\mathrm{t}}} &= \frac{1}{2}\rho v_{\mathrm{r}}^2 S m_{z_{\mathrm{r}}} \end{aligned}\right\} \text{或} \left.\begin{aligned} X_{\mathrm{r}} &= \frac{1}{2}\rho v_{\mathrm{r}}^2 S c_x \\ Y_{\mathrm{r}} &= \frac{1}{2}\rho v_{\mathrm{r}}^2 S c_y \\ Z_{\mathrm{r}} &= \frac{1}{2}\rho v_{\mathrm{r}}^2 S c_z \\ M_{x_{\mathrm{zt}}} &= \frac{1}{2}\rho v_{\mathrm{r}}^2 S m_{x_{\mathrm{zt}}} \\ M_{y_{\mathrm{zt}}} &= \frac{1}{2}\rho v_{\mathrm{r}}^2 S m_{y_{\mathrm{zr}}} \\ M_{z_{\mathrm{zt}}} &= \frac{1}{2}\rho v_{\mathrm{r}}^2 S m_{z_{\mathrm{zr}}} \end{aligned}\right\} \tag{4-20}
$$

需要注意的是，对于滚转导弹和非滚转导弹，虽然气动力的书写形式一样，但相对攻角 α_{r} 和相对侧滑角 β_{r} 的定义是不同的。

通常对于非滚转导弹，阻力 X、升力 Y 和侧力 Z 是按速度坐标系给出的。而对于滚转导弹气动力是按准速度坐标系给出的。考虑下洗流场中的气动力表达式是针对相对气流坐标系给

出的。为了区别，阻力、升力和侧力分别用 X_r、Y_r、Z_r 表示。

4.2.3　气动力表达式

在建立导弹运动方程时，通常把作用在导弹上的外力向弹道坐标系投影，因此，需要建立考虑旋翼下洗条件下，作用在导弹上的气动力 $\boldsymbol{R}_r$，并且 $[R_{rx}\quad R_{ry}\quad R_{rz}]^{\mathrm{T}}=[X_r\quad Y_r\quad Z_r]^{\mathrm{T}}$。于是，在弹道坐标系上的投影关系式，对于非滚转导弹和滚转导弹可统一参照下列坐标变换关系得到：

$$
\begin{aligned}
\boldsymbol{R}_{r_d}&=\begin{bmatrix}R_{rx_d}\\R_{ry_d}\\R_{rz_d}\end{bmatrix}=\boldsymbol{B}_s^d(\gamma_v)\begin{bmatrix}R_{rx_s}\\R_{ry_s}\\R_{rz_s}\end{bmatrix}=\boldsymbol{B}_s^d(\gamma_v)\boldsymbol{B}_t^s(\beta,\alpha)\begin{bmatrix}R_{rx_t}\\R_{ry_t}\\R_{rz_t}\end{bmatrix}\\
&=\boldsymbol{B}_s^d(\gamma_v)\boldsymbol{B}_t^s(\beta,\alpha)\boldsymbol{B}_r^t(\beta_r,\alpha_r)\begin{bmatrix}R_{rx}\\R_{ry}\\R_{rz}\end{bmatrix}\\
&=\boldsymbol{B}_d^s(\gamma_v)^{-1}\boldsymbol{B}_s^t(\beta,\alpha)^{-1}\boldsymbol{B}_t^r(\beta_r,\alpha_r)^{-1}\begin{bmatrix}X_r\\Y_r\\Z_r\end{bmatrix}
\end{aligned}
\tag{4-21}
$$

将 $\boldsymbol{B}_d^s(\gamma_v)^{-1}$、$\boldsymbol{B}_s^t(\beta,\alpha)^{-1}$、$\boldsymbol{B}_t^r(\beta_r,\alpha_r)^{-1}$ 代入式(4-21)，从而可得

$$
\left.
\begin{aligned}
R_{rx_d}=&-[\cos\beta\cos\beta_r\cos(\alpha_r-\alpha)+\sin\beta\sin\beta_r]X_r+[\cos\beta\sin(\alpha_r-\alpha)]Y_r-\\
&[\cos\beta\sin\beta_r\cos(\alpha_r-\alpha)-\sin\beta\cos\beta_r]Z_r\\
R_{ry_d}=&\{\cos\beta\cos\gamma_v\sin(\alpha_r-\alpha)-\sin\gamma_v[\sin\beta\cos\beta_r\cos(\alpha_r-\alpha)-\cos\beta\sin\beta_r]\}X_r+\\
&[\sin\beta\sin\gamma_v\sin(\alpha_r-\alpha)+\cos\gamma_v\cos(\alpha_r-\alpha)]Y_r+\\
&\{\sin\beta_r\cos\gamma_v\cos(\alpha_r-\alpha)-\sin\gamma_v[\sin\beta\sin\beta_r\cos(\alpha_r-\alpha)+\cos\beta\cos\beta_r]\}Z_r\\
R_{rz_d}=&\{\cos\beta_r\sin\gamma_v\sin(\alpha_r-\alpha)+\cos\gamma_v[\sin\beta\cos\beta_r\cos(\alpha_r-\alpha)+\cos\beta\cos\beta_r]\}X_r+\\
&[\sin\gamma_v\cos(\alpha_r-\alpha)-\sin\beta\cos\gamma_v\sin(\alpha_r-\alpha)]Y_r+\\
&\{\sin\beta_r\sin\gamma_v\sin(\alpha_r-\alpha)+\cos\gamma_v[\sin\beta\sin\beta_r\cos(\alpha_r-\alpha)+\cos\beta\cos\beta_r]\}Z_r
\end{aligned}
\right\}
\tag{4-22}
$$

4.3　直升机机载导弹运动方程组

4.3.1　非滚转导弹运动方程组

非滚转导弹运动方程组可参照式(2-86)，表示为

$$
\left.
\begin{aligned}
m\frac{\mathrm{d}v}{\mathrm{d}t}&=P_{x_d}+R_{rx_d}+G_{x_d}\\
mv\frac{\mathrm{d}\theta}{\mathrm{d}t}&=P_{y_d}+R_{ry_d}+G_{y_d}
\end{aligned}
\right\}
\tag{4-23}
$$

$$\left.\begin{aligned}
&-mv\cos\theta\frac{\mathrm{d}\Psi_v}{\mathrm{d}t}=P_{z_\mathrm{d}}+R_{\mathrm{r}z_\mathrm{d}}\\
&J_{x_\mathrm{t}}\frac{\mathrm{d}\omega_{x_\mathrm{t}}}{\mathrm{d}t}+(J_{z_\mathrm{t}}-J_{y_\mathrm{t}})\omega_{z_\mathrm{t}}\omega_{y_\mathrm{t}}=M_{x_\mathrm{t}}\\
&J_{y_\mathrm{t}}\frac{\mathrm{d}\omega_{y_\mathrm{t}}}{\mathrm{d}t}+(J_{x_\mathrm{t}}-J_{z_\mathrm{t}})\omega_{x_\mathrm{t}}\omega_{z_\mathrm{t}}=M_{y_\mathrm{t}}\\
&J_{z_\mathrm{t}}\frac{\mathrm{d}\omega_{z_\mathrm{t}}}{\mathrm{d}t}+(J_{y_\mathrm{t}}-J_{x_\mathrm{t}})\omega_{y_\mathrm{t}}\omega_{x_\mathrm{t}}=M_{z_\mathrm{t}}\\
&\frac{\mathrm{d}x_\mathrm{D}}{\mathrm{d}t}=v\cos\theta\cos\Psi_v\\
&\frac{\mathrm{d}y_\mathrm{D}}{\mathrm{d}t}=v\sin\theta\\
&\frac{\mathrm{d}z_\mathrm{D}}{\mathrm{d}t}=-v\cos\theta\sin\Psi_v\\
&\frac{\mathrm{d}\vartheta}{\mathrm{d}t}=\omega_{y_\mathrm{t}}\sin\gamma+\omega_{z_\mathrm{t}}\cos\gamma\\
&\frac{\mathrm{d}\Psi}{\mathrm{d}t}=(\omega_{y_\mathrm{t}}\cos\gamma-\omega_{z_\mathrm{t}}\sin\gamma)/\cos\vartheta\\
&\frac{\mathrm{d}\gamma}{\mathrm{d}t}=\omega_{x_\mathrm{t}}-\tan\vartheta(\omega_{y_\mathrm{t}}\cos\gamma-\omega_{z_\mathrm{t}}\sin\gamma)\\
&\frac{\mathrm{d}m}{\mathrm{d}t}=-m_\mathrm{c}\\
&\sin\beta=\cos\theta[\cos\gamma\sin(\Psi-\Psi_v)+\sin\vartheta\sin\gamma\cos(\Psi-\Psi_v)]-\sin\theta\cos\vartheta\sin\gamma\\
&\sin\alpha=\{[\sin\vartheta\cos\gamma\cos(\Psi-\Psi_v)-\sin\gamma\sin(\Psi-\Psi_v)]\cos\theta-\\
&\qquad\sin\theta\cos\vartheta\cos\gamma\}/\cos\beta\\
&\sin\gamma_v=(\cos\alpha\sin\beta\sin\vartheta-\sin\alpha\sin\beta\cos\gamma\cos\vartheta+\cos\beta\sin\gamma\cos\vartheta)/\cos\theta\\
&\varphi_1=0\\
&\varphi_2=0\\
&\varphi_3=0\\
&\varphi_4=0
\end{aligned}\right\}\qquad(4-23)$$

其中，P_{x_d}、P_{y_d}、P_{z_d} 可由式(2-47)给出；$R_{\mathrm{r}x_\mathrm{d}}$、$R_{\mathrm{r}y_\mathrm{d}}$、$R_{\mathrm{r}z_\mathrm{d}}$ 可由式(4-22)给出；G_{x_d}、G_{y_d}、G_{z_d} 可由式(2-49)给出。

4.3.2 滚转导弹运动方程组

考虑到自旋导弹运动方程组式(3-28)，滚转导弹运动方程组可表示为

$$\left.\begin{aligned}
&m\frac{\mathrm{d}v}{\mathrm{d}t}=P_{x_\mathrm{d}}-R_{\mathrm{r}x_\mathrm{d}}-G_{x_\mathrm{d}}+F_{\mathrm{cz}x_\mathrm{d}}\\
&mv\frac{\mathrm{d}\theta}{\mathrm{d}t}=P_{y_\mathrm{d}}+R_{\mathrm{r}y_\mathrm{d}}-G_{y_\mathrm{d}}+F_{\mathrm{cz}y_\mathrm{d}}
\end{aligned}\right\}\qquad(4-24)$$

$$\left.\begin{aligned}
&-mv\cos\theta\frac{\mathrm{d}\Psi_v}{\mathrm{d}t}=P_{z_\mathrm{d}}+R_{\mathrm{r}z_\mathrm{d}}+F_{\mathrm{cz}z_\mathrm{d}}\\
&J_{x_\mathrm{zt}}\frac{\mathrm{d}\omega_{x_\mathrm{zt}}}{\mathrm{d}t}=M_{x_\mathrm{zt}}+M_{\mathrm{c}x_\mathrm{zt}}-(J_{z_\mathrm{zt}}-J_{y_\mathrm{zt}})\omega_{z_\mathrm{zt}}\omega_{y_\mathrm{zt}}\\
&J_{y_\mathrm{zt}}\frac{\mathrm{d}\omega_{y_\mathrm{zt}}}{\mathrm{d}t}=M_{y_\mathrm{zt}}+M_{\mathrm{c}y_\mathrm{zt}}-(J_{x_\mathrm{zt}}-J_{z_\mathrm{zt}})\omega_{x_\mathrm{zt}}\omega_{z_\mathrm{zt}}-J_{z_\mathrm{zt}}\omega_{z_\mathrm{zt}}\dot{\gamma}\\
&J_{z_\mathrm{zt}}\frac{\mathrm{d}\omega_{z_\mathrm{zt}}}{\mathrm{d}t}=M_{z_\mathrm{zt}}+M_{\mathrm{c}z_\mathrm{zt}}-(J_{y_\mathrm{zt}}-J_{x_\mathrm{zt}})\omega_{y_\mathrm{zt}}\omega_{x_\mathrm{zt}}+J_{y_\mathrm{zt}}\omega_{y_\mathrm{zt}}\dot{\gamma}\\
&\frac{\mathrm{d}\vartheta}{\mathrm{d}t}=\omega_{z_\mathrm{zt}}\\
&\frac{\mathrm{d}\Psi}{\mathrm{d}t}=\omega_{y_\mathrm{zt}}/\cos\vartheta\\
&\frac{\mathrm{d}\gamma}{\mathrm{d}t}=\omega_{x_\mathrm{zt}}-\omega_{y_\mathrm{zt}}\tan\vartheta\\
&\frac{\mathrm{d}x_\mathrm{D}}{\mathrm{d}t}=v\cos\theta\cos\Psi_v\\
&\frac{\mathrm{d}y_\mathrm{D}}{\mathrm{d}t}=v\sin\theta\\
&\frac{\mathrm{d}z_\mathrm{D}}{\mathrm{d}t}=-v\cos\theta\sin\Psi_v\\
&\frac{\mathrm{d}m}{\mathrm{d}t}=-m_\mathrm{c}\\
&\beta^*=\arcsin[\cos\theta\sin(\Psi-\Psi_v)]\\
&\alpha^*=\vartheta-\arcsin(\sin\theta/\cos\beta^*)\\
&\gamma_v^*=\arcsin(\tan\beta^*\tan\theta)\\
&\varphi_1=0\\
&\varphi_2=0
\end{aligned}\right\}\quad(4-24)$$

其中，P_{x_d}、P_{y_d}、P_{z_d} 可由式(2－47)给出；$R_{\mathrm{r}x_\mathrm{d}}$、$R_{\mathrm{r}y_\mathrm{d}}$、$R_{\mathrm{r}z_\mathrm{d}}$ 可由式(4－22)给出；G_{x_d}、G_{y_d}、G_{z_d} 可由式(2－49)给出；$F_{\mathrm{cz}x_\mathrm{d}}$、$F_{\mathrm{cz}y_\mathrm{d}}$、$F_{\mathrm{cz}z_\mathrm{d}}$ 为操纵力 $\boldsymbol{F}_\mathrm{cz}$ 在弹道坐标系下的投影分量；$M_{\mathrm{c}x_\mathrm{zt}}$、$M_{\mathrm{c}y_\mathrm{zt}}$、$M_{\mathrm{c}z_\mathrm{zt}}$ 为控制力矩 $\boldsymbol{M}_\mathrm{c}$ 在准弹体坐标系下的投影分量。

4.4　导弹相对于瞄准线偏差角的数学模型

经过初始飞行阶段后，为了使导弹顺利转入制导飞行，必须保证控制系统启控时导弹位于测角装置(红外测角仪或电视测角仪)的大视场内。但是，由于直升机旋翼的下洗流、机身的摇摆和晃动、风、推力偏心等随机干扰的存在，启控点会在一定范围内散布。为了进行深入研究，需要建立导弹相对瞄准线偏差角的数学模型。

定义：导弹质心和瞄准具中心的连线与瞄准线之间的夹角称为“偏差角”，记作“Ψ_r”。其中瞄准线是指瞄准具中心与目标瞄准点(一般取目标轮廓中心)之间的连线。

由方程组式(4－23)或式(4－24)可以解出启控点导弹质心坐标(x,y,z)，将此坐标转换到

光轴坐标系中，得到新坐标(x_{bm}，y_{bm}，z_{bm})，则有

$$\Psi_r = \arccos\left[x_{bm} / \sqrt{x_{bm}^2 + y_{bm}^2 + z_{bm}^2}\right] \tag{4-25}$$

具体推导如下：

$$\begin{bmatrix} x_{bm} \\ y_{bm} \\ z_{bm} \end{bmatrix} = \boldsymbol{B}_D^b(\vartheta_b, \Psi_b) \begin{bmatrix} x - x_b \\ y - y_b \\ z - z_b \end{bmatrix} \tag{4-26}$$

式中：(x_b，y_b，z_b)—— 瞄准具中心在地面坐标系中得到的坐标。

$$\begin{bmatrix} x_b \\ y_b \\ z_b \end{bmatrix} = \boldsymbol{B}_h^D(\gamma_h, \vartheta_h, \Psi_h) \begin{bmatrix} x_{hb} \\ y_{hb} \\ z_{hb} \end{bmatrix} + \begin{bmatrix} 0 \\ H \\ 0 \end{bmatrix} \tag{4-27}$$

式中：(x_{hb}，y_{hb}，z_{hb})—— 瞄准具中心在直升机坐标系中的坐标；

H—— 直升机悬停发射的高度。

第 5 章　导弹运动方程组的简化与求解

在第 2 ～ 4 章中介绍了导弹运动方程组、低速自旋导弹运动方程组，以及直升机机载导弹运动方程组。本章将以导弹运动方程组式(2-86)中的 20 个方程为例对方程组进行简化与求解。在实际工程中，用于弹道计算的导弹运动方程个数远不止这些。一般而言，运动方程组的方程数目越多，导弹运动就描述得越完整、越准确，但研究和解算也就越麻烦。在导弹设计的某些阶段，特别是在导弹和制导系统的初步设计阶段，通常在求解精度允许范围内，应用一些近似方法对导弹运动方程组进行简化求解。实践证明，在一定的假设条件下，把导弹运动方程组式(2-86)分解为纵向运动和侧向运动方程组，或简化为在铅垂面和水平面内的运动方程组，都具有一定的实用价值。

5.1　导弹的纵向运动和侧向运动

假定导弹在某一铅垂面内飞行，控制系统又是理想的倾斜稳定系统。由于导弹外形相对于纵向对称平面 Ox_ty_t 是对称的，所以导弹纵向对称平面与飞行平面重合，这种运动通常称为纵向运动。这时导弹的运动参数 β、γ、γ_v、ω_{x_t}、ω_{y_t}、Ψ_v、Ψ、z_D 总是等于零。导弹的纵向运动，是由导弹质心在飞行平面或对称平面 Ox_ty_t 内的平移运动和绕 Oz_t 轴的旋转运动所组成的。在纵向运动中，参数 v、θ、ϑ、α、ω_{z_t}、x_D、y_D 是随时间变化的。它们通常称为纵向运动的运动学参数，或简称纵向运动参数。

在纵向运动中等于零的参数，如 β、γ、γ_v、ω_{x_t}、ω_{y_t}、Ψ_v、Ψ、z_D 等称为侧向运动的运动学参数，或简称侧向运动参数。所谓侧向运动，是相应于侧向运动参数变化的运动。它是由导弹质心沿 Oz_t 轴的平移运动和绕弹体 Ox_t 轴、Oy_t 轴的旋转运动所组成的。

由方程组式(2-86)可以看出，在导弹运动方程组中既含有纵向运动参数，又含有侧向运动参数。由此可知，导弹的一般运动是由纵向运动和侧向运动组成的。它们之间是相互关联和互相影响着的。

当满足如下假设时：

(1) 侧向运动参数 β、γ、γ_v、ω_{x_t}、ω_{y_t}、Ψ_v、Ψ、z_D 及舵偏 δ_x、δ_y 都足够小，这样就可以令

$$\cos\beta \approx \cos\gamma \approx \cos\gamma_v \approx 1$$

并略去各小量的乘积，如 $\sin\beta\sin\gamma_v$、$z_D\sin\gamma_v$、$\omega_{x_t}\omega_{y_t}$、$\omega_{y_t}\sin\gamma$ 等，以及参数 β、δ_x、δ_y 对空气阻力 X 的影响。

(2) 导弹基本上在某个铅垂面内飞行，即其飞行弹道与铅垂面内的弹道差别不大。

(3) 俯仰操纵机构的偏转仅取决于纵向运动参数；而偏航、滚转操纵机构的偏转仅取决于

侧向运动参数。

可以将导弹的一般运动方程组式(2-86)分解成两个独立的方程组：一个是描述纵向运动参数变化的方程组；另一个是描述侧向运动参数变化的方程组。

5.1.1 导弹的纵向运动方程组

描述导弹纵向运动的方程组为

$$
\left.\begin{aligned}
& m\frac{\mathrm{d}v}{\mathrm{d}t} = P\cos\alpha\cos\beta - X - mg\sin\theta \\
& mv\frac{\mathrm{d}\theta}{\mathrm{d}t} = P\sin\alpha + Y - mg\cos\theta \\
& J_{z_t}\frac{\mathrm{d}\omega_{z_t}}{\mathrm{d}t} = M_{z_t} \\
& \frac{\mathrm{d}x_D}{\mathrm{d}t} = v\cos\theta \\
& \frac{\mathrm{d}y_D}{\mathrm{d}t} = v\sin\theta \\
& \frac{\mathrm{d}\vartheta}{\mathrm{d}t} = \omega_{z_t} \\
& \frac{\mathrm{d}m}{\mathrm{d}t} = - m_c \\
& \alpha = \vartheta - \theta \\
& \varphi_1 = 0 \\
& \varphi_4 = 0
\end{aligned}\right\} \tag{5-1}
$$

纵向运动方程组式(5-1)，就是描述导弹在铅垂平面内运动的方程组。它共有 10 个方程，包含 $v(t)$、$\theta(t)$、$\omega_{z_t}(t)$、$x_D(t)$、$y_D(t)$、$\vartheta(t)$、$m(t)$、$\alpha(t)$、$\delta_z(t)$、$\delta_p(t)$10 个未知参数，方程的数目与未知数的数目相等，方程组封闭，可以独立求解。但是必须给出相应的初始条件，即 v_0、θ_0、x_{D0}、y_{D0}、ϑ_0、ω_{z_t0}、m_0 等。

5.1.2 导弹的侧向运动方程组

描述导弹侧向运动的方程组为

$$
\left.\begin{aligned}
& -mv\cos\theta\frac{\mathrm{d}\Psi_v}{\mathrm{d}t} = P(\sin\alpha + Y)\sin\gamma_V - (P\cos\alpha\sin\beta - Z)\cos\gamma_v \\
& J_{x_t}\frac{\mathrm{d}\omega_{x_t}}{\mathrm{d}t} + (J_{z_t} - J_{y_t})\omega_{z_t}\omega_{y_t} = M_{x_t} \\
& J_{y_t}\frac{\mathrm{d}\omega_{y_t}}{\mathrm{d}t} + (J_{x_t} - J_{z_t})\omega_{x_t}\omega_{z_t} = M_{y_t} \\
& \frac{\mathrm{d}z_D}{\mathrm{d}t} = - v\cos\theta\sin\Psi_v
\end{aligned}\right\} \tag{5-2}
$$

$$
\left.\begin{aligned}
&\frac{\mathrm{d}\Psi}{\mathrm{d}t}=(\omega_{y_t}\cos\gamma-\omega_{z_t}\sin\gamma)/\cos\vartheta\\
&\frac{\mathrm{d}\gamma}{\mathrm{d}t}=\omega_{x_t}-\tan\vartheta(\omega_{y_t}\cos\gamma-\omega_{z_t}\sin\gamma)\\
&\sin\beta=\cos\theta[\cos\gamma\sin(\Psi-\Psi_v)+\sin\vartheta\sin\gamma\cos(\Psi-\Psi_v)]-\sin\theta\cos\vartheta\sin\gamma\\
&\sin\gamma_v=(\cos\alpha\sin\beta\sin\vartheta-\sin\alpha\sin\beta\cos\gamma\cos\vartheta+\cos\beta\sin\gamma\cos\vartheta)/\cos\theta\\
&\varphi_2=0\\
&\varphi_3=0
\end{aligned}\right\}\quad(5-2)
$$

侧向运动方程组式(5-2)共有10个方程，除了含有 Ψ_v、Ψ、γ、γ_v、β、ω_{x_t}、ω_{y_t}、z_D、δ_y、δ_x 等10个侧向运动参数之外，还包括纵向运动参数 v、θ、$\omega_{z_t}(t)$、x_D、y_D、α 等。无论怎样简化式(5-2)，也不能从中消去这些纵向参数。因此，若要由方程组式(5-2)求得侧向运动参数，就必须首先求解纵向运动方程组式(5-1)，然后将解出的纵向运动参数代入侧向运动方程组式(5-2)中，才可得出侧向运动参数的变化规律。

将导弹运动分解为纵向运动和侧向运动，能使联立求解的方程组的数目降低一半，同时，也能获得比较准确的计算结果。但是，当侧向运动参数不满足上述假设条件，即侧向运动参数变化较大时，就不能再将导弹的运动分为纵向运动和侧向运动来研究，而应该直接研究完整的运动方程组式(2-86)。

通过以上分析说明，当导弹在给定的铅垂面内运动时，只要不破坏运动的对称性，也就是说，在不进行偏航、滚转操纵，且足够快地消除干扰的情况下，纵向运动是可以独立存在的。这时，描述侧向运动参数的方程可以去掉，只剩下10个描述纵向运动参数的方程，其中包含 v、θ、ϑ、α、ω_{z_t}、x_D、y_D、m、δ_z、δ_p 等10个参数。但是，描述侧向运动参数的方程则不能离开纵向运动参数。因此，侧向运动方程是不能脱离纵向运动参数而独立存在的。

然而，当侧向运动参数不能被忽视时，上述分组计算的办法会带来显著的误差，因而也就不宜采用了。这时，还要将纵向和侧向运动同时考虑。于是，电子计算机就成为这些复杂的计算中十分重要的工具和手段。

5.2　导弹质心的运动

5.2.1　“瞬时平衡”假设

导弹的一般运动是由其质心的运动和绕质心的转动组成的。大量的飞行试验结果表明，导弹的实际飞行轨迹总是在某一光滑的曲线附近变化。事实上，导弹的运动过程是个可控过程，由于控制系统本身以及控制对象(弹体)都存在着惯性，所以导弹从舵面偏转到运动参数发生变化并不是在瞬间完成的，而要经过某一段时间。例如，升降舵阶跃偏转 δ_z 以后，将引起弹体绕 Oz_t 轴振荡地转动。此时由于作用在导弹上的力和力矩发生变化，致使导弹运动参数如 α、θ、和ϑ以及高度等也出现振荡变化。攻角α的变化过程如图5-1所示，直到过渡过程结束时，攻角α才能达到它的稳态值。为此提出"瞬时平衡"假设，主要是为了在导弹初步设计阶段比较简单地找到导弹可能的飞行弹道及其主要的飞行特性。

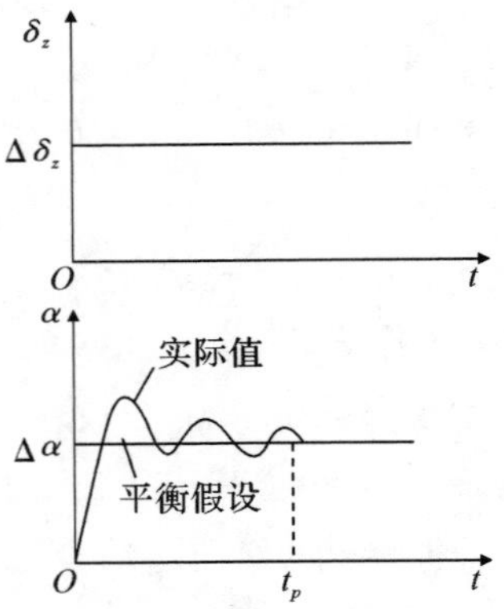

图5-1　过渡过程示意图

一般来讲，把研究导弹的飞行问题通常分两步进行。首先，暂不考虑导弹绕质心的转动，而将导弹当作一个可操纵的质点来研究。然后，在此基础上再研究导弹绕其质心的转动。采用这种近似的办法通常基于以下假设：

(1) 导弹绕弹体轴的转动是无惯性的，即

$$J_x = J_y = J_z = 0$$

(2) 导弹控制系统理想地工作，既无误差，也无时间延迟；

(3) 不考虑各种干扰因素对导弹的影响。

前两点假设的实质，就是认为导弹在整个飞行期间的任一瞬时都处于平衡状态，即导弹操纵机构偏转时，作用在导弹上的力和力矩在每一瞬时都处于平衡状态，这就是所谓的"瞬时平衡"假设。

利用"瞬时平衡"假设，可以将导弹绕质心运动的描述大大简化。导弹绕质心运动的动力学方程可以用力矩平衡关系式来代替。当推力$\boldsymbol{P}$沿Ox_t轴通过质心时，俯仰和偏航转动方程可以简化为(式中α_{ph}、$\delta_{z_{ph}}$、β_{ph}、$\delta_{y_{ph}}$为相应参数的平衡值)

$$\left.\begin{aligned} m_{z_t}^{\alpha}\alpha_{ph} + m_{z_t}^{\delta_z}\delta_{z_{ph}} = 0 \\ m_{y_t}^{\beta}\beta_{ph} + m_{y_t}^{\delta_y}\delta_{y_{ph}} = 0 \end{aligned}\right\} \text{或} \left.\begin{aligned} \alpha_{ph} = -\frac{m_{z_t}^{\delta_z}}{m_{z_t}^{\alpha}}\delta_{z_{ph}} \\ \beta_{ph} = -\frac{m_{y_t}^{\delta_y}}{m_{y_t}^{\beta}}\delta_{y_{ph}} \end{aligned}\right\} \tag{5-3}$$

在真实飞行中，总有随机干扰，这些干扰可能直接作用在导弹上(如阵风、燃料流动导致弹体振动等)，也可能通过控制系统作用在导弹上(如从目标反射的起伏信号、噪声的干扰等)。一般情况下，干扰使导弹绕质心发生随机振荡。这些振荡会引起升力Y和侧向力Z的随机增量及迎面阻力X的增大。在一次近似中，可不计导弹的随机振荡对Y和Z的影响，但X增大会引起飞行速度略为减小。因此，在把导弹的质心运动和绕质心的转动分开研究时，为尽可能得到接近于真实的弹道，应适当将导弹的迎面阻力X略为增大。

5.2.2　导弹质心运动方程组

基于上述简化，可以把导弹的质心运动和绕质心转动运动分开研究。于是，从方程组式(2－86)中就可以直接得到描述导弹质心(可操纵质点)的运动方程组为

$$\left.\begin{aligned}
&m\frac{\mathrm{d}v}{\mathrm{d}t}=P\cos\alpha_{\mathrm{ph}}\cos\beta_{\mathrm{ph}}-X_{\mathrm{ph}}-mg\sin\theta\\
&mv\frac{\mathrm{d}\theta}{\mathrm{d}t}=P(\sin\alpha_{\mathrm{ph}}\cos\gamma_v+\cos\alpha\sin\beta_{\mathrm{ph}}\sin\gamma_v)+Y_{\mathrm{ph}}\cos\gamma_v-Z_{\mathrm{ph}}\sin\gamma_v-mg\cos\theta\\
&-mv\cos\theta\frac{\mathrm{d}\Psi_v}{\mathrm{d}t}=P(\sin\alpha_{\mathrm{ph}}\sin\gamma_v-\cos\alpha_{\mathrm{ph}}\sin\beta_{\mathrm{ph}}\cos\gamma_v)+Y_{\mathrm{ph}}\sin\gamma_v+Z_{\mathrm{ph}}\cos\gamma_v\\
&\frac{\mathrm{d}x_{\mathrm{D}}}{\mathrm{d}t}=v\cos\theta\cos\Psi_v\\
&\frac{\mathrm{d}y_{\mathrm{D}}}{\mathrm{d}t}=v\sin\theta\\
&\frac{\mathrm{d}z_{\mathrm{D}}}{\mathrm{d}t}=-v\cos\theta\sin\Psi_v\\
&\frac{\mathrm{d}m}{\mathrm{d}t}=-m_{\mathrm{c}}\\
&\alpha_{\mathrm{ph}}=-\frac{m_{z_{\mathrm{t}}}^{\delta_z}}{m_{z_{\mathrm{t}}}^{\alpha}}\delta_{z_{\mathrm{ph}}}\\
&\beta_{\mathrm{ph}}=-\frac{m_{y_{\mathrm{t}}}^{\delta_y}}{m_{y_{\mathrm{t}}}^{\beta}}\delta_{y_{\mathrm{ph}}}\\
&\varphi_1=0\\
&\varphi_2=0\\
&\varphi_3=0\\
&\varphi_4=0
\end{aligned}\right\}\qquad(5-4)$$

式中：　α_{ph}、β_{ph}—— 平衡攻角、平衡侧滑角；

X_{ph}、Y_{ph}、Z_{ph}——α_{ph}、β_{ph} 对应的平衡阻力、平衡升力、平衡侧向力。

方程组式(5－4)共有 13 个方程，其中含有 13 个未知数，因此封闭可解。利用方程组式(5－4)计算得到的导弹运动参数的“稳态值”，它对弹体和制导系统的设计都有重要意义。

需要指出的是，对于操纵性能比较好、绕质心转动运动不太激烈的导弹，利用“瞬时平衡”假设导出的质心运动方程组式(5－4)进行弹道计算，可以得到令人满意的结果。当导弹的操纵性能较差，并且绕质心的转动运动比较激烈时，则必须考虑导弹绕质心的转动运动对质心运动的影响，否则会导致原则性错误。

5.2.3　理想弹道、理论弹道和实际弹道

所谓“理想弹道”，就是将导弹视为一个可操纵的质点，认为控制系统理想地工作，且不考虑弹体绕质心的转动以及外界的各种干扰，求解质心运动方程组得到的飞行弹道。

所谓“理论弹道”，是指将导弹视为某一力学模型（可操纵质点、刚体、弹性体），作为控制系统的一个环节（控制对象），将动力学方程、运动学方程、控制系统方程以及其他方程（质量变化方程、角度几何关系方程等）综合在一起，通过数值积分而求得的弹道，而且方程中所用的弹体结构参数、外形几何参数、发动机的特性参数均取设计值；大气参数取标准大气值；控制系统的参数取额定值；方程组的初值符合规定条件。

由此可知，理想弹道是理论弹道的一种简化情况。

导弹在真实情况下的飞行弹道称为“实际弹道”，它与理想弹道和理论弹道的最大区别在于，导弹在飞行过程中会受到各种随机干扰和误差的影响，因此，每发导弹的实际弹道是不可能完全相同的。

5.3 导弹运动方程组的数值解法

描述导弹在空间运动的运动方程组中，在一般情况下，方程中等号右边是运动参数的非线性函数，因此，导弹运动方程组是非线性的一阶常微分方程组。这样一组方程，通常得不到解析解，只有在一些特殊的情况下，通过大量简化，方能求出近似方程的解析解。另外，有些微分方程［设：解 $f(t,y)$ 存在、唯一且光滑］，例如：

$$\left.\begin{aligned} y' &= f(t,y),t_0 \leqslant t \leqslant T \\ y(t_0) &= y_0 \end{aligned}\right\} \tag{5-5}$$

可以通过解析法求通解。但在实际工程计算中，所遇到的微分方程往往都比较复杂，不可能求出通解或者解析解，有的时候即便求出解析解，但也不能用。例如：

$$\begin{cases} y' = 1 - y\cos t, 0 \leqslant t \leqslant T \\ y(0) = 0 \end{cases}$$

的解析解是

$$y(t) = \mathrm{e}^{-\sin t}\int_0^t \mathrm{e}^{\sin x}\mathrm{d}x$$

这个解析解，对于给定的时间 t，要计算 $y(t)$，还要求积分，而且还要利用插值计算 $\mathrm{e}^{-\sin x}$。

在工程上有时必须求解出某一时刻 $y(t)$ 的值，那么微分方程的数值解法就显得十分必要了。尤其是在导弹的弹道研究中进行比较精确的计算时，往往不允许过分简化。因此，工程上多运用数值积分方法求解这一微分方程组。数值积分的特点在于可以获得导弹各运动参数的变化规律，但它只可能获得相应于某些初始条件下的特解，而得不到包含任意常数的一般解，在数值积分时，选取适当的步长，逐步积分计算，计算量一般是很大的。目前广泛采用数字计算机来解算导弹的弹道问题。数字计算机能在一定的精度范围内获得微分方程的数值解。计算工作量很大的一条弹道在数字计算机上很快就能算出结果，这为弹道的分析研究工作提供了十分便利的条件。

5.3.1　微分方程数值积分

微分方程的数值解法就是选取一定的步长 h，即对于某函数 $y(t)$，选取的自变量是：t_0，t_1，t_2，t_3，…，t_n，则 t_n 为

$$t_n = t_0 + nh \quad (n = 0,1,2,\cdots,M) \tag{5-6}$$

步长 h 可长可短，然后一步一步递推求解 y_n。得到的某一时刻的数值并不是由函数本身求解出的解析解，而是近似解。进一步说，就是已知某初值 $y(t_0)$，可以求 y_1，然后根据 y_1，求 y_2，…… 以此类推，最后根据 y_{n-1}，求 y_n。这些近似解与解析解有一定的误差。了解这些误差和使误差最优就是本节要讨论和理解的内容。

数值积分法常用的方法基本上有三类，即单步法、多步法和预测校正法。这些方法在数值分析教程中都有详细介绍。在数字计算机上常用的微分方程的数值解法有欧拉(Euler) 法、龙格-库塔(Runge-Kutta) 法和阿当姆斯(Adamas) 法，这里仅给出计算式。

5.3.1.1　欧拉法

欧拉法属于简单的数值积分方法，其计算公式为

$$y_{n+1} = y_n + hf(t_n, y_n) \quad \text{或} \quad \tilde{y}_{n+1} = y(t_n) + hf(t_n, y(t_n)) \tag{5-7}$$

式(5-7) 是欧拉法的两种形式。这里需要注意的是 $y_{n+1} \neq \tilde{y}_{n+1}$，是因为 y_n 与解析解 $y(t_n)$ 之间也有一定的误差。

由式(5-5) 可知 $f(t_n, y(t_n)) = y'(t_n)$。式(5-7) 的解 $\tilde{y}_{n+1}$ 与解析解之间存在一个误差，称为欧拉法的局部截断误差，即

$$R_{n+1} = y(t_{n+1}) - \tilde{y}(t_{n+1}) \tag{5-8}$$

由泰勒公式展开，有

$$y(t_{n+1}) = y(t_n) + hy'(t_n) + \frac{h^2}{2!}y''(t_n) + \cdots + \frac{h^j}{j!}y^{(j)}(t_n) + \frac{h^{j+1}}{(j+1)!}y^{(j+1)}(\xi) \tag{5-9}$$

由于 $f(t_n, y(t_n)) = y'(t_n)$，根据式(5-7) 和式(5-8)，可以得到 $R_{n+1} = y(t_{n+1}) - \tilde{y}(t_{n+1})$。则有

$$R_{n+1} = y(t_n) + hy'(t_n) + \frac{h^2}{2!}y''(\xi) - [y(t_n) + hf(t_n, y(t_n))]$$

于是有

$$R_{n+1} = \frac{h^2}{2}y''(\xi) = 0(h^2), \xi \in (t_n, t_{n+1}) \tag{5-10}$$

由式(5-10) 可以看出，欧拉法的局部截断误差与步长 h^2 同阶。

设 $M_2 = \max\limits_{t_0 \leqslant t \leqslant T} |y''(t)|$，则有

$$|R_{n+1}| \leqslant \frac{M_2}{2}h^2,\ n = 0,1,\cdots,M-1 \tag{5-11}$$

而由递推公式(5-7) 计算出来的 y_{n+1}，对于 $y(t_{n+1})$ 的误差为

$$\varepsilon_{n+1} = y(t_{n+1}) - y_{n+1} \tag{5-12}$$

式(5-12) 称为欧拉法的整体截断误差。由于

$$|\varepsilon_{n+1}| \leqslant |y(t_{n+1}) - \tilde{y}_{n+1}| + |\tilde{y}_{n+1} - y_{n+1}|$$
$$\leqslant |R_{n+1}| + |y(t_n) - y_n| + h|f(t_n, y(t_n)) - f(t_n, y_n)| \tag{5-13}$$

因 $f(t,y)$ 足够光滑，故它满足对变量 y 的 Lipschitz（李普希兹）条件，即存在常数 L（称为 Lipschitz 常数），使

$$|f(t,u_1) - f(t,u_2)| \leqslant L|u_1 - u_2| \tag{5-14}$$

对所有 $t_0 \leqslant t \leqslant T$ 及任何 u_1、u_2 均成立。因此有

$$|f(t_n, y(t_n)) - f(t_n, y_n)| \leqslant L|y(t_n) - y_n| \tag{5-15}$$

从而可以得到

$$|\varepsilon_{n+1}| \leqslant |R_{n+1}| + |\varepsilon_n|(1+hL)$$
$$\leqslant |R_{n+1}| + |R_n|(1+hL) + |\varepsilon_{n-1}|(1+nL)^2$$
$$\leqslant |R_{n+1}| + |R_n|(1+hL) + |R_{n-1}|(1+hL)^2 + \cdots +$$
$$|R_1|(1+nL)^n + |\varepsilon_0|(1+nL)^{n+1} \tag{5-16}$$

因为 $\varepsilon_0 = 0$，利用式(5-11)可以得到

$$|\varepsilon_{n+1}| \leqslant \sum_{k=0}^{n}(1+hL)^k|R_{n+1-k}| \leqslant \frac{M_2h^2}{2}\sum_{k=0}^{n}(1+hL)^k =$$
$$\frac{M_2h^2}{2}\frac{(1+hL)^{n+1}-1}{(1+hL)-1} = \frac{M_2h}{2L}[(1+hL)^{n+1}-1] \tag{5-17}$$

又因 $n+1 \leqslant M$，$(n+1)h \leqslant H = T - t_0$，故有

$$(1+hL)^{n+1} \leqslant e^{(n+1)hL} \leqslant e^{HL} \tag{5-18}$$

因此得

$$|\varepsilon_{n+1}| \leqslant \frac{M_2h}{2L}(e^{HL}-1) \tag{5-19}$$

式(5-19)说明，在区间$[t_0, t_M]$上用欧拉法求解初值问题，若取步长为 $h = \frac{t_M - t_0}{M}$，则在 $t_n(n=1,2,\cdots,M)$ 各点上的整体截断误差满足（因除了步长 h 外，均为有限值）

$$|\varepsilon_n| = 0(h) \tag{5-20}$$

即整体截断误差与 h 同阶。H 越小，$|\varepsilon_n|$ 就越小。

【例 5-1】 用欧拉法求解下式（计算）：

$$\begin{cases} y' = 1 - \dfrac{2ty}{1+t^2}, & 0 \leqslant t \leqslant 2 \\ y(0) = 0 \end{cases}$$

分别用步长 h 为 0.5 和步长 h 为 0.1 求解，并与精确解 $y(t) = \frac{t(3+t^2)}{3(1+t^2)}$ 作比较。

解：用欧拉法求解的计算公式为

$$\begin{cases} y_0 = 0 \\ y_{n+1} = y_n + h\left(1 - \dfrac{2t_ny_n}{1+t_n^2}\right) = y_n + h\left(1 - \dfrac{2nhy_n}{1+n^2h^2}\right) \end{cases}$$

求解的结果为

$$y_2 = y_1 + h\left(1 - \frac{2t_1y_1}{1+t_1^2}\right) = 0.5 + 0.5\left(1 - \frac{2\times0.5\times0.5}{1+0.5^2}\right) = 0.8$$

详细计算结果及 4 级龙格-库塔法的计算结果见表 5-1。

表 5-1　欧拉法详细计算结果及 4 级龙格-库塔法的计算结果

h	n	t_n	y_n	$y(t_n)$	$y(t_n)-y_n$
0.5	0	0	0	0	0
	1	0.5	0.5	0.433 333	0.066 667
	2	1	0.8	0.666 667	0.133 333
	3	1.5	0.9	0.807 692	0.092 303
	4	2	0.984 615	0.933 333	0.051 292
0.1	0	0	0	0	0
	5	0.5	0.448 596	0.433 333	0.015 263
	10	1.0	0.689 171	0.666 667	0.022 504
	15	1.5	0.824 348	0.807 692	0.016 656
	20	2	0.943 920	0.933 333	0.010 587
4 级龙格-库塔法					
	0	0	0		
	1	0.5	0.433 218		0.000 115
	2	1	0.666 312		0.000 355
	3	1.5	0.807 423		0.000 269
	4	2	0.933 156		0.000 177

注：步长越小，整体截断误差越小。

欧拉法属于单步法。针对一阶微分方程组：

$$\left.\begin{aligned}\frac{dx_1}{dt}&=f_1(t,x_1,x_2,\cdots,x_n)\\\frac{dx_2}{dt}&=f_2(t,x_1,x_2,\cdots,x_n)\\&\cdots\cdots\\\frac{dx_n}{dt}&=f_n(t,x_1,x_2,\cdots,x_n)\end{aligned}\right\}\tag{5-21}$$

若已知瞬时 t_k 的参数值 $(x_1)_k,(x_2)_k,\cdots,(x_n)_k$，则可计算出该瞬时的右函数值 $(f_1)_k$，$(f_2)_k,\cdots,(f_n)_k$，亦即求得各参数在 t_k 时刻的变化率 $\left(\frac{dx_1}{dt}\right)_k,\left(\frac{dx_2}{dt}\right)_k,\cdots,\left(\frac{dx_n}{dt}\right)_k$。欲求瞬时 $t_{k+1}=t_k+\Delta t$ 参数值，用欧拉法可由下式求得：

$$(x_i)_{k+1}=(x_i)_k+\Delta t\left(\frac{dx_i}{dt}\right)_k$$

以此类推，有了瞬时 t_{k+1} 的参数 $(x_1)_{k+1},(x_2)_{k+1},\cdots,(x_n)_{k+1}$ 的数值之后，又可以求得 $t_{k+2}=t_{k+1}+\Delta t$ 瞬时的参数值 $(x_1)_{k+2},(x_2)_{k+2},\cdots,(x_n)_{k+2}$，如此循环下去，就可以求得任何时刻的参数值。一般做法是：由前一时刻 t_k 的数值 $(x_i)_k$ 就可以求出后一时刻 t_{k+1} 的数值 $(x_i)_{k+1}(i=1,2,\cdots,n)$。这种方法称为单步法。由于它可以直接由微分方程已知的初值 $(x_i)_0$ 作为它递推计算时的初值，而不需要其他信息，所以它是一种自启动的算法。

误差是欧拉数值积分法本身固有的。从欧拉法可以清楚地看出，微分方程的数值解实质上就是以有限的差分解来近似地表示精确解，或者说，是用一条折线来逼近精确解，故欧拉法有时也称为折线法。欧拉法积分误差是比较大的。若积分步长 Δt 减小，其误差也减小。

5.3.1.2　龙格-库塔法

用欧拉法计算比较简单，但它的整体截断误差与 h 同阶（不大于 h），精度即步长，某些情况下不利于工程计算。因此需要构造精度较高的单步法。

单步法的一般形式为

$$y_{n+1}=y_n+h\varphi(t_n,y_n,h),\ n=0,1,\cdots,M-1 \tag{5-22}$$

那么，如何提高数值积分法的精度呢？欧拉法取单步的计算公式是式（5－7），式中：$\varphi(t_n, y_n,h)=f(t_n,y_n)=y_n'$。龙格-库塔法也使用了增量函数，即用精度更高的函数来代替 $\varphi(t_n, y_n,h)=f(t_n,y_n)=y_n'$，其表达式为

$$\sum_{i=1}^{N}c_ik_i \tag{5-23}$$

于是，龙格-库塔法的一般形式就变为

$$y_{n+1}=y_n+h\sum_{i=1}^{N}c_ik_i \tag{5-24}$$

式中：$k_1=f(t_n,y_n)$；

$k_i=f(t_n+a_ih,y+h\sum_{j=1}^{i-1}b_{ij}k_j),i=2,3,\cdots,N$；

$a_i=\sum_{j=1}^{i-1}b_{ij},i=2,3,\cdots,N$。

正整数 N 称为龙格-库塔法（简称为 R－K 方法）的级。如果选择合适的系数 c_i、a_i、b_i 就能使局部截断误差与 h^{p+1} 同阶，这就是 N 级 R－K 方法的 p 阶方法。

因此 4－5 阶龙格-库塔法，就是 4 级 5 阶龙格-库塔法，它的局部截断误差精度可以达到 h^{p+1}。实际上，它是满足 5 阶精度的。目前可以证明的是，N 级 p 阶的龙格-库塔法可以达到的最高阶数为

$$p(N):p(2)=2,\quad p(3)=3,\quad p(4)=4,\quad p(5)=4,\quad p(6)=5$$
$$p(7)=6,\quad p(8)=6,\quad p(9)=7$$

2 级 3 阶或者 4 级 5 阶 R－K 方法是工程上比较常用的计算方法。

4 级 5 阶 R－K 方法表达式为

$$\left.\begin{aligned}
&y_{n+1}=y_n+\frac{h}{6}(k_1+2k_2+2k_3+k_4)\\
&k_1=f(t_n,y_n)\\
&k_2=f\left(t_n+\frac{1}{2}h,y_n+\frac{1}{2}hk_1\right)\\
&k_3=f\left(t_n+\frac{1}{2}h,y_n+\frac{1}{2}hk_2\right)\\
&k_4=f(t_n+h,y_n+hk_3)
\end{aligned}\right\} \tag{5-25}$$

欧拉法的特点是简单易行，但精度低。在同样计算步长的条件下，龙格-库塔法的计算精度要比欧拉法高，但计算工作量要比欧拉法大，其计算方法如下，设有一阶微分方程为

$$\frac{dx}{dt} = f(t,x)$$

若已知 t_k 时刻的参数值 x_k，取步长为 Δt，则可用龙格-库塔法求 $t_{k+1} = t_k + \Delta t$ 时刻的 x_{k+1} 及 $f(t_k, x_k)$ 近似值。4 阶龙格-库塔公式为

$$\begin{cases} x_{k+1} = x_k + \dfrac{\Delta t}{6}(K_1 + 2K_2 + 2K_3 + K_4) \\ K_1 = f(t_k, x_k) \\ K_2 = f\left(t_k + \dfrac{1}{2}\Delta t, x_k + \dfrac{1}{2}\Delta t \cdot K_1\right) \\ K_3 = f\left(t_k + \dfrac{1}{2}\Delta t, x_k + \dfrac{1}{2}\Delta t \cdot K_2\right) \\ K_4 = f(t_k + \Delta t, x_k + \Delta t \cdot K_3) \end{cases}$$

4 阶龙格-库塔法每积分一个步长，需要计算 4 次右端函数值，并将其线性组合求出被积函数的增量 Δx_k。4 阶龙格-库塔法除了精度较高外，还易于编制计算程序，改变步长方便，也是一种自启动的单步数值积分方法。本书 8.9 节和 9.3.1 节将给出使用龙格-库塔法计算和编程的弹道仿真计算实例。

5.3.1.3　阿当姆斯预估-校正法

阿当姆斯预估-校正法的递推计算公式如下：

预估公式为

$$x_{k+1} = x_k + \frac{\Delta t}{24}(55f_k - 59f_{k-1} + 37f_{k-2} - 9f_{k-3}) \tag{5-26}$$

校正公式为

$$x_{k+1} = x_k + \frac{\Delta t}{24}(9f_{k+1} + 19f_k - 5f_{k-1} + f_{k-2}) \tag{5-27}$$

由上述公式看出：用阿当姆斯预估-校正公式求解 x_{k+1} 时，需要知道 t_k、t_{k-1}、t_{k-2}、t_{k-3} 各时刻的 $f(t,x)$ 值。因此，阿当姆斯法又称为多步型的算法。这种算法不是自启动的，它必须用其他方法先获得所求时刻以前多步的解。

利用阿当姆斯预估-校正法进行数值积分时，一般先用龙格-库塔法自启动，算出前 4 步的积分结果，然后再利用阿当姆斯预估-校正法进行迭代计算，这是一种比较有效的方法。龙格-库塔法每积分一步需要计算 4 次右端函数值，计算量大，但该方法可以自启动。而阿当姆斯法每积分一步，只需要计算 2 次右端函数值，迭代计算量少，但是不自启动。因此，把这两种数值积分法的优点结合起来，其效果是比较理想的。

总之，对一个微分方程（或微分方程组）进行数值积分时，数值积分方法的选取通常需要考虑的因素有积分精度、计算速度、数值解的稳定性等。这些问题在数值分析教程中都有比较详细的讨论。

5.3.2 运动方程组的数值积分举例

利用计算机编程求解运动方程组，必须首先选定计算方案，它包括数学模型、原始数据、计算方法、计算步长、初值及初始条件、计算要求等。不同的设计阶段，不同的设计要求，其所选取的计算情况是不相同的。如在方案设计阶段，通常选用质点弹道计算的数学模型，计算步长以弹道计算结果不发散为条件而定。而在设计定型阶段，应采用空间弹道的数学模型，计算用的原始数据必须是经多次试验确认后的最可信数据，计算条件及计算要求则要根据导弹设计定型的有关文件要求确定。

求解运动方程组的一般步骤如下：

(1) 建立数学模型。现以在铅垂平面内无控飞行的运动方程组为例，假设它的数学模型为

$$\left.\begin{aligned}
&m\frac{\mathrm{d}v}{\mathrm{d}t}=P\cos\alpha-X-G\sin\theta\\
&mv\frac{\mathrm{d}\theta}{\mathrm{d}t}=P\sin\alpha+Y-G\cos\theta\\
&J_{z_t}\frac{\mathrm{d}\omega_{z_t}}{\mathrm{d}t}=M_{z_t}^{\alpha}\alpha+M_{z_t}^{\bar{\omega}_{z_t}}\bar{\omega}_{z_t}\\
&\frac{\mathrm{d}\vartheta}{\mathrm{d}t}=\omega_{z_t}\\
&\vartheta=\theta+\alpha\\
&\frac{\mathrm{d}x_{\mathrm{D}}}{\mathrm{d}t}=v\cos\theta\\
&\frac{\mathrm{d}y_{\mathrm{D}}}{\mathrm{d}t}=v\sin\theta\\
&\frac{\mathrm{d}m}{\mathrm{d}t}=-m_{\mathrm{c}}
\end{aligned}\right\}\tag{5-28}$$

(2) 准备原始数据。求解导弹运动方程组，必须给出所需的原始数据，它们一般来源于总体初步设计、估算和试验结果。这些原始数据可能是以曲线或表格函数的形式给出的，也可以用拟合的表达式给定。对运动方程组式(5-28)进行数值积分，应当给出如下原始数据：

1) 标准大气参数，包括大气密度 ρ、声速 c 以及重力加速度 g；

2) 导弹气动力和气动力矩有关的数据，包括阻力系数 c_x、升力系数 c_y 随攻角 α 和马赫数 Ma 变化的关系曲线或相应表格函数；静稳定力矩系数 $m_{z_t}^{\alpha}$ 随攻角 α、Ma 及质心位置 x_G 变化的关系曲线或相应表格函数；以及阻尼力矩系数导数 $m_{z_t}^{\bar{\omega}_{z_t}}$ 随攻角 α 和 Ma 变化的关系曲线或相应的表格函数；

3) 推力 $P(t)$、燃料质量秒流量 $m_{\mathrm{c}}(t)$、质心位置 $x_{\mathrm{m}}(t)$ 和转动惯量 J_{z_t} 的表格函数或相应的数学表达式；

4) 导弹的外形几何尺寸、特征面积和特征长度；

5) 积分初始条件，即 t_0、v_0、θ_0、ω_{z_t0}、ϑ_0、$x_{\mathrm{D}0}$、$y_{\mathrm{D}0}$、m_0、α_0 等的值。

(3) 空气动力和空气动力矩表达式：

$$
\begin{cases}
X = c_x \dfrac{1}{2}\rho v^2 S \\
Y = c_y \dfrac{1}{2}\rho v^2 S \\
M_{z_t} = M_{z_t}^{\alpha}\alpha + M_{z_t}^{\bar{\omega}_{z_t}}\bar{\omega}_{z_t} = (m_{z_t}^{\alpha}\alpha + m_{z_t}^{\bar{\omega}_{z_t}}\bar{\omega}_{z_t})\dfrac{1}{2}\rho v^2 SL
\end{cases}
$$

式中：$m_{z_t}^{\alpha} = (m_{z_t}^{\alpha})_{x_m = x_{m0}} + c_y(x_m - x_{m0})/\alpha L$，$(m_{z_t}^{\alpha})_{x_m = x_{m0}}$ 表示在质心位置为 x_{m0} 时的静稳定性导数值。

(4) 确定数值积分方法并选取积分步长。利用计算机编程求解时，通常采用龙格-库塔法或阿当姆斯法进行积分。本算例采用 4 阶龙格-库塔法。积分方法确定以后，选择合适的积分步长，积分步长也可以在程序运算过程中，根据不同步长下的积分结果精度比较来选取。

第 6 章　导弹机动性和过载

研究导弹的机动性、结构强度、由惯性元件组成的仪器原理、弹上部件的工作条件及导弹的作战运用时，常用到过载的概念。本章主要建立过载的概念，确定过载在各坐标系 3 个轴上的投影分量，分析过载与导弹机动性的关系、运动与过载的关系等。

6.1　机动性与过载

所谓机动性是指导弹改变飞行速度的大小和方向的能力。它是评价导弹飞行性能的重要指标之一。导弹攻击活动目标，特别是攻击空中的机动目标，必须具有良好的机动性。导弹的机动性可以用切向和法向加速度来表征。但是人们常用过载矢量的概念来评定导弹的机动性。

采用不同的计量单位制对过载有不同的定义。

在工程单位制条件下，过载 $\boldsymbol{n}$ 是指除重力以外作用在导弹上的所有外力合矢量 $\boldsymbol{N}$（即控制力）与导弹重力 $\boldsymbol{G}$ 之比，即

$$\boldsymbol{n} = \frac{\boldsymbol{N}}{\boldsymbol{G}} \tag{6-1}$$

由过载的定义可知，过载是个矢量，它的方向与控制力 $\boldsymbol{N}$ 的方向一致，其模量表示控制力大小为重力的多少倍。这就是说，过载矢量表征了控制力 $\boldsymbol{N}$ 的大小和方向。

过载的概念，除用于研究导弹的运动之外，在弹体结构强度和控制系统设计中也常用到。因为过载矢量决定了弹上各个部件或仪表所承受的作用力。例如，导弹以加速度 $\boldsymbol{a}$ 作平移运动时，相对弹体固定的某个质量为 m_i 的部件，除受到随导弹作加速运动引起的惯性力 $m_i\boldsymbol{a}$ 之外，还要受到重力 $\boldsymbol{G}_i = m_i\boldsymbol{g}$ 和连接力 $\boldsymbol{F}_i$ 的作用，部件在这 3 个力的作用下处于相对平衡状态，即

$$-m_i\boldsymbol{a} + \boldsymbol{G}_i + \boldsymbol{F}_i = 0 \tag{6-2}$$

导弹的运动加速度 $\boldsymbol{a}$ 为

$$\boldsymbol{a} = \frac{\boldsymbol{N} + \boldsymbol{G}}{m} \tag{6-3}$$

因此

$$\boldsymbol{F}_i = m_i\frac{\boldsymbol{N} + \boldsymbol{G}}{m} - m_i\boldsymbol{g} = \boldsymbol{G}_i\frac{\boldsymbol{N}}{\boldsymbol{G}} = n\boldsymbol{G}_i \tag{6-4}$$

可以看出：弹上任何部件所承受的连接力等于本身重力 $\boldsymbol{G}_i$ 乘以导弹的过载矢量。因此，如果已知导弹在飞行时的过载，就能确定其上任何部件所承受的作用力。

在国际单位制条件下，过载可定义为除重力以外作用于导弹上的所有外力合矢量 $\boldsymbol{F}$。与导

弹质量之比，即

$$\boldsymbol{n}=\frac{\boldsymbol{F}_{\mathrm{c}}}{m} \tag{6-5}$$

与工程单位制不同的是，由于力 $\boldsymbol{F}_{\mathrm{c}}$ 的单位为 N，质量 m 的单位为 kg，过载 $\boldsymbol{n}$ 的单位应为加速度的单位，即 $\mathrm{m/s^2}$，但常用几倍的重力加速度（g）来衡量。

6.2　过载的投影

过载矢量的大小和方向，通常由它在某坐标系上的投影来确定。在研究导弹运动的机动性时，需要给出过载矢量在弹道坐标系 $Ox_{\mathrm{d}}y_{\mathrm{d}}z_{\mathrm{d}}$ 中的投影分量。而对弹体或部件研究受力情况和进行强度分析时，又要知道过载矢量在弹体坐标系 $Ox_{\mathrm{t}}y_{\mathrm{t}}z_{\mathrm{t}}$ 中的投影分量。

6.2.1　过载矢量在弹道坐标系的投影分量

根据过载的定义，并注意到变换矩阵式（2－22）和式（2－25），过载矢量在弹道坐标系各轴上的投影分量为

$$\boldsymbol{n}_{\mathrm{d}}=\begin{bmatrix}n_{x_{\mathrm{d}}}\\n_{y_{\mathrm{d}}}\\n_{z_{\mathrm{d}}}\end{bmatrix}=\frac{1}{m}\left[\boldsymbol{B}_{\mathrm{d}}^{\mathrm{s}}(\gamma_v)^{\mathrm{T}}\boldsymbol{B}_{\mathrm{s}}^{\mathrm{t}}(\beta,\alpha)^{\mathrm{T}}\begin{bmatrix}P\\0\\0\end{bmatrix}+\boldsymbol{B}_{\mathrm{d}}^{\mathrm{s}}(\gamma_v)^{\mathrm{T}}\begin{bmatrix}-X\\Y\\Z\end{bmatrix}\right]$$

$$=\frac{1}{m}\begin{bmatrix}P\cos\alpha\cos\beta-X\\(P\sin\alpha+Y)\cos\gamma_v-(-P\cos\alpha\sin\beta+Z)\sin\gamma_v\\(P\sin\alpha+Y)\sin\gamma_v+(-P\cos\alpha\sin\beta+Z)\cos\gamma_v\end{bmatrix} \tag{6-6}$$

对轴对称导弹来说，通常 $\gamma_v=0$，则有

$$\boldsymbol{n}_{\mathrm{d}}=\begin{bmatrix}n_{x_{\mathrm{d}}}\\n_{y_{\mathrm{d}}}\\n_{z_{\mathrm{d}}}\end{bmatrix}=\frac{1}{m}\begin{bmatrix}P\cos\alpha\cos\beta-X\\P\sin\alpha+Y\\-P\cos\alpha\sin\beta+Z\end{bmatrix} \tag{6-7}$$

对面对称导弹来说，通常 $Z=0,\beta=0$，则有

$$\boldsymbol{n}_{\mathrm{d}}=\begin{bmatrix}n_{x_{\mathrm{d}}}\\n_{y_{\mathrm{d}}}\\n_{z_{\mathrm{d}}}\end{bmatrix}=\frac{1}{m}\begin{bmatrix}P\cos\alpha-X\\(P\sin\alpha+Y)\cos\gamma_v\\(P\sin\alpha+Y)\sin\gamma_v\end{bmatrix} \tag{6-8}$$

6.2.2　过载矢量在速度坐标系中的投影

通常讨论面对称导弹运动的机动性问题时采用的是速度坐标系，因此需要的是过载在速度坐标系 $Ox_{\mathrm{s}}y_{\mathrm{s}}z_{\mathrm{s}}$ 的投影分量。

根据弹道坐标系向速度坐标系作矢量坐标转换的变换矩阵 $\boldsymbol{B}_{\mathrm{d}}^{\mathrm{s}}(\gamma_v)$，即式（2－25）式及式

(6-8)可写出面对称导弹过载矢量在速度坐标系 $Ox_sy_sz_s$ 的投影分量为

$$\boldsymbol{n}_s=\begin{bmatrix}n_{x_s}\\n_{y_s}\\n_{z_s}\end{bmatrix}=\boldsymbol{B}_d^s(\gamma_v)\begin{bmatrix}n_x\\n_y\\n_z\end{bmatrix}=\frac{1}{m}\boldsymbol{B}_d^s(\gamma_v)\begin{bmatrix}P\cos\alpha-X\\(P\sin\alpha+Y)\cos\gamma_v\\(P\sin\alpha+Y)\sin\gamma_v\end{bmatrix}=\frac{1}{m}\begin{bmatrix}P\cos\alpha-X\\P\sin\alpha+Y\\0\end{bmatrix}\tag{6-9}$$

采用同样的方法,可写出轴对称导弹过载矢量在速度坐标系 $Ox_sy_sz_s$ 的投影分量为

$$\boldsymbol{n}_s=\begin{bmatrix}n_{x_s}\\n_{y_s}\\n_{z_s}\end{bmatrix}=\boldsymbol{B}_d^s(\gamma_v)\begin{bmatrix}n_x\\n_y\\n_z\end{bmatrix}=\frac{1}{m}\boldsymbol{B}_d^s(\gamma_v)\begin{bmatrix}P\cos\alpha\cos\beta-X\\P\sin\alpha+Y\\-P\cos\alpha\sin\beta+Z\end{bmatrix}\tag{6-10}$$

又因对轴对称导弹来说,$\gamma_v=0,\boldsymbol{B}_d^s(\gamma_v)=\begin{bmatrix}1&0&0\\0&1&0\\0&0&1\end{bmatrix}$,则式(6-10)可写为

$$\boldsymbol{n}_s=\begin{bmatrix}n_{x_s}\\n_{y_s}\\n_{z_s}\end{bmatrix}=\frac{1}{m}\begin{bmatrix}P\cos\alpha\cos\beta-X\\P\sin\alpha+Y\\-P\cos\alpha\sin\beta+Z\end{bmatrix}\tag{6-11}$$

6.2.3 过载矢量在弹体坐标系中的投影

在研究弹体结构强度及由惯性元件组成的仪器原理时,需要知道过载矢量在弹体坐标系 $Ox_ty_tz_t$ 各轴上的投影分量。那么,只要利用速度坐标系 $Ox_sy_sz_s$ 向弹体坐标系作矢量坐标变换的变换矩阵 $\boldsymbol{B}_s^t(\beta,\alpha)$[即式(3-22)]即可求得

$$\boldsymbol{n}_t=\begin{bmatrix}n_{x_t}\\n_{y_t}\\n_{z_t}\end{bmatrix}=\boldsymbol{B}_s^t(\beta,\alpha)\begin{bmatrix}n_{x_s}\\n_{y_s}\\n_{z_s}\end{bmatrix}\tag{6-12}$$

将式(6-9)代入式(6-12)并令 $\beta=0$,可得面对称导弹过载矢量在弹体坐标系 $Ox_ty_tz_t$ 的投影分量为

$$\boldsymbol{n}_t=\begin{bmatrix}n_{x_t}\\n_{y_t}\\n_{z_t}\end{bmatrix}=\frac{1}{m}\boldsymbol{B}_s^t(\beta,\alpha)\begin{bmatrix}P\cos\alpha-X\\P\sin\alpha+Y\\0\end{bmatrix}=\frac{1}{m}\begin{bmatrix}P+Y\sin\alpha-X\cos\alpha\\Y\cos\alpha+X\sin\alpha\\0\end{bmatrix}\tag{6-13}$$

将式(6-11)代入式(6-12),可得轴对称导弹过载矢量在弹体坐标系 $Ox_ty_tz_t$ 上的投影分量为

$$\boldsymbol{n}_t=\begin{bmatrix}n_{x_t}\\n_{y_t}\\n_{z_t}\end{bmatrix}=\frac{1}{m}\boldsymbol{B}_s^t(\beta,\alpha)\begin{bmatrix}P\cos\alpha\cos\beta-X\\P\sin\alpha+Y\\-P\cos\alpha\sin\beta+Z\end{bmatrix}$$

$$=\frac{1}{m}\begin{bmatrix}P+Y\sin\alpha-Z\cos\alpha\sin\beta-X\cos\alpha\cos\beta\\Y\cos\alpha+Z\sin\alpha\sin\beta+X\sin\alpha\cos\beta\\Z\cos\beta-X\sin\beta\end{bmatrix}\tag{6-14}$$

6.3　运动与过载

描述导弹质心运动的动力学方程式(2-50)，可用过载表示成一组方程。将式(6-6)代入式(2-50)即得

$$\left.\begin{aligned}\frac{\mathrm{d}v}{\mathrm{d}t}&=n_{x_\mathrm{d}}-g\sin\theta\\v\frac{\mathrm{d}\theta}{\mathrm{d}t}&=n_{y_\mathrm{d}}-g\cos\theta\\-v\cos\theta\frac{\mathrm{d}\Psi_v}{\mathrm{d}t}&=n_{z_\mathrm{d}}\end{aligned}\right\}\qquad(6-15)$$

由式(6-15)可以导出运动参数 v、θ、Ψ_v 与过载分量 n_{x_d}、n_{y_d}、n_{z_d} 之间的关系表达式为

$$\left.\begin{aligned}n_{x_\mathrm{d}}&=\frac{\mathrm{d}v}{\mathrm{d}t}+g\sin\theta\\n_{y_\mathrm{d}}&=v\frac{\mathrm{d}\theta}{\mathrm{d}t}+g\cos\theta\\n_{z_\mathrm{d}}&=-v\cos\theta\frac{\mathrm{d}\Psi_v}{\mathrm{d}t}\end{aligned}\right\}\qquad(6-16)$$

参数 v、ϑ、Ψ_v 表示飞行速度的大小和方向，而方程式(6-16)的等号右边包含这些参数对时间的导数，由此看出，过载矢量在弹道坐标系上的投影表征着导弹改变飞行速度大小和飞行方向的能力。

由式(6-16)可以得到在某些特殊飞行情况下所对应的过载，例如：

(1) 导弹在铅垂面内飞行时：$\dot{\Psi}_v=0$，$n_{z_\mathrm{d}}=0$；

(2) 导弹在水平面内飞行时：$\theta=0$，$\dot{\theta}=0$，$n_{y_\mathrm{d}}=1g$；

(3) 导弹作直线飞行时：$\theta=\mathrm{const}$，$\cos\theta=\mathrm{const}$，$\dot{\theta}=0$，若 $g=\mathrm{const}$，则 $n_{y_\mathrm{d}}=g\cos\theta=\mathrm{const}$，且 $\dot{\Psi}_v=0$，则 $n_{z_\mathrm{d}}=0$；

(4) 导弹作等速直线飞行时：$\dot{v}=0$，$\dot{\theta}=0$，若 $g=\mathrm{const}$，则 $n_{x_\mathrm{d}}=g\sin\theta=\mathrm{const}$，$n_{y_\mathrm{d}}=g\cos\theta=\mathrm{const}$，且 $\dot{\Psi}_v=0$，$n_{z_\mathrm{d}}=0$；

(5) 导弹作水平直线飞行时：$\theta=0$，$\dot{\theta}=0$，$n_{y_\mathrm{d}}=1g$，且 $\dot{\Psi}_v=0$，$n_{z_\mathrm{d}}=0$；

(6) 导弹作水平等速直线飞行时：$n_{y_\mathrm{d}}=1g$，$n_{z_\mathrm{d}}=0$，且 $n_{x_\mathrm{d}}=0$。

由式(6-15)可得

$$\left.\begin{aligned}\frac{\mathrm{d}v}{\mathrm{d}t}&=n_{x_\mathrm{d}}-g\sin\theta\\\frac{\mathrm{d}\theta}{\mathrm{d}t}&=\frac{1}{v}(n_{y_\mathrm{d}}-g\cos\theta)\\\frac{\mathrm{d}\Psi_v}{\mathrm{d}t}&=-\frac{n_{z_\mathrm{d}}}{v\cos\theta}\end{aligned}\right\}\qquad(6-17)$$

式(6-17)表示导弹质心运动的加速度与过载的关系。

通过式(6-15)或式(6-16)，可以建立过载的投影值和飞行弹道形状之间的关系如下：

(1) 当 $n_{x_d}=g\sin\theta$ 时，导弹作等速飞行；

当 $n_{x_d}>g\sin\theta$ 时，导弹作加速飞行；

当 $n_{x_d}<g\sin\theta$ 时，导弹作减速飞行。

(2) 当研究导弹在铅垂平面 $O_Dx_Dz_D$ 内的运动时(见图 6-1)，有

$n_{y_d}>g\cos\theta, \mathrm{d}\theta/\mathrm{d}t>0$，此时弹道向上弯曲；

$n_{y_d}=g\cos\theta$，弹道在该点处曲率为零；

$n_{y_d}<g\cos\theta$，此时弹道向下弯曲。

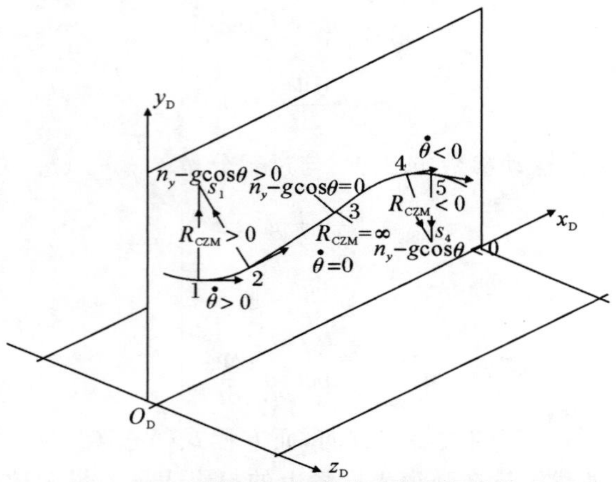

图 6-1 过载 n_{y_d} 与弹道形状之间的关系

(3) 当研究导弹在水平平面 $O_Dx_Dz_D$ 内的运动时(见图 6-2)，有

$n_{z_d}>0, \mathrm{d}\Psi_v/\mathrm{d}t<0$，弹道向右弯曲；

$n_{z_d}=0$，弹道在该点处曲率为零；

$n_{z_d}<0, \mathrm{d}\Psi_v/\mathrm{d}t>0$，弹道向左弯曲。

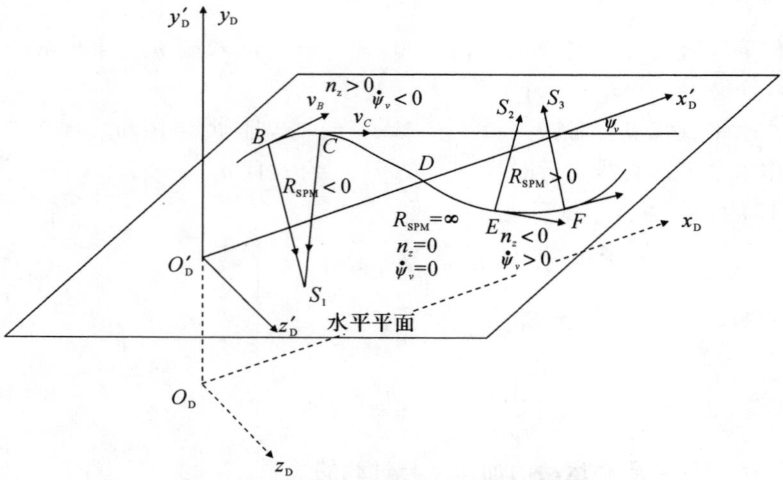

图 6-2 过载 n_{z_d} 与弹道形状之间的关系

6.4　弹道曲率半径与法向过载的关系

建立弹道曲率半径与法向过载之间的关系，对弹道特性的研究也是必要的。

如果导弹在铅垂平面 $O_Dx_Dy_D$ 内运动，那么，弹道上某点的曲率就是该点处的弹道倾角 θ 对弧长 s 的导数。而曲率半径 R_{CZM} 则为曲率的倒数，所以有

$$R_{CZM}=\frac{ds}{d\theta}=\frac{v}{\dot{\theta}}$$

将式(6－16)的第 2 个方程代入上式，可得

$$R_{CZM}=\frac{v^2}{n_{y_d}-g\cos\theta} \tag{6－18}$$

式(6－18)表明：在给定速度 v 的情况下，法向过载 n_{y_d} 越大，曲率半径越小，导弹转弯速率就越大；若 n_{y_d} 值不变，随着飞行速度 v 的增加，弹道曲率半径就会增加，这说明速度越大，越不容易转弯。

同理，如果导弹是在水平平面 $O_Dx_Dz_D$ 内飞行，其曲率半径 R_{SPM} 可写为

$$R_{SPM}=-\frac{ds}{d\Psi_v}=-\frac{v}{\dot{\Psi}_v}$$

将式(6－16)的第 3 个方程的 $\dot{\Psi}_v$ 代入上式，则有

$$R_{SPM}=\frac{v^2\cos\theta}{n_{z_d}} \tag{6－19}$$

作为一个特例，下面研究面对称导弹在水平平面内作无侧滑机动飞行时的曲率半径与法向过载的关系。很明显，必有 $\theta=0$，$\beta=0$，且 $n_{z_s}=0$。面对称导弹通常采用过载矢量在速度坐标系 $Ox_sy_sz_s$ 各轴上的投影分量 n_{x_s}、n_{y_s}、n_{z_s}。

由弹道坐标系与速度坐标系的过载矢量转换公式(6－9)可以得到 $n_{z_d}=n_{y_s}\sin\gamma_v$ 及 $n_{y_d}=n_{y_s}\cos\gamma_v$，因此有

$$n_{z_d}^2+n_{y_d}^2=n_{y_s}^2 \tag{6－20}$$

由于导弹在水平平面内飞行 $n_{y_d}=1g$，则有

$$n_{z_d}=\sqrt{n_{y_s}^2-(1g)^2} \tag{6－21}$$

将 n_{z_d} 值代入式(6－18)，即可得到在水平平面面对称导弹作无侧滑机动飞行时，曲率半径与法向过载的关系式为

$$R_{SPM}=\frac{v^2}{\sqrt{n_{y_s}^2-(1g)^2}} \tag{6－22}$$

由式(6－22)可知，当过载给定，随着速度的增加曲率半径也会增加；若飞行速度给定，则法向过载越大，曲率半径就越小。

6.5 常用的重要过载

前面讲过，法向过载的大小在很大程度上决定了导弹速度方向的变化，而这种变化称为导弹的方向机动性，因此人们常用法向过载来表示与衡量导弹的方向机动能力。下面介绍几个常用的有关法向过载的主要概念。

6.5.1 需用法向过载

导弹在理想情况下，为了实现按给定的导引规律飞行所需要的法向过载，或为实现沿某一预定弹道飞行所需要的法向过载，称为需用过载。

导弹的需用法向过载是飞行弹道的一个重要特性。对导引弹道来说，需用过载与导引有关。在第 9 章研究导引弹道时，将会看到，不同的导引规律所对应的弹道特性是有差异的。一般来讲，导弹的需用过载越小越好，不仅导弹飞行中受力较小，而且导引的动态误差也较小。

在弹道坐标系下，直线飞行时需用过载为

$$n_{y_{\mathrm{xu}}} - g\cos\theta = 0, \quad n_{z_{\mathrm{xu}}} = 0$$

习惯上常说直线飞行的需用过载为零，是指 $n_{z_{\mathrm{d}}}$ 而言的。

6.5.2 极限法向过载

由空气动力学中知道，导弹的升力系数 c_y 与 α 的关系如图 6－3 所示，当 $\alpha = \alpha_{\mathrm{lj}}$ 时，c_y 达到最大值，$\alpha > \alpha_{\mathrm{lj}}$，$c_y$ 将下降，这个 $c_{y\max}$ 和 α_{lj} 就决定了法向力的最大值，对在垂直平面内作机动飞行的导弹来说，$\gamma_v = 0$，则 $F_{y\max} = c_{y\max} qS + P\sin\alpha_{\mathrm{lj}}$。

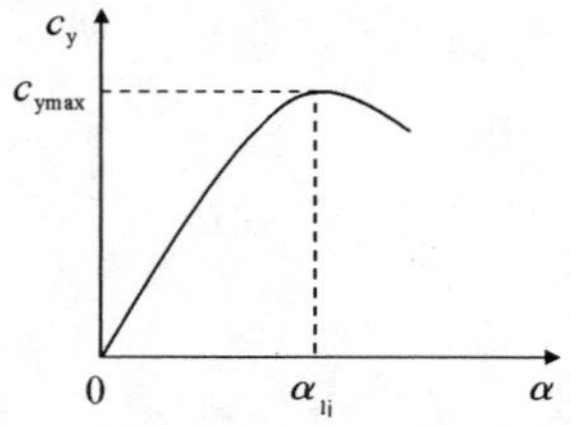

图 6－3 $c_y(\alpha)$ **曲线**

因此对应的极限法向过载为

$$n_{y\mathrm{jx}} = \frac{c_{y\max} qS + P\sin\alpha_{\mathrm{lj}}}{m} \tag{6-23}$$

在被动段中 $P = 0$，此时有

$$n_{y\mathrm{jx}} = \frac{c_{y\max} qS}{m} \tag{6-24}$$

故极限法向过载就是临界攻角所决定的法向过载的极限值。显然，极限法向过载与导弹的尺寸、外形及飞行条件（高度、速度）有关。

6.5.3 可用法向过载

由于某些条件的限制(如舵机最大输出力矩限制、采用构造措施限制),舵的最大偏转角是有限的,所以使导弹飞行中达不到临界攻角 α_{lj},故实际所能产生的最大法向过载小于临界攻角所决定的极限过载。

由舵的最大偏转角所决定的最大法向过载值称为可用过载。因此,对在垂直平面内作机动飞行的导弹来说,因为 $\gamma_v = 0$,所以有

$$n_{\mathrm{yky}} = \left(\frac{c_y qS + P\sin\alpha}{m}\right)_{\delta=\delta_{\mathrm{zmax}}} \tag{6-25}$$

在被动段中,有

$$n_{\mathrm{yky}} = \left(\frac{c_y qS}{m}\right)_{\delta=\delta_{\mathrm{zmax}}} \tag{6-26}$$

这时 α 为

$$\alpha_{\max} = -\frac{m_{z_{\mathrm{t}}}^{\delta}}{m_{z_{\mathrm{t}}}^{\alpha}}\delta_{\mathrm{zmax}} \tag{6-27}$$

总之,需用过载表征着飞行的弹道,而可用过载表征着在所研究的弹道点上的导弹的性能。将需用过载与可用过载相比较就可以判断导弹是否可能按照预定弹道飞行或者导弹是否可能被导引飞向目标(给定初始条件、导引方法和目标的运动规律时)。如导弹是以某点向运动着的目标发射的,假定导引方法是导弹速度矢量随时都指向目标,由于目标在运动,所以导弹的速度矢量也应该不断地跟随目标转动。

为了使导弹的速度矢量以所要求的角速度转动,需要有一定的法向过载,这就是需用过载。

另外,该导弹具有一定的尺寸和气动外形,在每个高度上能够产生一定的法向力,也就是可用法向过载。可能出现这样的时刻,即导弹的舵已偏转到最大的角度(这时导弹的攻角也是最大的),而产生的可用法向过载的大小仍不能够使导弹的速度矢量以所需的角速度转动,即导弹的可用过载小于需用过载,从这时开始导弹将按照可用过载作曲线运动。于是导弹的速度矢量将不能主动地跟随目标转动,从而有可能丢失目标。

在实际飞行过程中,各种干扰因素总是存在的,导弹不可能完全沿着理论弹道飞行。因此,在导弹设计中,必须留有一定的过载裕量,用以克服各种干扰因素导致的附加过载,几个法向过载必须满足下列关系:

$$\text{极限过载 } n_{\mathrm{jx}} > \text{可用过载 } n_{\mathrm{ky}} > \text{需用过载 } n_{\mathrm{xu}}$$

第 7 章　方案飞行与弹道

导弹的所有弹道可以分为两类：一是方案弹道，二是导引弹道。本章将介绍导弹的方案飞行，且把导弹看作一个理想可操纵的质点，研讨方案弹道的特点和计算方法，而导引弹道将在第 8 章加以研究。

所谓飞行方案，是指设计弹道时所选定的某些运动参数随时间的变化规律。运动参数是指弹道倾角 $\theta(t)$、俯仰角 $\vartheta(t)$、攻角 $\alpha(t)$ 或高度 $H(t)$ 等。在这类导弹上，一般装有一套程序自动控制装置，导弹飞行时的舵面偏转规律，就是由这套装置实现的。这种控制方式称为自主控制。飞行方案选定以后，导弹的飞行弹道也就随之确定。也就是说，导弹发射出去后，它的飞行轨迹就不能随意变更。导弹按预定的飞行方案所做的飞行称为方案飞行。它所对应的飞行弹道称为方案弹道。

方案飞行的情况是经常遇到的。许多导弹的弹道除了引向目标的导引段之外，也具有方案飞行段。例如，攻击静止或缓慢运动目标的飞航式导弹，其弹道的爬升段(或称起飞段)、平飞段(或称巡航段)，甚至在俯冲攻击的初段都是方案飞行段。反坦克导弹的某些飞行段也有按方案飞行的。某些垂直发射的地-空导弹的初始段、空-地导弹的下滑段以及弹道式导弹的主动段通常也采用方案飞行。此外，方案飞行在一些无人驾驶靶机、侦察机上也被广泛采用。

需要说明的是，方案弹道的设计都是基于理想弹道(质点弹道)的，也就是说，采用了“瞬时平衡”假设。

7.1　铅垂平面内的方案飞行

飞航式导弹、空-地导弹和弹道式导弹的方案飞行段，基本上是在铅垂平面内。本节讨论导弹在铅垂平面内的方案飞行。

7.1.1　导弹运动基本方程

设地面坐标系的 O_Dx_D 轴选取在飞行平面(铅垂平面)内，则导弹质心的坐标 z_D 和弹道偏角 Ψ_v 恒等于零。假定导弹的纵向对称面 Ox_ty_t 始终与飞行平面重合，则速度倾斜角 γ_v 和侧滑角 β 也等于零，这样，导弹在铅垂平面内的质心运动方程组为

$$
\left.\begin{aligned}
& m\frac{\mathrm{d}v}{\mathrm{d}t}=P\cos\alpha-X-mg\sin\theta \\
& mv\frac{\mathrm{d}\theta}{\mathrm{d}t}=P\sin\alpha+Y-mg\cos\theta \\
& \frac{\mathrm{d}x}{\mathrm{d}t}=v\cos\theta \\
& \frac{\mathrm{d}y}{\mathrm{d}t}=v\sin\theta \\
& \frac{\mathrm{d}m}{\mathrm{d}t}=-m_c \\
& \varphi_1=0 \\
& \varphi_4=0
\end{aligned}\right\} \tag{7-1}
$$

在导弹气动外形给定的情况下，平衡状态的阻力 X、升力 Y 取决于 v、α、y，因此，方程组式(7－1)中共含有 7 个未知数：v、θ、α、x、y、m、P。

导弹在铅垂平面内的方案飞行取决于以下两项因素：

(1) 飞行速度的方向，其理想控制关系式为 $\varphi_1=0$；

(2) 发动机的工作状态，其理想控制关系式为 $\varphi_4=0$。

飞行速度的方向或者直接用弹道倾角 $\theta_*(t)$ 来给出，或者间接地用俯仰角 $\vartheta_*(t)$、攻角 $\alpha_*(t)$、法向过载 $n_{y_t *}(t)$、高度 $H_*(t)$ 给出。

因为方程组式(7－1)中各式的等号右端项均与坐标 x 无关，所以在积分此方程组时，可以将第 3 个方程从中独立出来，在其余方程求解之后再进行积分。

如果导弹采用固体火箭发动机，则燃料的质量秒流量 m_c 为已知(在许多情况下，m_c 可视为常值)；发动机的推力 P 仅与飞行高度有关，在计算弹道时，它们之间的关系通常也是给定的。因此，在采用固体火箭发动机的情况下，方程组中的第 5 式和第 7 式可以用已知的关系式 $m(t)$ 和 $P(t,y)$ 代替。

对于涡轮风扇发动机或冲压发动机，m_c 和 P 不仅与飞行速度和高度有关，而且还与发动机的工作状态有关。因此，方程组式(7－1)中必须给出约束方程 $\varphi_4=0$。

在计算弹道时，常会遇到发动机产生额定推力的情况，而燃料的质量秒流量可以取常值，即等于秒流量的平均值。这时，方程组中的第 5 式和第 7 式也可以去掉(无须积分)。

7.1.2　几种典型飞行方案

理论上，可采取的飞行方案有弹道倾角 $\theta_*(t)$、俯仰角 $\vartheta_*(t)$、攻角 $\alpha_*(t)$、法向过载 $n_{y_t *}(t)$、高度 $H_*(t)$。下面分别给出各种飞行方案的理想操纵关系式。

7.1.2.1　给定弹道倾角的变化规律

如果给出弹道倾角的飞行方案 $\theta_*(t)$，则理想控制关系式为

$$\varphi_1=\theta-\theta_*(t)=0\ [\theta=\theta_*(t)]\ 或\ \varphi_1=\dot\theta-\dot\theta_*(t)=0[\dot\theta=\dot\theta_*(t)] \tag{7-2}$$

式中：θ—— 导弹实际飞行的弹道倾角。

选择飞行方案的目的是为了使导弹按所要求的弹道飞行。例如飞航式导弹以 θ_0 发射并逐渐爬升，然后转入平飞，这时飞行方案($\theta = 0$) 各种变化规律，可以是直线，也可以是曲线。

7.1.2.2　给定俯仰角的变化规律

如果给出俯仰角的飞行方案 $\vartheta_*(t)$，则理想控制关系式为

$$\varphi_1 = \vartheta(t) - \vartheta_*(t) = 0[\vartheta(t) = \vartheta_*(t)] \tag{7-3}$$

式中：ϑ—— 导弹飞行过程中的实际俯仰角。

在进行弹道计算时，还需引入角度关系式：

$$\alpha = \vartheta - \theta \tag{7-4}$$

7.1.2.3　给定攻角的变化规律

给定攻角的飞行方案，是为了使导弹爬升得最快，即希望飞行所需的攻角始终等于允许的最大值；或者是为了防止需用过载超过可用过载而对攻角加以限制；若导弹采用冲压发动机，为了保证发动机能正常工作，也必须将攻角限制在一定范围内。

如果给出了攻角的飞行方案 $\alpha_*(t)$，则理想控制关系式为

$$\varphi_1 = \alpha(t) - \alpha_*(t) = 0[\alpha(t) = \alpha_*(t)] \tag{7-5}$$

式中：α—— 导弹飞行过程中的实际攻角。

由于目前测量导弹实际攻角的传感器的精度比较低，所以一般不直接采用控制导弹攻角参量，而是将 $\alpha_*(t)$ 折算成俯仰角 $\vartheta_*(t)$，通过对俯仰角的控制来实现对攻角的控制。

7.1.2.4　给定法向过载的变化规律

给定法向过载的变化规律 $n_{y_t *}(t)$，往往是为了保证导弹的强度，其理想控制关系式可表示为

$$\varphi_1 = n_{y_t}(t) - n_{y_t *}(t) = 0[n_{y_t}(t) = n_{y_t *}(t)] \tag{7-6}$$

在平衡条件下，导弹的法向过载 $n_{y_t}(t)$ 可表示为

$$n_{y_t\,\mathrm{ph}} = \frac{(P + Y^\alpha)\alpha_{\mathrm{ph}}}{G}\left(\alpha_{\mathrm{ph}} = \frac{Gn_{y_t\,\mathrm{ph}}}{P + c_y^\alpha \dfrac{1}{2}\rho v^2 S}\right) \tag{7-7}$$

根据力矩平衡条件可求得升降舵平衡偏角 $\delta_{z\mathrm{ph}}(t)$ 与法向过载 $n_{y_t\,\mathrm{ph}}(t)$ 之间的关系为

$$\delta_{z\mathrm{ph}}(t) = -\frac{m_z^\alpha}{m_z^{\delta_z}}\alpha_{\mathrm{ph}} = -\frac{m_z^\alpha}{m_z^{\delta_z}}\frac{Gn_{y_t\,\mathrm{ph}}(t)}{P + c_y^\alpha \dfrac{1}{2}\rho v^2 S} \tag{7-8}$$

从式(7-8) 可以看出，对于法向过载的限制，可以通过对攻角或升降舵偏角的限制来实现。

7.1.2.5　给定高度 $H_*(t)$

如果给出导弹高度的飞行方案 $H_*(t)$，则理想控制关系式为

$$\varphi_1 = H - H_*(t) = 0 \text{ 即 } H = H_*(t) \tag{7-9}$$

式中：H—— 导弹的实际飞行高度。

式(7－9) 对时间求导,可以得到关系式为

$$\frac{\mathrm{d}H}{\mathrm{d}t}=\frac{\mathrm{d}H_*(t)}{\mathrm{d}t} \tag{7-10}$$

式中:$\mathrm{d}H_*(t)/\mathrm{d}t$—— 给定的导弹飞行高度变化率。

对于近程战术导弹,在不考虑地球曲率时,存在关系式为

$$\frac{\mathrm{d}H}{\mathrm{d}t}=\frac{\mathrm{d}y}{\mathrm{d}t}=v\sin\theta \tag{7-11}$$

由式(7－10) 和式(7－11) 解得

$$\theta=\arcsin\left[\frac{1}{v}\frac{\mathrm{d}H_*(t)}{\mathrm{d}t}\right] \tag{7-12}$$

7.1.3　直线弹道问题

直线飞行的情况是常见的,例如,飞航式导弹在平飞段(巡航段) 的飞行,空-地导弹在巡航段的飞行,地-空导弹在初始弹道段的飞行等。前文已经介绍过,如果给定飞行方案 $\theta_*(t)=C$(常数),则方案弹道为直线。如果 $\theta_*(t)=0(\pi/2)$,则方案飞行弹道为水平(垂直) 直线;另外,如果给定高度飞行方案且 $\mathrm{d}H_*(t)/\mathrm{d}t=0$,则方案飞行弹道为水平直线(等高飞行)。下面以飞航式导弹在爬升段的飞行为例,讨论两种其他形式的直线弹道问题。

7.1.3.1　直线爬升时的飞行方案 $\vartheta_*(t)$

导弹作直线爬升飞行时,弹道倾角应为常值,即 $\mathrm{d}\vartheta_*(t)/\mathrm{d}t=0$,将其代入方程组式(7－1) 的第 2 式可以得到

$$P\sin\alpha+Y=G\cos\theta \tag{7-13}$$

式(7－13) 表明:直线爬升时,作用在导弹上的法向控制力必须和重力的法向分量平衡。在飞行攻角不大的情况下,攻角可表示为

$$\alpha=\frac{G\cos\theta}{P+Y^\alpha} \tag{7-14}$$

这样直线爬升时的俯仰角飞行方案为

$$\vartheta_*(t)=\theta+\frac{G\cos\theta}{P+Y^\alpha} \tag{7-15}$$

显然,如果能按式(7－15) 给定俯仰角的飞行方案,导弹就会直线爬升。

7.1.3.2　等速直线爬升

若要求导弹作等速直线爬升飞行,必须 $\dot{v}=0$,$\dot{\theta}=0$,代入方程组式(7－1) 的第1、2式可得

$$\left.\begin{aligned}P\cos\alpha-X&=G\sin\theta\\P\sin\alpha+Y&=G\cos\theta\end{aligned}\right\} \tag{7-16}$$

式(7－16) 表明:导弹要实现等速直线飞行,发动机推力在弹道切线方向上的分量与阻力之差必须等于重力在弹道切线方向上的分量;同时,作用在导弹上的法向控制力应等于重力在

法线方向上的分量。下面就来讨论同时满足这两个条件的可能性。

等速爬升的条件：根据方程组式(7－16)的第1式，导弹等速爬升时的需用攻角为

$$\alpha_1 = \arccos\left(\frac{X + G\sin\theta}{P}\right) \tag{7－17}$$

直线爬升的条件：根据方程组式(7－16)的第2式，在飞行攻角不大的情况下，导弹直线爬升时的需用攻角为

$$\alpha_2 = \frac{G\cos\theta}{P + Y^{\alpha}} \tag{7－18}$$

为使导弹等速直线爬升，必须同时满足式(7－17)和式(7－18)，因此，导弹等速直线爬升的条件应是 $\alpha_1 = \alpha_2$，即

$$\arccos\left(\frac{C + G\sin\theta}{P}\right) = \frac{G\cos\theta}{P + Y^{\alpha}} \tag{7－19}$$

且 $\theta = C$(常数)。

实际上，上述条件是很难满足的，因为通过精心设计或许能找到一组参数(v、θ、P、G、c_x、c_y^{α}等)满足式(7－19)，可是在飞行过程中，导弹不可避免地会受到各种干扰，一旦某一参数偏离了它的设计值，导弹就不可能真正实现等速直线爬升飞行。特别是在发动机不能自动调节的情况下，要使导弹时刻都严格地按等速直线爬升飞行是不可能的。即使发动机推力可以自动调节，要实现等速直线爬升飞行也只能是近似的。

7.1.4 下滑段按给定高度的方案飞行

对空中投放攻击地面或海面目标的空对地或空对舰导弹，导弹从投放到转入平飞的运动称为下滑段运动。为使导弹具有良好的隐蔽性和较高的突防能力，要求导弹在脱离载机后平稳下滑，较快地转入平飞。

目前，飞航式导弹控制系统中都有测量飞行高度的无线电高度表、气压高度表，因而，完全有可能利用高度信息对导弹进行高度控制。

为使导弹较快地下滑，并平稳地转入平飞，通常采用指数形式的高度程序，其表达式为

$$H_* = \begin{cases} H_1, t < t_1 \\ (H_1 - H_2)e^{-K(t-t_1)} + H_3, t_1 \leqslant t < t_2 \\ H_2, t \geqslant t_2 \end{cases} \tag{7－20}$$

式中：H_1—— 下滑段起点高度；

H_2—— 导弹巡航飞行时的高度；

t_1、t_2—— 给定的指令时间；

K—— 控制常数。

H_1、H_2 是根据战术技术指标要求而确定的。t_1、t_2、K 应根据战术技术指标中最小射程的要求，使下滑过程中高度超调量小，转入平飞时间最短，下滑过程中导弹所承受的过载小于导弹结构所允许值且导弹运动姿态不影响发动机的正常工作等综合因素来确定。

7.2　水平面内的方案飞行

对于从地面、舰上和直升机上发射的飞航式导弹，在加速段，速度变化比较大，纵向运动参数变化激烈，从而侧向运动在助推器工作段是不加控制的。进入主发动机工作的飞行段，才能对侧向运动实施控制。由于助推段侧向运动不控制，在各种干扰因素作用下势必造成一定的姿态和位置偏差。如果主发动机工作一开始就把较大的偏差作为控制量加入，极易造成侧向运动振荡，严重时会造成发散。为避免此种由于控制不当造成的失误，可采用下列偏航角程序信号：

$$\Psi_* = \begin{cases} \Psi_k, t < t_k \\ \Psi_k e^{-K_\Psi(t-t_k)}, t_k \leqslant t < t_2 \\ 0, t \geqslant t_2 \end{cases} \tag{7-21}$$

式中：t_k—— 助推器分离时刻；

t_2—— 给定时间；

Ψ_k——t_k 时刻的偏航角；

K_Ψ—— 控制系数。

控制规律为

$$\delta_y = K_{\Delta\Psi}(\Psi - \Psi_*) + K_{\Delta\dot{\Psi}}\Delta\dot{\Psi} \tag{7-22}$$

式中：$\Delta\Psi = \Psi - \Psi_*$，$\Delta\dot{\Psi} = \dfrac{d\Delta\Psi}{dt}$。

从式(7-22)可以看出：正是引入了偏航角程序信号，使在主发动机工作后的起控时刻将助推段终点时的偏航角偏差值直接引入控制，而且采用了按指数形式加入的过程，避免了因起控不当造成的失控现象。

为了提高导弹作战使用的效率，飞航式导弹在侧向通常都具有扇面发射能力。对于有初始扇面角的情况，同样在助推段航向运动不加控制，导弹沿初始航向角方向飞行。进入主发动机工作后，开始只进行角度控制，使导弹航向不断改变。到一定时刻，引入质心控制，导弹航向角保持常值，在指向目标方向作直线飞行。对于采用惯性控制系统的飞航式导弹，实现上述控制是较为容易的。此时，偏航角程序信号和侧偏信号为

$$\Psi_* = \begin{cases} \Psi_0, t < t_k \\ \Psi_0 + K_{\Psi_0}(t - t_k), t_k \leqslant t < t_A \\ \Psi_A, t \geqslant t_A \end{cases} \tag{7-23}$$

控制规律为

$$\delta_y = \begin{cases} \delta_y = K_{\Delta\Psi}(\Psi - \Psi_*) + K_{\Delta\dot{\Psi}}\Delta\dot{\Psi}, \quad t < t_A \\ \delta_y = K_{\Delta\Psi}(\Psi - \Psi_*) + K_{\Delta\dot{\Psi}}\Delta\dot{\Psi} + K_z(z - z_*) + K_{\int z}\int(z - z_*)dt, \quad t \geqslant t_A \end{cases} \tag{7-24}$$

式中：t_k—— 助推器分离时刻；

t_A—— 给定时间；

Ψ_0—— 初始扇面角；

Ψ_A—— 给定的偏航角；

K_{Ψ_0}、$K_{\Delta\Psi}$、$K_{\Delta\dot{\Psi}}$、K_z、$K_{\int z}$—— 放大系数。

第8章　导引弹道的运动学分析

导引弹道的运动学分析主要是研究采用自动瞄准(又称自动寻的)和遥远控制(简称遥控)制导两种制导方式的导弹弹道特性。

所谓自动瞄准制导是由装在导弹上的敏感器(导引头)感受目标辐射或反射的能量,自动形成制导指令,控制导弹飞向目标的制导技术。自动瞄准制导系统由装在导弹上的导引头、指令计算装置和导弹控制装置组成。由于制导系统全部装在弹内,所以导弹本身装置比较复杂,但制导精度比较高。

所谓遥控制导是由制导站的测量装置和制导计算装置测量导弹相对目标的运动参数,形成制导指令,导弹接收指令,并通过姿态控制系统控制导弹,使它沿着适当的弹道飞行,直至命中目标。制导站可设在地面、空中或海上。遥控制导的优点是弹内装置较简单,作用距离一般较远,但制导过程中制导站不能撤离,易被敌方攻击。

导引弹道的特性主要取决于导引方法以及目标的运动特性。对于已经确定的某种导引方法,导弹导引弹道的主要研究内容有弹道过载、导弹速度、飞行时间、射程和脱靶量等,这些参数最终影响导弹的命中率。

根据导弹和目标的运动学关系可把导引方法按下列情况来分类:

(1) 根据导弹速度矢量与目标线(导弹-目标连线,又称视线)的相对位置分为追踪法(两者重合)、常值前置角法(导弹速度矢量超前一个常值角度)等;

(2) 根据目标线在空间的变化规律分为平行接近法(目标线在空间只作平行移动)、比例导引法(导弹速度矢量的转动角速度与目标线的转动角速度成比例)等;

(3) 根据导弹纵轴与目标线的相对位置分为直接法(两者重合)、常值目标方位角法(导弹纵轴超前一个常值角度)等;

(4) 根据"制导站-导弹"连线与"制导站-目标"连线的相对位置分为三点法(两连线重合)、前置量法("制导站-导弹"连线超前,前置量法又称为角度法)。

在导弹和制导系统初步设计阶段,为了简化研究,通常采用运动学分析方法。它是基于以下假设:① 导弹、目标和制导站的运动视为质点运动;② 制导系统的工作是理想的;③ 导弹速度是时间的已知函数;④ 目标和制导站的运动规律是已知的。这样就避开了复杂的质点系的动力学问题。针对假想目标的某些典型轨迹,先确定导引弹道的基本特性。由此得出的导引弹道是可控质点的运动学弹道。导引弹道的运动学分析虽是近似的,但它是最简单的研究方法。

为了简化研究起见,假设导弹、目标和制导站始终在同一固定平面内运动。该平面称为攻击平面。攻击平面可能是铅垂平面,也可能是水平面或倾斜平面。

本章应用导引弹道的运动学分析方法研究几种导引方法的弹道特性，其目的是为了选择合适的导引方法，改善现有导引方法存在的某些缺点，为寻找新的导引方法提供依据。

8.1 导弹与目标的相对运动方程

相对运动方程是用于描述导弹、目标和制导站之间的相对运动关系的方程。建立相对运动方程是导引弹道运动学分析方法的基础。相对运动方程习惯上建立在极坐标系中，其形式也最简单。下面分别介绍自动瞄准制导和遥控制导的相对运动方程。

8.1.1 自动瞄准制导的相对运动方程

自动瞄准制导的相对运动关系的方程实际上是描述导弹和目标之间的相对运动关系的方程。

设在某一时刻，目标位于 T 点位置，导弹处于 M 点位置。在上述假设条件下，导弹和目标之间的相对运动方程可以用定义在攻击平面内的极坐标参量 r、q 的变化规律来描述。图 8-1 中所示的参量，分别定义如下：

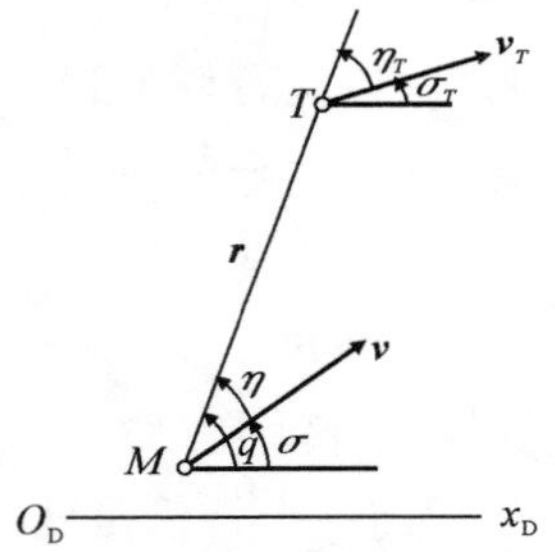

图 8-1 导弹与目标的相对位置

(1) 由导弹至目标所在位置的距离 r。导弹命中目标时 $r=0$。连线 MT 称为目标瞄准线(简称为目标线)。

(2) 目标线与攻击平面内某一基准线 O_Dx_D 之间的夹角 q，称为目标线方位角(简称为目标线角)。以导弹所在位置为原点，若从基准线为逆时针旋转到相对距离矢量 $\boldsymbol{r}$ 上时，则 q 值为正。

(3) 基准线 O_Dx_D 或称为参考线，它可以任意选择，而不影响导弹和目标之间的相对运动特性，只影响相对运动方程式的繁简程度。若目标是直线飞行，则选取目标的飞行方向为基准线方向最为简便。

(4) 导弹、目标速度矢量与基准线之间的夹角 σ、σ_T，称为导弹弹道角和目标航向角。分别以导弹、目标所在的位置为原点，若由基准线为逆时针方向旋转到各自的速度矢量上时，则 σ、σ_T 为正值。当攻击平面为铅垂平面时，σ 就是弹道倾角 θ；当攻击平面为水平面时，σ 就是弹道偏角 ψ_v。

(5) 导弹、目标速度矢量与目标瞄准线之间的夹角 η、η_T，相应地称为导弹速度矢量前置角和目标速度矢量前置角(简称为前置角)。分别以导弹、目标为原点,若从各自速度矢量为逆时针旋转到目标瞄准线上时,则 η、η_T 为正值。

根据图 8-1 所示的导弹和目标之间的相对运动关系就可以直接建立相对运动方程组。将导弹速度矢量 $\boldsymbol{v}$ 和目标速度矢量 $\boldsymbol{v}_T$ 分别沿目标线的方向及其法线的方向上分解,沿目标线分量 $v\cos\eta$ 指向目标,它使相对距离 r 减小;而分量 $v_T\cos\eta_T$ 则使相对距离 r 增大。沿目标线的法线分量 $v\sin\eta$ 使目标线逆时针旋转,q 值增大;分量 $v_T\sin\eta_T$ 使目标线顺时针旋转,q 值减小。因而描述相对距离变化率$\frac{dr}{dt}$和目标线方位角变化率$\frac{dq}{dt}$的相对运动方程为

$$\begin{cases}\dfrac{dr}{dt} = v_T\cos\eta_T - v\cos\eta \\[2ex] \dfrac{dq}{dt} = \dfrac{1}{r}(v\sin\eta - v_T\sin\eta_T)\end{cases}$$

同时,考虑到图 8-1 所示的角度几何关系,就可以得到自动瞄准制导的相对运动方程组为

$$\left.\begin{aligned}&\frac{dr}{dt} = v_T\cos\eta_T - v\cos\eta \\ &r\frac{dq}{dt} = v\sin\eta - v_T\sin\eta_T \\ &q = \sigma + \eta \\ &q = \sigma_T + \eta_T\end{aligned}\right\} \tag{8-1}$$

从方程组式(8-1)可以看出:当 v、v_T、η_T(或 σ_T)为已知的时间函数时,方程组还包括 5 个未知量:r、q、σ、η、σ_T(或 η_T),而方程组只含有 4 个方程,无法得到确定解。为此,尚需建立一个方程,它就是描述导引方法的导引关系方程。目前,自动瞄准制导中常见的导引方法有追踪法、平行接近法和比例导引法等,相应的导引关系方程为

$$\begin{cases}\text{追踪法}:\eta = 0 \\ \text{平行接近法}:q = q_0 = \text{const} \\ \text{比例导引法}:\dot{\sigma} = K\dot{q}\end{cases}$$

为书写方便,导引关系方程(或称理想控制关系式)以通式表示为

$$\varphi_1 = 0$$

考虑导引关系方程后,可以列出封闭的自动瞄准制导的相对运动方程组为

$$\left.\begin{aligned}&\frac{dr}{dt} = v_T\cos\eta_T - v\cos\eta \\ &r\frac{dq}{dt} = v\sin\eta - v_T\sin\eta_T \\ &q = \sigma + \eta \\ &q = \sigma_T + \eta_T \\ &\varphi_1 = 0\end{aligned}\right\} \tag{8-2}$$

8.1.2 遥控制导的相对运动方程

遥控制导的导弹是受弹外制导站的制导。导弹的运动不仅取决于目标的运动特性，而且还与制导站的运动状态有关。制导站可能是活动的，也可能是固定不动的。如空-空导弹或空-地导弹的制导站是在导弹的载机上，而地-空导弹的制导站通常是固定不动的。因此，在建立遥控制导的相对运动方程时，还要考虑到制导站运动状态对导弹运动的影响。假设制导站也看成是运动的质点，制导站的运动状态作为已知的时间函数，并认为导弹、目标和制导站始终处在同一平面（即攻击平面）内运动。则在某一时刻，制导站（C点）、导弹（M点）和目标（T点）之间的相对运动关系如图 8-2 所示。图中的符号定义如下：

R_T—— 制导站到目标的相对距离；

R_M—— 制导站到导弹的相对距离；

σ_T、σ、σ_C—— 目标、导弹和制导站的速度矢量与基准线之间的夹角；

q_T、q_M—— 相对距离 R_T、R_M 与基准线之间的夹角。

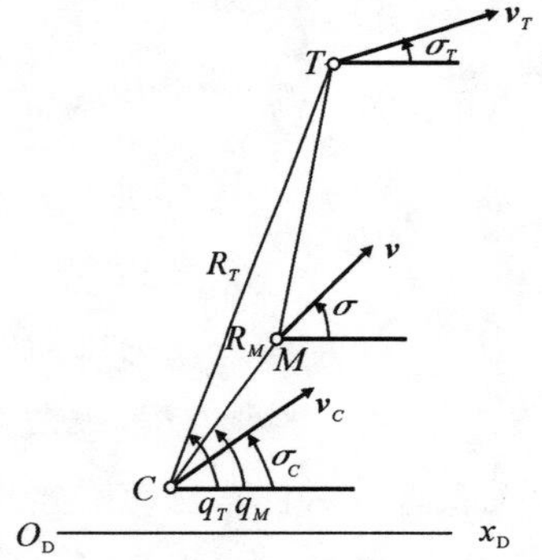

图 8-2 导弹、目标与制导站的相对位置

根据图 8-2，仿照 8.1.1 节建立自动瞄准制导的相对运动方程的方法，就可得到遥控制导的相对运动方程组为

$$\left.\begin{aligned}
&\frac{\mathrm{d}R_M}{\mathrm{d}t}=v\cos(q_M-\sigma)-v_C\cos(q_M-\sigma_C)\\
&R_M\frac{\mathrm{d}q_M}{\mathrm{d}t}=-v\sin(q_M-\sigma)+v_C\sin(q_M-\sigma_C)\\
&\frac{\mathrm{d}R_T}{\mathrm{d}t}=v_T\cos(q_T-\sigma_T)-v_C\cos(q_T-\sigma_C)\\
&R_T\frac{\mathrm{d}q_T}{\mathrm{d}t}=-v_T\sin(q_T-\sigma_T)+v_C\sin(q_T-\sigma_C)
\end{aligned}\right\}\tag{8-3}$$

方程组式(8-3)中包含 10 个参量。当 v、v_T、v_C、σ_T、σ_C 为已知的时间函数时，还有 5 个未知量：R_M、R_T、q_M、q_T、σ，而方程组式(8-3)只有 4 个方程，要得到确定解，尚需建立描述遥控制导的导引关系方程。遥控制导中常见的导引方法有三点法导引和前置量法（或称为矫直法、半矫直法）导引。相应的导引关系方程为

$$\begin{cases} \text{三点法}: q_M = q_T \\ \text{前置量法}: q_M - q_T = C_q(R_T - R_M) \end{cases}$$

考虑导引关系方程后，可以写出遥控制导的相对运动方程组为

$$\left.\begin{aligned} &\frac{\mathrm{d}R_M}{\mathrm{d}t} = v\cos(q_M - \sigma) - v_C\cos(q_M - \sigma_C) \\ &R_M\frac{\mathrm{d}q_M}{\mathrm{d}t} = -v\sin(q_M - \sigma) + v_C\sin(q_M - \sigma_C) \\ &\frac{\mathrm{d}R_T}{\mathrm{d}t} = v_T\cos(q_T - \sigma_T) - v_C\cos(q_T - \sigma_C) \\ &R_T\frac{\mathrm{d}q_T}{\mathrm{d}t} = -v_T\sin(q_T - \sigma_T) + v_C\sin(q_T - \sigma_C) \\ &\varphi_1 = 0 \end{aligned}\right\} \tag{8-4}$$

8.1.3　相对运动方程组的解

由方程组式(8-2)和式(8-4)可以看出：不论是自动瞄准制导的导弹，还是遥控制导的导弹，它们的运动特性均由以下因素确定：目标的运动特性，如飞行高度、速度及机动性能；导弹飞行速度的变化规律；导弹所采用的导引方法。对于遥控制导的导弹还要考虑制导站的运动特性。

在导弹研制过程中，不能预先确定目标的运动特性。一般只能根据所要攻击的目标，在其性能范围内选择几种典型的运动特性，如目标作等速直线飞行或正常盘旋飞行等。这样，目标的运动特性可以认为是已知的。只要目标的典型运动特性选得合适，导弹导引弹道特性就可以估算出来。

导弹飞行速度的变化规律取决于发动机特性、导弹的结构参数和气动外形。它可以由第 2 章包括力学方程在内的导弹运动方程组求解得到。本章着重介绍导引弹道的运动学分析方法，这一方法要求预先采用近似计算方法求出导弹速度的变化。因此，在进行导引弹道的运动学分析时就可以不考虑导弹的动力学方程，即相对运动方程组式(8-2)、式(8-4)可独立求解。显然，该方程组与作用在导弹上的力无关，称为运动学方程组。单独求解该方程组所得到的弹道，称为运动学弹道。

运动学方程组式(8-2)和式(8-4)中含有微分方程。解此方程组一般采用数值积分法，得到给定初始条件下的特解，应用电子计算机可以获得足够的计算精度。在特定条件下(其中最基本的假定是目标作等速直线飞行，导弹的速度为常值)，由方程组式(8-2)、式(8-4)可以得到满足任意初始条件下的解析解。虽然，这些特定条件在实际上是少见的，但是，解析解可以说明导引方法的某些一般特性。除此之外，方程组式(8-2)、式(8-4)还可以采用图解法。图解法比较简单、直观，作图时，只要比例尺选取适当，就能得到较为满意的结果。图解法也应在目标的运动特性和导弹的速度变化规律为已知的条件下进行，它所得到的弹道也是给定初始条件下的运动学弹道。但其结果不能表明弹道曲线的特点及性质，例如运动参数对弹道的影响、弹

道曲率的变化规律等。本章将分别介绍以上 3 种解法的应用，但着重介绍解析法。

用数值积分法（或解析法）解方程组式(8-2)，分别得到$r(t)$、$q(t)$[或$r=f(q)$]，据此在相对坐标系(r,q)中绘出导弹的相对运动轨迹，称为相对弹道。而导弹相对于地面坐标系的运动轨迹则称为绝对弹道。如果已知导弹相对于目标的运动规律$r(t)$、$q(t)$，又给出目标相对于地面坐标系的运动规律$x_{DT}(t)$、$y_{DT}(t)$，参照图 8-3 则可以导出确定导弹相对地面坐标系运动轨迹的表达式为

$$\left.\begin{aligned} x_D(t) &= x_{DT}(t) - r(t)\cos q(t) \\ y_D(t) &= y_{DT}(t) - r(t)\sin q(t) \end{aligned}\right\} \tag{8-5}$$

图 8-3 所示为按追踪法导引得到的导弹相对弹道和绝对弹道的示意图。

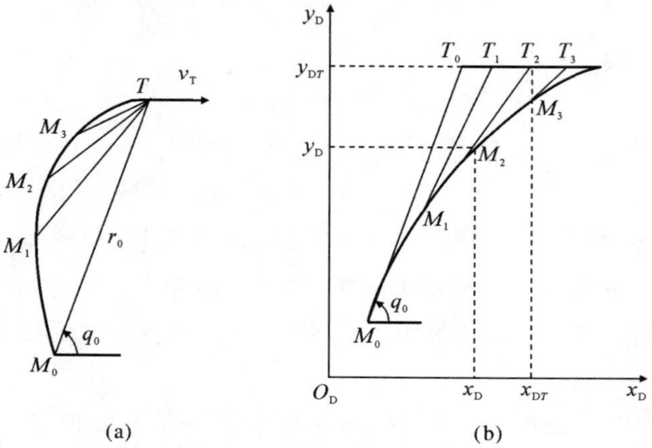

图 8-3　导弹的相对弹道与绝对弹道示意图

(a) 相对弹道；(b) 绝对弹道

8.2　追踪导引法

所谓追踪法是指导弹在攻击目标的导引过程中，导弹的速度矢量始终指向目标的一种导引方法。这种导引方法要求导弹速度矢量的前置角始终等于零。因此，追踪法导引关系方程（即理想控制关系式）为

$$\varphi_1 = \eta = 0$$

追踪法是最早提出的一种导引方法，技术上实现追踪法是比较简单的。例如，只要在弹内装一个“风标”装置，再将目标位标器安装在风标上，使其轴线与风标指向平行，由于风标的指向始终沿着导弹速度矢量的方向，若目标影像偏离了位标器轴线，显然，导弹速度矢量没有指向目标，此时就形成控制指令，使偏差消除，从而实现追踪法导引。由于追踪法导引在技术实施方面比较简单，部分空-地导弹、激光制导炸弹采用了这种导引方法。然而追踪法导引弹道特性存在严重的缺点，因此，目前应用较少。

8.2.1　弹道方程

追踪法导引时，导弹与目标之间的相对运动方程组由式(8-2)可得

$$\left.\begin{aligned}\frac{\mathrm{d}r}{\mathrm{d}t}&=v_T\cos\eta_T-v\\ r\frac{\mathrm{d}q}{\mathrm{d}t}&=-v_T\sin\eta_T\\ q&=\sigma_T+\eta_T\end{aligned}\right\}\tag{8-6}$$

若 v、v_T 和 σ_T 为已知的时间函数，则方程组式(8-6)还包含 3 个未知量：r、q、η_T。给出初始值 r_0、q_0、η_{T0}，用数值积分解法可以得到相应的特解。

为了得到解析解，以便了解追踪法导引的一般特性，作以下假定：目标和导弹始终在固定的攻击平面内运动；目标作等速直线运动，导弹作等速运动；导弹看作一个可控质点，并且是理想的按照追踪法导引规律运动。

取基准线 O_Dx_D 平行于目标的运动轨迹，参考图 8-4，则方程组式(8-6)可改写为

$$\left.\begin{aligned}\frac{\mathrm{d}r}{\mathrm{d}t}&=v_T\cos\eta_T-v\\ r\frac{\mathrm{d}q}{\mathrm{d}t}&=-v_T\sin q\end{aligned}\right\}\tag{8-7}$$

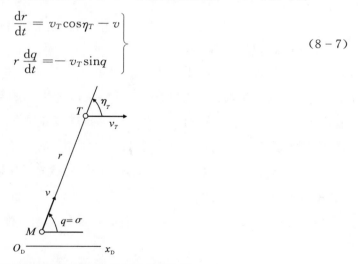

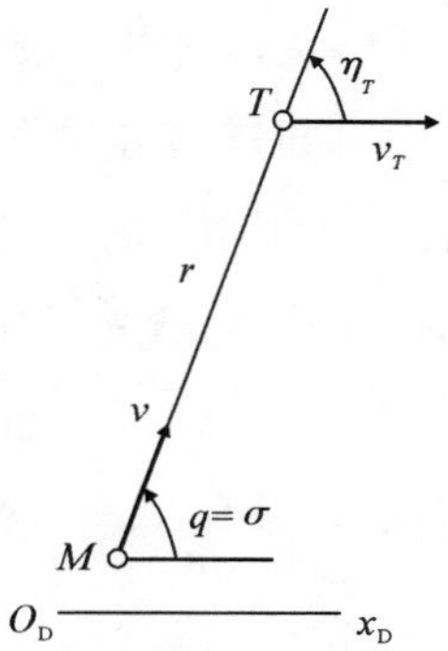

图 8-4　追踪法导引时导弹与目标的相对位置

由方程组式(8-7)可以导出相对弹道方程 $r=f(q)$。

用方程组式(8-7)的第二式去除第一式得

$$\frac{\mathrm{d}r}{r}=\frac{v_T\cos q-v}{-v_T\sin q}\mathrm{d}q$$

令 $p=\dfrac{v}{v_T}$ 为速度比。因假定导弹和目标作等速运动，所以 p 为一常值，则有

$$\frac{\mathrm{d}r}{r}=\frac{-\cos q+p}{\sin q}\mathrm{d}q$$

积分得

$$r = r_0 \frac{\tan^p \frac{q}{2} \sin q_0}{\tan^p \frac{q_0}{2} \sin q} \tag{8-8}$$

令

$$C = r_0 \frac{\sin q_0}{\tan^p \frac{q_0}{2}} \tag{8-9}$$

式中：(r_0, q_0)—— 开始导引瞬时导弹相对目标的位置。

最后得到以目标为原点的极坐标形式表示的导弹相对弹道方程为

$$r = C \frac{\tan^p \frac{q}{2}}{\sin q} = C \frac{\sin^{(p-1)} \frac{q}{2}}{2\cos^{(p+1)} \frac{q}{2}} \tag{8-10}$$

由方程式(8-10)即可画出追踪法导引的相对弹道(又称追踪曲线)。步骤如下：

(1) 求命中目标的 q_K 值，命中目标时 $r_K = 0$，当 $p > 1$ 时，由式(8-10)得 $q_K = 0$；

(2) 在 $q_0 \sim q_K$ 之间取一系列 q 值，由目标所在的位置(T 点)相应引出射线；

(3) 将一系列 q 值分别代入式(8-10)中，可以求得对应的 r 值，并在射线上截取相应线段长度，则可求得导弹的相对位置；

(4) 逐点描绘即可得到相对弹道(见图 8-5)。

根据相对弹道的含义也可直接用图解法作出追踪法导引的相对弹道。设目标固定不动，按追踪法导引的要求，导弹速度 $\boldsymbol{v}$ 应始终指向目标。首先作出追踪开始时刻导弹(处于 M_0 点位置)相对目标的速度 $\boldsymbol{v}_r = \boldsymbol{v} - \boldsymbol{v}_T$，则可得到经过 1 s 时导弹相对目标的位置 M_1 点，依次类推，可确定个瞬时导弹相对目标的位置 $M_2, M_3, \cdots$ 各点，光滑连接各点，就得到追踪法导引的相对弹道(见图 8-5)。显然，相对弹道的切线即为该瞬时导弹相对速度 $\boldsymbol{v}_r$ 的方向。

若导弹的初始位置 $M_0(r_0, q_0)$ 不同，可以作出相对弹道族，其中每条相对弹道均不相同(见图 8-6)。

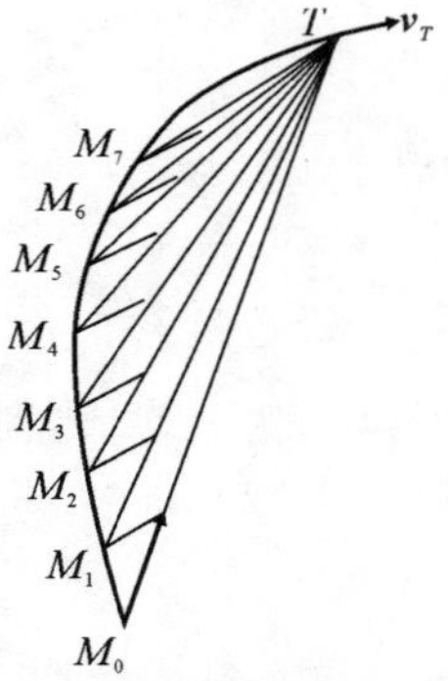

图 8-5　追踪法导引的相对弹道

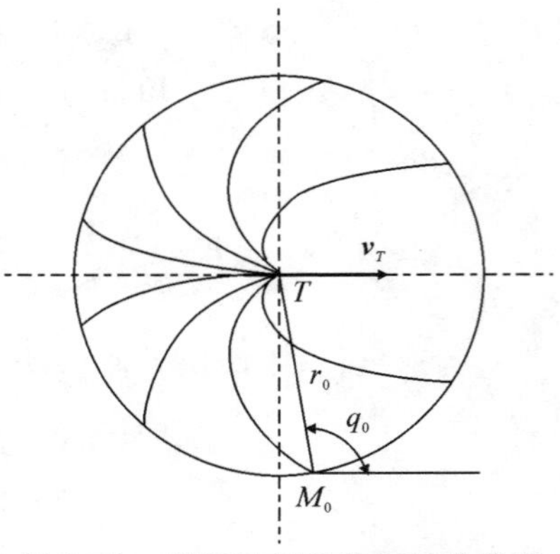

图 8-6　追踪法导引的相对弹道族

同样地，用图解法也可作出绝对弹道。步骤如下：设开始追踪导引瞬时(t_0)，导弹和目标分别处在 M_0 和 T_0 点位置。

(1) 选择适当的时间间隔 Δt_i(可以取等间隔或不等间隔)，并将目标轨迹相应分成等于 $v_T\Delta t_i$ 的若干段。目标在时刻 $t_1, t_2, \cdots$ 的位置分别用点 $T_1, T_2, \cdots$ 表示；

(2) 用直线连接 M_0 和 T_0 点，经过时间间隔 $\Delta t_1 = t_1 - t_0$，导弹飞过的弹道弧长 $\Delta S_1 = v\Delta t_1$，按追踪法导引的要求，导弹速度矢量应始终指向目标，因而在连线 M_0T_0 上截出小段弹道长度 ΔS_1，得到在时刻 t_1 的导弹位置 M_1 点；

(3) 再连接 M_1 和 T_1 点，并求出在时间间隔 $\Delta t_2 = t_2 - t_1$ 内导弹飞过的弹道弧长 ΔS_2，在直线 M_1T_1 上截出 ΔS_2，求得导弹在时刻 t_2 的位置 M_2 点；

(4) 依次类推，直至导弹与目标遭遇；

(5) 光滑连接 $M_0, M_1, M_2, \cdots$ 各点，并使各点切线指向该瞬时目标所在位置，就可得到追踪法导引的绝对弹道(见图 8-7)。

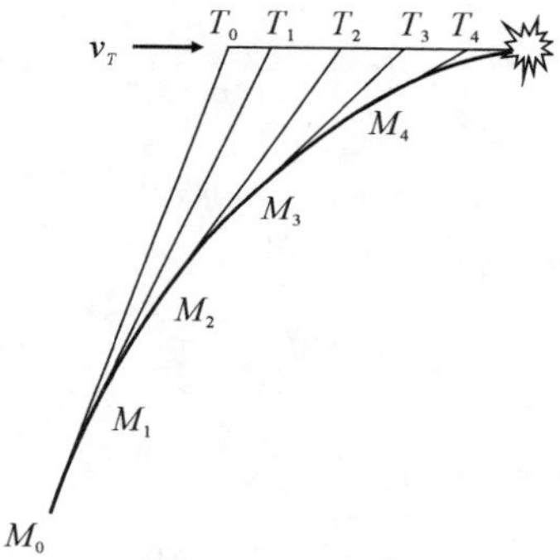

图 8-7　追踪法导引的绝对弹道

必须指出，追踪法导引弹道形状的特点是在命中点附近弹道曲率大，为提高图解精度，此处时间间隔最好取小些。

8.2.2　直接命中目标的条件

导弹直接命中目标时 $r = 0$。由式(8-8)可以得到

$$\begin{cases} 若\ p > 1，且\ q \to 0\ 时，r \to 0 \\ 若\ p = 1，且\ q \to 0\ 时，r \to r_0\dfrac{\sin q_0}{2\tan\dfrac{q_0}{2}} \\ 若\ p < 1，且\ q \to 0\ 时，r \to \infty \end{cases}$$

显然，后两种情况都不能直接命中目标。

从方程组式(8-7)的第二式可以看出：$\dot{q}$ 总与 q 的符号相反。这表明，不管导弹开始追踪瞬时的 q_0 为何值，导弹在整个导引过程中 $|q|$ 总是在不断减小，即导弹总是绕到目标的正后方(即此时 $q \to 0$) 去命中目标。显然，只有导弹的速度大于目标的速度才有可能直接命中目标；若导弹的速度等于或小于目标的速度，导弹与目标最终将保持一定的距离或越来越远而不能直接命中目标。由此可见，导弹直接命中目标的必要条件为导弹速度大于目标速度(即 $p > 1$)。

8.2.3 导弹的飞行时间

导弹命中目标所需的飞行时间直接关系着控制系统及弹体参数的选择，它是导弹武器系统设计的必要数据。

方程组式(8-7)中的第一式和第二式分别乘以 $\cos q$ 和 $\sin q$，然后相减，经整理得

$$\cos q \frac{\mathrm{d}r}{\mathrm{d}t} - r\sin q \frac{\mathrm{d}q}{\mathrm{d}t} = v_T - v\cos q \tag{8-11}$$

方程组式(8-7)的第一式可改写为

$$\cos q = \frac{\left(\frac{\mathrm{d}r}{\mathrm{d}t} + v\right)}{v_T}$$

将上式代入式(8-11)中，整理后得

$$(p + \cos q)\frac{\mathrm{d}r}{\mathrm{d}t} - r\sin q \frac{\mathrm{d}q}{\mathrm{d}t} = v_T - pv$$

$$\mathrm{d}[r(p + \cos q)] = (v_T - pv)\mathrm{d}t$$

积分得

$$t = \frac{r_0(p + \cos q_0) - r(p + \cos q)}{pv - v_T} \tag{8-12}$$

将命中目标的条件(即 $r \to 0, q \to 0$)代入式(8-12)中，可得到导弹从开始追踪至命中目标所需的飞行时间为

$$t_K = \frac{r_0(p + \cos q_0)}{pv - v_T} = \frac{r_0(p + \cos q_0)}{(v - v_T)(1 + p)} \tag{8-13}$$

由式(8-13)可以看出：

$$\begin{cases} \text{迎面攻击}(q_0 = \pi)\text{时}, t_K = \dfrac{r_0}{v + v_T} \\ \text{尾追攻击}(q_0 = 0)\text{时}, t_K = \dfrac{r_0}{v - v_T} \\ \text{侧面攻击}\left(q_0 = \dfrac{\pi}{2}\right)\text{时}, t_K == \dfrac{r_0 p}{(v - v_T)(1 + p)} \end{cases}$$

因此，在 r_0、v 和 v_T 相同的条件下。q_0 在 $0 \sim \pi$ 范围内，随着 q_0 的增加，命中目标所需的飞行时间则缩短，当 $q_0 = \pi$ 时，所需的飞行时间为最短。

8.2.4 直线弹道的稳定性

由方程组式(8-7)的第二式可以看出：当 $q_0 = 0$(尾追攻击)或 $q_0 = \pm\pi$(迎面攻击)时，按追踪法导引的整个过程中，目标线转动角速度 $\dot{q}$ 始终为零(即 $q \equiv q_0 \equiv 0$ 或 $q \equiv q_0 \equiv \pi$)，因而在前面 3 点假定条件下，追踪法导引存在两条直线弹道。但这两条直线弹道在稳定性上有着本

质的区别。

先分析尾追攻击($q_0=0$)的情况。从理论上说，这是一条直线弹道，但在实际飞行过程中，总是不可避免要受到各种扰动作用。在微小扰动作用下，目标线角偏离原来值，其偏差量为 Δq，则目标线转动角速度为

$$\dot{q}=-\frac{v_T\sin(q+\Delta q)}{r}=\frac{-v_T\sin\Delta q}{r}$$

由上式看出：$\dot{q}$ 和 Δq 是异号关系。如果 $\Delta q>0$，则 $\dot{q}<0$，使 Δq 逐渐减小，q 将恢复到 $q_0=0$，就是说导弹将回到原来的直线弹道上。因此，尾追攻击的这一条直线弹道是稳定的[见图 8-8(a)]。

再分析迎面攻击($q_0=\pm\pi$)的情况。当产生偏差量 Δq 时，目标线的转动角速度为

$$\dot{q}=-\frac{v_T\sin(q+\Delta q)}{r}=\frac{v_T\sin\Delta q}{r}$$

由上式看出：$\dot{q}$ 和 Δq 是同号关系，如果 $\Delta q<0$，则 $\dot{q}<0$，这会使 $|\Delta q|$ 值不断增大，$q\to 0$ 即弹道绕到目标的正后方，变成尾追攻击的情况。因而迎面攻击的这一条直线弹道是不稳定的[见图 8-8(b)]，也就是说这条直线弹道实际上是不可能实现的。

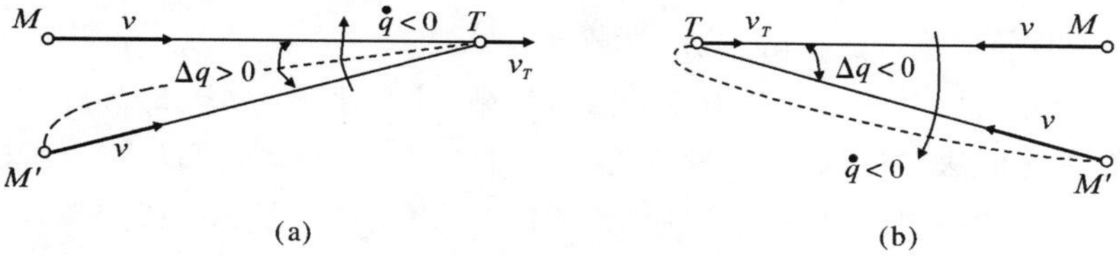

图 8-8　直线弹道稳定性示意图

(a) 尾追攻击；(b) 迎面攻击

8.2.5　导弹的法向过载

导弹的过载特性是评价导引方法优劣的重要标志之一，过载的大小直接影响制导系统的工作条件和导引误差，也是计算导弹弹体结构强度的重要条件。沿导引弹道飞行的需用法向过载必须小于可用法向过载。否则，导弹的飞行将脱离追踪曲线并按着可用过载所决定的弹道曲线飞行，在这种情况下，直接命中目标是不可能的。因此，需要研究导引弹道上各点的需用法向过载。

本章的法向过载定义为法向加速度与重力加速度之比，即

$$n=\frac{a_n}{g} \tag{8-14}$$

式中：a_n—— 包括重力影响产生的法向加速度。

追踪法导引弹道的法向加速度为

$$a_n=v\frac{\mathrm{d}\sigma}{\mathrm{d}t}=v\frac{\mathrm{d}q}{\mathrm{d}t}=-\frac{vv_T\sin q}{r} \tag{8-15}$$

将式(8-8)代入式(8-15)得

$$a_n = \frac{vv_T \sin q}{r_0 \dfrac{\tan^p \dfrac{q}{2} \sin q_0}{\tan^p \dfrac{q_0}{2} \sin q}} = \frac{vv_T}{r_0} \frac{\tan^p \dfrac{q_0}{2}}{\sin q_0} \frac{4\cos^p \dfrac{q}{2} \sin^2 \dfrac{q}{2} \cos^2 \dfrac{q}{2}}{\sin^p \dfrac{q}{2}}$$

$$= -\frac{4vv_T}{r_0} \frac{\tan^p \dfrac{q_0}{2}}{\sin q_0} \cos^{(p+2)} \frac{q}{2} \sin^{(2-p)} \frac{q}{2} \tag{8-16}$$

将式(8－16)代入式(8－14)中，且法向过载只考虑其绝对值，则可表示为

$$n = \frac{4vv_T}{gr_0} \left| \frac{\tan^p \dfrac{q_0}{2}}{\sin q_0} \cos^{(p+2)} \frac{q}{2} \sin^{(2-p)} \frac{q}{2} \right| \tag{8-17}$$

由式(8－17)可以看出：

(1) 当 $p > 2$，导弹接近目标时(此时 $q \to 0$)，法向过载 $n \to \infty$；

(2) 当 $p = 2$，导弹接近目标时，法向过载 $n \to \dfrac{4vv_T}{gr_0} \dfrac{\tan^p \dfrac{q_0}{2}}{\sin q_0}$；

(3) 当 $p < 2$，导弹接近目标时，法向过载 $n \to 0$。

由此可见，追踪法导引考虑到命中点的法向过载，只有速度比 $p < 2$，导弹才有可能直接命中目标，此时命中点的法向过载为零，即接近目标时弹道切线逐渐与目标的直线轨迹重合。

综上所述，追踪法导引的速度比受到严格的限制，直接命中目标的必要条件为

$$1 < p < 2 \text{ 和 } q \to 0$$

8.2.6　允许攻击区

所谓允许攻击区是指导弹在此区域内以追踪法导引飞行，其运动学弹道上的需用过载均不超过可用过载值。

由式(8－15)得

$$r = -\frac{vv_T \sin q}{a_n}$$

将式(8－14)代入上式，如果只考虑其绝对值，则上式可改写为

$$r = \frac{vv_T}{gn} |\sin q| \tag{8-18}$$

在 v、v_T 和 n 给定的条件下，式(8－18)是一个圆的方程，即由 r、q 的追踪曲线上过载相同点的连线(简称为等过载曲线)是个圆。圆心在极坐标($vv_T/2gn$，$\pm\pi/2$)上，圆的半径等于 $vv_T/2gn$。这族圆正通过目标，且与目标运动方向相切。在 v、v_T 一定时，给出不同的 n 值，就可绘出圆心在 $q = \pm\pi/2$ 上、半径大小不同的圆族，它们在目标处(T 点)共切，且 n 越大，等过载圆半径越小(见图 8－9)。

假设可用过载为 n_p，相应有一等过载圆(见图 8－10)。现在要确定追踪法导引起始瞬时导弹相对目标的距离 r_0 为某一给定值的允许攻击区。

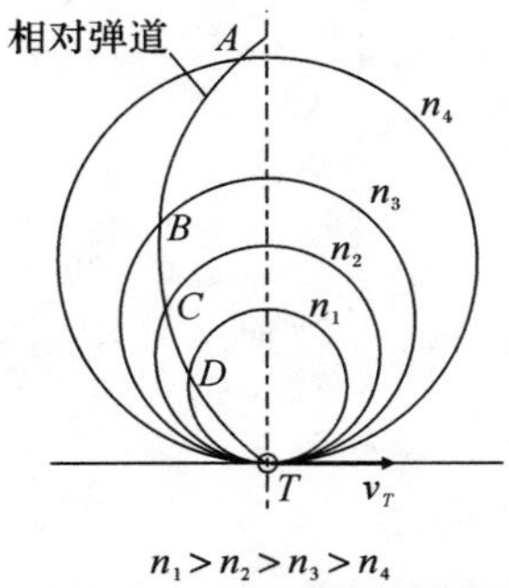

图 8-9　等过载圆族

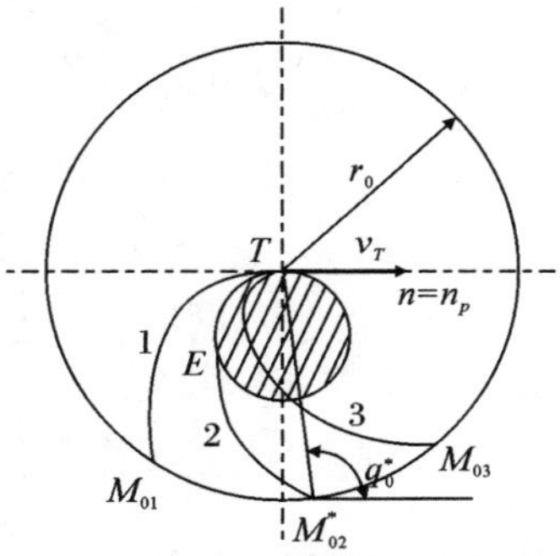

图 8-10　确定极限起始位置

设导弹的初始位置分别在 M_{01}、M_{02}^*、M_{03} 点上，各自对应着追踪曲线 1、2、3。如图 8-10 所示，追踪曲线 1 不与 n_p 决定的圆相交，因而曲线上任何一点的法向过载 $n<n_p$。追踪曲线 3 与 n_p 决定的圆相交，因而曲线上有一段的法向过载 $n>n_p$。显然，导弹从 M_{03} 点开始追踪导引是不允许的，因为它不能直接命中目标。由 M_{02}^* 点开始追踪导引，其追踪曲线 2 与 n_p 决定的圆刚好相切，切点 E 的过载最大，且 $n=n_p$。追踪曲线 2 上任何一点的 $n\leqslant n_p$，因此 M_{02}^* 点是极限初始位置，它由 r_0、q_0^* 确定。于是，当 r_0 值一定时，允许攻击区必须满足

$$|q_0|\leqslant|q_0^*|$$

（r_0、q_0^*）对应的追踪曲线 2 把攻击平面分成两个区域，$|q_0|<|q_0^*|$ 的那一区域就是由导弹可用过载所决定的允许攻击区，如图 8-11 中阴影线所示的区域。因此，要确定允许攻击区，在 r_0 值一定时，首先必须确定 q_0^* 值。

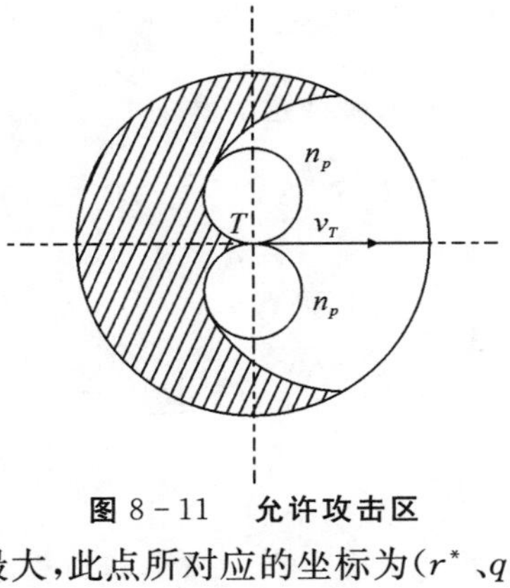

图 8-11　允许攻击区

在追踪曲线2上，E点过载最大，此点所对应的坐标为(r^*、q^*)。q^* 值可以由 $\mathrm{d}n/\mathrm{d}q=0$求得。由式(8-17)可得

$$\frac{\mathrm{d}n}{\mathrm{d}q}=\frac{2vv_T}{r_0g\dfrac{\sin q_0}{\tan^p\dfrac{q_0}{2}}}\left[(2-p)\sin^{(1-p)}\frac{q}{2}\cos^{(p+3)}\frac{q}{2}-(2+p)\sin^{(3-p)}\frac{q}{2}\cos^{(p+1)}\frac{q}{2}\right]=0$$

$$(2-p)\sin^{(1-p)}\frac{q^*}{2}\cos^{(p+3)}\frac{q^*}{2}=(2+p)\sin^{(3-p)}\frac{q^*}{2}\cos^{(p+1)}\frac{q^*}{2}$$

整理后得

$$(2-p)\cos^2\frac{q^*}{2}=(2+p)\sin^2\frac{q^*}{2}$$

又可写为

$$2\left(\cos^2\frac{q^*}{2}-\sin^2\frac{q^*}{2}\right)=p\left(\cos^2\frac{q^*}{2}+\sin^2\frac{q^*}{2}\right)$$

于是有

$$\cos q^* = \frac{p}{2}$$

由上式可知，追踪曲线上法向过载最大值处的目标线角 q^* 仅取决于速度比的大小，其关系如图 8-12 所示。

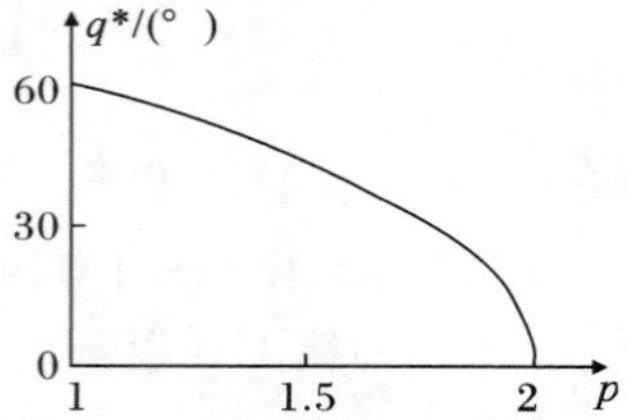

图 8-12　q^*-p 曲线

因 E 点在 n_p 的等过载圆上，且所对应的 r^* 值满足式(8-18)，则有

$$r^* = \frac{vv_T}{gn_p}\sin|q^*|$$

取$[0,\pi)$之间的 q^*，则有

$$\sin q^* = \sqrt{1-\frac{p^2}{4}}$$

因此有

$$r^* = \frac{vv_T}{gn_p}\left(1-\frac{p^2}{4}\right)^{\frac{1}{2}} \tag{8-19}$$

E 点在追踪曲线 2 上，r^* 也同时满足弹道方程式(8-8)，即

$$r^* = r_0\,\frac{\sin q_0^*}{\tan^p\dfrac{q_0^*}{2}}\,\frac{2\,(2-p)^{\frac{p-1}{2}}}{(2+p)^{\frac{p+1}{2}}} \tag{8-20}$$

r^* 同时满足式(8-19)和式(8-20)，则有

$$\frac{vv_T}{gn_p}\left(1-\frac{p}{2}\right)^{\frac{1}{2}}\left(1+\frac{p}{2}\right)^{\frac{1}{2}} = r_0\,\frac{\sin q_0^*}{\tan^p\dfrac{q_0^*}{2}}\,\frac{2\,(2-p)^{\frac{p-1}{2}}}{(2+p)^{\frac{p+1}{2}}} \tag{8-21}$$

显然，当 v、v_T、n_p 和 r_0 给定时，由式(8-21)解出 q_0^*，那么允许攻击区也就相应确定了。

如果导弹发射时刻就开始实现追踪法导引，那么 $|q_0|\leqslant|q_0^*|$ 所确定的范围就是允许发射区。

8.3　平行接近法

追踪法导引的主要缺点是导弹的相对速度落后于目标线，总要绕到目标的正后方去攻击，需用法向过载较大。为了克服这一缺点，人们又研究出一种新的导引方法，这就是所谓的平行接近法，这种方法既可用于自动瞄准制导的导弹，也可用于遥控制导的导弹。

平行接近法是指整个导引过程中，目标瞄准线在空间保持平行移动的一种导引方法，其导引关系方程为

$$\varphi_1 = \dot{q} = 0 \text{ 或 } \varphi_1 = q - q_0 = 0$$

式中：q_0—— 开始导引瞬间的目标线角。

按平行接近法导引，导弹与目标之间的相对运动方程组为

$$\left.\begin{aligned} &\frac{\mathrm{d}r}{\mathrm{d}t} = v_T\cos\eta_T - v\cos\eta \\ &r\frac{\mathrm{d}q}{\mathrm{d}t} = v\sin\eta - v_T\sin\eta_T \\ &q = \sigma + \eta \\ &q = \sigma_T + \eta_T \\ &\varphi_1 = \dot{q} = 0 \end{aligned}\right\} \tag{8-22}$$

由方程组式(8-22)可导出实现平行接近法的运动关系式为

$$v\sin\eta = v_T\sin\eta_T \tag{8-23}$$

式(8-23)的物理意义是：按平行接近法导引时，不管目标做何种机动飞行，导弹速度矢量 $\boldsymbol{v}$ 和目标速度矢量 $\boldsymbol{v}_T$ 在垂直于目标线上的分量相等。由图 8-13 可以看出，导弹的相对速度 $\boldsymbol{v}_r$ 正好落在目标线上，即导弹相对速度始终指向目标，从而保证了整个导引过程中相对弹道是直线弹道。

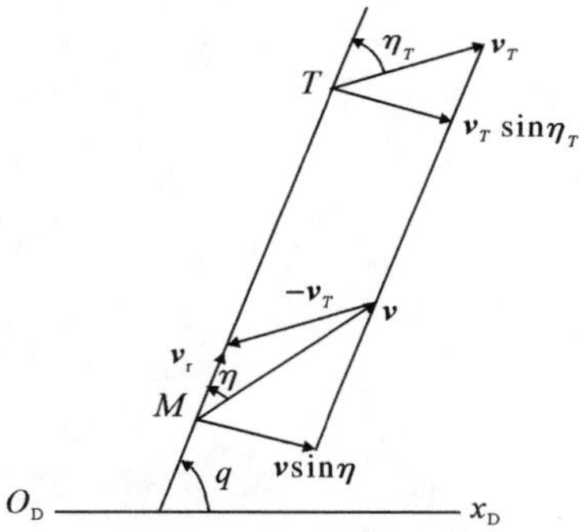

图 8-13　平行接近法

显然，按平行接近法导引时，导弹速度矢量 $\boldsymbol{v}$ 超前了目标线，导弹速度矢量 $\boldsymbol{v}$ 的前置角 η 应满足

$$\eta = \arcsin\left(\frac{v_T}{v}\sin\eta_T\right) \tag{8-24}$$

8.3.1　直线弹道的条件

按平行接近法导引时，在整个导引过程中目标线角 q 保持不变。如果导弹速度矢量的前置角 η 保持常值，则 σ 为常值，导弹飞行的绝对弹道是一条直线弹道。显然，由式(8-24)可以看出：在攻击平面内，目标作直线飞行(即 η_T 为常值)时，只要速度比 p 保持为常数($p > 1$)，则 η 为常值，即导弹不论由什么方向攻击目标，它都能得到直线弹道。这也是平行接近法导引相对于追踪法导引的一大优点。

8.3.2　瞬时命中点

在目标作等速直线飞行和导弹作等速飞行的特殊情况下，若实现平行接近法，则导弹的飞

行轨迹是直线。显然，将目标速度矢量 $\boldsymbol{v}_T$ 和导弹速度矢量 $\boldsymbol{v}$ 延长交于 B 点，此交点即为命中点（见图 8-14）。为了说明 B 点即命中点，只要证明导弹和目标是同时飞到 B 点即可。

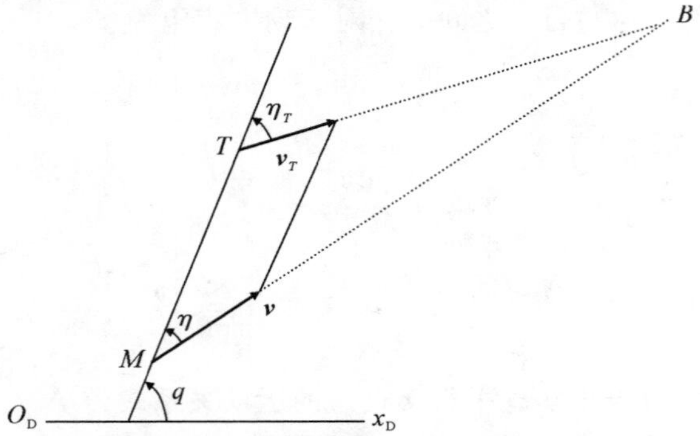

图 8-14　等速直线飞行时的命中点

设导弹和目标分别飞抵 B 点所需的时间为 t_K 和 t_{TK}，则线段 TB、MB 分别为

$$TB = v_T t_{TK}$$

$$MB = v t_K$$

因为

$$\frac{\sin\eta}{\sin\eta_T} = \frac{TB}{MB} = \frac{v_T t_{TK}}{v t_K} \tag{8-25}$$

将平行接近法的运动关系：

$$\frac{\sin\eta}{\sin\eta_T} = \frac{v_T}{v}$$

代入式(8-25) 中即可得到

$$t_K = t_{TK}$$

证明导弹和目标同时飞抵 B 点。

下面来确定导弹飞抵命中点所需时间 t_K，取基准线平行于目标飞行轨迹，则有

$$\eta_T = q = q_0 = \text{const}$$

由式(8-24) 得

$$\cos\eta = \sqrt{1-\sin^2\eta} = \sqrt{1-\frac{1}{p^2}\sin^2 q_0}$$

将此式代入方程组式(8-22) 的第一式中得

$$\mathrm{d}r = \left(v_T\cos q_0 - v\sqrt{1-\frac{1}{p^2}\sin^2 q_0}\right)\mathrm{d}t$$

$$r = r_0 + \left(v_T\cos q_0 - v\sqrt{1-\frac{1}{p^2}\sin^2 q_0}\right)t$$

当命中目标时，$r=0$，则由上式可得到导弹飞抵命中点所需时间为

$$t_K = \frac{r_0}{-v_T\cos q_0 + v\sqrt{1-\frac{1}{p^2}\sin^2 q_0}} \tag{8-26}$$

或

$$t_K = \frac{r_0}{v\cos\eta - v_T\cos\eta_T} \tag{8-27}$$

实际上，目标为逃脱导弹的攻击，往往作机动飞行，并且导弹的飞行速度通常也是变化的。

那么，为了保持平行接近法的运动关系 $v(t)\sin\eta(t)=v_T(t)\sin\eta_T(t)$，导弹的飞行方向需作相应的变化。

假设目标从某时刻 t_* 开始停止作机动飞行，那么导弹必定沿直线弹道飞行，则导弹和目标直线轨迹的交点 $B(t_*)$ 称为瞬时命中点(见图 8-15)。它可以理解为：如果导弹和目标由瞬时 t_* 起作等速直线飞行，则导弹与目标遭遇点即为瞬时命中点。

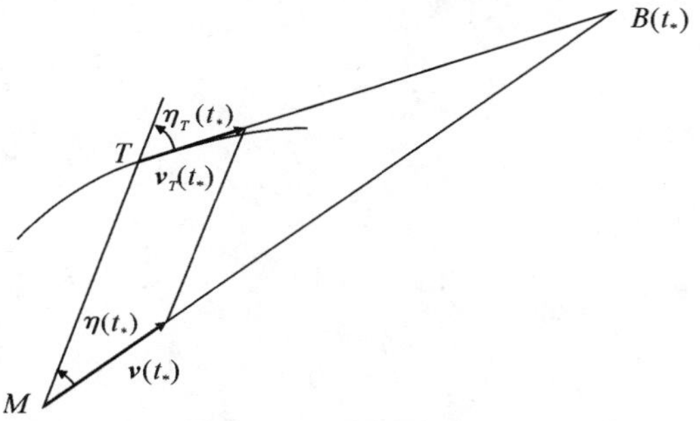

图 8-15　瞬时命中点

由上述可见，采用平行接近法导引时，在目标作机动飞行、导弹作变速飞行的情况下，每一瞬时导弹的速度矢量都指向位置不断变化的瞬时命中点 $B(t_*)$，因此，这种导引方法也称为瞬时命中点导引法。

导弹瞬时命中点运动的方向应满足条件：

$$\sin\eta(t_*)=\frac{v_T(t_*)}{v(t_*)}\sin\eta_T(t_*)$$

8.3.3　导弹的法向过载

下面研究目标作机动飞行、导弹作变速飞行情况下导弹的需用法向过载。

由式(8-23)求导得

$$\frac{\mathrm{d}v}{\mathrm{d}t}\sin\eta+v\cos\eta\frac{\mathrm{d}\eta}{\mathrm{d}t}=\frac{\mathrm{d}v_T}{\mathrm{d}t}\sin\eta_T+v_T\cos\eta_T\frac{\mathrm{d}\eta_T}{\mathrm{d}t} \tag{8-28}$$

因为

$$\frac{\mathrm{d}\eta}{\mathrm{d}t}=-\frac{\mathrm{d}\sigma}{\mathrm{d}t},\quad \frac{\mathrm{d}\eta_T}{\mathrm{d}t}=-\frac{\mathrm{d}\sigma_T}{\mathrm{d}t}$$

代入式(8-28)，则可得

$$\frac{\mathrm{d}v}{\mathrm{d}t}\sin\eta-v\cos\eta\frac{\mathrm{d}\sigma}{\mathrm{d}t}=\frac{\mathrm{d}v_T}{\mathrm{d}t}\sin\eta_T-v_T\cos\eta_T\frac{\mathrm{d}\sigma_T}{\mathrm{d}t}$$

令 $a_n=v\frac{\mathrm{d}\sigma}{\mathrm{d}t}$ 为导弹的法向加速度，$a_{nT}=v_T\frac{\mathrm{d}\sigma_T}{\mathrm{d}t}$ 为目标的法向加速度，则导弹的需用法向过载为

$$n=\frac{a_n}{g}=n_T\frac{\cos\eta_T}{\cos\eta}+\frac{1}{g}\left(\frac{\mathrm{d}v}{\mathrm{d}t}\frac{\sin\eta}{\cos\eta}-\frac{\mathrm{d}v_T}{\mathrm{d}t}\frac{\sin\eta_T}{\cos\eta}\right) \tag{8-29}$$

由式(8-29)可以看出：导弹的需用法向过载不仅与目标的机动性有关外，还与导弹和目标的切向加速度 $\frac{\mathrm{d}v}{\mathrm{d}t}$、$\frac{\mathrm{d}v_T}{\mathrm{d}t}$ 有关。

目标作机动飞行、导弹作变速飞行，若速度比 p 保持一常值，则采用平行接近法导引，导弹

的需用法向过载总比目标机动时的法向过载小，证明如下：

对式(8-23)求导，可得

$$\dot{p\eta}\cos\eta = \dot{\eta}_T\cos\eta_T$$

或

$$v\dot{\eta}\cos\eta = v_T\dot{\eta}_T\cos\eta_T$$

由于

$$\dot{\eta} = -\dot{\sigma}, \quad \dot{\eta}_T = -\dot{\sigma}_T$$

所以有

$$\frac{v\dot{\sigma}}{v_T\dot{\sigma}_T} = \frac{\cos\eta_T}{\cos\eta}$$

因有 $v > v_T$，且从运动关系式(8-23)得

$$\eta_T > \eta$$

因此

$$\frac{v\dot{\sigma}}{v_T\dot{\sigma}_T} = \frac{a_n}{a_{nT}} < 1$$

或

$$n < n_T$$

由此可以得出结论：目标无论作何种机动飞行，采用平行接近法导引时，导弹的需要法向过载总是小于目标机动时的法向过载，即导弹弹道的弯曲程度比目标航迹的弯曲程度小。因此，对导弹机动性的要求就可以小于目标的机动性。

与其他导引法相比，平行接近法导引的弹道最为平直，因而需要法向过载比较小，这样所需弹翼面积可以缩小，且对弹体结构的受力和控制系统工作均为有利。此外，它可以实现全向攻击。因此，从这个意义上说，平行接近法是最好的一种导引方法。可是，到目前为止，平行接近法并未得到广泛的应用。其主要原因是实施这种导引方法对制导系统提出了严格的要求，使得制导系统复杂化，并要求制导系统在每一瞬间都要精确地测量目标、导弹的速度及其前置角，并严格保持平行接近法的运动关系($v\sin\eta = v_T\sin\eta_T$)。实际上，由于发射时的偏差或飞行过程中的干扰存在，不可能绝对保证导弹的相对速度 $\boldsymbol{v}_r$ 始终指向目标，所以这种导引方法很难实现。

8.4 比例导引法

比例导引法是指导弹在攻击目标的导引过程中，导弹速度矢量的旋转角速度与目标线的旋转角速度成比例的一种导引方法。比例导引法的导引关系方程为

$$\varphi_1 = \frac{\mathrm{d}\sigma}{\mathrm{d}t} - K\frac{\mathrm{d}q}{\mathrm{d}t} = 0 \tag{8-30}$$

式中：K—— 比例系数。

假定比例系数 K 是一常数，对式(8-30)积分，就可以得到比例导引关系方程的另一种表达形式为

$$\varphi_1 = (\sigma - \sigma_0) - K(q - q_0) = 0 \tag{8-31}$$

此外，由几何关系式 $q = \sigma + \eta$ 求导可得

$$\frac{dq}{dt}=\frac{d\sigma}{dt}+\frac{d\eta}{dt}$$

将此式代入式(8-30)中,可得比例导引关系方程的另两种表达形式为

$$\frac{d\eta}{dt}=\frac{1-K}{K}\frac{d\sigma}{dt} \tag{8-32}$$

$$\frac{d\eta}{dt}=(1-K)\frac{dq}{dt} \tag{8-33}$$

由式(8-32)可见:如果 $K=1$,则 $\frac{d\eta}{dt}=0$,即 $\eta=\eta_0=$ 常数,这就是常值前置角导引方法,而追踪法($\eta=0$)是常值前置角的一个特例;如果 $K\to\infty$,$\frac{dq}{dt}\to 0$,即 $q=q_0=$ 常数,这就是平行接近法。

因此追踪法和平行接近法是比例导引法的特殊情况,换句话说,比例导引法是介于平行接近法和追踪法之间的一种导引方法。比例导引法的比例系数 K 应选择在 $1<K<\infty$ 的范围内,通常可取 $2\sim 6$,比例导引法弹道特性也介于追踪法和平行接近法两者之间(见图 8-16)。随着比例系数 K 的增大,导引弹道越加平直,需用法向过载也就越小。

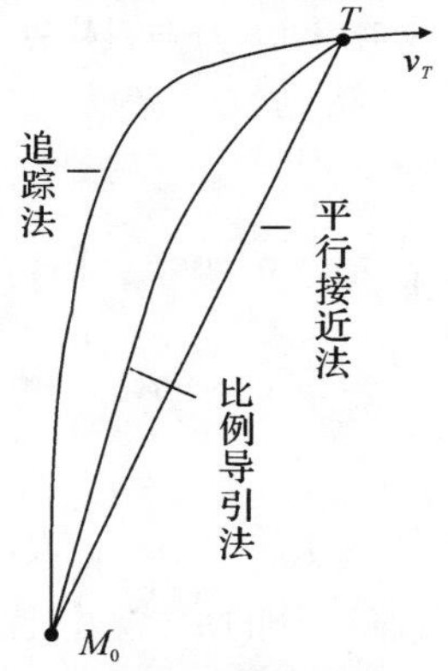

图 8-16　3 种导引方法的弹道比较

比例导引法既可用于自动瞄准制导的导弹,也可用于遥控制导的导弹。

8.4.1　相对运动方程组

按比例导引时,导弹与目标之间的相对运动方程组为

$$\left.\begin{aligned}&\frac{dr}{dt}=v_T\cos\eta_T-v\cos\eta\\&r\frac{dq}{dt}=v\sin\eta-v_T\sin\eta_T\\&q=\sigma+\eta\\&q=\sigma_T+\eta_T\\&\frac{d\sigma}{dt}=K\frac{dq}{dt}\end{aligned}\right\} \tag{8-34}$$

若给出 v、v_T、σ_T 的变化规律和初始条件 r_0、q_0、σ_0、η_0,则方程组式(8-34)可用数值积分法

和图解法解算。仅在特殊条件下(如比例系数 $K=2$，目标作等速直线飞行，导弹作等速飞行)，方程组才可能得到解析解。

【例 8-1】 设坦克目标作水平等速直线运动，$v_T=12\ \mathrm{m/s}$，反坦克导弹采用自动瞄准制导，按比例导引侧面拦击目标，并作等速飞行，$v=120\ \mathrm{m/s}$，比例系数 $K=4$，攻击平面为一水平面(见图 8-17)。设初始条件如下：$r_0=3\ 000\ \mathrm{m}$，$q_0=70°$，$\eta_0=-2°$。试用欧拉数值积分法解算运动学弹道。

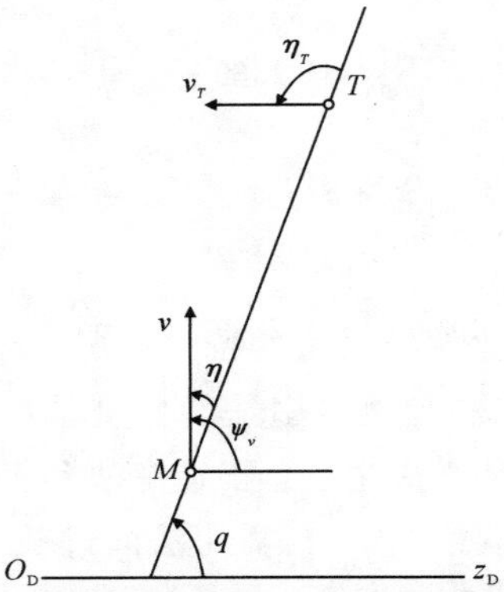

图 8-17　比例导引法导弹与目标的相对运动关系

解：选取基准线 O_Dz_D 平行于目标的运动方向，根据上述已知条件，列出导弹与目标的相对运动方程为

$$\begin{cases}\dfrac{\mathrm{d}r}{\mathrm{d}t}=-v_T\cos q-v\cos\eta\\ r\dfrac{\mathrm{d}q}{\mathrm{d}t}=v_T\sin q-v\sin\eta\\ \psi_v=q-\eta\\ \dot{\psi}_v=K\dot{q}\end{cases}$$

将上述方程组改写成便于进行数值积分的形式。由上述方程组第四式和第三式得

$$\psi_v=\psi_{v0}+K(q-q_0)$$
$$\eta=q-\psi_v=Kq_0-\psi_{v0}-(K-1)q$$

将其代入上述方程组的第一式和第二式中得

$$\frac{\mathrm{d}r}{\mathrm{d}t}=-v_T\cos q-v\cos[Kq_0-\psi_{v0}-(K-1)q]$$

$$\frac{\mathrm{d}q}{\mathrm{d}t}=\frac{1}{r}\{v_T\sin q-v\sin[Kq_0-\psi_{v0}-(K-1)q]\}$$

下面确定绝对弹道，所选地面坐标系 $O_Dx_Dz_D$ 的原点与弹道初始位置重合，弹道的参数为 (x_D,z_D)，其表达式为

$$x_D=x_{DT}-r\sin q$$
$$z_D=z_{DT}-r\cos q$$

式中：$x_{DT}=x_{DT0}=r_0\sin q_0$，$z_{DT}=z_{DT0}-v_Tt=r_0\cos q_0-v_Tt$。

本例选取等积分步长 $\Delta t=2\ \mathrm{s}$，列表计算结果见表 8-1，根据命中条件 $x_D=x_{DT}$，$z_D=z_{DT}$，还可以确定导弹命中目标所需飞行时间 t_K，本例 $t_K\approx 24.28\ \mathrm{s}$。

表 8－1　例 8－1 计算结果

t/s	$\frac{v_T \cos q}{\mathrm{m \cdot s^{-1}}}$	$\frac{v\cos[Kq_0-\psi_{v0}-(K-1)q]}{\mathrm{m \cdot s^{-1}}}$	$\frac{\frac{dr}{dt}}{\mathrm{m \cdot s^{-1}}}$	r/m	$\frac{v_T \sin q}{\mathrm{m \cdot s^{-1}}}$	$\frac{v\sin[Kq_0-\psi_{v0}-(K-1)q]}{\mathrm{m \cdot s^{-1}}}$	$\frac{dq}{dt}/\mathrm{s^{-1}}$	q/(°)	z_D/m	x_D/m
0	4.104 2	119.927	−124.031	3 000	11.276 3	−4.187 9	0.002 363	70	0	0
2	4.051 0	119.855	−123.906	2 751.937	11.295 6	−5.887 9	0.001 965	70.270 8	73.061	228.672
4	4.006 4	119.778	−123.784	2 504.124	11.311 4	−7.300 7	0.001 602	70.496 0	142.008	458.633
6	3.970 2	119.702	−123.672	2 556.556	11.324 2	−8.451 2	0.001 273	70.679 5	207.478	689.603
8	3.941 4	119.634	−123.575	2 009.212	11.334 3	−9.365 4	0.000 980	70.825 4	270.134	921.329
10	3.919 2	119.577	−123.496	1 762.061	11.342 0	−10.068 7	0.000 723	70.937 7	330.571	1 153.640
12	3.902 7	119.532	−123.435	1 515.069	11.347 7	−10.587 0	0.000 502	71.020 5	389.305	1 386.360
14	3.891 4	119.500	−123.391	1 268.199	11.351 5	−10.946 8	0.000 319 1	71.078 0	446.808	1 619.40
16	3.884 1	119.478	−123.363	1 021.417	11.354 0	−11.175 8	0.000 174 5	71.114 6	503.448	1 852.636
18	3.880 2	119.467	−123.347	774.692	11.355 4	−11.300 9	0.000 070 3	71.134 6	559.563	2 085.994
20	3.878 6	119.462	−123.340	527.998	11.355 9	−11.351 6	0.000 008 2	71.142 7	615.406	2 319.410
22	3.878 4	119.461	−123.340	281.317	11.356 0	−11.357 2	−0.000 004 3	71.143 6	671.138	2 552.851
24	3.878 5	119.462	−123.340	34.638	11.355 9	−11.354 1	0.000 052 3	71.143 1	726.865	2 786.29
24.28	—	—	—	0	—	—	—	71.143 9	734.690	2 819.07

8.4.2 弹道特性

8.4.2.1 直线弹道

直线弹道的条件为 $\dot{\sigma}=0$，因而 $\dot{q}=0$，$\dot{\eta}=0$（即 $\eta=\eta_0=$ 常数）。

考虑方程组式(8-34)的第二式。比例导引时沿直线弹道飞行的条件可改写为

$$v\sin\eta - v_T\sin\eta_T = 0 \tag{8-35}$$

式(8-35)表示导弹和目标的速度矢量在垂直于目标线方向上的分量相等，即导弹相对速度始终指向目标。因此，要获得直线弹道，开始导引瞬时，导弹速度矢量的前置角 η_0 必须严格满足

$$\eta_0 = \arcsin\left(\frac{v_T}{v}\sin\eta_T\right)\bigg|_{t=t_0} \tag{8-36}$$

图 8-18 所示为当目标作等速直线运动，导弹等速运动，$K=5$，$\eta_0=0°$，$\sigma_T=0°$，$p=2$ 时，从不同方向发射的导弹相对弹道示意图。当 $q_0=0°$，$q_0=180°$ 时，满足式(8-36)，对应的是两条直线弹道。而从其他方向发射时，不满足式(8-36)，$\dot{q}\neq 0$ 即目标线在整个导引过程中不断转动，因此 $\dot{\sigma}\neq 0$，导弹的相对弹道和绝对弹道都不是直线弹道。但导弹在整个导引过程中 q 值变化很小，并且对于同一发射方向（即 q_0 值相同），虽然开始导引时的相对距离 r_0 不同，但导弹命中目标时的目标线角 q_K 值却是相同的，即 q_K 值与 r_0 无关。以上结论可证明如下：

命中目标时 $r_K=0$，由方程组式(8-34)第二式可得

$$\eta_K = \arcsin\left[\frac{1}{p}\sin(q_K-\sigma_{TK})\right] \tag{8-37}$$

对式(8-33)积分可得

$$\eta_K = \eta_0 + (1-K)(q_K-q_0)$$

将此式代入式(8-37)中，并将 $\eta_0=0°$（相当于直接瞄准发射的情况）和 $\sigma_T=0°$ 代入，则有

$$q_K = q_0 - \frac{1}{K-1}\arcsin\left(\frac{\sin q_K}{p}\right)$$

可见，q_K 与初始相对距离 r_0 无关。

由于 $\sin q_K\leqslant 1$，故

$$|q_K-q_0| \leqslant \frac{1}{K-1}\arcsin\left(\frac{1}{p}\right) \tag{8-38}$$

对于从不同方向发射的弹道，如把目标线转动角度的最大值 $|q_K-q_0|_{\max}$ 记作 $\Delta q_{\max}$，并设 $K=5$，$p=2$，则代入式(8-38)中可得 $\Delta q_{\max}=7.5°$，它对应于 $q_0=97.5°$，$q_K=90°$ 的情况，目标线实际转过的角度不超过 $\Delta q_{\max}$。当 $q_0=33.7°$，$q_K=30°$ 时，目标线只转过 3.7°。

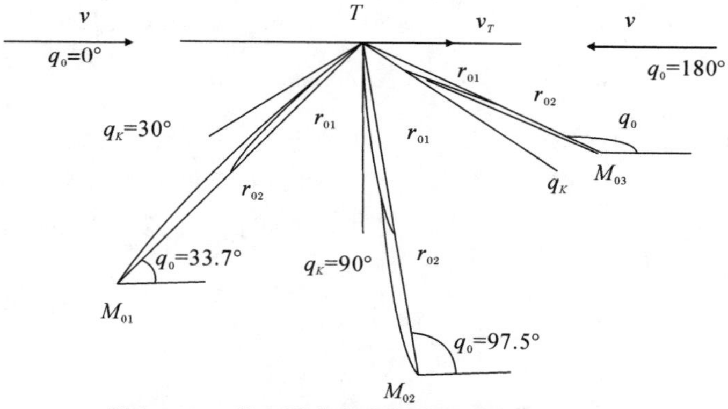

图 8-18　从不同方向发射的相对弹道示意图

$(K=5, p=2, \eta_0=0°, \sigma_T=0°)$

Δq_{max} 值取决于速度比 p 和比例系数 K，变化趋势如图 8-19 所示，由图可见，目标线最大转动角将随着速度比 p 和比例系数 K 的增大而减小。

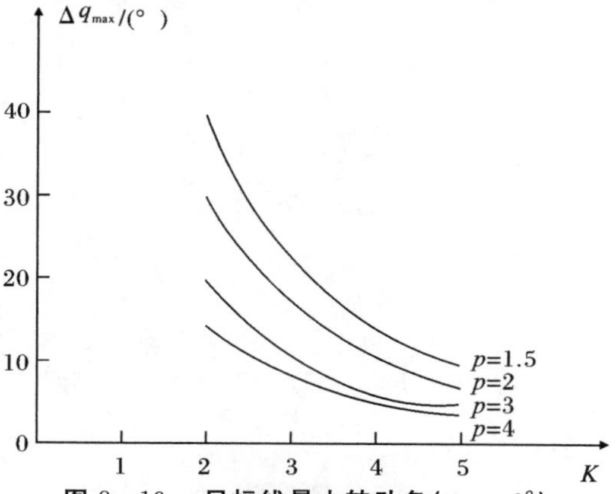

图 8-19　目标线最大转动角($\eta_0=0°$)

8.4.2.2　导弹的需用法向过载

比例导引法要求导弹的转弯速度 $\dot{\sigma}$ 与目标旋转角速度 $\dot{q}$ 成正比，因而导弹的需用法向过载也与 $\dot{q}$ 成正比。要了解导弹弹道上各点需用法向过载的变化规律，只需研究 $\dot{q}$ 的变化规律即可。

对方程组式(8-34)的第二式两边同时对时间求导，得

$$\dot{r}\dot{q}+r\ddot{q}=\dot{v}\sin\eta+v\dot{\eta}\cos\eta-\dot{v}_T\sin\eta_T-v_T\dot{\eta}_T\cos\eta_T$$

由于 $\dot{\eta}=(1-K)\dot{q}$，$\dot{\eta}_T=\dot{q}-\dot{\sigma}_T$，$\dot{r}=-v\cos\eta+v_T\cos\eta_T$，将它们代入上式整理后得

$$r\ddot{q}=-(Kv\cos\eta+2\dot{r})(\dot{q}-\dot{q}^*) \tag{8-39}$$

式中

$$\dot{q}^*=\frac{\dot{v}\sin\eta-\dot{v}_T\sin\eta_T+v_T\dot{\sigma}_T\cos\eta_T}{Kv\cos\eta+2\dot{r}} \tag{8-40}$$

以下分两种情况来讨论：

(1) 目标作等速直线飞行，导弹作等速飞行。在此特殊情况下，由式(8-40)可知：

$$\dot{q}^*=0$$

于是式(8-39)可改写为

$$\ddot{q}=-\frac{1}{r}(Kv\cos\eta+2\dot{r})\dot{q} \tag{8-41}$$

由式(8-41)可知：如果$(Kv\cos\eta+2\dot{r})>0$，则$\ddot{q}$与$\dot{q}$的符号相反。当$\dot{q}>0$时，$\ddot{q}<0$，即$\dot{q}$值将减小；当$\dot{q}<0$时，$\ddot{q}>0$，即$\dot{q}$值将增大。总之，$|\dot{q}|$将不断减小。如图8-20所示，$\dot{q}$随时间的变化规律是向横坐标接近，弹道的需用法向过载将随$|\dot{q}|$的减小而减小，弹道变得平直。这种情况称为$\dot{q}$“收敛”。

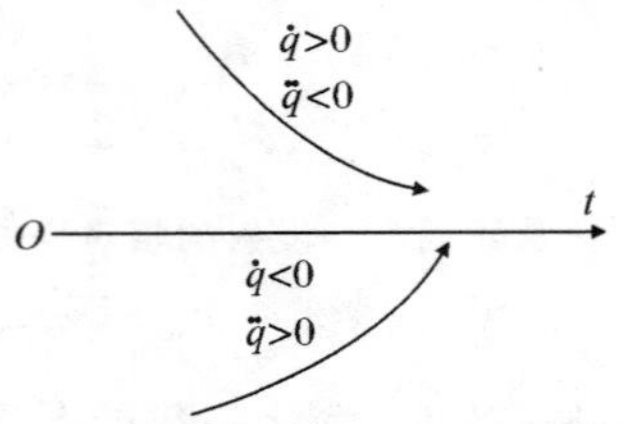

图 8-20　$(Kv\cos\eta+2\dot{r})>0$ 时 $\dot{q}$ 的变化规律

若$(Kv\cos\eta+2\dot{r})<0$，则$\ddot{q}$与$\dot{q}$同号，$|\dot{q}|$将不断增大，$\dot{q}$随时间的变化规律如图8-21所示。这种情况称为$\dot{q}$“发散”。

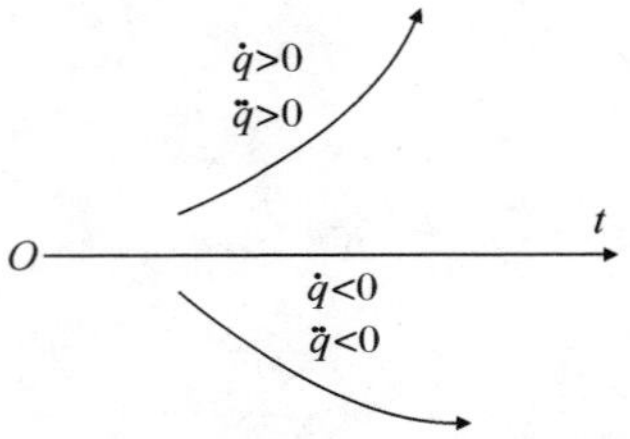

图 8-21　$(Kv\cos\eta+2\dot{r})<0$ 时 $\dot{q}$ 的变化规律

因此要使得导弹平缓转变，就必须使得$\dot{q}$“收敛”，为此，应满足条件：

$$K>\frac{2|\dot{r}|}{v\cos\eta} \tag{8-42}$$

由此得出结论：只要比例系数K选择得足够大，使其满足式(8-42)的条件，则$|\dot{q}|$的值就可逐渐减小而趋于零；相反，如果不满足式(8-42)的条件，则$|\dot{q}|$的值将逐渐增大，在接近目标时导弹以无穷大的速率转弯，这实际上是无法实现的，最终将导致脱靶。

(2) 目标作机动飞行，导弹作变速飞行。由式(8-40)可见：$\dot{q}^*$是随时间变化的函数，它与目标的切向加速度$\dot{v}_T$，法向加速度$v_T\dot{\sigma}_T$和导弹的切向加速度$\dot{v}$有关，因此$\dot{q}^*\neq 0$，且当$Kv\cos\eta+2\dot{r}\neq 0$时，$\dot{q}^*$是有限值。

由式(8-39)可见：如果$(Kv\cos\eta+2\dot{r})>0$，且$\dot{q}<\dot{q}^*$，则$\ddot{q}>0$，这时$\dot{q}$值将不断增大；而当$\dot{q}>\dot{q}^*$，则$\ddot{q}<0$，这时$\dot{q}$值将不断减小。总之，如果$(Kv\cos\eta+2\dot{r})>0$，$\dot{q}$有逐渐接近$\dot{q}^*$的趋势；反之，如果$(Kv\cos\eta+2\dot{r})<0$，则$\dot{q}$有逐渐离开$\dot{q}^*$的趋势，弹道变得弯曲，在接近目标时，导弹要以极大的速率转弯。

下面讨论命中目标时$\dot{q}_K$的值。

如果$(Kv\cos\eta+2\dot{r})>0$，$\ddot{q}$是有限值。由式(8-39)可看出，在命中点$r_K=0$，则此式左端是零，这就要求在命中点处$\dot{q}$与$\dot{q}^*$应相等，即

$$\dot{q}_K=\dot{q}_K^*=\left.\frac{\dot{v}\sin\eta-\dot{v}_T\sin\eta_T+v_T\dot{\sigma}_T\cos\eta_T}{Kv\cos\eta+2\dot{r}}\right|_{t=t_K} \tag{8-43}$$

命中目标时导弹的需用法向过载为

$$n_K = \frac{v_K \dot{\sigma}_K}{g} = \frac{K v_K \dot{q}_K}{g} = \frac{1}{g} \left. \frac{(\dot{v}\sin\eta - \dot{v}_T \sin\eta_T + v_T \dot{\sigma}_T \cos\eta_T)}{\cos\eta - \dfrac{2|\dot{r}|}{Kv}} \right|_{t=t_K} \tag{8-44}$$

由式(8－44)可见，导弹命中目标时的需用法向过载与命中点的导弹速度和导弹向目标的接近速度 $\dot{r}$(或导弹攻击方向)有直接关系。如果命中点导弹的速度小，需用法向过载将增大，特别是对于空-空导弹来说，通常是在被动段命中目标的，由于被动速度的下降，命中点附近的需用法向过载将增大。导弹从不同方向攻击目标，$|\dot{r}|$ 值是不同的。例如迎面攻击 $|\dot{r}| = v + v_T$，尾追攻击 $|\dot{r}| = v - v_T$。由于前半球攻击的 $|\dot{r}|$ 值比后半球攻击的 $|\dot{r}|$ 大，显然，前半球攻击的需用法向过载就比后半球攻击的大，因此，后半球攻击比较有利。由式(8－44)还可看出，命中时刻导弹的速度变化和目标的机动性对需用法向过载也有影响。

当 $(Kv\cos\eta + 2\dot{r}) < 0$ 时，$\dot{q}$ 是发散的，不断增大而趋于无穷大，因此有

$$\dot{q}_K \to \infty$$

这意味着 K 较小时，在接近目标的瞬间，导弹要以无穷大的速率转弯，命中点的需用法向过载也趋于无穷大，这实际上是不可能实现的。因此，当 $K < (2|\dot{r}|/v\cos\eta)$ 时，就不能直接命中目标。

8.4.3　比例系数 K 的选择

从前面的分析讨论可知，比例系数 K 的大小直接影响弹道特性，影响导弹能否直接命中目标。选择合适的 K 值除考虑这两个因素外，还需要考虑结构强度所允许的承受过载的能力，以及制导系统能否稳定地工作等因素。

8.4.3.1　K 值的下限应满足 $\dot{q}$ 收敛的条件

$\dot{q}$ 收敛使导弹在接近目标的过程中目标线的旋转角速度 $|\dot{q}|$ 不断减小，相应的需用法向过载也不断减小。$\dot{q}$ 收敛的条件为

$$K > \frac{2|\dot{r}|}{v\cos\eta} \tag{8-45}$$

这就限制了 K 值的下限值。由式(8－45)可知，导弹从不同方向攻击目标，$|\dot{r}|$ 值是不同的，K 的下限值也不相同，这就要依据具体情况选择适当的 K 值，使导弹从各个方向攻击的性能都能适当照顾，不致于优劣悬殊，或者只考虑充分发挥导弹在主攻方向上的性能。

8.4.3.2　K 值受可用法向过载的限制

式(8-45)限制了比例系数 K 的下限值。但其上限值如果取得过大，由 $n = (Kv\dot{q}/g)$ 可知，即使 $\dot{q}$ 值不太大，也可能使需用法向过载很大。导弹在飞行中的可用法向过载受到最大舵偏转角的限制。若需用法向过载超过可用法向过载，则导弹将不能沿比例导引弹道飞行。因此，可用法向过载限制了 K 的上限值。

8.4.3.3　K 值应满足制导系统稳定工作的要求

如果 K 值选得过大，外界干扰对导弹飞行的影响明显增大。$\dot{q}$ 的微小变化将引起 $\dot{\sigma}$ 的很大

变化。从制导系统能稳定的工作出发，K 的上限值要受到限制。

综合上述因素，才能选择出一个合适的 K 值，它可以是个常数，也可以是个变量。

8.4.4 比例导引方法的优缺点

比例导引法的优点是：在满足 $K > (2|\dot{r}|/v\cos\eta)$ 的条件下，$|\dot{q}|$ 逐渐减小，弹道前段较弯曲，能充分利用导弹的机动能力；弹道后段较为平直，使导弹具有较充裕的机动能力储备。只要 K、η_0、q_0、p 等参数组合适当，就可以使全弹道上需用法向过载均小于可用法向过载，从而能实现全向攻击。另外，与平行接近法相比，对瞄准发射时的初始条件要求不严。在技术实施上只需测量 $\dot{q}$、$\dot{\sigma}$，实现比例导引比较容易。比例导引法的弹道也较平直。因此，空-空、地-空等自动瞄准制导的导弹都广泛采用比例导引法。

比例导引法的缺点是命中目标时的需用法向过载与命中点的导弹速度和导弹的攻击方向有直接关系。

8.4.5 其他形式的比例导引规律

为了消除上述比例导引法的缺点，改善比例导引特性，多年来人们致力于比例导引法的改进，并对不同的应用条件提出了许多不同的改进比例导引形式，以下仅举几例说明。

8.4.5.1 广义的比例导引法

其导引关系为需用法向过载与目标线旋转角速度成比例，即

$$n = K_1\dot{q} \tag{8-46}$$

或

$$n = K_2\ |\dot{r}|\ \dot{q} \tag{8-47}$$

式中：K_1、K_2—— 比例系数。

下面讨论两种广义比例导引法在命中点处的需用法向过载。

关系式 $n = K_1\dot{q}$ 与上述比例导引法 $n = \dfrac{Kv}{g}\dot{q}$ 或 $\dot{\sigma} = K\dot{q}$ 比较，得

$$K = \frac{K_1 g}{v}$$

代入式(8-44)中，此时，命中目标时导弹的需用法向过载为

$$n_k = \frac{1}{g}\frac{(\dot{v}\sin\eta - \dot{v}_T\sin\eta_T + v_T\dot{\sigma}_T\cos\eta_T)}{\cos\eta - \dfrac{2|\dot{r}|}{K_1 g}}\Bigg|_{t=t_k} \tag{8-48}$$

由式(8-48)可见：按 $n = K_1\dot{q}$ 形式的比例导引规律导引，命中点处的 n_k 与导弹速度 v 没有直接关系。

按 $n = K_2\ |\dot{r}|\ \dot{q}$ 形式导引时，其在命中点处的需用法向过载可仿照前面推导方法，此时有

$$K = \frac{K_1 g|\dot{r}|}{v}$$

代入式(8-44)中，就可得到按 $n = K_2 \mid \dot{r} \mid \dot{q}$ 形式的比例导引规律导引时，在命中点处的需用法向过载为

$$n_k = \frac{1}{g}\frac{(\dot{v}\sin\eta - \dot{v}_T\sin\eta_T + v_T\dot{\sigma}_T\cos\eta_T)}{\cos\eta - \dfrac{2}{K_2 g}}\Bigg|_{t=t_k} \tag{8-49}$$

由式(8-49)可见：按 $n = K_2 \mid \dot{r} \mid \dot{q}$ 导引规律导引，命中点处的需用法向过载不仅与导弹速度无关，而且与导弹攻击方向无关，这有利于实现全向攻击。

8.4.5.2　改进比例导引法

根据式(8-34)，相对运动方程可写为

$$\left.\begin{aligned}\dot{r} &= -v\cos(\sigma - q) + v_T\cos(\sigma_T - q)\\ r\dot{q} &= -v\sin(\sigma - q) + v_T\sin(\sigma_T - q)\end{aligned}\right\} \tag{8-50}$$

对方程式(8-50)第二式求导，并将第一式代入，经整理后得到

$$r\ddot{q} + 2\dot{r}\dot{q} = -\dot{v}\sin(\sigma - q) + \dot{v}_T\sin(\sigma_T - q) + v_T\dot{\sigma}_T\cos(\sigma_T - q) - v\dot{\sigma}\cos(\sigma - q) \tag{8-51}$$

控制系统实现比例导引时，一般是使弹道需用法向过载与目标线的旋转角速度成比例，即

$$n = A\dot{q} \tag{8-52}$$

又知

$$n = \frac{v}{g}\dot{\sigma} + \cos\sigma \tag{8-53}$$

式中：过载 n 定义为控制力(不含重力)产生的过载。

将式(8-53)代入式(8-52)中，可得

$$\dot{\sigma} = \frac{g}{v}(A\dot{q} - \cos\sigma) \tag{8-54}$$

将式(8-54)代入式(8-51)中，经整理得

$$\begin{aligned}&\ddot{q} + \frac{|\dot{r}|}{r}\left[\frac{Ag\cos(\sigma - q)}{|\dot{r}|} - 2\right]\dot{q}\\ &= \frac{1}{r}[-\dot{v}\sin(\sigma - q) + \dot{v}_T\sin(\sigma_T - q) + v_T\dot{\sigma}_T\cos(\sigma_T - q) + g\cos\sigma\cos(\sigma - q)]\end{aligned} \tag{8-55}$$

令 $N = \dfrac{Ag\cos(\sigma - q)}{|\dot{r}|}$，称为有效导航比。于是，式(8-55)可改写为

$$\begin{aligned}&\ddot{q} + \frac{|\dot{r}|}{r}(N - 2)\dot{q}\\ &= \frac{1}{r}[-\dot{v}\sin(\sigma - q) + \dot{v}_T\sin(\sigma_T - q) + v_T\dot{\sigma}_T\cos(\sigma_T - q) + g\cos\sigma\cos(\sigma - q)]\end{aligned} \tag{8-56}$$

由式(8-56)可见，导弹按比例法导引，目标线转动角速度(导弹需用法向过载)还受到导弹切向加速度、目标切向加速度、目标机动和重力作用的影响。

目前许多自动瞄准制导的导弹均采用改进比例导引法。改进比例导引法就是对引起目标线旋转的几个因素进行补偿，使得由它们产生的弹道需用法向过载在命中点附近尽量小。目前采用较多的是对导弹切向加速度和重力作用进行补偿。由于目标切向加速度和目标机动是随

机的，所以用一般方法进行补偿比较困难。

改进比例导引根据设计思想的不同可有多种形式。这里根据使导弹切向加速度和重力作用在命中点处引起的导弹需用法向过载为零来设计。假设改进比例导引的形式为

$$n = A\dot{q} + y \tag{8-57}$$

式中：y—— 待定的修正项。

于是有

$$\dot{\sigma} = \frac{g}{v}(A\dot{q} + y - \cos\sigma) \tag{8-58}$$

将式(8-58)代入式(8-51)中，并设 $v_T = 0$，$\sigma_T = 0$，则得到

$$r\ddot{q} + 2\dot{r}\dot{q} + Ag\cos(\sigma - q)\dot{q} = -\dot{v}\sin(\sigma - q) + g\cos\sigma\cos(\sigma - q) - g\cos(\sigma - q)y$$

或

$$\ddot{q} + \frac{|\dot{r}|}{r}(N-2)\dot{q} = \frac{1}{r}[-\dot{v}\sin(\sigma - q) + g\cos\sigma\cos(\sigma - q) - g\cos(\sigma - q)y] \tag{8-59}$$

若假设

$$r = r_0 - |\dot{r}|t, T = \frac{r_0}{|\dot{r}|}$$

式中：t—— 导弹飞行时间；

T—— 导引段飞行总时间。

则方程式(8-59)就成为

$$\ddot{q} + \frac{1}{T-t}(N-2)\dot{q} = \frac{1}{r}[-\dot{v}\sin(\sigma - q) + g\cos\sigma\cos(\sigma - q) - g\cos(\sigma - q)y] \tag{8-60}$$

对式(8-60)进行积分，可得

$$\dot{q} = \dot{q}_0\left(1 - \frac{t}{T}\right)^{N-2} + \frac{1}{(N-2)|\dot{r}|}[-\dot{v}\sin(\sigma - q) + g\cos\sigma\cos(\sigma - q) - g\cos(\sigma - q)y]\left[1 - \left(1 - \frac{t}{T}\right)^{N-2}\right] \tag{8-61}$$

于是有

$$n = A\dot{q} + y = A\dot{q}_0\left(1 - \frac{t}{T}\right)^{N-2} + \frac{A}{(N-2)|\dot{r}|}[-\dot{v}\sin(\sigma - q) + g\cos\sigma\cos(\sigma - q) - g\cos(\sigma - q)y]\left[1 - \left(1 - \frac{t}{T}\right)^{N-2}\right] + y \tag{8-62}$$

命中点处：$t = T$，欲使 n 为零，必须有

$$\frac{A}{(N-2)|\dot{r}|}[-\dot{v}\sin(\sigma - q) + g\cos\sigma\cos(\sigma - q) - g\cos(\sigma - q)y] + y = 0 \tag{8-63}$$

则有

$$y = -\frac{N}{2g}\dot{v}\tan(\sigma - q) + \frac{N}{2}\cos\sigma$$

于是改进比例导引法的导引关系式为

$$n = A\dot{q} - \frac{N}{2g}\dot{v}\tan(\sigma - q) + \frac{N}{2}\cos\sigma \tag{8-64}$$

式中：$\frac{N}{2g}\dot{v}\tan(\sigma - q)$—— 导弹切向加速度补偿项；

$\frac{N}{2}\cos\sigma$—— 重力补偿项。

8.4.6　实现比例导引法举例

对于比例导引，制导系统容易实现，其制导控制回路如图 8-22 所示。它基本上是由导引头回路、导弹控制指令形成装置和导弹自动驾驶回路三部分组成的，加上导弹及目标的运动学环节使回路闭合。导引头连续跟踪目标，产生与目标线旋转角速度 $\dot{q}$ 成正比的控制信号。图 8-23 所示为导引头的方块图。目标位标器是用来测量目标线角 q 与目标位标器光轴视线角 q_1 之间的差值 Δq，力矩马达是为陀螺提供进动力矩 M 的装置。下面以导弹在纵向平面内的导引为例，假定目标位标器、放大器、力矩马达、进动陀螺等环节均是理想比例环节，忽略其惯性，各个环节的输入量和输出量之间的关系为

$$u = K_\varepsilon(q - q_1) = K_\varepsilon \Delta q \tag{8-65}$$

$$M = K_M u \tag{8-66}$$

$$\frac{\mathrm{d}q_1}{\mathrm{d}t} = K_H M \tag{8-67}$$

式中：K_ε—— 放大器的放大系数；

K_M—— 力矩马达的比例系数；

K_H—— 进动陀螺的比例系数。

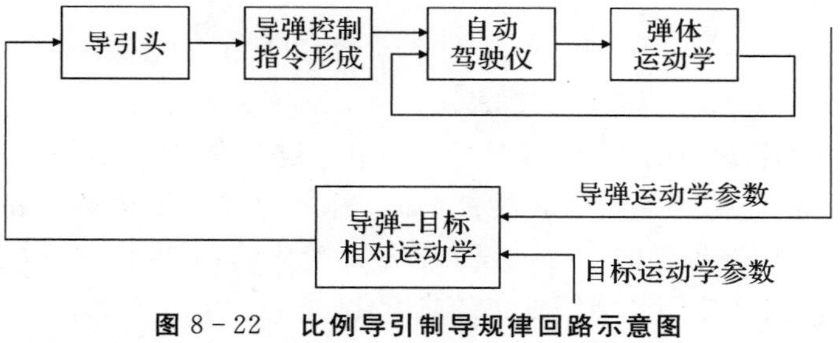

图 8-22　比例导引制导规律回路示意图

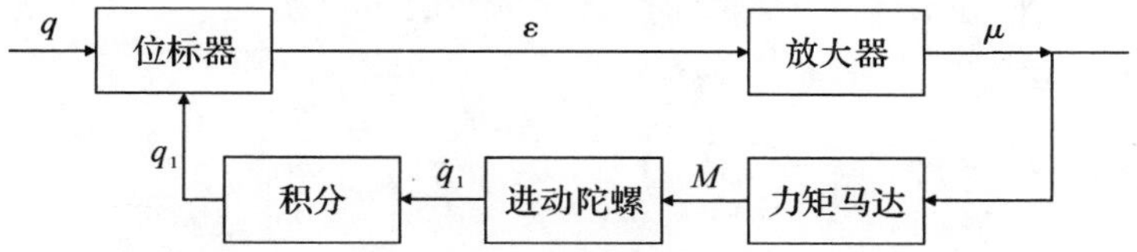

图 8-23　导引头方块图

式(8-65) 对时间求一次导数得

$$\frac{\mathrm{d}u}{\mathrm{d}t} = K_\varepsilon \frac{\mathrm{d}\Delta q}{\mathrm{d}t} = K_\varepsilon\left(\frac{\mathrm{d}q}{\mathrm{d}t} - \frac{\mathrm{d}q_1}{\mathrm{d}t}\right)$$

将式(8-67) 和式(8-66) 代入上式后可得

$$\frac{\mathrm{d}u}{\mathrm{d}t} = K_\varepsilon\left(\frac{\mathrm{d}q}{\mathrm{d}t} - K_H K_M u\right) \quad 或 \quad \frac{\mathrm{d}u}{\mathrm{d}t} + K_\varepsilon K_H K_M u = K_\varepsilon \frac{\mathrm{d}q}{\mathrm{d}t}$$

当 u 达到稳态值$\left(即\frac{\mathrm{d}u}{\mathrm{d}t} = 0\right)$时，上式可改写为

$$u=\frac{1}{K_H K_M}\frac{\mathrm{d}q}{\mathrm{d}t}$$

由上式可见：导引头的输出信号 u 与目标线的旋转角速度 $\dot{q}$ 成正比。

导引头输出的信号 u 用来驱动舵机，使舵面偏转。假定舵面的偏转角 δ_z 与 u 之间呈线性关系，即

$$\delta_z = K_p u$$

式中：K_p—— 比例系数。

由于舵面偏转改变了导弹的攻角 α，最终使导弹产生一个法向加速度 $v(\mathrm{d}\theta/\mathrm{d}t)$，如果忽略重力的影响，在平衡条件下可得

$$\left.\begin{aligned} u &= \frac{1}{K_H K_M}\frac{\mathrm{d}q}{\mathrm{d}t} \\ \delta_z &= K_p u \\ 6\alpha &= -\frac{m_{z_t}^{\delta_z}}{m_{z_t}^{\alpha}}\delta_z \\ v\frac{\mathrm{d}\theta}{\mathrm{d}t} &= \frac{1}{m}\left(\frac{P}{57.3}+Y^{\alpha}\right)\alpha \end{aligned}\right\} \tag{8-68}$$

由此可以求得导弹速度矢量的转动角速度的表达式为

$$\frac{\mathrm{d}\theta}{\mathrm{d}t}=-\frac{K_p}{K_H K_M}\frac{\left(\frac{P}{57.3}+Y^{\alpha}\right)}{mv}\frac{m_{z_t}^{\delta_z}}{m_{z_t}^{\alpha}}\frac{\mathrm{d}q}{\mathrm{d}t}$$

当比例导引法是采用 $\dot{\theta} = K\dot{q}$ 形式时，比例系数 K 由上式可以得到：

$$K=-\frac{K_p}{K_H K_M}\frac{\left(\frac{P}{57.3}+Y^{\alpha}\right)}{mv}\frac{m_{z_t}^{\delta_z}}{m_{z_t}^{\alpha}} \tag{8-69}$$

由式(8-69)可以看出：比例系数 K 与导弹控制系统的参数(如 K_p、K_H、K_M 等)、导弹的气动特性(如 Y^{α}、$m_{z_t}^{\delta_z}$、$m_{z_t}^{\alpha}$ 等)、导弹的飞行性能(如 v 等)、导弹的结构参数和推力特性(如 m、P 等)有关。由于这些参数在导弹的飞行过程中是不断变化的，所以比例系数 K 也在不断变化，这就使得导弹在飞行过程中的弹道特性也随之变化。

当比例导引法是采用 $n = K_1\dot{q}$ 形式时，其比例系数 K_1 为

$$K_1=-\frac{K_p}{K_H K_M}\frac{\left(\frac{P}{57.3}+Y^{\alpha}\right)}{mg}\frac{m_{z_t}^{\delta_z}}{m_{z_t}^{\alpha}} \tag{8-70}$$

8.5 三 点 法

下面研究遥控制导导弹的导引方法。遥控导引时，导弹和目标的运动参数均由制导站来测量。研究遥控导引弹道时，既要考虑目标的运动特性，还要考虑制导站的运动状态对导弹运动的影响。在讨论遥控导引弹道特性时，把导弹、目标和制导站看成质点，并设目标和制导站的运动特性的变化规律 v_T、v_C、σ_T、σ_C 和导弹速度 v 的变化规律为已知。

遥控制导习惯上采用雷达坐标系 $Ox_R y_R z_R$，如图 8-24 所示，并定义如下：

(1) 原点 O：与制导站位置 C 重合；

(2)Ox_R：指向跟踪物，包括目标和导弹；

(3)Oy_R：位于包含 Ox_R 轴的铅垂平面内垂直于 Ox_R 轴，并指向上方；

(4)Oz_R：与 Ox_R 和 Oy_R 轴组成右手直角坐标系。

根据雷达坐标系 $Ox_Ry_Rz_R$ 和地面坐标系 $O_Dx_Dy_Dz_D$ 的定义，它们之间的关系由两个角度来确定(见图 8－24)。

(5) 高低角 ε：Ox_R 轴与地平面 $O_Dx_Dz_D$ 之间的夹角，$0°\leqslant\varepsilon\leqslant 90°$，若跟踪物为目标，则称之为目标高低角，用 ε_T 表示；若跟踪物为导弹，则称之为导弹高低角，用 ε_M 表示；

(6) 方位角 β：Ox_R 轴在地平面上的投影 Ox'_R 与地面坐标系 O_Dx_D 轴之间的夹角。若从 O_Dx_D 轴以逆时针转到 Ox'_R 上，则 β 为正。若跟踪物为目标，则称之为目标方位角，以 β_T 表示；若跟踪物为导弹，则称之为导弹方位角，以 β_M 表示。

跟踪物的坐标可以用(x_R, y_R, z_R)表示，也可以用(R,ε,β)表示，其中 R 表示坐标原点到跟踪物的距离，称为矢径。

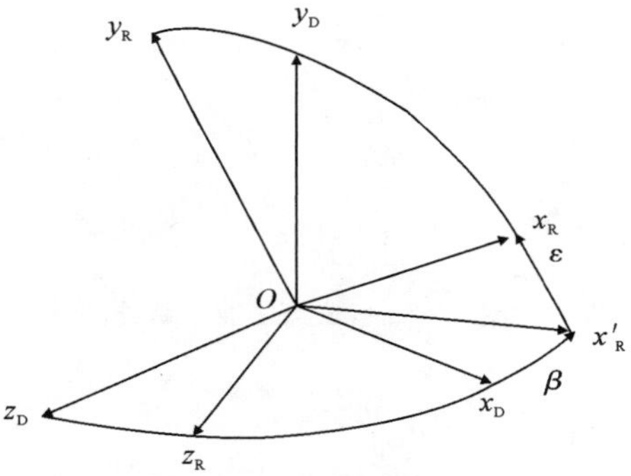

图 8－24　雷达坐标系

8.5.1　三点法导引关系方程

三点法导引是指导弹在攻击目标的导引过程中，导弹始终处于制导站与目标的连线上，如果观察者从制导站上看目标，则目标的影像正好被导弹的影像所覆盖。因此三点法又称目标覆盖法或重合法(见图 8－25)。

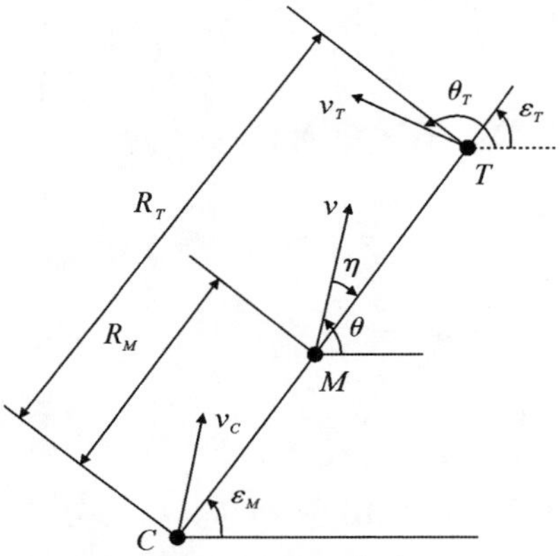

图 8－25　三点法

按三点法导引，由于制导站与导弹的连线$\overline{CM}$和制导站与目标的连线$\overline{CT}$重合在一起，所以三点法导引关系方程可以写为

$$\left.\begin{aligned}\varepsilon_M &= \varepsilon_T \\ \beta_M &= \beta_T\end{aligned}\right\} \tag{8-71}$$

从技术角度实施三点法很容易。例如，反坦克导弹是射手借助光学瞄准具进行目视跟踪目标，并控制导弹时刻处于制导站与目标的连线上；地-空导弹是用雷达波束既跟踪目标，同时又制导导弹，使导弹始终处在波束中心线上运动。如果导弹偏离了波束中心线，则制导系统就会发出指令，控制导弹回到波束中心线上来(见图 8-26)。

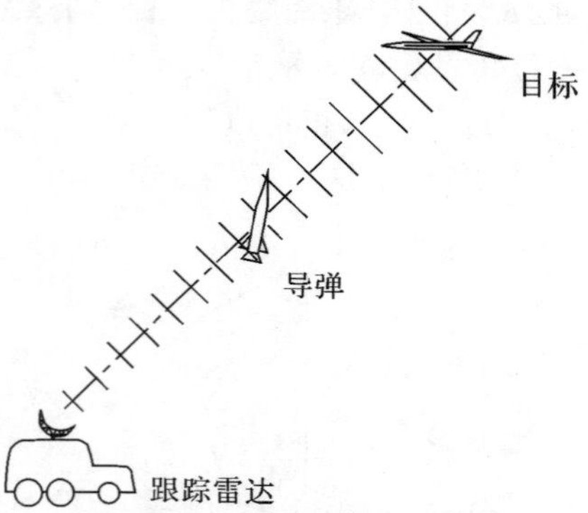

图 8-26　三点法波束制导

8.5.2　三点法导引的运动学方程组

以下研究在铅垂平面内的三点法导引。设制导站是静止的，攻击平面为铅垂平面，即目标和导弹始终处在通过制导站的铅垂平面内运动。参考图 8-25，三点法导引的相对运动方程组为

$$\left.\begin{aligned}&\frac{dR_M}{dt} = v\cos\eta \\ &R_M\frac{d\varepsilon_M}{dt} = -v\sin\eta \\ &\frac{dR_T}{dt} = v_T\cos\eta_T \\ &R_T\frac{d\varepsilon_T}{dt} = -v_T\sin\eta_T \\ &\varepsilon_M = \theta + \eta \\ &\varepsilon_T = \theta_T + \eta_T \\ &\varepsilon_M = \varepsilon_T\end{aligned}\right\} \tag{8-72}$$

在方程组式(8-72)中，目标运动参数$v_T(t)$、$\theta_T(t)$和导弹速度$v(t)$的变化规律也是已知的。方程组的求解可用数值积分法和解析法，当然也可以利用图解法求出三点法导引的相对弹

道和绝对弹道。

当利用数值积分法解算方程组式(8－72)时，在给定初始条件(R_{M0}、ε_{M0}、R_{T0}、ε_{T0}、θ_0、η_0、η_{T0})下，可首先积分方程组中第三、第四和第六式，求出目标运动参数 $R_T(t)$、$\varepsilon_T(t)$、$\eta_T(t)$，然后积分其余方程，解出导弹运动参数 $R_M(t)$、$\varepsilon_M(t)$、$\theta(t)$、$\eta(t)$。由 $R_M(t)$、$\varepsilon_M(t)$ 可以绘出三点法导引的运动学弹道。

【例 8－2】　设坦克目标作水平等速直线运动，$v_T = 12$ m/s，反坦克导弹采用遥控制导，按三点法导引拦击目标，并作等速飞行，$v = 120$ m/s，攻击平面为一水平面，制导站静止。导弹开始导引瞬间的条件为 $R_{T0} = 3\ 000$ m，$R_{M0} = 50$ m，$q_{M0} = q_{T0} = 70°$（见图 8－27）。用欧拉数值积分法解出三点法导引时的导弹运动参数，并绘制弹道曲线。

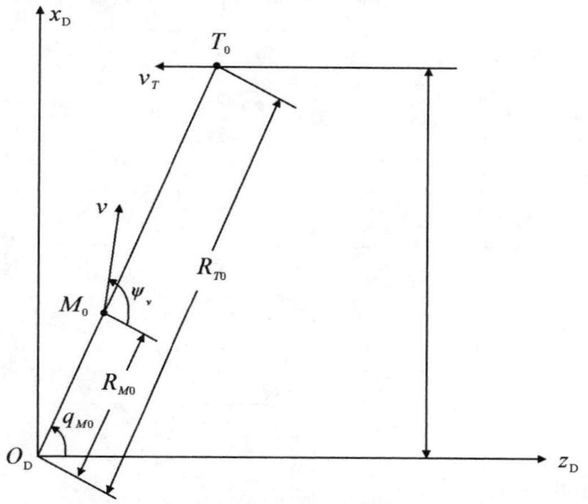

图 8－27　**反坦克导弹三点法导引**

解：选取地面坐标系 $O_Dx_Dz_D$，原点 O_D 与制导站重合，O_Dz_D 平行于目标的运动方向（见图 8－27）。根据已知条件，三点法导引的相对运动方程为

$$\left.\begin{aligned}
&\frac{dR_M}{dt} = v\cos(q_M - \psi_v)\\
&R_M\frac{dq_M}{dt} = -v\sin(q_M - \psi_v)\\
&\frac{dR_T}{dt} = -v_T\cos q_T\\
&R_T\frac{dq_T}{dt} = v_T\sin q_T\\
&q_M = q_T
\end{aligned}\right\}\qquad (8-73)$$

将式(8－73)改写成便于进行数值积分的形式，即

$$\left.\begin{aligned}
&\psi_v = q_M + \arcsin\left(\frac{v_T}{v}\frac{R_M}{R_T}\sin q_M\right)\\
&\frac{dR_M}{dt} = v\cos(q_M - \psi_v)\\
&\frac{dR_T}{dt} = -v_T\cos q_M\\
&\frac{dq_M}{dt} = -\frac{v}{R_M}\sin(q_M - \psi_v)
\end{aligned}\right\}\qquad (8-74)$$

为便于绘制弹道曲线，列出以下两个方程：

$$\left.\begin{aligned} x_D &= R_M \sin q_M \\ z_D &= R_M \cos q_M \end{aligned}\right\} \tag{8-75}$$

根据上述方程组列表计算，计算结果见表 8－2，本例选取等积分步长 $\Delta t = 2$ s。

表 8－2　例 8－2 计算结果

t/s	ψ_v/(°)	$\dfrac{\mathrm{d}R_M}{\mathrm{d}t}$ / $\mathrm{m \cdot s^{-1}}$	R_M/m	$\dfrac{\mathrm{d}R_T}{\mathrm{d}t}$ / $\mathrm{m \cdot s^{-1}}$	R_T/m	$\dfrac{\mathrm{d}q_M}{\mathrm{d}t}$/$\mathrm{s^{-1}}$	q_M/(°)	x_D/m	z_D/m
0	70.089 7	120	50	－4.104	3 000	0.003 75	70	46.985	17.1
2	70.953 0	119.99 5	290	－4.02	2 991.79	0.003 78	70.429 8	273.238	97.15
4	71.824 4	119.983	529.990	－3.933 6	2 983.75	0.003 799	70.862 9	500.682	173.73
6	72.702 6	119.964	769.956	－3.847 2	2 975.88	0.003 82	71.298 3	729.30	246.85
8	73.587 5	119.937	1 009.884	－3.760 8	2 968.18	0.003 839	71.736 0	958.99	316.50
10	74.479 1	119.903	1 249.759	－3.673 2	2 960.66	0.003 859	72.176 0	1 189.77	382.55
12	75.377 0	119.861	1 489.565	－3.584 4	2 953.31	0.003 877	72.618 2	1 421.49	444.93
14	76.281 7	119.881	1 729.287	－3.495 6	2 946.14	0.003 896	73.062 6	1 654.24	503.74
16	77.192 1	119.752	1 968.948	－3.406 8	2 939.15	0.003 915	73.509 1	1 887.99	558.97
18	78.108 6	119.685	2 208.412	－3.315 6	2 932.34	0.003 933	73.957 8	2 122.50	610.18
20	79.030 7	119.610	2 447.782	－3.225 6	2 925.71	0.003 951	74.408 5	2 357.70	657.84
22	79.958 7	119.525	2 687.001	－3.134 4	2 919.26	0.003 968	74.861 2	2 593.76	701.84
24	80.891 8	—	2 926.052	—	2 912.99	—	75.315 9	2 830.37	741.75

按照计算结果作图，可以得到三点法导引的运动学弹道曲线（见图 8－28）。根据命中时 $R_M = R_T$，利用线性内插可确定由开始三点法导引至命中目标所需的时间 $t_K = 23.9$ s。

命中点位置一定是在目标运动轨迹上，则导弹在命中点所对应的 x_{DK} 值为

$$x_{DK} = L = R_{T0} \sin q_{T0} = 3\,000 \times 0.939\,7 = 2\,819.1(\mathrm{m})$$

8.5.3　运动学弹道的图解法

这里只讨论制导站静止、攻击平面为铅垂面的情况。假定目标的运动规律 $v_T(t)$、$\theta_T(t)$ 和导弹速度 $v(t)$ 为已知。

在三点法导引的起始时刻 t_0，导弹和目标分别处于点 M_0 和 T_0 位置（见图 8－28）。选取适当小的时间间隔 Δt，目标在时刻 $t_1, t_2, t_3, \cdots$ 的位置分别以点 $T_1, T_2, T_3, \cdots$ 表示。将制导站的位置点 C 分别与点 $T_1, T_2, T_3, \cdots$ 相连。按三点法导引的定义，在每一时刻导弹的位置应位于点 C 与对应时刻目标位置的连线上。导弹在时刻 t_1 的位置点 M_1，即是以点 M_0 为圆心、以 $\dfrac{v(t_0)+v(t_1)}{2}(t_1 - t_0)$ 为半径的圆与 CT_1 的交点，t_2 时刻导弹的位置点 M_2，同样是以点 M_1 为

圆心、以$\frac{v(t_0)+v(t_1)}{2}(t_1-t_0)$为半径的圆与线段 CT_2 的交点，依此类推。用光滑曲线连结 M_0，M_1，… 各点，就得到三点法导引的运动学弹道曲线。为使计算的导弹平均速度$\frac{v(t_i)+v(t_{i+1})}{2}$逼近对应瞬间的导弹速度，时间间隔 Δt 应尽可能取得小些，特别是在命中点附近。由图8-29可以看出，导弹速度对目标速度的比值越小，则运动学弹道的曲率越大。

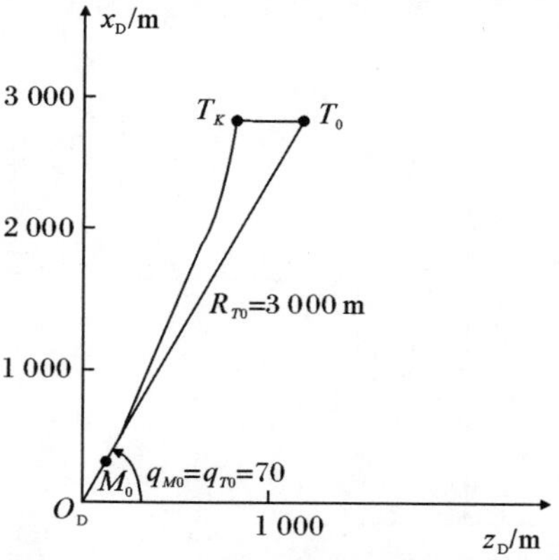

图 8-28　导弹和目标的相对关系图

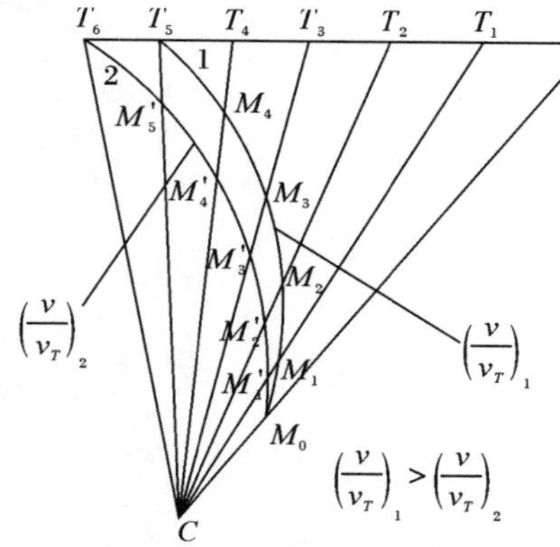

图 8-29　三点法导引弹道图解

8.5.4　运动学弹道的解析解

为了说明三点法导引的一般特性，必须采用解析法求解。作如下假设：制导站为静止状态，攻击平面与通过制导站的铅垂平面重合，目标作水平等速水平直线飞行，导弹的速度为常值。

取地面参考轴 O_Dx_D 平行于目标飞行航迹，参考图 8-30，相对运动方程组式(8-72) 可改写为

$$\left.\begin{aligned}
\frac{dR_M}{dt} &= v\cos\eta \\
R_M\frac{d\varepsilon_M}{dt} &= -v\sin\eta \\
\frac{dR_T}{dt} &= -v_T\cos\varepsilon_T \\
R_T\frac{d\varepsilon_T}{dt} &= v_T\sin\varepsilon_T \\
\theta &= \varepsilon_M-\eta \\
\varepsilon_M &= \varepsilon_T
\end{aligned}\right\} \tag{8-76}$$

只要解出弹道方程组 $y_D=f(\varepsilon_M)$，就可以绘出弹道曲线。

由图 8-30 可得

$$\left.\begin{aligned}
y_D &= R_M\sin\varepsilon_M \\
H &= R_T\sin\varepsilon_T
\end{aligned}\right\} \tag{8-77}$$

方程组式(8-77) 中第一式对 ε_M 求导，则有

$$\frac{dy_D}{d\varepsilon_M}=\frac{dR_M}{d\varepsilon_M}\sin\varepsilon_M+R_M\cos\varepsilon_M \tag{8-78}$$

将方程组式(8-76) 中的第二式去除第一式得

$$\frac{\mathrm{d}R_M}{\mathrm{d}\varepsilon_M}=-\frac{R_M\cos\eta}{\sin\eta}$$

将此式代入式(8-78)中，并利用式(8-77)中第一式关系，将 R_M 换成 y_D，经整理后可得

$$\frac{\mathrm{d}y_D}{\mathrm{d}\varepsilon_M}=-\frac{y_D\sin(\varepsilon_M-\eta)}{\sin\eta\sin\varepsilon_M} \tag{8-79}$$

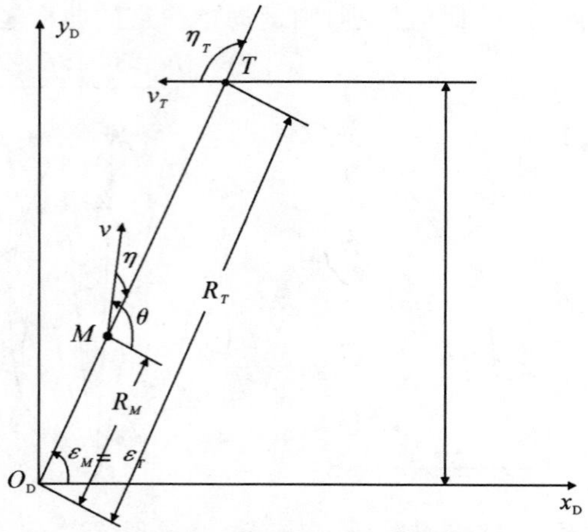

图 8-30　铅垂面内三点法导引

为了求出弹道方程 $y_D=f(\varepsilon_M)$，必须对式(8-79)进行积分。但直接积分该式是比较困难的，通过引入弹道倾角 θ，分别求出 y_D 与 θ 和 ε_M 与 θ 的关系为

$$\left.\begin{aligned}y_D&=f_1(\theta)\\ \varepsilon_M&=f_2(\theta)\end{aligned}\right\} \tag{8-80}$$

即可求出 y_D 和 ε_M 的关系，下面求参量方程式(8-80)。

利用几何关系式得

$$\theta=\varepsilon_M-\eta \tag{8-81}$$

式(8-81)对 ε_M 求导得

$$\frac{\mathrm{d}\theta}{\mathrm{d}\varepsilon_M}=1-\frac{\mathrm{d}\eta}{\mathrm{d}\varepsilon_M} \tag{8-82}$$

根据三点法导引关系：$\varepsilon_M=\varepsilon_T$，$\dot{\varepsilon}_M=\dot{\varepsilon}_T$，并由方程组式(8-76)可得

$$\sin\eta=-\frac{v_T}{v}\frac{R_M}{R_T}\sin\varepsilon_M \tag{8-83}$$

将式(8-77)代入式(8-83)可得

$$\sin\eta=-\frac{y_D}{pH}\sin\varepsilon_M \tag{8-84}$$

式中：$p=\dfrac{v}{v_T}$。

式(8-84)对 ε_M 求导，并把式(8-79)代入，将其结果代入式(8-82)中，经整理得

$$\frac{\mathrm{d}\theta}{\mathrm{d}\varepsilon_M}=\frac{2\sin(\varepsilon_M-\eta)}{\sin\varepsilon_M\cos\eta} \tag{8-85}$$

用式(8-85)去除式(8-79)，并将式(8-81)和式(8-84)代入得

$$\frac{dy_D}{d\theta}=\frac{y_D}{2}\cot\theta+\frac{pH}{2\sin\theta} \tag{8-86}$$

式(8-86)为一阶线性微分方程，其通解为

$$y_D=e^{\int\frac{1}{2}\cot\theta d\theta}\left[c+\int\frac{pH}{2\sin\theta}e^{-\int\frac{1}{2}\cot\theta d\theta}d\theta\right] \tag{8-87}$$

因为$\int\cot\theta d\theta=\ln\sin\theta$，于是$e^{\int\frac{1}{2}\cot\theta d\theta}=\sqrt{\sin\theta}$，当$\theta=\theta_0$时，$y_D=y_{D0}$，则有

$$c=\frac{y_{D0}}{\sqrt{\sin\theta_0}}$$

代入式(8-87)中，则可得

$$y_D=\sqrt{\sin\theta}\left[\frac{y_{D0}}{\sqrt{\sin\theta_0}}+\frac{pH}{2}\int_{\theta_0}^{\theta}\frac{d\theta}{\sin^{\frac{3}{2}}\theta}\right] \tag{8-88}$$

式中：y_{D0}、θ_0—— 导弹按三点法导引的起始瞬间的飞行高度和弹道倾角。

$\int_{\theta_0}^{\theta}\frac{d\theta}{\sin^{\frac{3}{2}}\theta}$可用椭圆函数$F(\theta_0)=\int_{\theta_0}^{\frac{\pi}{2}}\frac{d\theta}{\sin^{\frac{3}{2}}\theta}$和$F(\theta)=\int_{\theta}^{\frac{\pi}{2}}\frac{d\theta}{\sin^{\frac{3}{2}}\theta}$表示，则式(8-88)可改写为

$$y_D=\sqrt{\sin\theta}\left\{\frac{y_{D0}}{\sqrt{\sin\theta_0}}+\frac{pH}{2}[F(\theta_0)-F(\theta)]\right\} \tag{8-89}$$

式(8-89)表示y_D和θ的关系。式中$F(\theta_0)$、$F(\theta)$可查椭圆函数表(见表 8-3)。

表 8-3　椭圆函数 $F(\theta)$ 表

θ/(°)	$F(\theta)$	尾　差	θ/(°)	$F(\theta)$	尾　差
6	5.438 9	−1.230 4	51	0.774 9	−0.074 1
9	4.208 5	−0.664 6	54	0.700 8	−0.069 9
12	3.543 9	−0.664 6	57	0.630 9	−0.066 5
15	2.879 3	−0.462 8	60	0.564 4	−0.063 7
18	2.416 5	−0.346 4	63	0.500 7	−0.061 5
21	2.070 1	−0.221 4	66	0.439 2	−0.058 8
24	1.848 7	−0.185 5	69	0.380 4	−0.057 2
27	1.663 2	−0.158 6	72	0.323 2	−0.055 7
30	1.504 6	−0.138 7	75	0.267 5	−0.054 6
33	1.365 9	−0.123 9	78	0.212 9	−0.053 9
36	1.242 0	−0.112 0	81	0.159 0	−0.053 8
39	1.130 0	−0.099 8	84	0.105 2	−0.052 9
42	1.030 2	−0.091 7	87	0.052 3	−0.052 3
45	0.938 5	−0.084 7	90	0	
48	0.853 8	−0.078 9			

下面求ε_M和θ。将式(8-81)代入式(8-84)中得

$$\cot\varepsilon_M=\cot\theta+\frac{y_D}{pH\sin\theta} \tag{8-90}$$

将给定的一系列 θ 值代入式(8-89)中，求出对应的一系列 y_D 值，再代入式(8-90)中，可求出相应的 ε_M 值。这样，利用下列方程组即可求得弹道参数，并可绘出目标作等速水平直线飞行和导弹作等速飞行时按三点法导引的运动学弹道。

$$\left.\begin{aligned} y_D &= \sqrt{\sin\theta}\left\{\frac{y_{D0}}{\sqrt{\sin\theta_0}} + \frac{pH}{2}[F(\theta_0) - F(\theta)]\right\} \\ \cot\varepsilon_M &= \cot\theta + \frac{y_D}{pH\sin\theta} \\ R_M &= \frac{y_D}{\sin\varepsilon_M} \end{aligned}\right\} \tag{8-91}$$

【例 8-3】 对例 8-2 采用解析解确定三点法导引的弹道参量，将其结果与采用数值积分法的结果进行比较。

解：已知 $L = R_{T0}\sin q_{T0} = 2\,819.1$ m，$x_{D0} = 46.985$ m，$\psi_{v0} = 70.089\,7°$，$p = v/v_T = 10$。

计算弹道的参量方程为

$$\left.\begin{aligned} x_D &= \sqrt{\sin\psi_v}\left\{\frac{x_{D0}}{\sqrt{\sin\psi_{v0}}} + \frac{pL}{2}[F(\psi_{v0}) - F(\psi_v)]\right\} \\ \cot q_M &= \cot\psi_v + \frac{x_D}{pL\sin\psi_v} \\ R_M &= \frac{x_D}{\sin q_M} \\ z_D &= R_M\cos q_M \end{aligned}\right\} \tag{8-92}$$

根据方程组式(8-92)列表计算，首先需给出一系列 ψ_v 值。为便于将其结果与数值积分法的计算结果进行比较，可参照表 8-2 给出的 ψ_v 值。

计算结果列于表 8-4 中。结果表明：用解析解确定三点法导引的弹道参量与数值积分法结果十分接近。

表 8-4　例 8-3 计算结果

ψ_v/(°)	$F(\psi_v)$	$F(\psi_{v0})$	x_D/m	q_M/(°)	R_M/m	z_D/m
70.089 7	0.359 62	0.359 62	46.985	70	50	17.101
70.953 0	0.343 16	0.359 62	272.682	70.430 6	289.398	96.934
71.824 4	0.326 55	0.359 62	501.590	70.861 3	530.935	174.072
72.7026	0.310 16	0.359 62	728.567	71.299 7	769.172	246.612
73.587 5	0.293 73	0.359 62	957.087	71.740 0	1 007.842	315.7 87
74.479 1	0.277 17	0.359 62	1 188.354	72.179 0	1 248.245	382.013
75.377 0	0.260 64	0.359 62	1 420.054	72.621 0	1 487.980	444.445
76.281 4	0.244 18	0.359 62	1 651.561	73.068 4	1 726.400	502.780
77.192 1	0.227 60	0.359 62	1 885.439	73.515 1	1 966.272	557.949
78.108 6	0.210 95	0.359 62	2 120.899	73.962 2	2 206.787	609.669
79.030 7	0.194 38	0.359 62	2 355.770	74.414 1	2 445.698	657.110
79.958 7	0.177 71	0.359 62	2 592.477	74.865 8	2 685.614	701.160
80.891 7	0.160 94	0.359 62	2 830.944	75.317 3	2 926.524	741.786

8.5.5　导弹的转弯速率

设导弹在铅垂平面内飞行。如果知道了转弯速率 $\dot{\theta}(t)$，就可得到需用法向过载沿弹道上各点的变化规律。因此，转弯速率 $\dot{\theta}(t)$ 是一个很重要的弹道特性参量。

8.5.5.1　目标作机动飞行，导弹作变速运动

参考图 8-25，将方程组式(8-72) 的第二式和第四式改写为

$$\dot{\varepsilon}_M = \frac{v}{R_M}\sin(\theta - \varepsilon_M)$$

$$\dot{\varepsilon}_T = \frac{v_T}{R_T}\sin(\theta_T - \varepsilon_T)$$

对于三点法导引，有 $\varepsilon_M = \varepsilon_T$，$\dot{\varepsilon}_M = \dot{\varepsilon}_T$，于是有

$$vR_T\sin(\theta - \varepsilon_T) = v_T R_M \sin(\theta_T - \varepsilon_T)$$

对上式两边求导可得

$$(\dot{\theta} - \varepsilon_T)vR_T\cos(\theta - \varepsilon_T) + \dot{v}R_T\sin(\theta - \varepsilon_T) + v\dot{R}_T\sin(\theta - \varepsilon_T)$$
$$= (\dot{\theta}_T - \varepsilon_T)v_T R_M\cos(\theta_T - \varepsilon_T) + \dot{v}_T R_M\sin(\theta_T - \varepsilon_T) + v_T\dot{R}_T\sin(\theta_T - \varepsilon_T)$$

再将下面运动学关系代入上式：

$$\begin{cases} \cos(\theta - \varepsilon_T) = \dfrac{\dot{R}_M}{v} \\ \cos(\theta_T - \varepsilon_T) = \dfrac{\dot{R}_T}{v_T} \\ \sin(\theta - \varepsilon_T) = \dfrac{R_M\dot{\varepsilon}_T}{v} \\ \sin(\theta_T - \varepsilon_T) = \dfrac{R_T\dot{\varepsilon}_T}{v_T} \\ \tan(\theta - \varepsilon_T) = \dfrac{R_M}{\dot{R}_M}\dot{\varepsilon}_T \end{cases}$$

经整理后得

$$\dot{\theta} = \frac{R_M\dot{R}_T}{R_T\dot{R}_M}\dot{\theta}_T + \left(2 - \frac{2R_M\dot{R}_T}{R_T\dot{R}_M} - \frac{R_M\dot{v}}{\dot{R}_M v}\right)\dot{\varepsilon}_T + \frac{\dot{v}_T}{v_T}\tan(\theta - \varepsilon_T) \tag{8-93}$$

当命中目标时，$R_M = R_T$，则命中点处导弹的转弯速率为

$$\dot{\theta}_K \left[\frac{\dot{R}_T}{\dot{R}_M}\dot{\theta}_T + \left(2 - \frac{2\dot{R}_T}{\dot{R}_M} - \frac{R_M\dot{v}}{\dot{R}_M v}\right)\dot{\varepsilon}_T + \frac{\dot{v}_T}{v_T}\tan(\theta - \varepsilon_T)\right]_{t=t_K} \tag{8-94}$$

式(8-94) 表明，按三点法导引时，在命中点处对导弹过载受目标机动性的影响很大，以致于在命中点附近可能造成相当大的导引误差。

8.5.5.2　目标作水平等速直线飞行，导弹作等速飞行

设目标飞行高度 H，导弹在铅垂面内拦截目标，如图 8-30 所示。

此时 $\dot{v}_T = 0$，$\dot{\theta}_T = 0$，$\dot{v} = 0$，将这些条件代入式(8-93)，则得

$$\dot{\theta} = \left(2 - \frac{2R_M\dot{R}_T}{R_T\dot{R}_T}\right)\dot{\varepsilon}_T \tag{8-95}$$

考虑以下关系式：

$$\begin{cases} \varepsilon_T = \varepsilon_M, \dot{\varepsilon}_T = \dot{\varepsilon}_M \\ R_T = \dfrac{H}{\sin\varepsilon_T} \\ \dot{\varepsilon}_T = \dfrac{v_T}{R_T}\sin\varepsilon_T = \dfrac{v_T}{H}\sin^2\varepsilon_T \\ R_M = v\cos\eta = v\sqrt{1-\sin^2\eta} = v\sqrt{1-\left(\dfrac{R_M\dot{\varepsilon}_T}{v}\right)^2} \end{cases}$$

$$\dot{R}_T = -v\cos\varepsilon_T$$

代入式(8-95)中，整理后得

$$\dot{\theta} = \frac{v_T}{H}\sin^2\varepsilon_T\left(2 + \frac{R_M\sin2\varepsilon_T}{\sqrt{p^2H^2 - R_M^2\sin^4\varepsilon_T}}\right) \tag{8-96}$$

命中目标时，$H = R_{MK}\sin\varepsilon_{TK}$，代入式(8-96)中，就可以得到命中点处导弹的转弯速率为

$$\dot{\theta}_K = \frac{2v_T}{H}\sin^2\varepsilon_{TK}\left[1 + \frac{\cos\varepsilon_{TK}}{\sqrt{p^2 - \sin^2\varepsilon_{TK}}}\right] \tag{8-97}$$

式(8-96)表明：在 v_T、$v\left(\text{或 } p = \dfrac{v}{v_T}\right)$、$H$ 已知时，按三点法导引，导弹的转弯速率完全取决于导弹所处的位置(R_M，ε_M)，即 $\dot{\theta}$ 是导弹矢径 R_M 与高低角 ε_M 的函数。

8.5.6 等法向加速度曲线

若给定 $\dot{\theta}$ 为某一常值，则由式(8-96)得到一个只包含变量 ε_M 与 R_M 的关系式，即

$$f(R_M, \varepsilon_M) = 0$$

上式在极坐标系中其表示一条曲线，在这条曲线上，各点的 $\dot{\theta}$ 值均相等。显然，在速度 v 为常值的情况下，该曲线上各点的法向加速度 a_n 也是一常值。因此，这条曲线为等法向加速度曲线或等 $\dot{\theta}$ 曲线。如果给出一系列 $\dot{\theta}$ 值，从式(8-96)就可以得到相应的一族等法向加速度曲线，画在极坐标系中，如图 8-31 中实线所示。

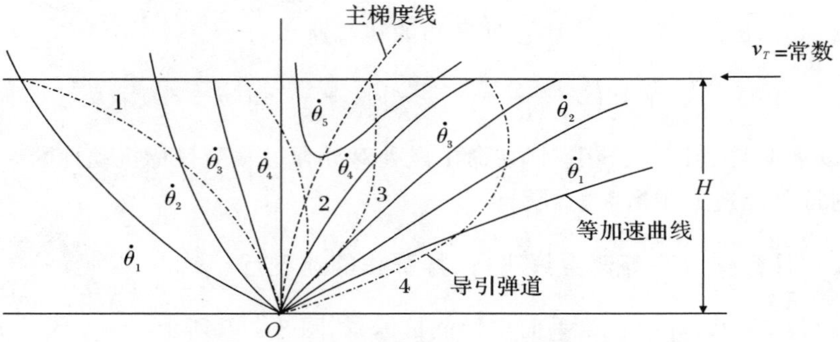

图 8-31　三点法导引弹道与等法向加速度曲线

图 8-31 中 $\dot{\theta}_4$ 曲线的铅垂线对应 $\varepsilon_M = 90°$ 的情况，这时 $\dot{\theta}_4 = \left(\frac{2v_T}{H}\right)$。$\dot{\theta}_1$、$\dot{\theta}_2$、$\dot{\theta}_3$ 曲线均通过 O 点，它们的值均小于 $\frac{2v_T}{H}$。$\dot{\theta}_5$ 曲线不通过 O 点，对应 $\dot{\theta}_5 > \left(\frac{2v_T}{H}\right)$ 的情况，也就是图中 $\dot{\theta}_1 < \dot{\theta}_2 < \dot{\theta}_3 < \dot{\theta}_4 < \dot{\theta}_5 < \cdots$。

图 8-31 中虚线表示法向加速度的变化趋势，是法向加速度曲线中极小值点的连线，沿这条虚线向上，法向加速度值越来越大，称这条连线为主梯度线。

图 8-31 中点划线表示导弹在不同初始条件下（R_{M0}，ε_{M0}）所对应的三点法导引弹道。

应当指出，等法向加速度曲线族是在某一给定的 v_T、v、H 值下画出来的，如果给出另一组值，将得到另一族形状相似的等法向加速度曲线。

等法向加速度曲线族对于研究弹道上各点的法向加速度（或需用法向过载）十分方便。从图 8-31 中可见，所有的弹道按其相对于主梯度线的位置可分为三组，一组在其右边，一组在其左边，另一组则与主梯度线相交。

8.5.6.1　主梯度线左边的弹道

图 8-31 中的弹道曲线 1，相当于尾追攻击的情况，初始发射的高低角 $\varepsilon_{M0} \geqslant \frac{\pi}{2}$。弹道曲线首先与 $\dot{\theta}$ 较大值的等 $\dot{\theta}$ 曲线相交，之后才与 $\dot{\theta}$ 较小值的等 $\dot{\theta}$ 曲线相交。可见，随着矢径 $\boldsymbol{R}_M$ 的增大，弹道上对应点的法向加速度不断减小，命中点处的法向加速度最小，法向加速度的最大值出现在导引弹道的起点。由式（8-96）可以求得导引弹道起始点，即

$$\begin{cases} R_M = R_{M0} = 0 \\ (a_n)_{\max} = v\dot{\theta}_{\max} = \dfrac{2vv_T}{H}\sin^2\varepsilon_{M0} \end{cases}$$

由于

$$\dot{\varepsilon}_{M0} = \dot{\varepsilon}_{T0} = \frac{v_T}{H}\sin^2\varepsilon_{M0}$$

所以有

$$(a_n)_{\max} = 2v\dot{\varepsilon}_{M0}$$

式中：$\dot{\varepsilon}_{M0}$—— 按三点法导引初始瞬间矢径 R_{M0} 的转动角速度。

当 v_T、H 为常值时，$\dot{\varepsilon}_{M0}$ 取决于初始瞬间矢径 R_{M0} 的高低角 ε_{M0}，ε_{M0} 越接近 $\frac{\pi}{2}$，$\dot{\varepsilon}_{M0}$ 值越大。因此，在主梯度线左边这一组弹道中，最大的法向加速度出现在 $\varepsilon_{M0} = \frac{\pi}{2}$ 时，即 $(a_n)_{\max} = \frac{2vv_T}{H}$。这种情况相对于目标飞临发射阵地上空时才发射导弹。

8.5.6.2　主梯度线右边的弹道

图 8-31 中的弹道曲线 4，相当于迎击目标的情况，初始发射的高低角 $\varepsilon_{M0} < \frac{\pi}{2}$。弹道曲线首先与 $\dot{\theta}$ 较小值的等 $\dot{\theta}$ 曲线相交，之后才与 $\dot{\theta}$ 较大值的等 $\dot{\theta}$ 曲线相交。可见，弹道上各点的法向

加速度随着矢径 $\boldsymbol{R}_M$ 的增大而增大，而在命中点处的法向加速度最大，由式(8-97)求得命中点处的法向加速度为

$$(a_n)_{\max} = v\dot{\theta}_K = \frac{2vv_T}{H}\sin^2\varepsilon_{Tk}\left[1+\frac{\cos\varepsilon_{Tk}}{\sqrt{p^2-\sin^2\varepsilon_{Tk}}}\right]$$

主梯度线右边这组弹道相对于迎击的情况，即目标尚未飞到发射阵地上空时便被击落。在这组弹道中，末段都比较弯曲。其中，弹道曲线 3 在命中点处的法向加速度为最大，该弹道曲线与主梯度线正好相交在命中点。地-空导弹主要采用迎击方式，因此在采用三点法导引时，弹道末段都比较弯曲。

8.5.6.3　与主梯度线相交的弹道

图 8-31 中弹道曲线 2，它介于上述二者之间，最大加速度发生在弹道中段的某一点上。

8.5.7　攻击禁区

所谓攻击禁区是指在此区域内导弹的需用法向过载超过可用法向过载，因此导弹不能沿理想弹道飞行，导致导弹不能直接命中目标。

下面以地-空导弹为例，介绍按三点法导引时由可用法向过载所决定的攻击禁区。

当导弹以等速攻击在铅垂平面内作水平等速直线飞行的目标时，若已知导弹的可用法向过载 n_p，就可以算出相应的可用法向加速度 a_{np} 或转弯速率 $\dot{\theta}_p$，在 v_T、v、H 一定时，根据式(8-96)可以求出一族(R_M，ε_M)值，这样可在极坐标系中作出由导弹可用法向过载所决定的等法向加速度曲线 2，如图 8-32 所示，曲线 2 与目标航迹相交于 E、F 两点，显然，图中阴影区的需用法向过载超过了可用法向过载，故存在由可用法向过载所决定的攻击禁区。在不同初始条件(R_{M0}，ε_{M0})所对应的弹道中，其中弹道曲线 ② 的命中点恰好在 F 点，弹道曲线 ① 与曲线 2 相切于 E 点，即弹道曲线 ① 和 ② 所对应的命中点处的需用法向过载正好等于可用法向过载，于是攻击平面被这两条弹道曲线分割成 Ⅰ、Ⅱ、Ⅲ 3 个区域，由图 8-32 可见：位于 Ⅰ、Ⅲ 区域内的任何一条弹道曲线都不会与曲线 2 相交，即需用法向过载都小于可用法向过载，位于 Ⅱ 区域内的所有弹道曲线，在命中目标之前，必然要与曲线 2 相交，即需用法向过载将超过可用法向过载。因此应禁止导弹进入阴影区。弹道曲线 ①、② 称为极限弹道。如果用 ε_{M01}、ε_{M02} 分别表示 ①、② 两条弹道的初始高低角，则在掌握发射时机时，发射高低角 ε_{M0} 应当选择：

$$\varepsilon_{M0} \geqslant \varepsilon_{M01} \quad \text{或} \quad \varepsilon_{M0} \leqslant \varepsilon_{M02}$$

但是，对于地-空导弹来说，为了阻止目标进入保卫区，总是尽可能采用迎击方式，因此，选择的发射高低角应为 $\varepsilon_{M0} \leqslant \varepsilon_{M02}$。

以上讨论的是由可用法向过载所决定的等法向加速度曲线与目标航迹相交的情况。如果可用法向过载相当大，对应的等法向加速度曲线(见图 8-32 中曲线 1)与目标航迹不相交。这时，不管以多大高低角发射。弹道上每一点的需用法向过载均小于可用法向过载。从法向过载的角度来看，这种情况不存在攻击禁区。

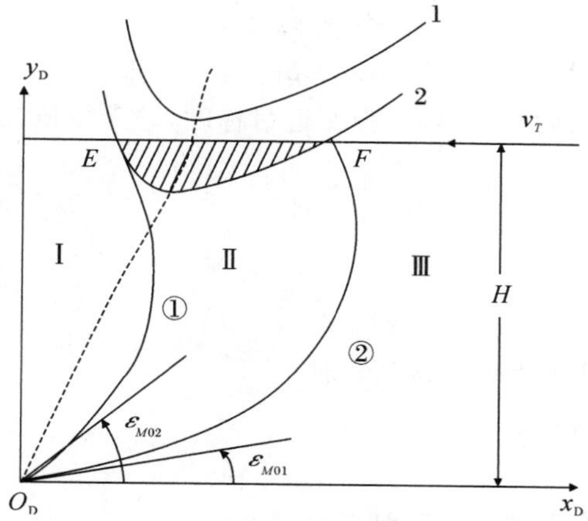

图 8-32　由可用法向过载决定的攻击禁区

8.5.8　三点法导引的优缺点

综上所述，三点法导引最显著的优点是技术实施简单、抗干扰性能好。对射击低速目标；射击从高空向低空滑行或俯冲的目标；被射击的目标释放干扰，导弹制导站不能测量到目标信息时；制导雷达波束宽度或扫描范围很窄时，在这些范围内应用三点法不仅简单易行，而且其性能往往优于其他一些制导规律。它是地-空导弹使用较多的导引方法之一。

但是，三点法导引也存在明显的缺点。首先，弹道较弯曲，迎击目标时，越是接近目标，弹道就越弯曲，需用法向过载就越大，命中点的需用法向过载达到最大。这对攻击高空和高速目标很不利。因为随着高度增加，空气密度迅速减小，由空气动力所提供的法向力也大大下降，使导弹的可用法向过载减小。又由于目标速度大，导弹的需用法向过载也相应增大。这样，在接近目标时，可能出现导弹的可用法向过载小于需用法向过载的情况，导致导弹脱靶。

其次，动态误差难以补偿。动态误差是指制导系统过渡过程中复现输入时的误差。由于目标机动、导弹运动干扰等影响，制导回路实际上没有稳定状态，所以总会有动态误差。理想弹道越弯曲，引起的动态误差就越大。为了消除误差，需要在指令信号中加入补偿信号，这时，必须测量目标机动时的坐标及其一阶、二阶导数。由于来自目标的反射信号有起伏现象，以及接收机有干扰等原因，致使制导站测量的坐标不准确；如果再引入坐标的一阶和二阶导数，就会出现更大的误差，结果使形成的补偿信号不准确，甚至不易形成。因此，在三点法导引中，由于目标机动所引起的动态误差难于补偿，往往会形成偏离波束中心线十几米的动态误差。

另外，导弹按三点法导引攻击低空目标时，其发射角很小，导弹离轨时的飞行速度也很小，这时的操纵效率也比较低，空气动力所能提供的法向力也比较小，因此导弹离轨后可能有下沉现象。在初始段弹道比较低伸的情况下，若又存在较大下沉，则会引起导弹碰地。为了克服这一缺点，有的地-空导弹在攻击低空目标时，采用了小高度三点法，目的是提高初始段弹道高度（见图 8-33）。小高度三点法是在三点法上加入一项前置偏差量。小高度三点法制导规律的表达式为

$$\begin{cases}\varepsilon_M = \varepsilon_T + \Delta\varepsilon \\ \beta_M = \beta_T\end{cases}$$

式中:前置偏差量 $\Delta\varepsilon$ 随时间而衰减,当导弹接近目标时,趋于零值。$\Delta\varepsilon$ 的表达形式可采用

$$\Delta\varepsilon = \frac{h_\varepsilon}{R_M} e^{-\frac{t-t_f}{\tau}}$$

或

$$\Delta\varepsilon = \Delta\varepsilon_0 e^{-k\left(\frac{R_M}{R_T}\right)}$$

式中:h_ε、τ —— 在给定的弹道上取为常值;

$\Delta\varepsilon_0$ —— 初始前置偏差量;

k —— 正的常值;

t_f —— 一般为导弹进入波束的时间;

t —— 导弹飞行时间。

由于小高度三点法中加入一项前置偏差量 $\Delta\varepsilon$,在导弹飞行中,$\Delta\varepsilon$ 是正的,而其变化率为负值,所以,小高度三点法的初始段飞行弹道比三点法的弹道要高(见图 8-33)。

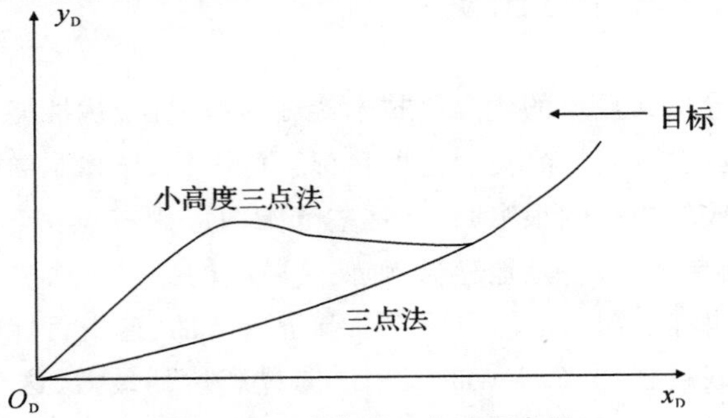

图 8-33　小高度三点法示意图

8.6　前置量导引法

由三点法导引弹道特性可以看出,三点法导引弹道比较弯曲,需用法向过载比较大。为了改善遥控制导导弹的导引弹道特性,就需要寻找能使弹道比较平直,特别是能使末段弹道比较平直的其他导引方法。

由追踪法和平行接近法的分析比较中可以看出:平行接近法中导弹速度矢量不指向目标,而是沿着目标飞行方向超前目标瞄准线一个角度,就可以使得平行接近法比追踪法的弹道平直。同理,遥控制导导弹也可以采用某一个前置量,使得弹道平直些。这里所指的前置量就是导弹与制导站连线超前目标与制导站连线一个角度。这类导引方法称为前置量法,也称为角度法或矫直法。

8.6.1　前置量法

所谓前置量法就是指在整个导引过程中，导弹-制导站连线始终超前于目标-制导站连线，这两条连线间的夹角是按某种规律变化的。

8.6.1.1　导引关系方程

采用雷达坐标系建立导引关系方程。按前置量法导引，导弹的高低角 ε_M 和方位角 β_M 应分别超前于目标的高低角 ε_T 和方位角 β_T 一个角度，如图 8-34 所示。

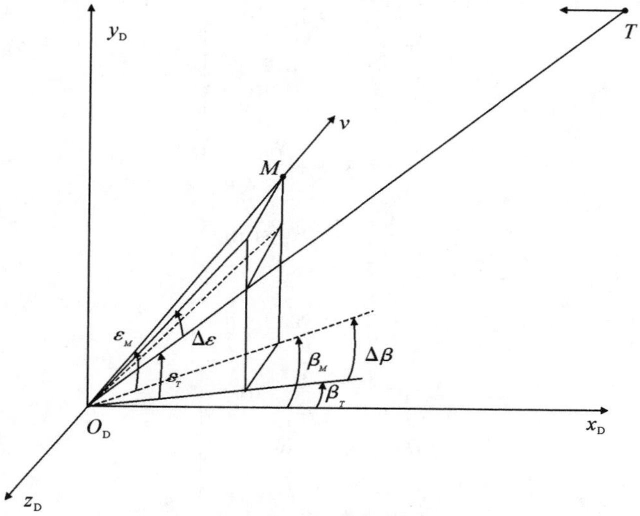

图 8-34　前置量法

下面研究攻击平面为铅垂面的情况。根据前置量法导引的定义，有

$$\varepsilon_M = \varepsilon_T + \Delta\varepsilon \tag{8-98}$$

式中：$\Delta\varepsilon$—— 前置角。

导弹直接命中目标时，目标和导弹分别相对于制导站的距离之差 $\Delta R = R_T - R_M$ 应为零，$\Delta\varepsilon$ 也应为零。为满足这两个条件，$\Delta\varepsilon$ 与 ΔR 之间应有如下关系：

$$\Delta\varepsilon = C_\varepsilon \Delta R$$

这样，式(8-98) 可表示为

$$\varepsilon_M = \varepsilon_T + C_\varepsilon \Delta R \tag{8-99}$$

前置量法中，函数 C_ε 的选择应尽量使得弹道平直。若导弹高低角随时间的变化率 $\dot{\varepsilon}_M$ 为零，则导弹的绝对弹道为直线弹道。要求全弹道上 $\dot{\varepsilon}_M \equiv 0$ 是不现实的，一般只能要求导弹在接近目标时 $\dot{\varepsilon}_M$ 趋于零，这样就可以使弹道末段平直些。因此，这种导引方法又称为矫直法。下面根据这一要求来确定 C_ε 的表达式。式(8-99) 对时间求一阶导数得

$$\dot{\varepsilon}_M = \dot{\varepsilon}_T + \dot{C}_\varepsilon \Delta R + C_\varepsilon \Delta\dot{R}$$

式中：$\dot{C}_\varepsilon = \dfrac{\mathrm{d}C_\varepsilon}{\mathrm{d}t}$；$\Delta\dot{R} = \dfrac{\mathrm{d}\Delta R}{\mathrm{d}t}$。

在命中点处，$\Delta R = 0$ 并要求 $\dot{\varepsilon}_M = 0$，代入上式后得到

$$C_\varepsilon = -\frac{\dot{\varepsilon}_T}{\Delta \dot{R}}$$

因此，前置量法的导引关系方程为

$$\varepsilon_M = \varepsilon_T - \frac{\dot{\varepsilon}_T}{\Delta \dot{R}} \Delta R \tag{8-100}$$

8.6.1.2 相对运动方程组

设制导站静止，攻击平面为通过制导站的铅垂平面，在此平面内目标作机动飞行，导弹作变速飞行，参照图 8-35，前置量法导引相对运动方程组为

$$\left.\begin{aligned}
&\frac{dR_M}{dt} = v\cos\eta \\
&R_M \frac{d\varepsilon_M}{dt} = -v\sin\eta \\
&\frac{dR_T}{dt} = v_T\cos\eta_T \\
&R_T \frac{d\varepsilon_T}{dt} = -v_T\sin\eta_T \\
&\varepsilon_M = \theta + \eta \\
&\varepsilon_T = \theta_T + \eta_T \\
&\varepsilon_M = \varepsilon_T - \frac{\dot{\varepsilon}_T}{\Delta \dot{R}} \Delta R \\
&\Delta R = R_T - R_M \\
&\Delta \dot{R} = \dot{R}_T - \dot{R}_M
\end{aligned}\right\} \tag{8-101}$$

当目标运动规律 $v_T(t)$、θ_T 和导弹速度的变化规律 $v(t)$ 为已知时，上述方程组包含 9 个未知参数：R_M、R_T、ε_M、ε_T、η、η_T、θ、ΔR、$\Delta \dot{R}$。方程组式(8-101) 有 9 个方程，因此是封闭的。

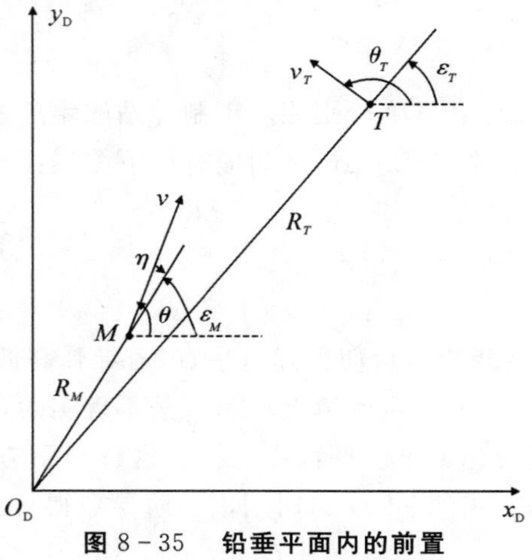

图 8-35 铅垂平面内的前置

8.6.1.3 导弹的转弯速率

方程组式(8-101) 的第二式可改写为

$$R_M \frac{\mathrm{d}\varepsilon_M}{\mathrm{d}t} = -v\sin\eta = v\sin(\theta - \varepsilon_M)$$

对上式求一阶导数，得

$$\dot{R}_M\dot{\varepsilon}_M + R_M\ddot{\varepsilon}_M = \dot{v}\sin(\theta - \varepsilon_M) + v(\dot{\theta} - \dot{\varepsilon}_M)\cos(\theta - \varepsilon_M)$$

方程组式(8－101)中第一、第二式可改写为

$$\begin{cases} \sin(\theta - \varepsilon_M) = \dfrac{R_M\dot{\varepsilon}_M}{v} \\ \cos(\theta - \varepsilon_M) = \dfrac{\dot{R}_M}{v} \end{cases}$$

代入上式整理后得

$$\dot{\theta} = \left(2 - \frac{\dot{v}R_M}{v\dot{R}_M}\right)\dot{\varepsilon}_M + \frac{R_M}{\dot{R}_M}\ddot{\varepsilon}_M \tag{8-102}$$

由式(8－102)可见，转弯速率 $\dot{\theta}$ 不仅与 $\dot{\varepsilon}_M$ 有关，而且还与 $\ddot{\varepsilon}_M$ 有关。在命中点处，由于 $\dot{\varepsilon}_M = 0$，由式(8－102)可得到

$$\dot{\theta}_K = \left(\frac{R_M}{\dot{R}_M}\ddot{\varepsilon}_M\right)_{t=t_K} \tag{8-103}$$

式(8－103)表明：$\dot{\theta}_K$ 不为零，即导弹在命中点附近的弹道并非直线，但是 $\dot{\theta}_K$ 值很小，即命中点附近的弹道接近于直线弹道，因此“矫直”的意思并不是直线弹道，只是在接近命中点时，弹道较为平直而已。

为了比较前置量法和三点法在命中点处的转弯速率 $\dot{\theta}_K$(或需用法向过载)，将导引关系方程式(8－100)求二阶导数，并考虑到命中点的条件 $\Delta R = 0$，$\varepsilon_M = \varepsilon_T$，$\dot{\varepsilon}_M = 0$，得到

$$\ddot{\varepsilon}_{MK} = \left(-\ddot{\varepsilon}_T - \frac{\dot{\varepsilon}_T - \Delta\ddot{R}}{\Delta\dot{R}}\right)_{t=t_K} \tag{8-104}$$

再对方程组式(8－101)中第四式求一阶导数，同时考虑命中点条件，可得

$$\ddot{\varepsilon}_{TK} = \left[\frac{1}{R_T}\left(\frac{R_T\dot{v}_T\dot{\varepsilon}_T}{v_T} + R_T\theta_T - 2\dot{R}_T\dot{\varepsilon}_T\right)\right]_{t=t_K} \tag{8-105}$$

将式(8－105)代入式(8－104)中，并将其结果代入式(8－103)中，则命中点处导弹的转弯速率为

$$\dot{\theta}_K = \left[\frac{\dot{\varepsilon}_T}{\dot{R}_M}\left(2\dot{R}_T + \frac{\Delta\ddot{R}R_T}{\Delta\dot{R}}\right) - \frac{\dot{v}_T}{\dot{R}_M}\sin(\theta_T - \varepsilon_T) - \frac{R_T\dot{\theta}_T}{\dot{R}_M}\right]_{t=t_K} \tag{8-106}$$

由式(8－106)可见，导弹在命中点处的转弯速率 $\dot{\theta}_K$ 仍受目标机动的影响，这是不利的。因为目标机动，使得 $\dot{v}_T$、$\dot{\theta}_T$ 值都不易测量，难以形成补偿信号来修正弹道，势必引起动态误差。特别是 $\dot{\theta}_T$ 的影响更大，通常，目标机动飞行的 $\dot{\theta}_T$ 可达 0.03～0.1 rad/s，这样的数值是比较大的。

将式(8－106)和三点法导引命中目标点处的转弯速率的表达式(8－94)进行比较。可以看出，同样的目标机动动作，即同样的 $\dot{v}_T$、$\dot{\theta}_T$ 值，在三点法导引中对导弹命中点处转弯速率的影响与前置量法导引中所造成的影响正好相反，即若在三点法导引中为正，则在前置量法导引中为负。因此，就可能存在介于三点法和前置量法导引之间的某种导引规律，按这种导引规律，目标角度对命中点处的转弯速率的影响为零，这种导引规律就是半前置量法。

8.6.2 半前置量法

假设制导站静止，攻击平面为通过制导站的铅垂平面。三点法和前置量法的导引关系方程可写成通式：

$$\varepsilon_M = \varepsilon_T + \Delta\varepsilon = \varepsilon_T - A_\varepsilon \frac{\dot{\varepsilon}_T}{\Delta\dot{R}} \Delta R \tag{8-107}$$

显然，式(8-107)中：当 $A_\varepsilon = 0$ 时，是三点法；当 $A_\varepsilon = 1$ 时，是前置量法。半前置量法是介于三点法与前置量法之间的导引方法，其系数 A_ε 也应介于 $0 \sim 1$ 之间。那么 A_ε 为何值时才能使命中点处导弹的转弯速率与目标机动性无关呢？

式(8-107)对时间求一阶和二阶导数，并代入命中点的条件，即 $\Delta R = 0, \varepsilon_M = \varepsilon_T$，则可得

$$\dot{\varepsilon}_{MK} = \dot{\varepsilon}_{TK}(1 - A_\varepsilon) \tag{8-108}$$

$$\ddot{\varepsilon}_{MK} = \left[\ddot{\varepsilon}_T(1 - 2A_\varepsilon) + A_\varepsilon \frac{\dot{\varepsilon}_T \Delta\ddot{R}}{\Delta\dot{R}}\right]_{t=t_K} \tag{8-109}$$

将式(8-105)代入式(8-109)中，并将其结果同式(8-108)一起代入式(8-102)(在命中点处取值)中，则得到

$$\dot{\theta}_K = \left\{\left(2 - \frac{\dot{v}R_M}{v\dot{R}_M}\right)\dot{\varepsilon}_T(1 - A_\varepsilon) + \frac{R_M}{\dot{R}_M}\left[\frac{1}{R_T}\left(-2\dot{R}_T\dot{\varepsilon}_T + \frac{\dot{v}_T R_T \dot{\varepsilon}_T}{v_T} + \dot{\theta}_T \dot{R}_T\right)(1 - 2A_\varepsilon) + A_\varepsilon \frac{\dot{\varepsilon}_T \Delta\ddot{R}}{\Delta\dot{R}}\right]\right\}_{t=t_K}$$

由上式可以看出，若选取 $A_\varepsilon = \dfrac{1}{2}$，则可消除目标机动($v_T, R_T, \dot{\theta}_T$)对 $\dot{\theta}_K$ 的影响，这时有

$$\dot{\theta}_K = \left\{\frac{\dot{\varepsilon}_T}{2}\left[\left(2 - \frac{\dot{v}R_M}{v\dot{R}_M}\right) + \frac{R_M \Delta\ddot{R}}{\dot{R}_M \Delta\dot{R}}\right]\right\}_{t=t_K} \tag{8-110}$$

将 $A_\varepsilon = \dfrac{1}{2}$ 代入式(8-107)中，则得到半前置量法导引关系方程为

$$\varepsilon_M = \varepsilon_T - \frac{1}{2}\frac{\dot{\varepsilon}_T}{\Delta\dot{R}} \Delta R \tag{8-111}$$

在半前置量法导引中，由于目标机动($\dot{v}_T, \dot{\theta}_T$)对命中点处的转弯速率(或需用法向过载)没有影响，从而减小了动态误差，提高了导引准确度。因此，从理论上说，半前置量法导引是遥控制导中比较好的一种导引方法。

综上所述，命中点处过载不受目标机动的影响，这是半前置量法导引最显著的特点。但是，要实现半前置量法导引，就需要不断的测量导弹和目标的矢径 R_M、R_T，高低角 ε_M、ε_T 及其导数 $\dot{R}_M$、$\dot{R}_T$、$\dot{\varepsilon}_T$ 等参数，以便不断形成指令信号。这样，就使得制导系统地结构比较复杂，技术实施也比较困难。在目标施放积极干扰，造成假象的情况下，导弹的抗干扰性能较差，甚至可能造成很大的起伏误差。

8.6.3　一种实现半前置量导引的方法

采用无线电波束制导，实现前置量或半前置量法导引，若用两部雷达，分别跟踪目标和制导导弹，则制导站设备庞大，不利于提高武器系统的机动性。因此，一般只用一部雷达，既跟踪目标又制导导弹。由于雷达波束的扫描角有一定范围，导弹必须处在扫描角范围内才能受控。要实现此种方案，$\Delta\varepsilon(\Delta\beta)$ 前置量就要受波束扫描角的限制（见图 8－36）。若雷达波束中心线（即等强度线）正好对准目标，则 $\Delta\varepsilon(\Delta\beta)$ 不能大于扫描角的一半；否则，导弹就要失控。

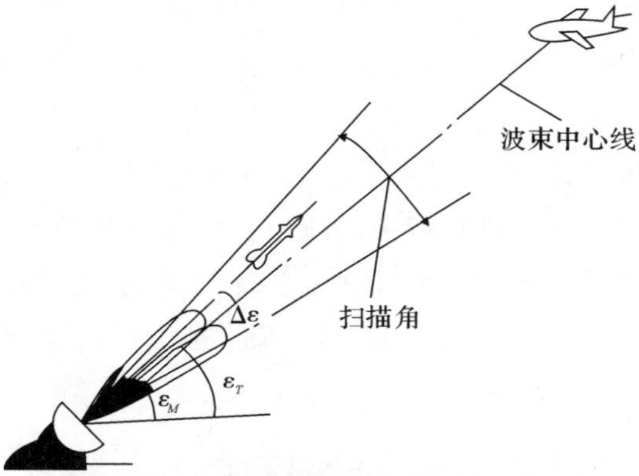

图 8－36　Δε 受波束扫描角限制的示意图

此外，限制前置量 $\Delta\varepsilon(\Delta\beta)$ 的初始值对减小初始段导引偏差也是有利的。如果初始段前置量大，势必引起需要法向加速度的变化率较大，动态误差也较大。

在敌机施放干扰，半前置量法导引无法实现时，要转换采用三点法。为了实现转换，希望半前置量导引采用的发射规律尽可能地与三点法导引的发射规律相近，由此对前置量加以限制也是必要的。

半前置量 $\Delta\varepsilon=-\dfrac{1}{2}\dfrac{\dot{\varepsilon}_T}{\Delta\dot{R}}\Delta R$ 中，比值$\dfrac{\dot{\varepsilon}_T}{\Delta\dot{R}}$在导引过程中变化较小，因此，$\Delta\varepsilon$ 主要是按 ΔR 的变化规律变化的。而 ΔR 值是先大后小，即弹道末段的 ΔR 较小，这时 $\Delta\varepsilon$ 小于扫描角的一半容易得到满足；但是在导弹开始受控时，ΔR 值很大，因而有可能使 $\Delta\varepsilon$ 超出波束扫描角的一半的限制范围。因此，在导引关系方程式(8－111) 中，需对 ΔR 的上限值加以限制；但是，$|\Delta\dot{R}|$ 值也不能太小，否则，$\Delta\varepsilon(\Delta\beta)$ 仍可能超过扫描角一半的限制范围。因此，又要对 $|\Delta\dot{R}|$ 的下限值加以限制（即对 $\Delta\dot{R}$ 限定上限值）。限制以后的半前置量法导引的关系方程可改写为

$$\varepsilon_M=\varepsilon_T-\frac{1}{2}\frac{\dot{\varepsilon}_T}{\overline{\Delta\dot{R}}}\overline{\Delta R}\tag{8-112}$$

式中：$\overline{\Delta R}$ —— 对 ΔR 的上限值加以限制后的量；

$\overline{\Delta\dot{R}}$ —— 对 $\Delta\dot{R}$ 的上限值（即 $|\Delta\dot{R}|$ 的下限值）加以限制后的量。

8.6.3.1　对 ΔR 的限制

ΔR 值的上限限制可以用 $\overline{\Delta R}=S\cdot\Delta R$ 表示，式中：S 为限制函数。

限制函数 S 应满足以下要求：

(1) 对弹道初始段 $\Delta\varepsilon$ 起限制作用，而对后段的限制作用越来越小，才能保证弹道接近目标

时体现出半前置量法导引的特点。因此，接近目标时，取 $S\to 1$，同时，为避免 $\Delta\varepsilon$ 为负值而出现“后置”(“后置”会使弹道性能变坏)，又要求 $S\geqslant 0$。因而，S 的取值范围为

$$0\leqslant S\leqslant 1$$

(2) 限制函数 S 的形式应尽可能简单。不要因限制函数的引入而使制导站的解算装置需作复杂的运算，以精简设备，减小误差。

(3) 引进限制函数后，对整个弹道上需用法向加速度的影响应尽量使之合理，即在弹道上需用法向加速度变化要比较均匀。

从上述要求出发，选择限制函数 S 为

$$S=1-\frac{\Delta R}{R_q}$$

式中：R_q—— 常数。

R_q 值选取的大小直接关系到前置量 $\Delta\varepsilon$ 的大小，首先，要求 $R_q\geqslant(\Delta R)_{\max}$，否则，当 $S<0$ 时，将出现“后置”。但 R_q 值也不能选取过大，否则，当 S 接近于 1 时，对 $\Delta\varepsilon$ 的限制就不明显，甚至可能出现 $\Delta\varepsilon$ 超过扫描角的一半的危险。因此，在确定 R_q 时，首先应根据对前置量 $\Delta\varepsilon$ 限制的要求和法向加速度较均匀变化的条件，找出 R_q 的某一范围，然后考虑解算装置中实现的难易程度等因素，从中确定某一值，于是有

$$\overline{\Delta R}=\Delta R\left(1-\frac{\Delta R}{R_q}\right) \tag{8-113}$$

此式是抛物线方程，$\overline{\Delta R}=f(\Delta R)$ 的关系如图 8-37 所示。

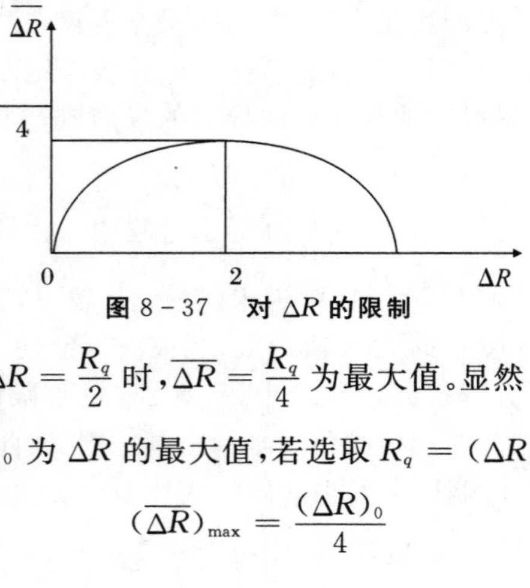

图 8-37　对 ΔR 的限制

由式(8-113)可见，当 $\Delta R=\frac{R_q}{2}$ 时，$\overline{\Delta R}=\frac{R_q}{4}$ 为最大值。显然，当弹道受控时，目标和导弹分别与制导站距离之差 $(\Delta R)_0$ 为 ΔR 的最大值，若选取 $R_q=(\Delta R)_0$，则有

$$(\overline{\Delta R})_{\max}=\frac{(\Delta R)_0}{4}$$

8.6.3.2 对 $\Delta\dot{R}$ 的限制

对 $\Delta\dot{R}$ 上限值的限制可以用下式表示：

$$\overline{\Delta\dot{R}}=\begin{cases}(\Delta\dot{R})_{\max},\Delta\dot{R}\geqslant(\Delta\dot{R})_{\max}\\ \Delta\dot{R},\Delta\dot{R}<(\Delta\dot{R})_{\max}\end{cases}$$

式中：$(\Delta\dot{R})_{\max}$—— 根据设计要求选择的某一数值，上述限制关系 $\overline{\Delta\dot{R}}=f(\Delta\dot{R})$ 表示在图8-38 中。

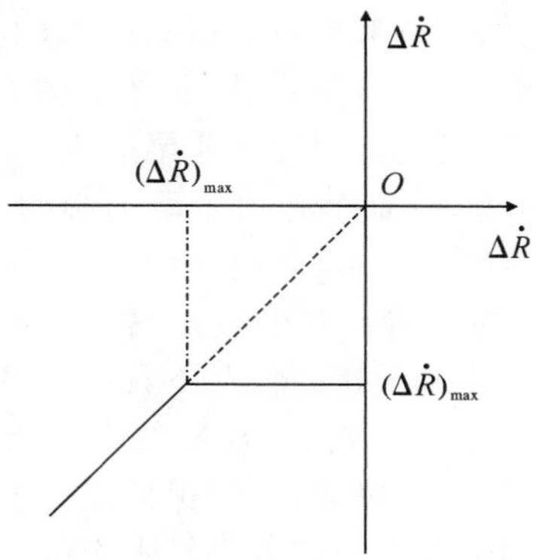

图 8－38　对 $\Delta\dot{R}$ 的限制

经过对 $\Delta\dot{R}$ 的限制之后，半前置量法的导引关系方程可写为

$$\varepsilon_M = \varepsilon_T - \frac{1}{2}\frac{\dot{\varepsilon}_T}{\Delta\dot{R}}\Delta R\left(1 - \frac{\Delta R}{R_q}\right)$$

假设发射瞬时导弹就开始受控，则 $\Delta R = (\Delta R)_0$，并取 $R_q = (\Delta R)_0$。由上式可得 $\varepsilon_M = \varepsilon_T$，此即弹道前段为三点法导引，弹道弯曲些，但在接近目标时，即 $\left(1 - \frac{\Delta R}{R_q}\right) \to 1$，则又实现了半前置量法导引，此时目标机动对弹道末段的需用法向过载的影响已逐渐减小，命中点处已无直接影响。

8.7　选择导引方法的基本要求

本章介绍了包括自动瞄准制导、遥控制导在内的几种常见的导引方法及其弹道特性。显然，导弹的弹道特性与所采用的导引方法有很大关系。如果导引方法选择得合适，就能改善导弹的飞行特性，充分发挥导弹武器系统的作战性能。因此，选择合适的导引方法或改善现有导引方法存在的某些弊端并寻找新的导引方法是研究导弹制导方式重要课题之一。在选择导引方法时，需要从导弹的飞行性能、作战空域、技术实施、制导精度、制导设备和战术使用等方面的要求进行综合考虑。

(1) 弹道需用法向过载要小，变化应均匀，特别是在与目标相遇区，需用法向过载应趋于零。需用法向过载小，一方面可以提高制导精度、缩短导弹命中目标所需的航程和时间，进而扩大导弹作战空域；另一方面，可用法向过载可以相应减小，这对于用空气动力进行操纵的导弹来说，升力面面积可以缩小，相应地导弹的结构质量也可以减轻。所选择的导引方法至少应该考虑需用法向过载要小于可用法向过载，可用法向过载与需用法向过载之差应具有足够的富余量，且应满足以下条件：

$$n_p \geqslant n_R + \Delta n_1 + \Delta n_2 + \Delta n_3$$

式中：n_p—— 导弹的可用法向过载；

n_R—— 导弹的弹道需用法向过载；

Δn_1—— 导弹为消除随机干扰所需的过载；

Δn_2—— 消除系统误差所需的过载；

Δn_3—— 补偿导弹纵向加速度所需的过载(对自动瞄准制导而言)。

(2) 适合于尽可能大的作战空域杀伤目标的要求。空中活动目标的高度和速度可在相当大的范围内变化。在选择导引方法时，应考虑目标运动参数的可能变化范围，尽量使导弹能在较大的作战空域内攻击目标。对于空-空导弹来说，所选择的导引方法应使导弹具有全向攻击的能力。对于地-空导弹来说，不仅能迎击，而且还能尾追或侧击目标。

(3) 当目标机动时，对导弹弹道，特别是弹道末段的影响为最小，即导弹需要付出相应的机动过载要少。这将有利于提高导弹导向目标的精度。

(4) 抗干扰能力强。空中目标为逃避导弹的攻击，常施放干扰来破坏导弹对目标的跟踪。因此，所选择的导引方法应在目标施放干扰的情况下具有对目标进行顺利攻击的可能性。

(5) 在技术实施上应简易可行。导引方法所需要的参数能够用测量方法得到，需要测量的参数数目应尽量少，并且测量起来简单、可靠，以便保证技术上容易实现，系统结构简单、可靠。

本章所介绍的遥控制导、自动瞄准制导的各种导引方法都存在着自己的缺点。为了弥补单一导引方法的不足，提高导弹的命中精度，在攻击较远距离的活动目标时，常常把几种导引规律组合起来使用，这就是复合制导。复合制导分为串联复合制导和并联复合制导。

串联复合制导是指在一段弹道上采用一种导引方法，而在另一段弹道上采用另一种导引方法。一般来说，可将制导过程分为四段：发射起飞段、巡航段（中制导段）、交接段和攻击段（末制导段）。例如，串联复合制导可以是中制导段采用遥控实现三点法导引，末制导段采用自动瞄准实现比例导引法。

并联复合制导是在同一段弹道上同时采用不同的两种导引方法。可能有：纵平面采用自主控制，侧平面采用遥控制导；或者纵平面为遥控制导，侧平面为自动瞄准制导；等等。

当前应用最多的是串联复合制导。例如，苏联的“萨姆-4”导弹用无线电指令＋雷达半主动自动瞄准，法国的“飞鱼”导弹采用惯性导航＋雷达主动式自动瞄准，美国的“潘兴Ⅱ”采用惯性导航＋末制导图像匹配，等等。由于复合制导是由单一制导叠加而成的，当利用某一种导引方法进行制导时，其弹道特性与单一导引方法制导时完全相同，所以，对于复合制导导弹运动特性的研究，主要是研究过渡段，即研究由一种导引方法所确定的弹道向另一种导引方法所确定的弹道过渡时的过渡特性，即交接点的弹道平滑问题、交接段的控制误差与补偿等。

8.8 导引运动方程组

本章已经研究了几种常见导引方法的弹道方程及其弹道特性。它们是采用运动学分析的方法，把导弹和目标的运动看成是质点的运动，制导系统的工作是理想的，目标的运动规律和导弹速度的变化规律是已知的时间函数，导弹的运动遵循所选择的导引关系。显然，导弹导引运动方程组中的运动学方程与其余方程无关，可以独立研究。在导弹初步设计阶段，为了近似地确定有关设计参数并分析其弹道特性，采用运动学分析是简易可行的方法。但在弹道设计阶段，则需要精确地选择设计参数，其中在进行导引弹道计算时，需要将目标运动学方程、导弹的动力学方程、描述导弹相对目标（或制导站）运动的运动学方程、导引关系方程综合进行研究。

下面分别以某地-空导弹和空-空导弹为例，建立导引运动方程组。

8.8.1 地-空导弹导引运动方程组

设某地空导弹的攻击平面是倾斜平面，攻击平面与地面之间的夹角为 ε_H，航路捷径（即制导站到目标航向在地面上的投影的垂直距离）为 h，制导站静止，地面坐标系的原点与制导站重合(见图 8-39)。

8.8.1.1　目标运动学方程组

对于地-空导弹来说，攻击的主要目标有轰炸机、高空侦察机和飞航式导弹。对于这类目标，一般近似地认为是作水平等速直线飞行(尤其是在被攻击的有限时间内)，其飞行速度 v_T、飞行高度 H_T 和航路捷径 h 均为已知，选取 $O_D x_D$ 轴平行于目标的航迹，则 $\sigma_T=\pi$，导引起始瞬间目标的位置(x_{D_T0}，y_{D_T0}，z_{D_T0}) 为已知。参照图 8-39 建立目标的运动学方程为

$$\left.\begin{aligned}
x_{D_T} &= x_{D_T0} - v_T t \\
y_{D_T} &= H_T \\
z_{D_T} &= -h \\
\dot{R}_T &= \sqrt{x_{D_T}^2 + y_{D_T}^2 + z_{D_T}^2} = \sqrt{x_{D_T}^2 + H_T^2 + h^2} \\
\varepsilon_T &= \arcsin\left(\frac{H_T}{R_T}\right) \\
\beta_T &= \arcsin\left(\frac{h}{R_T\cos\varepsilon_T}\right) \\
\dot{R}_T &= -v_T\cos\beta_T\cos\varepsilon_T \\
\dot{\varepsilon}_T &= \frac{v_T\cos\beta_T\sin\varepsilon_T}{R_T} \\
\dot{\beta}_T &= \frac{v_T\sin\beta_T}{R_T\cos\varepsilon_T} \\
q_T &= \arccos(\cos\beta_T\cos\varepsilon_T) \\
\dot{q}_T &= \frac{v_T\sin q_T}{R_T} \\
\ddot{q}_T &= -\frac{2\dot{q}_T\dot{R}_T}{R_T}
\end{aligned}\right\} \qquad (8-114)$$

该方程组含有 12 个未知数：x_{D_T}、y_{D_T}、z_{D_T}、R_T、ε_T、β_T、$\dot{R}_T$、$\dot{\varepsilon}_T$、$\dot{\beta}_T$、q_T、$\dot{q}_T$、$\ddot{q}_T$，与方程组中的方程数相等，只要给出初始条件，就可独立求解。显然，当目标作机动飞行时，其运动方程组也要作相应改变。

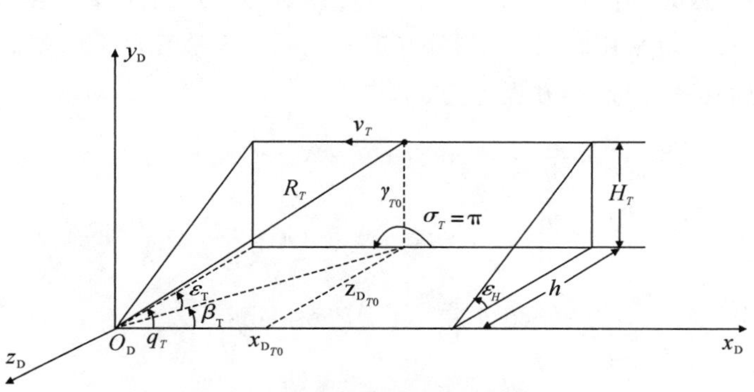

图 8-39　目标在倾斜平面内运动

8.8.1.2　导弹相对制导站的运动学方程

假设导弹速度矢量也在倾斜平面内，由图 8-40 建立导弹相对制导站的运动学方程为

$$
\left.\begin{aligned}
\dot{R}_M &= v\cos\eta \\
\dot{q}_M &= -\frac{v\sin\eta}{R_M} \\
\ddot{q}_M &= -\frac{\dot{v}\sin\eta + \dot{R}_M(\dot{q}_M + \dot{\eta})}{R_M} \\
\sigma &= q_M - \eta \\
\dot{\sigma} &= \dot{q}_M - \dot{\eta} \\
\dot{\eta} &= \tan\eta\left(\frac{\dot{R}_M}{R_M} - \frac{\dot{v}}{v} + \frac{\ddot{q}_M}{\dot{q}_M}\right) \\
\theta &= \arcsin(\sin\sigma\sin\varepsilon_H) \\
\psi_v &= \arctan(\tan\sigma\cos\varepsilon_H) \\
\dot{\theta} &= \dot{\sigma}\cot\sigma\tan\theta \\
\dot{\psi}_v &= \frac{\dot{\sigma}\cos\varepsilon_H}{\cos^2\theta} \\
x_{D_M} &= R_M\cos q_M \\
y_{D_M} &= R_M\cos q_M\sin\varepsilon_H \\
z_{D_M} &= -R_M\sin q_M\cos\varepsilon_H
\end{aligned}\right\} \tag{8-115}
$$

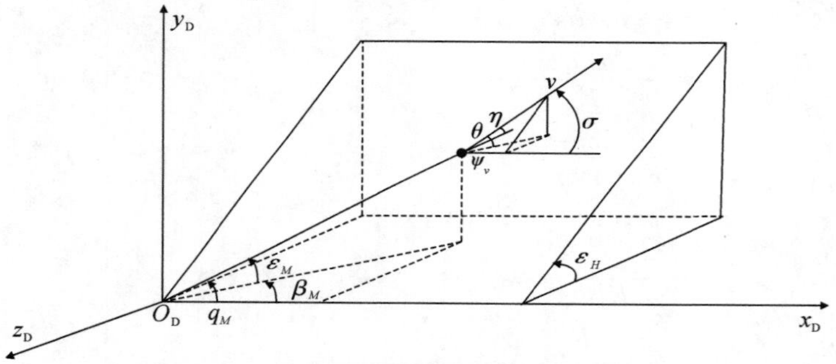

图 8-40　在倾斜平面内导弹相对制导站运动

8.8.1.3 导弹运动方程组

如果导弹的倾斜稳定回路是理想的工作，就可以认为导弹是无倾斜运动。研究导弹的导引弹道特性时，为了简化，可采用瞬时平衡假设(定义见 6.2.1 节)。那么由第 2 章所学过的知识，就可以写出导弹质心的空间运动方程组为

$$
\left.\begin{aligned}
m\frac{\mathrm{d}v}{\mathrm{d}t} &= P\cos\alpha\cos\beta - X - G\sin\theta \\
mv\frac{\mathrm{d}\theta}{\mathrm{d}t} &= P\sin\alpha + Y - G\cos\theta \\
-mv\cos\theta\frac{\mathrm{d}\psi_v}{\mathrm{d}t} &= -P\cos\alpha\sin\beta + Z \\
\alpha &= -\frac{m_{z_t}^{\delta_z}}{m_{z_t}^{\alpha}}\delta_z
\end{aligned}\right\} \tag{8-116}
$$

$$\left.\begin{aligned}
&\beta=-\frac{m_{y_t}^{\delta_y}}{m_{y_t}^{\beta}}\delta_y\\
&\frac{\mathrm{d}x_D}{\mathrm{d}t}=v\cos\theta\cos\psi_v\\
&\frac{\mathrm{d}y_D}{\mathrm{d}t}=v\sin\theta\\
&\frac{\mathrm{d}z_D}{\mathrm{d}t}=-v\cos\theta\sin\psi_v\\
&\frac{\mathrm{d}G}{\mathrm{d}t}=-\frac{P}{I_s}\\
&P=P_0+S_a(p_0-p_H)\\
&H=H_0+y_D\\
&n_y=\frac{v}{g}\dot{\theta}+\sin\theta\\
&n_z=-\frac{v}{g}\dot{\psi}_v\cos\theta\\
&m=\frac{G}{g_H}
\end{aligned}\right\}\tag{8-116}$$

式中：I_s—— 比推力（每消耗 1 kg 的燃料所产生的推力），其单位是 s；

H_0—— 发射点海拔高度；

H—— 导弹所处的海拔高度；

S_a—— 发动机喷管出口处的横截面积；

P_0—— 在地面，发动机喷口周围的大气静压强；

p_H—— 导弹所处高度的大气压强；

g_H—— 导弹所处高度的重力加速度。

8.8.1.4　导引关系方程

若采用的导引规律是三点法或半前置量法，导引关系方程分别如下：

(1) 三点法导引时为

$$\left.\begin{aligned}
q_M&=q_T\\
\dot{q}_M&=\dot{q}_T\\
\ddot{q}_M&=\ddot{q}_T
\end{aligned}\right\}\tag{8-117}$$

(2) 半前置量法导引时为

$$\left.\begin{aligned}
q_M&=q_T+\Delta q\\
\dot{q}_M&=\dot{q}_T+\Delta\dot{q}\\
\ddot{q}_M&=\ddot{q}_T+\Delta\ddot{q}
\end{aligned}\right\}\tag{8-118}$$

式中：$\Delta q=-\frac{1}{2}\frac{\dot{q}_T}{\frac{\mathrm{d}\,\overline{\Delta R}}{\mathrm{d}t}}\overline{\Delta R}$；

$$\left.\begin{aligned}\Delta\dot{q} &= -\frac{1}{\dfrac{\mathrm{d}\,\overline{\Delta R}}{\mathrm{d}t}}\left[\frac{1}{2}(\ddot{q}_T\,\overline{\Delta R}+\dot{q}_T\,\ddot{\overline{\Delta R}})+\Delta q\,\frac{\mathrm{d}^2\,\overline{\Delta R}}{\mathrm{d}t^2}\right]\\ \Delta\ddot{q} &= -\frac{1}{\dfrac{\mathrm{d}\,\overline{\Delta R}}{\mathrm{d}t}}\left[\frac{1}{2}(\dddot{q}_T\,\overline{\Delta R}+2\ddot{q}_T\,\ddot{\overline{\Delta R}}+\dot{q}_T\,\ddot{\overline{\Delta R}})+2\Delta\dot{q}\,\frac{\mathrm{d}^2\,\overline{\Delta R}}{\mathrm{d}t^2}+\Delta q\,\frac{\mathrm{d}^3\,\overline{\Delta R}}{\mathrm{d}t^3}\right]\end{aligned}\right\}\tag{8-119}$$

对$\overline{\Delta R}$的上限应加以限制，则有

$$\left.\begin{aligned}\overline{\Delta R} &= \Delta R\left(1-\frac{\Delta R}{R_q}\right)\\ \dot{\overline{\Delta R}} &= \Delta\dot{R}\left(1-2\,\frac{\Delta R}{R_q}\right)\\ \ddot{\overline{\Delta R}} &= \Delta\ddot{R}\left(1-2\,\frac{\Delta R}{R_q}\right)-2\,\frac{(\Delta\dot{R})^2}{R_q}\\ \Delta R &= R_T-R_M\\ \Delta\dot{R} &= \dot{R}_T-\dot{R}_M\\ \Delta\ddot{R} &= \ddot{R}_T-\ddot{R}_M\end{aligned}\right\}\tag{8-120}$$

对 ΔR 的上限也应加以限制，则有

$$\frac{\mathrm{d}\,\overline{\Delta R}}{\mathrm{d}t}=\begin{cases}\left(\dfrac{\mathrm{d}\Delta R}{\mathrm{d}t}\right)_{\max}, & \dfrac{\mathrm{d}\Delta R}{\mathrm{d}t}\geqslant\left(\dfrac{\mathrm{d}\Delta R}{\mathrm{d}t}\right)_{\max}\\ \dfrac{\mathrm{d}\Delta R}{\mathrm{d}t}, & \dfrac{\mathrm{d}\Delta R}{\mathrm{d}t}<\left(\dfrac{\mathrm{d}\Delta R}{\mathrm{d}t}\right)_{\max}\end{cases}$$

$$\frac{\mathrm{d}^2\,\overline{\Delta R}}{\mathrm{d}t^2}=\begin{cases}0, & \dfrac{\mathrm{d}\Delta R}{\mathrm{d}t}\geqslant\left(\dfrac{\mathrm{d}\Delta R}{\mathrm{d}t}\right)_{\max}\\ \dfrac{\mathrm{d}^2\,\overline{\Delta R}}{\mathrm{d}t^2}, & \dfrac{\mathrm{d}\Delta R}{\mathrm{d}t}<\left(\dfrac{\mathrm{d}\Delta R}{\mathrm{d}t}\right)_{\max}\end{cases}$$

$$\frac{\mathrm{d}^3\,\overline{\Delta R}}{\mathrm{d}t^3}=\begin{cases}0, & \dfrac{\mathrm{d}\Delta R}{\mathrm{d}t}\geqslant\left(\dfrac{\mathrm{d}\Delta R}{\mathrm{d}t}\right)_{\max}\\ \dfrac{\mathrm{d}^3\,\overline{\Delta R}}{\mathrm{d}t^3}, & \dfrac{\mathrm{d}\Delta R}{\mathrm{d}t}<\left(\dfrac{\mathrm{d}\Delta R}{\mathrm{d}t}\right)_{\max}\end{cases}$$

为了确定 $\Delta\ddot{q}$，由方程组式(8-118)～式(8-120)可以看出：必须先求出 $\dddot{q}_T$、$\ddot{R}_T$、$\ddot{R}_M$ 值，则方程组式(8-114)应补充 $\dddot{q}_T$、$\ddot{R}_T$ 的表达式，方程组式(8-115)应补充 $\ddot{R}_M$ 的表达式。

综上所述，由方程组式(8-114)～式(8-117)或式(8-118)～式(8-120)构成了导引运动的完整方程组。这些方程组联立求解，就可以求得三点法或半前置量法导引弹道的全部参量。

8.8.2 空-空导弹导引运动方程组

目前，空-空导弹都采用比例导引法。设导弹、目标在同一水平面内飞行，攻角和侧滑角为小角度。导弹的倾斜稳定系统在理想地工作。目标在水平面内以给定的法向过载 n_{zT} 作机动飞行，其速度变化规律为已知，则导弹导引运动方程组如下。

8.8.2.1　导弹动力学方程组

导弹动力学方程组为

$$
\left.\begin{aligned}
& m\frac{\mathrm{d}v}{\mathrm{d}t} = P - X \\
& \frac{\mathrm{d}\psi_v}{\mathrm{d}t} = -\frac{g}{v}n_z \\
& \alpha = \frac{mg}{P + Y^{\alpha}} \\
& \beta = -\frac{n_z}{\dfrac{1}{mg}\left(P - Z^{\beta} + \dfrac{m_{y_t}^{\beta}}{m_{y_t}^{\delta_y}}Z^{\delta_y}\right)} \\
& \delta_z = -\frac{m_{z_t}^{\alpha}}{m_{z_t}^{\delta_z}}\alpha \\
& \delta_y = -\frac{m_{y_t}^{\beta}}{m_{y_t}^{\delta_y}}\beta \\
& \frac{\mathrm{d}x_{\mathrm{D}}}{\mathrm{d}t} = v\cos\psi_v \\
& \frac{\mathrm{d}z_{\mathrm{D}}}{\mathrm{d}t} = -v\sin\psi_v \\
& P = P_0 + S_a(p_0 - p_H) \\
& H = H_0 + y_{\mathrm{D}} \\
& \frac{\mathrm{d}m}{\mathrm{d}t} = -m_{\mathrm{c}}
\end{aligned}\right\} \tag{8-121}
$$

8.8.2.2　导弹相对目标运动学方程组

导弹相对目标运动学方程组为

$$
\left.\begin{aligned}
& \frac{\mathrm{d}r}{\mathrm{d}t} = v_T\cos\eta_T - v\cos\eta \\
& r\frac{\mathrm{d}q}{\mathrm{d}t} = v\sin\eta - v_T\sin\eta_T \\
& q = \psi_v + \eta \\
& q = \psi_{vT} + \eta_T
\end{aligned}\right\} \tag{8-122}
$$

8.8.2.3　目标运动方程

目标运动方程为

$$
\frac{\mathrm{d}\psi_{vT}}{\mathrm{d}t} = -\frac{g}{v_T}n_{zT} \tag{8-123}
$$

8.8.2.4 导引关系方程

选取由式(8－46)给出的导引规律：

$$n_{zT} = K_1 \frac{\mathrm{d}q}{\mathrm{d}t}$$

假定舵面控制力矩 M_c 与铰链力矩 M_{JL} 保持平衡，且满足

$$M_c = K_c \frac{\mathrm{d}q}{\mathrm{d}t}$$

忽略推力 P 对法向过载的影响，由式(8－121)第四式可以得到

$$K_1 = \frac{K_c\left(C_Z^{\beta} - C_Z^{\delta_y} \dfrac{m_{y_t}^{\beta}}{m_{y_t}^{\delta_y}}\right)S}{mg\left(m_{JL}^{\beta} - \dfrac{m_{y_t}^{\beta}}{m_{y_t}^{\delta_y}} m_{JL}^{\delta_y}\right)s_d b_{Ad}} \tag{8-124}$$

式中：S_d—— 舵面面积；

b_{Ad}—— 舵面弦长。

方程组式(8－121)～式(8－124)中含有17个未知数：v、ψ_v、α、β、δ_z、δ_y、x_D、z_D、m、P、r、q、η、η_T、ψ_{vT}、n_z、K_1。方程数目也是17个。用数值积分法可获得上述参量随时间的变化规律。

8.9 比例导引弹道仿真

在本章前面的内容中，已经利用导引弹道的运动学分析方法研究了一些典型导引方法的弹道特性，了解了现有导引方法的优、缺点。为了更加全面直观地认识导弹的导引弹道，工程中经常需要对弹道进行数字仿真。本节针对实际应用得非常普遍的比例导引法，利用 Unity3D 环境，采用 Javascript 脚本语言编写了弹道仿真程序。为读者进一步学习提供参考，源程序如下。

```
Trajectory_Simulation.js
#pragma strict
public var Target:GameObject;// 目标
//@System.NonSerialized
public var isShootLock:boolean;// 是否发射前锁定
public var DeltaT:float = 0.02;// 计算步长(时间)
private var t:float;
private var v:float;// 导弹飞行绝对速度
private var rH:float;// 导弹和目标的水平距离
private var X0:float[];//r、q、sigma 弹道方程参数
private var X1:float[];//r、q、sigma 弹道方程参数
private var X:float[];//r、q、sigma 弹道方程参数
private var Maxt:int = 30;// 最大计算时间
```

```
private var DeltaX:float;
private var DeltaZ:float;
private var a:float;
private var DeltaRH:float;// 导弹和目标的水平距离增量


function Start ()
{
// 初始化
    t = 0;
    X0 = new float[3];//r、q、sigma 弹道方程基本参数
    X0[0] = Vector3.Distance(gameObject.transform.position,Target.transform.position);
    // 导弹到目标的距离
    X0[1] = Mathf.Asin((Target.transform.position.y - gameObject.transform.position.y)
    /X0[0]);// 导弹目标瞄准线初始角(弧度)
    X0[2] = X0[1]+6 * Mathf.PI/180;// 导弹速度矢量前置角相对于水平线之间的夹
角(弧度)
    X1 = new float[3];
    X = new float[3];
    rH = X0[0] * Mathf.Cos(X0[1]);// 导弹和目标的水平距离
}


function FixedUpdate ()
{
    t += Time.deltaTime;
    print(gameObject.transform.position);
    DeltaX = Target.transform.position.x - gameObject.transform.position.x;
    DeltaZ = Target.transform.position.z - gameObject.transform.position.z;
    a = Mathf.Atan(DeltaZ/DeltaX);
    if(X0[0] < 5)
    {
        print("BINGO");
        return;
    }
    if(rH > 8000)
    {
```

```
        rH = 8000;
        return 0;
    }
    if(isShootLock || rH <= 3000)
    {
        X1 = X0;
        X = ode45(Time.deltaTime,t - Time.deltaTime,X1);
        DeltaRH = Mathf.Sqrt(X[0] * X[0] + X0[0] * X0[0] - 2 * X[0] * X0[0]
         * Mathf.Cos(X[1] - X0[1]));
        print(DeltaRH);
        gameObject.transform.Translate(DeltaRH * Mathf.Cos(a),
X0[0] * Mathf.Sin(X0[1])
         - X[0] * Mathf.Sin(X[1]),DeltaRH * Mathf.Sin(a),Space.World);
        X0 = X;
        return 0;
    }
    if(rH <= 8000 || rH > 3000)
    {
        return 0;
    }
}


function V(t:float)// 某型直升机机载空地导弹的速度变化函数
{
var V:float;
if(t < 1.1682)
    V = 131.3705 * t + 50;
else if(t < 1.8908)
    V =- 34.4501 * t * t + 148.3468 * t + 77.4801;
else if(t < 19.715)
    V = 4.24872 * t + 227.368524;
else if(t < 21.5215)
    V =- 3.535566 * t + 380.835684;
else if(t < 28.9161)
    V =- 7.52671 * t + 466.731;
else //(t >= 28.9161)
```

```
    V =- 9.8 * t + 532.46578;
if(V <= 0)
    V = 0;
return V;
}


function ode45(DeltaT:float,t0:float,XX0:float[])
{
    var k1:float[] = new float[3];
    var k2:float[] = new float[3];
    var k3:float[] = new float[3];
    var k4:float[] = new float[3];
    var XX:float[] = new float[3];
    var XX1:float[] = new float[3];
    var XX2:float[] = new float[3];
    var XX3:float[] = new float[3];
    var XX4:float[] = new float[3];
    var t1:float;
    var t2:float;
    var t3:float;
    var t4:float;
    t1 = t0;
    XX1 = XX0;
    k1 = funcX(t1,XX1); // 比例导引算法计算第一个值
    t2 = t0 + DeltaT/2.0f;
    for(var j:int = 0;j <= 2;j ++)
        XX2[j] = XX1[j] + k1[j] * DeltaT/2.0f;// 求出 tk + deltaT/2 后的函数值,
// 用于比例导引法 k2 的迭代计算
    k2 = funcX(t2,XX2);
    t3 = t0 + DeltaT/2.0f;
    for(var k:int = 0;k <= 2;k ++)
        XX3[k] = XX1[k] + k2[k] * DeltaT/2.0f;// 求出 tk + deltaT/2 后的函数值,
// 用于比例导引法 k3 的迭代计算
    k3 = funcX(t3,XX3);
    t4 = t0 + DeltaT;
    for(var m:int = 0;m <= 2;m ++)
```

```
        XX4[m] = XX1[m] + k3[m] * DeltaT;// 求出 tk + deltaT/2 后的函数值,用于
// 比例导引法 k4 的迭代计算
    k4 = funcX(t4,XX4);
    for(var n:int = 0;n <= 2;n ++)
        XX[n] = XX1[n] + DeltaT * (k1[n] + k2[n] * 2 + k3[n] * 2 + k4[n])/6;
    return XX;
}


function funcX(t:float,XXX:float[])
{
    var k:float = 5.0f;// 导弹的比例系数,设置为常数 5,亦可设置其他条件允许的数值
    var entaT:float = 0.0f;// 目标速度迎角(目标速度矢量与目标瞄准线之间的夹角),通常
    // 不为零,这里暂赋初值为 0 rad
    var VT:float = 0;// 目标速度
    var sigma:float = XXX[2];
    var enta:float = XXX[1] - sigma;
    v = V(t);// 任意时刻速度
    // 比例导引弹道方程
    var fx:float[] = new float[3];
    fx[0] = VT * Mathf.Cos(entaT) - v * Mathf.Cos(enta); // fx[0] = dr/dt
    if(XXX[0] == 0.0f)
        fx[1] = 0.0f;
    else
        fx[1] = (v * Mathf.Sin(enta) - VT * Mathf.Sin(entaT))/XXX[0]; // fx[1] = dq/dt
    fx[2] = k * fx[1]; // fx[2] = kfx[1],即:dσ/dt = kdq/dt
    return fx;
}
```

第 9 章　带落角约束的导引方法

导弹作为武装直升机的一种重要机载武器，在攻击一些特定目标，尤其是装甲目标和具有重要军事价值目标时，因其高速、高精度、强杀伤力的特点已经成为首选的攻击手段。但随着复合装甲、主动装甲等现代装甲防御技术的发展，现代装甲目标的正面及侧面防护能力显著提高，导弹的穿甲能力也随之面临新的挑战。为取得理想的毁伤效果，以目标顶部装甲等薄弱部位为目标的攻顶攻击方式也应运而生。但目前直升机机载反坦克导弹制导采用的是比例导引法，侧向直接攻击很难实现攻顶和多角度攻击。因此需要对导弹导引方法进行改进，以便导弹按照落角约束进行导引和攻击。本章从导弹攻顶攻击方式的作战需求出发，着重研究和介绍几种实现落角约束的导引方法。

9.1　带落角约束的偏置比例导引法

9.1.1　比例导引法落角问题

在研究导弹对目标进行攻顶攻击时，建立相对运动方程组，选取铅垂平面作为攻击平面，因此相对运动方程中的弹道角 σ 就是弹道倾角 θ。在弹道的末端，$\sigma\rightarrow\theta_d$，$q\rightarrow\theta_d$，$\theta_d$为预设的落角。因此，由式(8－31)可得

$$\theta_d-\theta_0=K(\theta_d-q_0) \tag{9-1}$$

化简得

$$\theta_d=\frac{Kq_0-\theta_0}{K-1} \tag{9-2}$$

当初始条件确定时，将式(9－2)对比例系数 K 求导得

$$\frac{d\theta_d}{dK}=\frac{\theta_0-q_0}{(K-1)^2} \tag{9-3}$$

由式(9－3)可知，当初始条件即 θ_0、q_0 确定时，$\frac{d\theta_d}{dK}$正负恒定，即落角根据初始条件递增或递减。因此，当 $K>2$ 时可确定采用比例导引法时落角 θ_d的范围为

$$\theta_d=\begin{cases}2q_0-\theta_0,K=2\\q_0,K\rightarrow\infty\end{cases} \tag{9-4}$$

即 θ_d的变化范围为

$$\theta_d\in[2q_0-\theta_0,q_0]\qquad(K>2)$$

以下为其他初始条件固定，仅改变导弹的发射高度即初始目标线方位角 q_0 或其他初始条件固定，仅改变导弹的初始弹道倾角 θ_0 时比例导引法可用实现的落角范围。

图 9-1 所示的落角范围图所确定的初始条件为导弹和目标的水平距离为 8 000 m，导弹的初始弹道倾角 θ_0 为 0，绘制不同导弹发射高度时，比例导引法的落角范围，以确定初始目标线方位角 q_0 对落角范围的影响。

图 9-1 表示了导弹发射高度从 0～3 000 m 范围内比例导引法的落角范围，由图可知，在确定的初始条件下，在合理的导弹发射高度范围内，比例导引的落角无法实现攻顶攻击的要求。

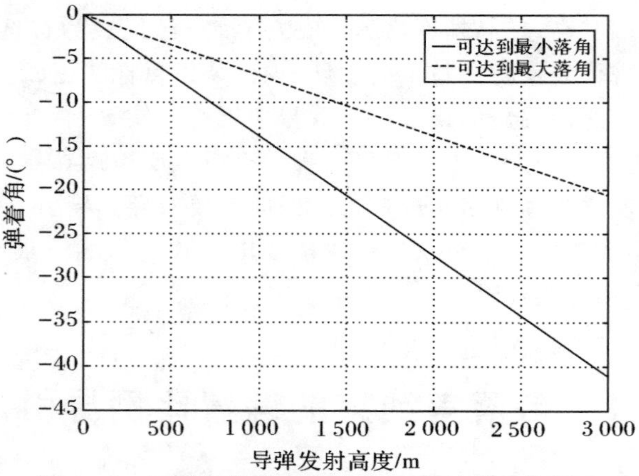

图 9-1　不同初始目标线方位角 q_0 的落角范围图

图 9-2 所示的落角范围图所确定的初始条件为导弹和目标的水平距离为 8 000 m，导弹的发射高度为 500 m，即初始目标线方位角 q_0 约为−3.58°，绘制不同导弹初始弹道倾角时，比例导引法的落角范围，以确定初始弹道倾角 θ_0 对落角范围的影响。

图 9-2 表示了导弹初始弹道倾角 θ_0 从−20°～20°范围内比例导引法的落角范围，由图可知，在确定的初始条件下，在合理的导弹初始弹道倾角范围内，比例导引的落角无法实现攻顶攻击的要求。

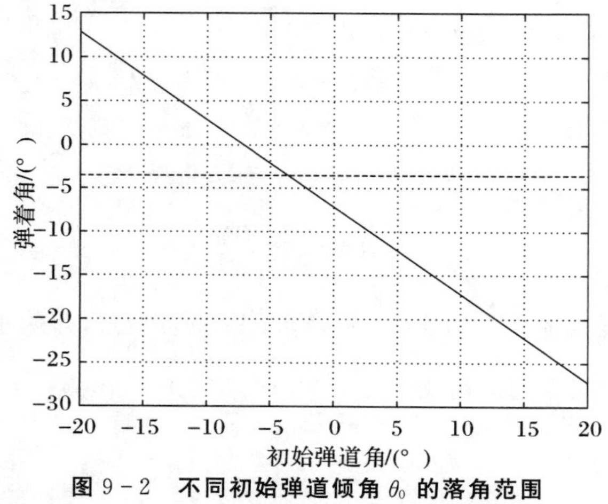

图 9-2　不同初始弹道倾角 θ_0 的落角范围

综合上述分析，可以确定仅采用比例导引法在实际导弹发射的初始条件下，很难大幅度改变导弹的落角，无法实现带落角约束的攻顶攻击方式。

9.1.2　偏置比例导引法设计

通过 9.1.1 节的分析可知，经典比例导引法的落角范围无法满足攻顶攻击的要求，因此在经典比例导引法的基础上发展出了一系列以比例导引为基础的导引律。本节主要基于其中的一种——偏置比例导引法，进行带落角约束的导引方法设计。

假定偏置比例导引法的基本形式为

$$\dot{\sigma}=K\dot{q}+\mu \tag{9-5}$$

式中：K——比例系数，$K>2$；

μ——未知函数（待设计的偏置项）。

将式(9-5)写为法向加速度的形式，得到下式：

$$a_n=v\dot{\sigma}=Kv\dot{q}+v\mu \tag{9-6}$$

式中：a_n——导弹的法向加速度。

将式(9-5)在区间$[t_0,t]$上积分，可得

$$\sigma_{(t)}=\sigma_0+K(q_{(t)}-q_0)+\int_{t_0}^{t}\mu\mathrm{d}t \tag{9-7}$$

当导弹以预设落角命中目标时，那么在弹道末端命中目标的时刻（记为 t_f时刻）有 $\sigma_{(t_f)}=\theta_d$，$\eta_{(t_f)}=0$。θ_d为预设的落角（在 9.1.1 节中已表明弹道角 σ 就是弹道倾角 θ）。因此有

$$\sigma_{(t_f)}=q_{(t_f)}=\theta_d \tag{9-8}$$

将式(9-8)代入式(9-7)可得

$$\int_{t_0}^{t_f}\mu\mathrm{d}t=(1-K)\theta_d-\theta_0+Kq_0 \tag{9-9}$$

式(9-9)即为在偏置比例导引法的作用下，导弹按照预设落角 θ_d命中目标时，偏置项 μ 所要满足的条件。可观察到式(9-9)为 t_0 时刻的 μ 需满足的表达式，可推断出在 t 时刻，偏置项 μ 所需满足的表达式如下：

$$\int_{t_f}^{t}\mu\mathrm{d}t=(K-1)\theta_d+\theta_{(t)}-Kq_{(t)} \tag{9-10}$$

记 $\alpha_{(t)}=\int_{t_f}^{t}\mu\mathrm{d}t$，则有

$$\alpha_{(t)}=(K-1)\theta_d+\theta_{(t)}-Kq_{(t)} \tag{9-11}$$

并且有

$$\alpha_{(t_0)}=(K-1)\theta_d+\theta_0-Kq_0=\alpha_0$$

$$\alpha_{t_f}=0$$

由上述分析可知，只要使 $\alpha_{(t)}$ 收敛到 0，就可满足预设落角的要求，因此构造以下关系：

$$\dot{\alpha}=-M_{(t)}\alpha \tag{9-12}$$

式中：$M_{(t)}$——任意函数，但 $M_{(t)}>0$。

通过构造上述关系，当 $\alpha>0$ 时，$\dot{\alpha}<0$；当 $\alpha<0$ 时，$\dot{\alpha}>0$，按照这个关系可使 $\alpha_{(t)}$ 收敛到 0。

接下来分析如何设计 $M_{(t)}$。为使在弹道的末段导弹接近目标时 α 已经收敛到足够小的范围，可将$\frac{1}{r}$作为 $M_{(t)}$ 的一部分。这样随着导弹靠近目标，$r\to 0$，$M_{(t)}$ 的值会增大，α 的收敛速

度会越来越快。除此以外，在调整落角的过程中，导弹弹道会变得弯曲，为保证导弹始终在向目标靠近，要保证 $\dot{r}<0$。由弹目相对运动方程组式(8-34)的第一式可得

$$\frac{\mathrm{d}r}{\mathrm{d}t}=v_T\cos\eta_T-v\cos\eta<0$$

由于目标的运动速度与导弹的运动速度相对较小，上式可近似为

$$-v\cos\eta<0$$

由此可推得，为保证 $\dot{r}<0$，就要使 $\cos\eta>0$，即保证 $|\eta|<\frac{\pi}{2}$。对于经典的比例导引法来说，总是会使 $\eta\to0$。在常规的发射场景中，$|\eta_{t_0}|<\frac{\pi}{2}$，当 $|\eta|\to\frac{\pi}{2}$ 时就要停止对落角的调整，转为仅依靠不包含偏置项的经典比例导引法进行导引，那么 $|\eta|$ 就不会继续增大，从而保持 $\eta\in\left(-\frac{\pi}{2},\frac{\pi}{2}\right)$，使导弹能始终向目标飞行。为满足这一需求，可将 $\cos\eta$ 作为 $M_{(t)}$ 的一部分。

综合上述考虑，确定 $M_{(t)}$ 为

$$M_{(t)}=\frac{Nv\cos\eta}{r} \tag{9-13}$$

式中：N——可调参数，$N>0$。

将式(9-13)代入式(9-12)可得

$$\dot{\alpha}=-\frac{Nv\cos\eta}{r}\alpha \tag{9-14}$$

将式(9-11)等式两端对时间求导得

$$\dot{\alpha}=\dot{\theta}-K\dot{q} \tag{9-15}$$

将式(9-15)写为法向加速度形式得

$$\dot{\alpha}=\frac{a_n}{v}-K\dot{q} \tag{9-16}$$

将式(9-14)代入式(9-16)并化简得

$$a_n=Kv\dot{q}-\frac{Nv\cos\eta}{r}\alpha \tag{9-17}$$

式中：K——比例系数，$K\geqslant2$；

N——可调参数，$N>0$。

将式(9-17)写成 $\dot{\sigma}$ 和 $\dot{q}$ 的形式：

$$\dot{\sigma}=K\dot{q}-\frac{N\cos\eta}{r}\alpha \tag{9-18}$$

以上推导了一种带落角约束的偏置比例导引律，共由两部分组成。第一项为经典比例导引律，用于引导导弹击中目标，第二项为关于攻击角度误差的偏置项，主要用于控制落角，这一项中的 α 可视为广义落角误差，且满足下列关系：

$$\begin{cases}\alpha_0=(K-1)\theta_{\mathrm{d}}+\theta_0-Kq_0\\ \dot{\alpha}=-\dfrac{Nv\cos\eta}{r}\alpha\end{cases}$$

9.2　带落角约束的方案弹道设计

基于 9.1 节对偏置比例导引法的研究，可以确定其能实现带落角约束攻击，但该方法在导弹飞行过程中需用法向过载较大，对导弹的机动性和过载要求较高。但在实际工程中，导弹的可用过载往往受到材料、质量、舵机功率和结构强度等方面的条件限制，很难实现大过载的攻顶弹道。因此，设计一种需用过载更小的，能够控制导弹带落角约束的导引方法具有非常重要的实际意义。

9.2.1　等过载圆及其曲率半径

在国际单位制条件下过载可定义为除重力以外作用于导弹上的所有外力合矢量 $\boldsymbol{F}_c$ 与导弹质量之比，即

$$\boldsymbol{n}=\frac{\boldsymbol{F}_c}{m} \tag{9-19}$$

式中：过载 $\boldsymbol{n}$ 的单位应为加速度的单位，即 m/s^2，但常用几倍的重力加速度 g 来衡量。

在铅垂平面内，使导弹沿一确定圆弧线运动，此时，导弹所受的包括重力在内的合力带来的法向过载为一定值，定义此时导弹弹道为等过载圆，具体情况如图 9－3 所示。

图中各参数定义如下：

(1)R：等过载圆半径；

(2)$\boldsymbol{g}$：重力加速度；

(3)θ：弹道倾角；

(4)$\boldsymbol{v}$：导弹速度矢量；

(5)n_{y_d}：导弹法向过载。

根据等过载圆的定义和导弹的运动分析，可得

$$n_{y_d}=v\frac{\mathrm{d}\theta}{\mathrm{d}t}+g\cos\theta \tag{9-20}$$

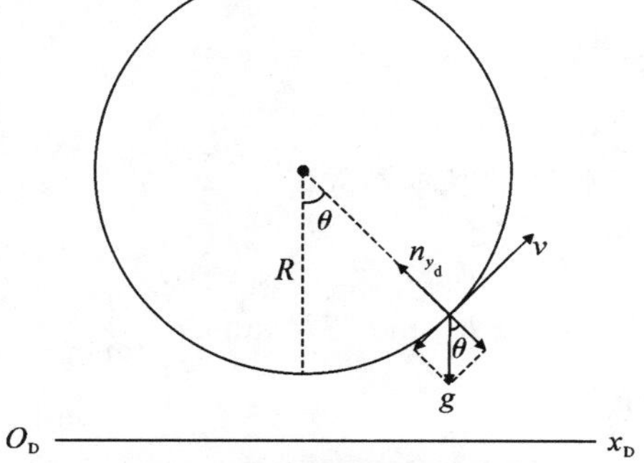

图 9－3　等过载圆示意图

弹道上某点的曲率就是该点处的弹道倾角 θ 对弧长 s 的导数。而曲率半径 R 则为曲率的倒数，因此有

$$R=\frac{\mathrm{d}s}{\mathrm{d}\theta}=\frac{v}{\dot{\theta}} \tag{9-21}$$

在等过载圆中，等过载圆的半径即为曲率半径，将式(9-20)代入式(9-21)可得

$$R=\frac{v^2}{n_{y_\mathrm{d}}-g\cos\theta} \tag{9-22}$$

根据式(9-22)可以确定当导弹位于等过载圆的最低点时，导弹处于过载极限点。

9.2.2 方案弹道设计

小过载控制的方案弹道由两段等过载圆组成，末端预留一定高度转入比例导引，引导导弹飞向目标。方案弹道具体情况如图 9-4 所示。

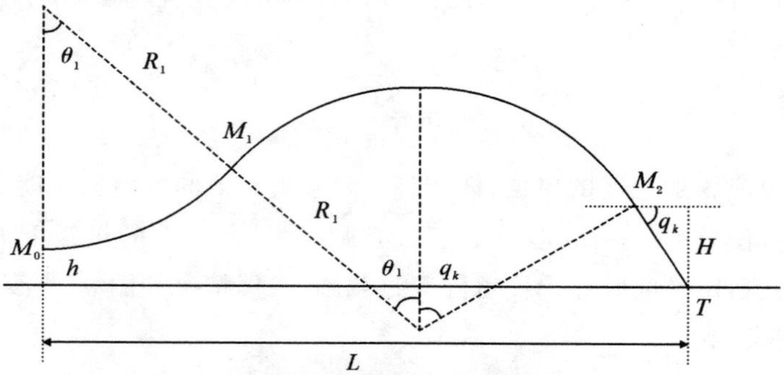

图 9-4　基于最小过载控制的方案弹道示意图

图中各变量定义如下：

(1)M 点：其中 M_0 点为导弹起始发射点，M_1 点为导弹过载切换点，M_2 点为导弹转入比例导引点；

(2)T 点：目标点；

(3)h：导弹起始发射高度；

(4)L：发射时导弹和目标水平距离；

(5)H：转入比例导引预留高度；

(6)q_k：预设弹着角；

(7)R_1：等过载圆的半径；

(8)θ_1：过载切换时导弹转过弧度。

接下来建立方程确定方案弹道的基本参数。

在水平方向建立方程可得

$$R_1\sin\theta_1+R_1\sin\theta_1+R_1\sin q_k+\frac{H}{\tan q_k}=L \tag{9-23}$$

在竖直方向建立方程可得

$$h+R_1(1-\cos\theta_1)+R(1-\cos\theta_1)=H+R_1(1-\cos q_k) \tag{9-24}$$

在式(9-23)和式(9-24)中,L、H、h、q_k 为常值,R_1、θ_1 为未知量。记

$$\begin{cases} A=L-\dfrac{H}{\tan q_k} \\ B=H-h \end{cases}$$

则方程组可简化为

$$\left.\begin{array}{l} 2R_1\sin\theta_1+R_1\sin q_k=A \\ 2R_1(1-\cos\theta_1)-R_1(1-\cos q_k)=B \end{array}\right\} \tag{9-25}$$

通过解以上方程组确定方案弹道的基本参数,解得

$$\theta_1=\arcsin\left(\frac{A+A\cos q_k-B\sin q_k}{2\sqrt{A^2+B^2}}\right)-\arctan\frac{A}{B} \tag{9-26}$$

$$R_1=\frac{A}{2\sin\theta_1+\sin q_k} \tag{9-27}$$

已知导引头的输出信号与目标线方位角速度 $\dot{q}$ 成正比。为了不改变导弹结构,仅在导引方法上做出改变就能实现攻顶攻击,接下来探究方案弹道的弹道角速度 $\dot{\sigma}$ 和方位角速度 $\dot{q}$ 关系。

在一段时间 dt 内,导弹沿所设计的方案弹道移动一段距离,具体示意图如图 9-5 所示。

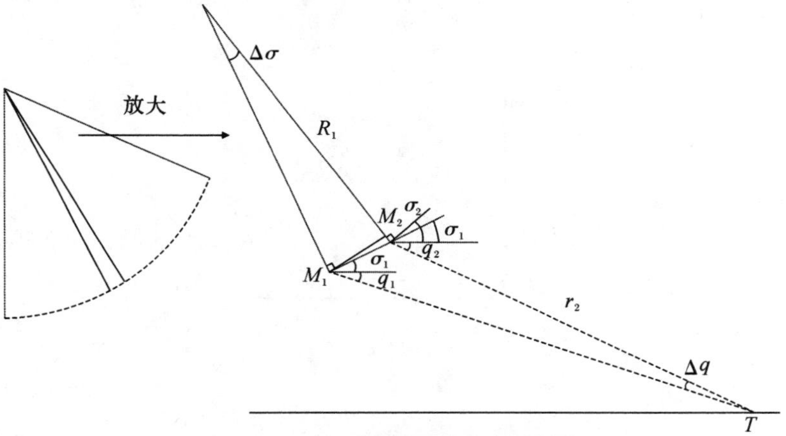

图 9-5　dt 时间内导弹移动示意图

在 dt 时间内,导弹由 M_1 运动到 M_2,此时与目标点的方位角产生一个差值 Δq,而为使导弹能继续沿所设计的双等过载圆弹道运动,导弹的弹道角也要由 σ_1 变为 σ_2,因此就产生了一个差值 $\Delta\sigma$。M_1M_2 的长度可近似为等过载圆弧的长度,由定义可得

$$|M_1M_2|=R_1|\Delta\sigma| \tag{9-28}$$

根据 η 的定义可知

$$|q_1|+|\sigma_1|=|\eta| \tag{9-29}$$

在 ΔM_1M_2T 中由正弦定理得

$$\frac{|M_1M_2|}{\sin\angle M_2TM_1}=\frac{|M_1T|}{\sin\angle M_1M_2T} \tag{9-30}$$

将式(9-28)和式(9-29)代入式(9-30)得

$$\frac{R_1|\Delta\sigma|}{\sin|\Delta q|}=\frac{r_1}{\sin(\pi-|\eta|-|\Delta q|)} \tag{9-31}$$

式中：r_1 为 M_1 点处弹目距离。化简得

$$|\Delta\sigma|=\frac{r_1\sin|\Delta q|}{R_1\sin(|\eta|+|\Delta q|)} \tag{9-32}$$

下面由图 9-4 方案弹道示意图分析各变量变化趋势，去绝对值。

由于在方案弹道中目标线方位角 q 一直减小，即 Δq 在整段弹道始终为负值。

根据前置角 η 的定义，在所设计的方案弹道中，导弹的速度矢量始终在目标线的上方，即 η 由速度矢量沿顺时针旋转到方位线形成，因此 η 的取值始终为负值。

弹道角 σ 在方案弹道的前、后两段变化相反，在前一段圆弧 M_0M_1 上 σ 增加，$\Delta\sigma$ 为正。在后一段圆弧 M_1M_2 上 σ 减小，$\Delta\sigma$ 为负。因此 M_1 点为 σ 变化的分界点，可求得 M_1 点处的目标线方位角为

$$|q_{M_1}|=\arctan\frac{h+R_1(1-\cos\theta_1)}{L-R_1\sin\theta_1} \tag{9-33}$$

通过分析可大致确定方位角 q 和弹道角 σ 的变化趋势如图 9-6 所示。

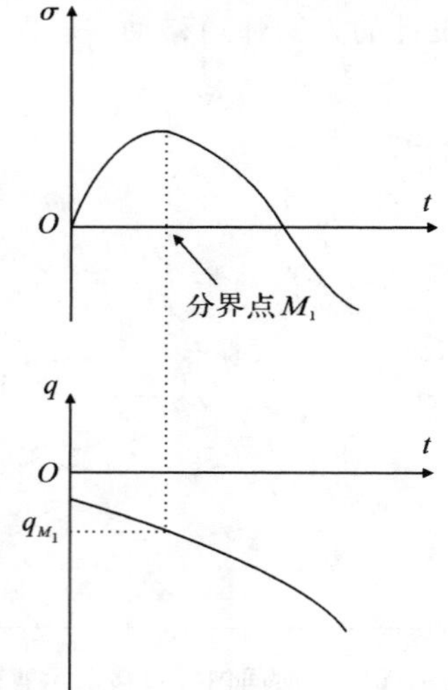

图 9-6　弹道角 σ 和方位角 q 变化趋势示意图

因此最终确定 $\Delta\sigma$ 的表达式为

$$\Delta\sigma=\begin{cases}\dfrac{r_1\sin\Delta q}{R_1\sin(\eta+\Delta q)},q<-q_{M_1}\\[2ex]-\dfrac{r_1\sin\Delta q}{R_1\sin(\eta+\Delta q)},q\leqslant q_{M_1}\end{cases} \tag{9-34}$$

因为 Δq 是小量，所以 $\sin\Delta q$ 可近似为 Δq，$\sin(\eta+\Delta q)$ 可近似为 $\sin\eta$，$\Delta\sigma$ 的表达式为

$$\Delta\sigma=\begin{cases}\dfrac{r_1\Delta q}{R_1\sin\eta},q>-q_{M_1}\\[2ex]-\dfrac{r_1\Delta q}{R_1\sin\eta},q\leqslant -q_{M_1}\end{cases} \tag{9-35}$$

等号两边同时除以 dt，得到 $\dot{\sigma}$ 和 $\dot{q}$ 的关系为

$$\dot{\sigma}=\begin{cases}\dfrac{r_1\dot{q}}{R_1\sin\eta}, q>-q_{M_1} \\ -\dfrac{r_1\dot{q}}{R_1\sin\eta}, q\leqslant -q_{M_1}\end{cases} \tag{9-36}$$

9.3 带落角约束的导引弹道仿真

9.3.1 偏置比例导引法弹道仿真程序

```
%%程序介绍
%本弹道仿真程序使用 Matlab 脚本语言编写，运行在 Matlab 环境下
%本弹道仿真程序主要分为 5 个模块，分别是参数声明与初始化模块、参数保存模块、
%迭代计算模块、结果输出和绘图函数模块、调用函数模块。本程序依据作者推导的偏置比例
%导引法采用 4 阶龙格-库塔法求取数值解，并绘制了弹道曲线和相关导弹参数的图像
%
%%%%%%%%%%%%%%%%%%%%%%%%%%%%%%%%%%%%%%%%%%%%%%%%%%%%%%%%%%%%%%%%%%%%%%

%%参数声明与初始化模块

clear
clc

% ——————————————导弹参数——————————————
% x_m:导弹横坐标
% y_m:导弹纵坐标
% v_m:导弹速度
% sigma_m:导弹弹道角
%%%%%%%%%%%%%%%%%%%%%%%%%%%%%%%%%%%%%%%%%%%%%%%%%%%%%%%%%%%%%%%%%%%%%%

global x_m;
global y_m;
global v_m;
global sigma_m;
```

```
x_m=0;
y_m=100;
v_m=0;
sigma_m=0 * pi/180;

% ————————————目标参数————————————
% x_t:目标横坐标
% y_t:目标纵坐标
% v_t:目标速度
% sigma_t:目标航向角
%%%%%%%%%%%%%%%%%%%%%%%%%%%%

global x_t;
global y_t;
global v_t;
global sigma_t;

x_t=8000;
y_t=0;
v_t=0;
sigma_t=0 * pi/180;

% ————————————其他弹道参数————————————
% R:导弹与目标距离
% q:目标线方位角
% eta_m:%导弹速度前置角
% eta_t:%目标速度前置角
% t:导弹飞行时间
% n:计数变量
% delta_t:步长
% hit_angle:预设弹着角
%%%%%%%%%%%%%%%%%%%%%%%%%%%%

global R;
global q;
global eta_m;
global eta_t;
```

```
global t;
global n;
global delta_t;
global hit_angle;

R=sqrt((x_t-x_m)^2+(y_t-y_m)^2);
q=atan((y_t-y_m)/(x_t-x_m));
eta_m=q-sigma_m;
eta_t=q-sigma_t;
t=0;
n=1;
delta_t=0.01;
hit_angle=-60*pi/180;

% ------------导引律参数------------
% N:比例系数
% K:偏置比例导引可调参数
% alpha:偏置比例导引定义的广义角度误差
% a_m:导弹法向过载
%%%%%%%%%%%%%%%%%%%%%%%%%%%%

global N;
global K;
global alpha;
N=3;
K=3;
a_m=0;
alpha=sigma_m-N*q+(N-1)*hit_angle;

%%参数保存模块
% x_m_store:导弹横坐标保存数组
% y_m_store:导弹纵坐标保存数组
% x_t_store:目标横坐标保存数组
% y_t_store:目标纵坐标保存数组
% sigma_m_store:导弹弹道角保存数组
% q_store:目标线方位角保存数组
% eta_m_store:导弹前置角保存数组
```

```
% v_m_store:导弹速度保存数组
% a_m_store:导弹法向加速度保存数组
%%%%%%%%%%%%%%%%%%%%%%%%%%%%%%%%%%%%%%

x_m_store=[];
y_m_store=[];
x_t_store=[];
y_t_store=[];
sigma_m_store=[];
q_store=[];
eta_m_store=[];
v_m_store=[];
a_m_store=[];

x_m_store(n)=x_m;
y_m_store(n)=y_m;
x_t_store(n)=x_t;
y_t_store(n)=y_t;
sigma_m_store(n)=sigma_m * 180/pi;
q_store(n)=q * 180/pi;
eta_m_store(n)=eta_m * 180/pi;
v_m_store(n)=v_m;
a_m_store(n)=a_m;

%%迭代计算模块
%本模块程序未采用 Matlab 自带的龙格-库塔算法,采用自主编写的 4 阶龙格-库塔算法
%进行迭代计算,计算得到导弹参数后进行保存
%迭代计算的退出条件设置为弹目距离小于 5 m,此时视为导弹已经击中目标。本模
%块在计算中主要调用了两个函数:get_v_m()主要用于依照 AKD10A 速度曲线获得导弹速度,
%ode_45()主要用于使用 4 阶龙-格库塔算法求解相对运动方程组
%
%
%%%%%%%%%%%%%%%%%%%%%%%%%%%%%%%%%%%%%%

while R>5

    v_m=get_v_m(t);
```

```
    [R,q,sigma_m,alpha,a_m]=ode_45(R,q,sigma_m,alpha);

    x_t=x_t+v_t*cos(sigma_t)*delta_t;
    y_t=y_t+v_t*sin(sigma_t)*delta_t;

    x_m=x_t-R*cos(q);
    y_m=y_t-R*sin(q);

    eta_m=q-sigma_m;
    eta_t=q-sigma_t;
    error_theta=(hit_angle-sigma_m)*180/pi;

    t=t+delta_t;
    n=n+1;

    x_m_store(n)=x_m;
    y_m_store(n)=y_m;
    x_t_store(n)=x_t;
    y_t_store(n)=y_t;
    sigma_m_store(n)=sigma_m*180/pi;
    q_store(n)=q*180/pi;
    eta_m_store(n)=eta_m*180/pi;
    v_m_store(n)=v_m;
    a_m_store(n)=a_m;

end

%%结果输出和绘图函数模块
%本模块主要用于结果输出和绘图。结果输出模块包括输出迭代计算结束时的飞行时间
%和此时的弹道角与预设弹着角的误差
%绘图模块主要绘制 6 幅图像,分别是导弹弹道曲线和目标运动轨迹、导弹弹道角 σ
%曲线、目标线方位角 q 曲线、前置角 η 曲线、导弹速度曲线和导弹法向加速度曲线
%
%
%%%%%%%%%%%%%%%%%%%%%%%%%%%
```

```
disp('飞行时间为(s):')
t
disp('弹着角误差(°):')
error_theta

figure(1)
plot(x_m_store,y_m_store)
hold on
plot(x_t_store,y_t_store)
xlabel('x/m')
ylabel('y/m')
title('导弹弹道曲线和目标运动轨迹')
axis equal
grid on

figure(2)
plot((0:n-1)*delta_t,sigma_m_store)
xlabel('time/s')
ylabel('导弹弹道角')
title('导弹弹道角σ曲线')
hold on
grid on

figure(3)
plot((0:n-1)*delta_t,q_store)
xlabel('time/s')
ylabel('目标线方位角')
title('目标线方位角q曲线')
hold on
grid on

figure(4)
plot((0:n-1)*delta_t,eta_m_store)
xlabel('time/s')
ylabel('前置角')
title('前置角η曲线')
hold on
```

```
grid on

figure(5)
plot((0:n-1) * delta_t,v_m_store)
xlabel('time/s')
ylabel('导弹速度')
title('导弹速度曲线')
hold on
grid on

figure(6)
plot((0:n-1) * delta_t,a_m_store)
xlabel('time/s')
ylabel('导弹法向加速度')
title('导弹法向加速度曲线')
hold on
grid on

%%调用函数模块
%本模块主要包括 3 个调用的函数。其中:get_v_m()用于获取导弹速度;BPNG()为
%使用偏置比例导引法的弹目相对运动方程组;ode_45()是 4 阶龙格-库塔算法的解算程序
%%%%%%%%%%%%%%%%%%%%%%%%%%%%%%%%%%%

function [v_m]=get_v_m(t)
%功能描述:本函数是根据某型导弹的速度曲线进行线性拟合得到的速度大小随时间
%变化的表达式
%函数输入:实际时间 t
%函数输出:对应的导弹速度 v_m
%%%%%%%%%%%%%%%%%%%%%%%%%%%%%%%%%%%

    if t<=1.1682
        v_m=174.1715 * t;
    elseif t<=1.8908
        v_m=-34.4501 * t * t+148.3468 * t+77.4801;
    elseif t<=19.715
        v_m=4.24872 * t+227.368524;
    elseif t<=21.5215
```

```
        v_m=-3.535566*t+380.835684;
    elseif t<=28.9161
        v_m=-7.52671*t+466.731;
    else
        v_m=-9.8*t+532.46578;
    end
end

function [delta_R,delta_q,delta_sigma,delta_alpha]=BPNG(R,q,sigma_m,alpha)
%功能描述:本函数为使用偏置比例导引法的弹目相对运动方程组,主要用于龙格-库
%塔法求数值解
%函数输入:弹目距离R、目标线方位角q、导弹航向角sigma_m
%偏置比例导引法定义的广义角度误差alpha
%函数输出:R的变化率delta_R,q的变化率delta_q,sigma_m的变化率delta_sigma,
% alpha的变化率delta_alpha
%%%%%%%%%%%%%%%%%%%%%%%%

    global v_t;
    global v_m;
    global eta_t;
    global N;
    global K;
    eta_m=q-sigma_m;

    delta_R=v_t*cos(eta_t)-v_m*cos(eta_m);
    delta_q=(v_m*sin(eta_m)-v_t*sin(eta_t))/R;
    delta_sigma=N*delta_q-K*v_m*cos(eta_m)*alpha/R;
    delta_alpha=-K*v_m*cos(eta_m)*alpha/R;
end

function [R_new,q_new,sigma_m_new,alpha_new,a_m]=ode_45(R,q,sigma_m,alpha)
%功能描述:本函数使用4阶龙格-库塔法求取弹目相对运动方程组的数值解
%函数输入:弹目距离R、目标线方位角q、导弹航向角sigma_m
%偏置比例导引法定义的广义角度误差alpha
%函数输出:进行迭代计算后的弹目距离R_new、目标线方位角q_new、导弹航向角
%sigma_m_new、偏置比例导引法定义的广义角度误差alpha_new和此过程中导弹法向加速度
```

```
%a_m
    %%%%%%%%%%%%%%%%%%%%%%%%%%%%%%%%%%%%%%%%%%%%%%%%%%%%

        global delta_t;
        global v_m;

        R_1=R;
        q_1=q;
        sigma_m_1=sigma_m;
        alpha_1=alpha;
        [delta_R_1,delta_q_1,delta_sigma_m_1,delta_alpha_1]=BPNG(R_1,q_1,sigma_
m_1,alpha_1);

        R_2=R_1+delta_R_1*delta_t/2;
        q_2=q_1+delta_q_1*delta_t/2;
        sigma_m_2=sigma_m_1+delta_sigma_m_1*delta_t/2;
        alpha_2=alpha_1+delta_alpha_1*delta_t/2;
        [delta_R_2,delta_q_2,delta_sigma_m_2,delta_alpha_2]=BPNG(R_2,q_2,sigma_
m_2,alpha_2);

        R_3=R_1+delta_R_2*delta_t/2;
        q_3=q_1+delta_q_2*delta_t/2;
        sigma_m_3=sigma_m_1+delta_sigma_m_2*delta_t/2;
        alpha_3=alpha_1+delta_alpha_2*delta_t/2;
        [delta_R_3,delta_q_3,delta_sigma_m_3,delta_alpha_3]=BPNG(R_3,q_3,sigma_
m_3,alpha_3);

        R_4=R_1+delta_R_3*delta_t;
        q_4=q_1+delta_q_3*delta_t;
        sigma_m_4=sigma_m_1+delta_sigma_m_3*delta_t;
        alpha_4=alpha_1+delta_alpha_3*delta_t/2;
        [delta_R_4,delta_q_4,delta_sigma_m_4,delta_alpha_4]=BPNG(R_4,q_4,sigma_
m_4,alpha_4);

        R_new=R_1+delta_t*(delta_R_1+2*delta_R_2+2*delta_R_3+delta_R_
4)/6;
        q_new=q_1+delta_t*(delta_q_1+2*delta_q_2+2*delta_q_3+delta_q_4)/6;
```

```
    sigma_m_new=sigma_m_1+delta_t*(delta_sigma_m_1+2*delta_sigma_m_2+2
*delta_sigma_m_3+delta_sigma_m_4)/6;
    alpha_new=alpha_1+delta_t*(delta_alpha_1+2*delta_alpha_2+2*delta_alpha
_3+delta_alpha_4)/6;

    a_m=(delta_sigma_m_1+2*delta_sigma_m_2+2*delta_sigma_m_3+delta_sig-
ma_m_4)/6*v_m;
end
```

9.3.2 方案弹道弹道仿真程序

```
%%程序介绍
%本程序使用 Matlab 脚本语言编写,运行在 Matlab 环境下
%本程序主要分为 5 个模块,分别是参数声明与初始化模块、参数保存模块、迭代计算
%模块、结果输出和绘图函数模块和调用函数模块。本程序依据作者设计的方案弹道采用 4 阶
%龙格-库塔法求取数值解,并绘制了弹道曲线和相关导弹参数的图像
%%%%%%%%%%%%%%%%%%%%%%%%%%

%%参数声明与初始化模块

clear
clc

% ------------导弹参数------------
% x_m:导弹横坐标
% y_m:导弹纵坐标
% v_m:导弹速度
% sigma_m:导弹弹道角
%%%%%%%%%%%%%%%%%%%%%%%%%%

global x_m;
global y_m;
global v_m;
global sigma_m;

x_m=0;
y_m=100;
```

```
v_m=0;
sigma_m=0 * pi/180;

% ————————————目标参数————————————
% x_t:目标横坐标
% y_t:目标纵坐标
% v_t:目标速度
% sigma_t:目标航向角
%%%%%%%%%%%%%%%%%%%%%%%%%%%%

global x_t;
global y_t;
global v_t;
global sigma_t;

x_t=8000;
y_t=0;
v_t=0;
sigma_t=0 * pi/180;

% ————————————其他弹道参数————————————
% R:导弹与目标距离
% q:目标线方位角
% eta_m:%导弹速度前置角
% eta_t:%目标速度前置角
% t:导弹飞行时间
% n:计数变量
% delta_t:步长
% hit_angle:预设弹着角
%%%%%%%%%%%%%%%%%%%%%%%%%%%%

global R;
global q;
global eta_m;
global eta_t;
global t;
global n;
```

```
global delta_t;

R=sqrt((x_t-x_m)^2+(y_t-y_m)^2);
q=atan((y_t-y_m)/(x_t-x_m));
eta_m=q-sigma_m;
eta_t=q-sigma_t;
t=0;
n=1;
delta_t=0.01;
hit_angle=-60*pi/180;

% ------------导引律参数------------
% N:比例系数
% a_m:导弹法向过载
% L:导弹发射时弹目水平距离
% h:导弹发射初始高度
% H:转入比例导引预留高度
% R_1:方案弹道等过载圆半径
% theta_1:方案弹道首段弧角度
% q_fj:过载切换点方位角
%%%%%%%%%%%%%%%%%%%%%%%%%%%

global N;
global q_fj;
global R_1;

N=3;
a_m=0;
L=x_t-x_m;
h=y_m-y_t;
H=500;
[R_1,theta_1,q_fj]=dgzy(L,hit_angle,H,h);

%%参数保存模块
% x_m_store:导弹横坐标保存数组
% y_m_store:导弹纵坐标保存数组
% x_t_store:目标横坐标保存数组
```

```
% y_t_store:目标纵坐标保存数组
% sigma_m_store:导弹弹道角保存数组
% q_store:目标线方位角保存数组
% eta_m_store:导弹前置角保存数组
% v_m_store:导弹速度保存数组
% a_m_store:导弹法向加速度保存数组
%%%%%%%%%%%%%%%%%%%%%%%%%%

x_m_store=[];
y_m_store=[];
x_t_store=[];
y_t_store=[];
sigma_m_store=[];
q_store=[];
eta_m_store=[];
v_m_store=[];
a_m_store=[];

x_m_store(n)=x_m;
y_m_store(n)=y_m;
x_t_store(n)=x_t;
y_t_store(n)=y_t;
sigma_m_store(n)=sigma_m * 180/pi;
q_store(n)=q * 180/pi;
eta_m_store(n)=eta_m * 180/pi;
v_m_store(n)=v_m;
a_m_store(n)=a_m;

%%迭代计算模块
%本模块主要依靠 4 阶龙格-库塔算法进行迭代计算,计算得到导弹参数后进行保存。
%迭代计算的退出条件设置为弹目距离小于 5 m,此时视为导弹已经击中目标。本模块在计
%算中主要调用了 3 个函数:get_v_m()主要用于依照 AKD10A 速度曲线获得导弹速度,ode_
%45_DGZY()主要用于使用 4 阶龙格-库塔算法求解方案弹道相对运动方程组,ode_45_PNG()
%主要用于使用 4 阶龙格-库塔算法求解末段比例导引相对运动方程组
%%%%%%%%%%%%%%%%%%%%%%%%%%

while R>5
```

```
v_m=get_v_m(t);

if t<10

    [R,q,sigma_m,a_m]=ode_45_DGZY(R,q,sigma_m);

    x_t=x_t+v_t*cos(sigma_t)*delta_t;
    y_t=y_t+v_t*sin(sigma_t)*delta_t;

    x_m=x_t-R*cos(q);
    y_m=y_t-R*sin(q);

    eta_m=q-sigma_m;
    eta_t=q-sigma_t;

    t=t+delta_t;
    n=n+1;

elseif (y_m-y_t)>H

    [R,q,sigma_m,a_m]=ode_45_DGZY(R,q,sigma_m);

    x_t=x_t+v_t*cos(sigma_t)*delta_t;
    y_t=y_t+v_t*sin(sigma_t)*delta_t;

    x_m=x_t-R*cos(q);
    y_m=y_t-R*sin(q);

    eta_m=q-sigma_m;%导弹速度前置角
    eta_t=q-sigma_t;%目标速度前置角

    t=t+delta_t;
    n=n+1;

else
    [R,q,sigma_m,a_m]=ode_45_PNG(R,q,sigma_m);
```

```
        x_t=x_t+v_t * cos(sigma_t) * delta_t;
        y_t=y_t+v_t * sin(sigma_t) * delta_t;

        x_m=x_t-R * cos(q);
        y_m=y_t-R * sin(q);

        eta_m=q-sigma_m;%导弹速度前置角
        eta_t=q-sigma_t;%目标速度前置角

        t=t+delta_t;
        n=n+1;

    end

    x_m_store(n)=x_m;
    y_m_store(n)=y_m;
    x_t_store(n)=x_t;
    y_t_store(n)=y_t;
    sigma_m_store(n)=sigma_m * 180/pi;
    q_store(n)=q * 180/pi;
    eta_m_store(n)=eta_m * 180/pi;
    v_m_store(n)=v_m;
    a_m_store(n)=a_m;

end

%%结果输出和绘图函数模块
%本模块主要用于结果输出和绘图。结果输出模块包括输出迭代计算结束时的飞行时
%间和此时的弹道角与预设弹着角的误差。绘图模块主要绘制 6 幅图像,分别是导弹弹道
%曲线和目标运动轨迹、导弹弹道角 σ 曲线、目标线方位角 q 曲线、前置角 η 曲线、导弹速度
%曲线、导弹法向加速度曲线
%%%%%%%%%%%%%%%%%%%%%%%%%%%%%

disp('飞行时间为(s):')
t

figure(1)
```

```
plot(x_m_store,y_m_store)
hold on
plot(x_t_store,y_t_store)
xlabel('x/m')
ylabel('y/m')
title('导弹及目标运动轨迹')
axis equal
grid on

figure(2)
plot((0:n-1) * delta_t,sigma_m_store)
xlabel('time/s')
ylabel('弹道航迹角')
title('弹道航迹角 sigma')
hold on
grid on

figure(3)
plot((0:n-1) * delta_t,q_store)
xlabel('time/s')
ylabel('方位角')
title('方位角 q')
hold on
grid on

figure(4)
plot((0:n-1) * delta_t,eta_m_store)
xlabel('time/s')
ylabel('前置角')
title('前置角 eta')
hold on
grid on

figure(5)
plot((0:n-1) * delta_t,v_m_store)
xlabel('time/s')
ylabel('导弹速度')
```

```
title('导弹速度')
hold on
grid on

figure(6)
plot((0:n-1) * delta_t,a_m_store)
xlabel('time/s')
ylabel('导弹法向加速度')
title('导弹法向加速度')
hold on
grid on

%%调用函数模块
%本模块主要包括 6 个调用的函数。其中:dgzy()用于计算方案弹道参数;get_v_m()
%用于获取导弹速度;DGZY()为方案弹道的弹目相对运动方程组;ode_45_DGZY()是方案
%弹道的 4 阶龙格-库塔算法的解算程序;PNG()为比例导引的弹目相对运动方程组;ode_45_
%PNG()是比例导引的 4 阶龙格-库塔算法的解算程序
%%%%%%%%%%%%%%%%%%%%%%%%%%%%

function [R_1,theta_1,q_fj]=dgzy(L,q_k1,H,h)
%功能描述:本函数用于求取方案弹道的弹道参数
%函数输入:导弹发射时弹目水平距离 L、预设弹着角 q_k1、导弹发射初始高度 h、转入
%比例导引预
%留高度 H
%函数输出:方案弹道等过载圆半径 R_1;方案弹道首段弧角度 theta_1;过载切换点目
%标线方位角 q_fj
%%%%%%%%%%%%%%%%%%%%%%%%%%%%

    q_k=abs(q_k1);

    A=L-H/tan(q_k);
    B=H-h;

    theta_1=pi-asin((A+A * cos(q_k)-B * sin(q_k))/(2 * sqrt(A^2+B^2)))-atan(A/B);
    R_1=A/(2 * sin(theta_1)+sin(q_k));

    q_fj=atan((h+R_1 * (1-cos(theta_1)))/(L-R_1 * sin(theta_1)));
```

```
end

function [v_m]=get_v_m(t)
%功能描述:本函数是根据 AKD10A 的速度曲线进行线性拟合得到的速度大小随时间
%变化的表达式
%函数输入:实际时间 t
%函数输出:对应的导弹速度 v_m
%%%%%%%%%%%%%%%%%%%%%%%%%%%%%%%%%

    if t<=1.1682
        v_m=174.1715*t;
    elseif t<=1.8908
        v_m=-34.4501*t*t+148.3468*t+77.4801;
    elseif t<=19.715
        v_m=4.24872*t+227.368524;
    elseif t<=21.5215
        v_m=-3.535566*t+380.835684;
    elseif t<=28.9161
        v_m=-7.52671*t+466.731;
    else
        v_m=-9.8*t+532.46578;
    end
end

function [delta_R,delta_q,delta_sigma]=DGZY(R,q,sigma_m)
%功能描述:本函数为方案弹道的弹目相对运动方程组,主要用于龙格-库塔法求数值解
%函数输入:弹目距离 R、目标线方位角 q、导弹航向角 sigma_m
%函数输出:R 的变化率 delta_R,q 的变化率 delta_q,sigma_m 的变化率 delta_sigma
%%%%%%%%%%%%%%%%%%%%%%%%%%%%%%%%%

    global v_t;
    global v_m;
    global eta_t;
    global q_fj;
    global R_1;
    eta_m=q-sigma_m;
```

```
    delta_R=v_t * cos(eta_t)-v_m * cos(eta_m);
    delta_q=(v_m * sin(eta_m)-v_t * sin(eta_t))/R;
    if q>-q_fj
            delta_sigma=R * sin(delta_q)/(R_1 * sin(eta_m));
    else
            delta_sigma=-R * sin(delta_q)/(R_1 * sin(eta_m));
    end
end

function [R_new,q_new,sigma_m_new,a_m]=ode_45_DGZY(R,q,sigma_m)
%功能描述:本函数使用 4 阶龙格-库塔法求取方案弹道弹目相对运动方程组的数值解
%函数输入:弹目距离 R、目标线方位角 q、导弹航向角 sigma_m
%函数输出:进行迭代计算后的弹目距离 R_new、目标线方位角 q_new、导弹航向角
%sigma_m_new 和此过程中导弹法向加速度 a_m
%%%%%%%%%%%%%%%%%%%%%%%%%%%%%%

    global delta_t;
    global v_m;

    R_1=R;
    q_1=q;
    sigma_m_1=sigma_m;
    [delta_R_1,delta_q_1,delta_sigma_m_1]=DGZY(R_1,q_1,sigma_m_1);

    R_2=R_1+delta_R_1 * delta_t/2;
    q_2=q_1+delta_q_1 * delta_t/2;
    sigma_m_2=sigma_m_1+delta_sigma_m_1 * delta_t/2;
    [delta_R_2,delta_q_2,delta_sigma_m_2]=DGZY(R_2,q_2,sigma_m_2);

    R_3=R_1+delta_R_2 * delta_t/2;
    q_3=q_1+delta_q_2 * delta_t/2;
    sigma_m_3=sigma_m_1+delta_sigma_m_2 * delta_t/2;
    [delta_R_3,delta_q_3,delta_sigma_m_3]=DGZY(R_3,q_3,sigma_m_3);

    R_4=R_1+delta_R_3 * delta_t;
    q_4=q_1+delta_q_3 * delta_t;
```

```
        sigma_m_4=sigma_m_1+delta_sigma_m_3 * delta_t;
        [delta_R_4,delta_q_4,delta_sigma_m_4]=DGZY(R_4,q_4,sigma_m_4);

        R_new=R_1+delta_t * (delta_R_1+2 * delta_R_2+2 * delta_R_3+delta_R_4)/6;
        q_new=q_1+delta_t * (delta_q_1+2 * delta_q_2+2 * delta_q_3+delta_q_4)/6;
        sigma_m_new=sigma_m_1+delta_t * (delta_sigma_m_1+2 * delta_sigma_m_2+2
* delta_sigma_m_3+delta_sigma_m_4)/6;

    a_m=(delta_sigma_m_1+2 * delta_sigma_m_2+2 * delta_sigma_m_3+delta_sigma_m
_4)/6 * v_m;
    end

    function [delta_R,delta_q,delta_sigma]=PNG(R,q,sigma_m)
    %功能描述:本函数为末段比例导引的弹目相对运动方程组,主要用于龙格-库塔法求
%数值解
    %函数输入:弹目距离 R、目标线方位角 q、导弹航向角 sigma_m
    %函数输出:R 的变化率 delta_R,q 的变化率 delta_q,sigma_m 的变化率 delta_sigma
    %%%%%%%%%%%%%%%%%%%%%%%%%%%%%%%%%%%%%%%%%%%%%%%%%%%%%%%%%%%%%%%%%%%%

        global v_t;
        global v_m;
        global eta_t;
        global N;
        eta_m=q-sigma_m;

        delta_R=v_t * cos(eta_t)-v_m * cos(eta_m);
        delta_q=(v_m * sin(eta_m)-v_t * sin(eta_t))/R;
        delta_sigma=N * delta_q;
    end

    function [R_new,q_new,sigma_m_new,a_m]=ode_45_PNG(R,q,sigma_m)
    %功能描述:本函数使用 4 阶龙格-库塔法求取末段比例导引弹目相对运动方程组的数
%值解
    %函数输入:弹目距离 R、目标线方位角 q、导弹航向角 sigma_m
    %函数输出:进行迭代计算后的弹目距离 R_new、目标线方位角 q_new、导弹航向角
%sigma_m_new 和此过程中导弹法向加速度 a_m
    %%%%%%%%%%%%%%%%%%%%%%%%%%%%%%%%%%%%%%%%%%%%%%%%%%%%%%%%%%%%%%%%%%%%
```

```
    global delta_t;
    global v_m;

    R_1=R;
    q_1=q;
    sigma_m_1=sigma_m;
    [delta_R_1,delta_q_1,delta_sigma_m_1]=PNG(R_1,q_1,sigma_m_1);

    R_2=R_1+delta_R_1*delta_t/2;
    q_2=q_1+delta_q_1*delta_t/2;
    sigma_m_2=sigma_m_1+delta_sigma_m_1*delta_t/2;
    [delta_R_2,delta_q_2,delta_sigma_m_2]=PNG(R_2,q_2,sigma_m_2);

    R_3=R_1+delta_R_2*delta_t/2;
    q_3=q_1+delta_q_2*delta_t/2;
    sigma_m_3=sigma_m_1+delta_sigma_m_2*delta_t/2;
    [delta_R_3,delta_q_3,delta_sigma_m_3]=PNG(R_3,q_3,sigma_m_3);

    R_4=R_1+delta_R_3*delta_t;
    q_4=q_1+delta_q_3*delta_t;
    sigma_m_4=sigma_m_1+delta_sigma_m_3*delta_t;
    [delta_R_4,delta_q_4,delta_sigma_m_4]=PNG(R_4,q_4,sigma_m_4);

R_new=R_1+delta_t*(delta_R_1+2*delta_R_2+2*delta_R_3+delta_R_4)/6;
    q_new=q_1+delta_t*(delta_q_1+2*delta_q_2+2*delta_q_3+delta_q_4)/6;
sigma_m_new=sigma_m_1+delta_t*(delta_sigma_m_1+2*delta_sigma_m_2+2*
delta_sigma_m_3+delta_sigma_m_4)/6;

a_m=(delta_sigma_m_1+2*delta_sigma_m_2+2*delta_sigma_m_3+delta_sigma_m
_4)/6*v_m;
end
```

第 10 章　导弹的动态特性

10.1　导弹的扰动运动及研究方法

10.1.1　导弹的扰动运动

在前面研究导弹质心的运动时，运用了“固化原理”。在研究弹道学问题时，把导弹当作一个质点来看待，同时还采用了“瞬时平衡”假设。然而导弹不可能在以上理想的情况下工作。同时，导弹制导系统的工作也需要一定的过程，也就是说，导弹绕质心转动不可能是瞬间完成的，一定要经过某一个时间间隔，而这个过程通常称为“过渡过程”。另外，在飞行过程中，除了控制作用外，导弹还受到各种干扰的作用，使导弹在飞行过程中总是绕质心不断地转动，这种转动导致导弹在飞行过程中的弹道参数与按“瞬时平衡”假设的理想条件下求得的结果并不完全相同。因此，在研究制导系统工作时，就不能像弹道学中的那样把导弹当作质点来处理。

在本章的研究中把导弹作为一个质点系，而非理想的可操纵质点，在偏转舵面或受到扰动时，导弹运动的动力学特性，简称导弹的动态特性。这通常指导弹的动稳定性和操纵性。

在开始研究动态特性之前，先需要了解扰动运动的问题。

理论弹道(定义见 5.2.3 节)又称为基准弹道或未扰动弹道。相应地把导弹的运动称为基准运动或未扰动运动。然而，导弹在运动过程中，由于上述条件是很难严格地予以保证的，所以，弹道的实际参数将在基准弹道(未扰动弹道)的附近有所波动(见图 10－1)。这样的运动称为扰动运动，相应的弹道称为扰动弹道。

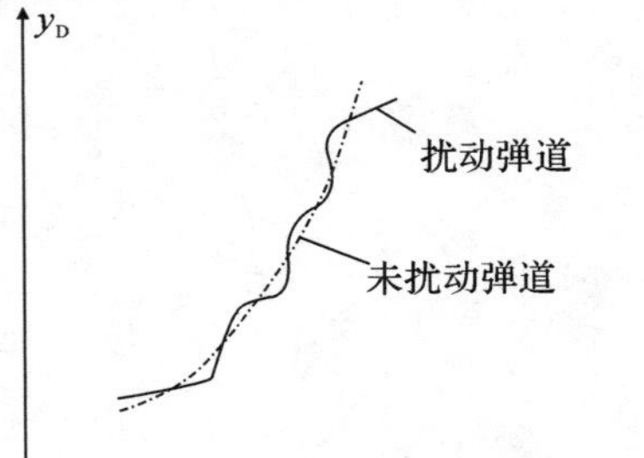

图 10－1　**未扰动弹道与扰动弹道**

使导弹偏离基准弹道的干扰是多种多样的，有的属于经常性的，有的则是随机的。例如：

(1)出于工艺或别的原因,使导弹结构或外形偏离了理论值。如重心、转动惯量的误差、弹翼相对于弹体的安装误差角 $\Delta\varphi$(见图 10-2)。在以弹体纵轴为基准时,$\Delta\varphi$ 相当于弹翼上有一个附加的常值迎角,由此导致干扰气动力及力矩。又如弹体前后舱段对接时产生的误差,可使弹头或别的舱段产生附加的迎角等,所有这些干扰都是属于经常作用的。

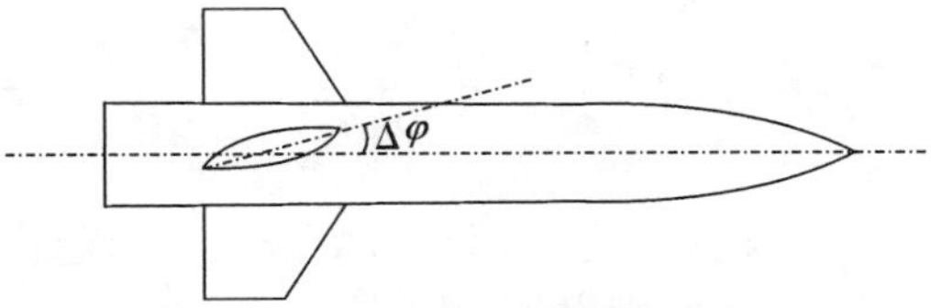

图 10-2　弹翼安装角的误差

(2)控制系统受到无线电干扰作用,在舵机上出现假信号,使舵面偏离预期的位置,引起导弹迎角或侧滑角的偏差,从而产生附加的气动力和力矩。这种干扰以及目标的机动都属于随机干扰。

(3)风对运动的影响既有经常性的也有随机的。如导弹以速度 $\boldsymbol{v}$ 运动时,遇有阵风 u(见图 10-3),则此时的合成速度应为 $\boldsymbol{v}-\boldsymbol{u}=\boldsymbol{v}'$,迎角改变为

$$\Delta\alpha=\arctan\frac{u\sin\theta}{v+u\cos\theta}\approx\frac{u\sin\theta}{v}$$

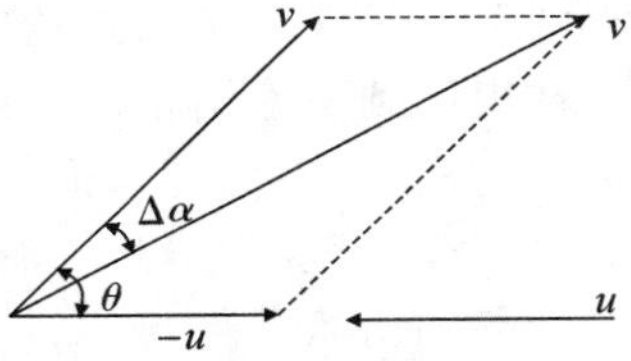

图 10-3　阵风干扰

此外,还有其他一些干扰作用,这里就不一一列举了。无论何种干扰作用,最终都归结为在导弹上作用着某些附加力和力矩,由此导致偏离基准运动的扰动运动。

导弹的动态特性是在扰动运动中表现出来的。导弹在运动过程中受到扰动,偏离基准运动后,若外干扰消失,导弹不经操纵,经过一段时间能自行恢复到原来的基准运动状态,则称导弹具有运动稳定性。运动稳定性常称为动稳定性或简称稳定性。若外干扰消失后,导弹不经操纵,不但不能恢复到原来的运动状态,而且偏离基准运动越来越严重,则称导弹的运动是不稳定的;如果这种偏离现象既不发散也不收敛,而保持在外干扰消失瞬间的那个偏离量,则称导弹的运动是中立稳定的。可见,导弹的稳定性是指导弹受扰动后保持其原来运动状态的能力。这时,舵面的位置是不变的。

为了使导弹按预期的弹道飞行,舵面不时地在偏转。舵面偏转后,导弹以相应的运动参数(如迎角 α、侧滑角 β、滚动角 γ、俯仰角 ϑ 等)的变化来响应这种偏转的能力称为导弹的操纵性。换言之,导弹的操纵性乃是导弹受控制时,改变其原来平衡状态达到新的平衡状态的一种属性。就改变原有平衡状态来说,航面的偏转可以看作一种“强迫”干扰。导弹在飞行中,由于受到外力的作用,弹体将发生弹性变形,从而使导弹的稳定性和操纵性问题变得更加复杂。这里略去这种弹性变形,只研究导弹作为刚体的动态特性问题,导弹的动态特性除了与弹体本身的气动布局有关外,还取决于飞行马赫数 Ma、高度等其他因素。

导弹的干扰,如果按作用的时间长短来分,可以分为经常作用干扰和瞬时作用干扰。经常作用干扰如导弹的安装误差、发动机推力偏心、舵面偏离零位等。对于这种干扰,在动态分析时,作为干扰力和干扰力矩来处理。瞬时作用干扰又称为偶然或脉冲干扰,它是瞬时作用又瞬

时消失，或者短时间作用，很快消失，例如在瞬时作用的阵风、发射时的起始扰动、级间分离、制导系统中偶然出现的短促信号等。这种干扰作用的结果，往往使某些运动参数出现初始偏差，如在瞬时作用的垂直风影响下，使导弹攻角产生初始偏差角 $\Delta\alpha$。这时，动态分析的目的就是要研究这个初始偏差对导弹运动的影响。

10.1.2 导弹的扰动运动的研究方法

由于描述导弹运动是非线性微分方程组，所以，要研究导弹的扰动运动，就需要解非线性微分方程组。目前实际应用中有两种不同的工程方法。

10.1.2.1 用数值积分法解导弹扰动运动方程组

如果对导弹扰动运动需要进行比较精确的计算，或者由于所研究的问题必须用非线性微分方程组描述，这时，就需要解非线性微分方程组。一般来说，大多数微分方程组的解不可能用初等函数表示，亦即得不出解析解。但是，用数值积分法，可以求出特解。

20 世纪 50 年代以前，普遍认为使用数值积分法解微分方程是一种近似方法。这种方法需要繁重的计算，因此，只能把导弹运动简化为平面运动，计算的步长也不能取得太小。此外，求解时还必须知道初始条件，所求得的解只是在一定初始条件下的持解。由于繁重的计算，只能选择一些典型情况求解。这样，往往得不到一般结论。

随着大容量、高速度的电子计算机的出现，人们可以精确地算出导弹的扰动弹道以及受控运功的过程。因为电子计算机可以使用较为精确的描述导弹运动的数学模型，计算步长也可以根据精度要求进行选取，还可以选择各种初始条件进行计算，所以，数值积分法在现代计算的基础上，已不再是近似方法，而是较为精确的方法，它得到了更加广泛的应用。

由于数值积分法只能是对应于一组确定的初始条件下的特解，所以，在研究扰动运动时，较难从方程组中总结出带规律性的结果，这是数值积分法的一个缺点。

10.1.2.2 小扰动法

如果对扰动运动方程组加以合理的简化处理，使其能够解析求解而又具有必要的工程精确度，这是很有价值的。因为解析解中包含了各种飞行参数和气动参数，可以直接分析参数对导弹动态特性的影响。常用的方法就是利用小扰动假设将微分方程线性化，通常称为小扰动法。

当研究一个非线性系统在某一稳定平衡点附近的微小扰动运动的状态时，则原来的系统可以充分精确地用一个线性系统加以近似。几乎可以肯定地说，只要加以足够精确的分析，任何一个物理系统都是非线性的。如果说某一个实际的物理系统是线性系统，只是说它的某些主要性能可以充分精确地用一个线性系统加以近似而已。而且所谓“充分精确”，是指实际系统与理想化的线性系统的差别，对于所研究的问题，已经小到可以忽略的程度。只有当具体的条件和要求给定以后，才能确定一个实际系统是线性系统还是非线性系统。在这个问题上并不存在绝对的判断准则。例如导弹弹体-自动驾驶仪系统（即姿态控制系统）就是非线性系统，因为不论是导弹运动方程还是自动驾驶仪方程都是非线性的。但是，当研究动态特性时，可以取这两个方程组是线性的。而如果所研究的是导弹弹体-自动驾驶系统的自振问题，则略去自动驾驶仪方程的非线性是不允许的。因为正是由于自动驾驶仪的非线性特性才会发生自振。

如果扰动的影响很小，则扰动弹道很接近未扰动弹道，这样，就有了对导弹运动方程组进

行线性化的基础。为了对方程组式(3-86)进行线性化，所有运动参数都分别写成它们在未扰动运动中的数值与其一偏量之和，即

$$\left.\begin{aligned} v(t) &= v_0(t) + \Delta v(t) \\ \theta(t) &= \theta_0(t) + \Delta\theta(t) \\ &\vdots \\ \omega_{x_t}(t) &= \omega_{x_t 0}(t) + \Delta\omega_{x_t}(t) \\ &\vdots \\ z_D(t) &= z_{D_0}(t) + \Delta z_D(t) \end{aligned}\right\} \tag{10-1}$$

式中：脚注“0”表示未扰动运动中的运动学参数的数值；$\Delta v(t)$，…，$\Delta z_D(t)$表示扰动运动参数对未扰动运动参数的偏差值，称为运动学参数的偏量。

如果未扰动弹道的运动学参数已经根据弹道学中的方法求得，则只要求出偏量值，扰动弹道上的运动参数也就可以确定了。因此，研究导弹的扰动运动就可以归结为研究运动学参数的偏量变化。这样的研究方法可以得到一般性的结论，因此获得了广泛们应用。导弹弹体动态特性分析这部分内容就是建立在小扰动法的基础上的。

如果导弹制导系统的工作精度较高，则实际飞行弹道总是与未扰动弹道相当接近，实际的运动参数也是在未扰动弹道上的运动参数附近变化。那么，实践证明，在许多情况下，导弹运动方程组可以用线性化方程组来近似。如果扰动弹道和未扰动弹道差别很大，用小扰动法研究稳定性就会有较大的误差，至于扰动弹道误差就更大了，在这种情况下，就不能应用此法。

对于导弹制导系统的设计和分析，从控制理论的应用上也有两种不同的方法，即经典控制理论和现代控制理论。

经典控制理论是以单输入-单输出的常参量系统作为主要研究对象。它的研究方法以传递函数作为系统基本数学描述，以根轨迹法和频率响应法作为分析和设计系统的两类方法。它的基本内容是研究系统的稳定性及在给定输入下系统的分析或在给定指标下系统的设计。这样，导弹作为制导系统的一个环节，即控制对象，其特性完全可由经典控制理论的概念和定义表示，如输入量、输出量、传递函数、稳定性、过渡过程品质指标等。

20 世纪 60 年代，由于探索空间需要和电子计算机的飞速发展逐渐形成现代控制理论。它的研究对象既可以是线性的，也可以是非线性的；既可以是常参量的，也可以是变参量的。它的研究方法本质上是时间域的方法(经典控制理论是频域)，只是建立在对系统状态变量的描述，即所谓状态空间法，是直接求解微分方程组的一种方法。利用它来设计和分析系统时，可以揭示系统内在的规律，实现系统在一定条件下的最优控制。

现代控制理论在解决大型复杂的控制问题时，具有许多突出的优点，目前在导弹制导系统分析和设计中也得到愈来愈多的应用，但是，它不能够完全取代经典控制理论。在工程的实际应用中，两者各有所长，应互为补充。

本章主要是应用经典控制理论进行导弹动态特性分析。

10.2　导弹运动方程组的线性化

运动方程组的线性化方法是设定未扰动运动为空间非定态飞行。其运动参数为 $v_0(t)$，$\theta_0(t)$，$\psi_{v0}(t)$，$\alpha_0(t)$，$\beta_0(t)$，…，$\omega_{z_t 0}(t)$，…，$Z_0(t)$。导弹运动方程线性化的基本假设是小扰动，

即假定扰动运动参数与在同一时间内的未扰动运动参数值间的差值相当小，同时，为了使线性化以后的扰动运动方程比较简单，对未扰动运动作如下假设：

(1)未扰动运动中侧向运动参数 β_0、γ_0、γ_{v0}、ω_{x0}、ω_{y0}、ψ_{v0}、ψ_0 和侧向操纵机构偏转角 δ_{x0}、δ_{y0} 以及纵向参数对时间的导数 $\omega_{z_t0}\approx\dot{\vartheta}_0$、$\dot{\alpha}_0$、$\dot{\delta}_0$、$\dot{\theta}_0$ 均很小，因此可以略去它们之间的乘积以及它们与其他小量的乘积，还假定在未扰动飞行中偏导数 $X^\beta=\left(\dfrac{\partial X}{\partial\beta}\right)_0$ 为一小量。

(2)不考虑导弹的结构参数偏量 Δm、ΔJ_{x_t}、ΔJ_{y_t}、ΔJ_{z_t}，大气压强偏差 Δp，大气密度的偏量 $\Delta\rho$ 和坐标的偏量 Δy_D 对扰动的影响，因为在扰动运动中这些量都很小。这样，参数 m、J_{x_t}、J_{y_t}、p 、ρ、y_D在扰动运动与未扰动运动中的数值一样，也是时间的已知函数。

根据上述假设，对力和力矩进行线性化后，就可以对运动方程组式(2-86)进行简化，略去二阶小量，简化后的结果为

$$\left.\begin{aligned}
&m\frac{\mathrm{d}\Delta v}{\mathrm{d}t}=(P^v-X^v)\Delta v+(-P\alpha-X^\alpha)\Delta\alpha+(-G\cos\theta)\Delta\theta+F_{gx}\\
&mv\frac{\mathrm{d}\Delta\theta}{\mathrm{d}t}=(P^v\alpha+Y^v)\Delta v+(P+Y^\alpha)\Delta\alpha+G\sin\theta\Delta\theta+Y^{\delta_z}\Delta\delta_z+F_{gy}\\
&-mv\cos\theta\frac{\mathrm{d}\Delta\psi_v}{\mathrm{d}t}=(-P+Z^\beta)\Delta\beta+(P\alpha+Y)\Delta\gamma_v+Z^{\delta_y}\Delta\delta_y+F_{gz}\\
&J_{x_t}\frac{\mathrm{d}\Delta\omega_{x_t}}{\mathrm{d}t}=M_{x_t}^\beta\Delta\beta+M_{x_t}^{\omega_{x_t}}\Delta\omega_{x_t}+M_{x_t}^{\omega_{y_t}}\Delta\omega_y+M_{x_t}^{\delta_x}\Delta\delta_x+M_{x_t}^{\delta_y}\Delta\delta_y+M_{gx_t}\\
&J_{y_t}\frac{\mathrm{d}\Delta\omega_{y_t}}{\mathrm{d}t}=M_{y_t}^\beta\Delta\beta+M_{y_t}^{\omega_{x_t}}\Delta\omega_{x_t}+M_{y_t}^{\omega_{y_t}}\Delta\omega_{y_t}+M_{y_t}^{\dot\beta}\Delta\dot\beta+M_{y_t}^{\delta_y}\Delta\delta_y+M_{gy_t}\\
&J_{z_t}\frac{\mathrm{d}\Delta\omega_{z_t}}{\mathrm{d}t}=M_{z_t}^v\Delta v+M_{z_t}^\alpha\Delta\alpha+M_{z_t}^{\omega_{z_t}}\Delta\omega_{z_t}+M_{z_t}^{\dot\alpha}\Delta\dot\alpha+M_{z_t}^{\delta_z}\Delta\delta_z+M_{gz_t}\\
&\frac{\mathrm{d}\Delta\vartheta}{\mathrm{d}t}=\Delta\omega_{z_t}\\
&\frac{\mathrm{d}\Delta\psi}{\mathrm{d}t}=\frac{1}{\cos\vartheta}\Delta\omega_{y_t}\\
&\frac{\mathrm{d}\Delta\gamma}{\mathrm{d}t}=\Delta\omega_{x_t}-\tan\vartheta\Delta\omega_{y_t}\\
&\frac{\mathrm{d}\Delta x_D}{\mathrm{d}t}=\cos\theta\Delta v-v\sin\theta\Delta\theta\\
&\frac{\mathrm{d}\Delta y_D}{\mathrm{d}t}=\sin\theta\Delta v+v\cos\theta\Delta\theta\\
&\frac{\mathrm{d}\Delta z_D}{\mathrm{d}t}=-v\cos\theta\Delta\psi_v\\
&\Delta\theta=\Delta\vartheta-\Delta\alpha\\
&\Delta\psi_v=\Delta\psi+\frac{\alpha}{\cos\theta}\Delta\gamma-\frac{1}{\cos\theta}\Delta\beta\\
&\Delta\gamma_v=\tan\theta\Delta\beta+\frac{\cos\vartheta}{\cos\theta}\Delta\gamma
\end{aligned}\right\}\qquad(10-2)$$

对于轴对称型导弹线性化以后的偏量方程式(10－2)中 4、5、6 式简化为下式：

$$\left.\begin{aligned}
&J_{x_t}\frac{d\Delta\omega_{x_t}}{dt}=M_{x_t}^{\omega_{x_t}}\Delta\omega_{x_t}+M_{x_t}^{\delta_x}\Delta\delta_x+M_{gx_t}\\
&J_{y_t}\frac{d\Delta\omega_{y_t}}{dt}=M_{y_t}^{\beta}\Delta\beta+M_{y_t}^{\omega_{y_t}}\Delta\omega_{y_t}+M_{y_t}^{\dot\beta}\Delta\dot\beta+M_{y_t}^{\delta_y}\Delta\delta_y+M_{gy_t}\\
&J_{z_t}\frac{d\Delta\omega_{z_t}}{dt}=M_{z_t}^{v}\Delta v+M_{z_t}^{\alpha}\Delta\alpha+M_{z_t}^{\omega_{z_t}}\Delta\omega_{z_t}+M_{z_t}^{\dot\alpha}\Delta\dot\alpha+M_{z_t}^{\delta_z}\Delta\delta_z+M_{gz_t}
\end{aligned}\right\}\tag{10-3}$$

式中：$M_{z_t}^{v}\Delta v=\left[\left(\frac{\partial M_{z_t}^{\alpha}}{\partial v}\right)_0\alpha_0+\left(\frac{\partial M_{z_t}^{\delta_z}}{\partial v}\right)_0\delta_{z_0}\right]\Delta v$——干扰力和干扰力矩。

式(10－2)中偏量 $\Delta v,\Delta\theta,\cdots,\Delta\gamma_v$ 是时间的函数，其系数由未扰动运动参数值($v_0,\alpha_0,\beta_0,\cdots,\delta_{z0}$)确定。如果未扰动运动是定态飞行，即其运动参数是常数，则未知数 $\Delta v,\Delta\theta,\cdots,\Delta\gamma_v$ 中的系数与时间无关。于是得到便于研究的常系数微分方程组。如果未扰动运动是非定态飞行，未知数 $\Delta v,\Delta\theta,\cdots,\Delta\gamma_v$ 中系数与时间有关，即未扰动运动参数随时间变化，那么线性化以后的扰动运动方程组是变系数的微分方程组。

10.3　导弹弹体纵向扰动运动

本节具体研究导弹弹体的纵向扰动运动特性，也就是稳定性和操纵性问题。在进行不同的具体问题研究时还要通过对纵向扰动运动的分析，讨论这些方程可能的简化。

10.3.1　纵向扰动方程组

从方程组式(10－2)中很容易看出扰动运动方程组可以分为两个独立的方程组，一组是描述纵向运动参数偏量 Δv、$\Delta\theta$、$\Delta\vartheta$、$\Delta\omega_{z_t}$、Δx_D、Δy_D、$\Delta\alpha$ 的变化，即纵向扰动运动方程组：

$$\left.\begin{aligned}
&\frac{d\Delta v}{dt}=\frac{P^v-X^v}{m}\Delta v+\frac{-P\alpha-X^\alpha}{m}\Delta\alpha-g\cos\theta\Delta\theta+\frac{F_{gx}}{m}\\
&\frac{d\Delta\theta}{dt}=\frac{P^v\alpha+Y^v}{mv}\Delta v+\frac{P+Y^\alpha}{mv}\Delta\alpha+\frac{g\sin\theta}{v}\Delta\theta+\frac{Y^{\delta_z}}{mv}\Delta\delta_z+\frac{F_{gy}}{mv}\\
&\frac{d\Delta\omega_{z_t}}{dt}=\frac{M_{z_t}^{v}}{J_{z_t}}\Delta v+\frac{M_{z_t}^{\alpha}}{J_{z_t}}\Delta\alpha+\frac{M_{z_t}^{\omega_{z_t}}}{J_{z_t}}\Delta\omega_{z_t}+\frac{M_{z_t}^{\dot\alpha}}{J_{z_t}}\Delta\dot\alpha+\frac{M_{z_t}^{\delta_z}}{J_{z_t}}\Delta\delta_z+\frac{M_{gz_t}}{J_{z_t}}\\
&\frac{d\Delta\vartheta}{dt}=\Delta\omega_{z_t}\\
&\frac{d\Delta x_D}{dt}=\cos\theta\Delta v-v\sin\theta\Delta\theta\\
&\frac{d\Delta y_D}{dt}=\sin\theta\Delta v+v\cos\theta\Delta\theta\\
&\Delta\alpha=\Delta\vartheta-\Delta\theta
\end{aligned}\right\}\tag{10-4}$$

由纵向扰动运动方程组式(10-4)可知,它的变量是运动参数偏量 Δv、$\Delta\omega_{z_t}$、$\Delta\theta$、$\Delta\alpha$、$\Delta\vartheta$ 以及 Δx_D 和 Δy_D。由于偏量 Δx_D 和 Δy_D 并不包含在其他方程中,所以可以把描述偏量 Δx_D 和 Δy_D 的两个方程独立出来,这样纵向扰动运动方程组就变为

$$\left.\begin{aligned}
&\frac{\mathrm{d}\Delta v}{\mathrm{d}t}=\frac{P^v-X^v}{m}\Delta v+\frac{-P\alpha-X^\alpha}{m}\Delta\alpha-g\cos\theta\Delta\theta+\frac{F_{gx}}{m}\\
&\frac{\mathrm{d}\Delta\theta}{\mathrm{d}t}=\frac{P^v\alpha+Y^v}{mv}\Delta v+\frac{P+Y^\alpha}{mv}\Delta\alpha+\frac{g\sin\theta}{v}\Delta\theta+\frac{Y^{\delta_z}}{mv}\Delta\delta_z+\frac{F_{gy}}{mv}\\
&\frac{\mathrm{d}\Delta\omega_{z_t}}{\mathrm{d}t}=\frac{M_{z_t}^v}{J_{z_t}}\Delta v+\frac{M_{z_t}^\alpha}{J_{z_t}}\Delta\alpha+\frac{M_{z_t}^{\omega_{z_t}}}{J_{z_t}}\Delta\omega_{z_t}+\frac{M_{z_t}^{\dot\alpha}}{J_{z_t}}\Delta\dot\alpha+\frac{M_{z_t}^{\delta_z}}{J_{z_t}}\Delta\delta_z+\frac{M_{gz_t}}{J_{z_t}}\\
&\frac{\mathrm{d}\Delta\vartheta}{\mathrm{d}t}=\Delta\omega_{z_t}\\
&\Delta\alpha=\Delta\vartheta-\Delta\theta
\end{aligned}\right\}\tag{10-5}$$

为了使方程组式(10-5)书写方便,引入方程系数的简化表示符号,为此对方程和运动参数偏量进行编号,见表 10-1。

表 10-1 导弹的纵向扰动运动线性化方程和运动参数偏量的编号

方程式序号 i	扰动运动方程式	运动参数偏量序号 j	运动参数偏量
1	$\frac{\mathrm{d}\Delta v}{\mathrm{d}t}=\frac{(P^v-X^v)}{m}\Delta v+\frac{(-P\alpha-X^\alpha)}{m}\Delta\alpha+(-g\cos\theta)\Delta\theta+\frac{F_{gx}}{m}$	1	Δv
		2	$\Delta\omega_{z_t}$
2	$\frac{\mathrm{d}\Delta\omega_{z_t}}{\mathrm{d}t}=\frac{M_{z_t}^v}{J_{z_t}}\Delta v+\frac{M_{z_t}^\alpha}{J_{z_t}}\Delta\alpha+\frac{M_{z_t}^{\omega_{z_t}}}{J_{z_t}}\Delta\omega_{z_t}+\frac{M_{z_t}^{\dot\alpha}}{J_{z_t}}\Delta\dot\alpha+\frac{M_{z_t}^{\delta_z}}{J_{z_t}}\Delta\delta_z+\frac{M_{gz_t}}{J_{z_t}}$	3	$\Delta\theta$
		4	$\Delta\alpha$
3	$\frac{\mathrm{d}\Delta\theta}{\mathrm{d}t}=\frac{(P^v\alpha-Y^v)}{mv}\Delta v+\frac{(P+Y^\alpha)}{mv}\Delta\alpha+\frac{g\sin\theta}{v}\Delta\theta+\frac{Y^{\delta_z}}{mv}\Delta\delta_z+\frac{F_{gy}}{mv}$	5	$\Delta\delta_z$
		6	F_{gx}, F_{gy}, M_{gz_t}

方程式中各个系数采用 a_{ij} 的符号表示,a_{ij} 的第一个脚注 i 表示运动方程组的顺序号,第二个脚注 j 表示运动参数偏量的顺序号,例如 a_{11} 就代表 $\frac{(P^v-X^v)}{m}$。系数 a_{ij} 的表达式见表 10-2。这样,纵向扰动运动方程可改写为

$$\left.\begin{aligned}
&\frac{\mathrm{d}\Delta v}{\mathrm{d}t}-a_{11}\Delta v-a_{13}\Delta\theta-a_{14}\Delta\alpha=a_{16}F_{gx}\\
&\frac{\mathrm{d}^2\Delta\vartheta}{\mathrm{d}t^2}-a_{21}\Delta v-a_{22}\frac{\mathrm{d}\Delta\vartheta}{\mathrm{d}t}-a_{24}\Delta\alpha-a'_{24}\frac{\mathrm{d}\Delta\alpha}{\mathrm{d}t}=a_{25}\Delta\delta_z+a_{26}M_{gz_t}\\
&\frac{\mathrm{d}\Delta\theta}{\mathrm{d}t}-a_{31}\Delta v-a_{33}\Delta\theta-a_{34}\Delta\alpha=a_{35}\Delta\delta_z+a_{36}F_{gy}\\
&-\Delta\vartheta+\Delta\theta+\Delta\alpha=0
\end{aligned}\right\}\tag{10-6}$$

式中:系数 $a_{11},\cdots,a_{21},\cdots,a_{31},\cdots,a_{36}$ 称为动力系数,它表征导弹的动力学特性。

表 10－2　动力系数 a_{ij} 的符号及其表达式表

运动方程式序号 i	运动系数序号 j					
	1	2	3	4	5	6
1	$a_{11}=\dfrac{(P^v-X^v)}{m}$ (s^{-1})	$a_{12}=0$	$a_{13}=-g\cos\theta$ $(\mathrm{m/s^2})$	$a_{14}=\dfrac{(-P\alpha-X^\alpha)}{m}$ $(\mathrm{m/s^2})$	$a_{15}=\dfrac{X^{\delta_z}}{m}$ $(\mathrm{m/s^2})$	$a_{16}=\dfrac{1}{m}$ $(\mathrm{kg^{-1}})$
2	$a_{21}=\dfrac{M_{z_t}^v}{J_{z_t}}$ $(\mathrm{m^{-1}\cdot s^{-1}})$	$a_{22}=\dfrac{M_{z_t}^{\omega_z}}{J_{z_t}}$ $(\mathrm{s^{-1}})$	$a_{23}=0$	$a_{24}=\dfrac{M_{z_t}^{\alpha}}{J_{z_t}}(\mathrm{s^{-2}})$ $a_{24}'=\dfrac{M_{z_t}^{\dot\alpha}}{J_{z_t}}(\mathrm{s^{-1}})$	$a_{25}=\dfrac{M_{z_t}^{\delta_z}}{J_{z_t}}$ $(\mathrm{s^{-1}})$	$a_{26}=\dfrac{1}{J_{z_t}}$ $(\mathrm{kg^{-1}\cdot m^{-2}})$
3	$a_{31}=\dfrac{(P^v\alpha-Y^v)}{mv}$ $(\mathrm{m^{-1}})$	$a_{32}=0$	$a_{33}=\dfrac{g\sin\theta}{v}$ $(\mathrm{s^{-1}})$	$a_{34}=\dfrac{(P+Y^\alpha)}{mv}$ $(\mathrm{s^{-1}})$	$a_{35}=\dfrac{Y^{\delta_z}}{mv}$ $(\mathrm{s^{-1}})$	$a_{36}=\dfrac{1}{mv}$ $(\mathrm{s/kg\cdot m})$

方程组式(10－2)中的另一组方程将在 10.6.1 节中进行介绍。

10.3.2　动力系数的物理意义

下面说明常用的几个动力系数的物理意义。

当取用系数表达式空气动力和动力矩系数的导数时，要注意其单位，在国际单位制中角度的单位为(rad)，而角速度则以(rad/s)表示。

$$[c_y^\alpha]=\mathrm{rad^{-1}};\cdots;[m_{y_t}^\beta]=\mathrm{rad^{-1}};\cdots;$$
$$[m_{x_t}^{\bar\omega_{x_t}}]=\mathrm{rad^{-1}};\cdots;[m_{z_t}^{\bar\alpha}]=\mathrm{rad^{-1}};\cdots;$$

系数 a_{22} 为

$$a_{22}=\frac{M_{z_t}^{\omega_{z_t}}}{J_{z_t}}=\frac{m_{z_t}^{\omega_{z_t}}qSb_Ab_A}{J_{z_t}v}(\mathrm{s^{-1}}) \tag{10-7}$$

它表征导弹的空气动力阻尼。由表 10－1 中第二个方程可知，a_{22} 是角速度偏量，为一个单位($\Delta\omega_{z_t}=\Delta\dot\vartheta=1$)时所引起的导弹绕 Oz_t 轴转动角加速度的偏量。因为 $M_{z_t}^{\omega_{z_t}}<0$，所以，角加速度偏量的方向永远与角速度偏量 $\Delta\omega_{z_t}$ 的方向相反。因为角加速度 $a_{22}\Delta\dot\vartheta$ 的作用是阻止导弹相对于轴的转动，所以这个作用称为阻尼。

系数 a_{24} 为

$$a_{24}=\frac{M_{z_t}^{\alpha}}{J_{z_t}}=\frac{m_{z_t}^{\alpha}qSb_A}{J_{z_t}}(\mathrm{s^{-2}}) \tag{10-8}$$

它表征导弹的静稳定性。由表 10－1 中第二个方程可以看出，a_{24} 是攻角变化一个单位($\Delta\alpha=1$)时所引起的导弹绕 Oz_t 轴转动角加速度的偏量。如果 $a_{24}<0$，即 $M_{z_t}^{\alpha}<0$，则由攻角偏量 $\Delta\alpha$ 所引起的角加速度偏量的方向与偏量 $\Delta\alpha$ 的方向相反。

系数 a_{25} 为

$$a_{25}=\frac{M_{z_t}^{\delta_z}}{J_{z_t}}=\frac{m_{z_t}^{\delta_z}qSb_A}{J_{z_t}}(\mathrm{s^{-2}}) \tag{10-9}$$

它表征升降舵的效率。a_{25} 是操纵机构偏转一个单位（$\Delta\delta_z=1$）时，所造成的导弹绕 Oz_t 轴转动角加速度的偏量。a_{25} 的正、负号取决于导弹的气动布局，对于正常式导弹为负值，鸭式导弹为正值。

系数 a_{34} 为

$$a_{34}=\frac{(P+Y^{\alpha})}{mv}=\frac{c_y^{\alpha}qS+P}{mv}(\mathrm{s}^{-1}) \tag{10-10}$$

它表示当攻角偏量为一个单位时，所引起的弹道切线的转动角速度偏量。系数 a_{34} 可以由攻角偏量为一个单位时所引起的法向过载的偏量来表示，即

$$a_{34}=\frac{g}{v}n_y^{\alpha}(\mathrm{s}^{-1}) \tag{10-11}$$

式中：$n_y^{\alpha}=\dfrac{\partial n_y}{\partial \alpha}=\dfrac{c_y^{\alpha}qS+P}{G}$。

系数 a_{35} 为

$$a_{35}=\frac{Y^{\delta_z}}{mv}(\mathrm{s}^{-1}) \tag{10-12}$$

它表示操纵机构偏转一个单位时，所引起的弹道切线转动角速度的偏量。

系数 a_{33} 为

$$a_{33}=\frac{g\sin\theta}{v}(\mathrm{s}^{-1}) \tag{10-13}$$

它表示当弹道倾角的偏量为一个单位时，由于重力所引起的弹道切线转动角速度的偏量（当弹道倾角偏量为 $\Delta\theta$ 时，重力的法向分量就产生大小为 $G\sin\theta\Delta\theta$ 的偏离）。

系数 a'_{24} 为

$$a'_{24}=\frac{M_{z_t}^{\dot{\alpha}}}{J_{z_t}}=\frac{M_{z_t}^{\dot{\alpha}}qSb_Ab_A}{J_{z_t}v}(\mathrm{s}^{-1}) \tag{10-14}$$

它表征气流下洗的延迟对于俯仰力矩的影响。a'_{24} 的大小是攻角变化率的偏量为一个单位时所引起导弹绕 Oz_t 轴转动角加速度的偏量。

对于旋转弹翼式导弹还应考虑力 $X^{\delta_z}\Delta\delta_z$ 和力矩 $M_{z_t}^{\dot{\delta}_z}\Delta\dot{\delta}_z$。这时在方程组式（10-6）第一式右端应加上 $a_{15}\Delta\delta_z$ 项，a_{15} 为

$$a_{15}=-\frac{X^{\delta_z}}{m}(\mathrm{m/s^2}) \tag{10-15}$$

在方程组式（10-6）的第二式右端应加上项 $a'_{25}\Delta\dot{\delta}_z$，$a'_{25}$ 为

$$a'_{25}=\frac{M_{z_t}^{\dot{\delta}_z}}{J_{z_t}}(\mathrm{s}^{-1}) \tag{10-16}$$

对于鸭式布局导弹，也存在力矩 $M_{z_t}^{\dot{\delta}_z}\Delta\dot{\delta}_z$，因此，要考虑 $a'_{25}\Delta\dot{\delta}_z$ 这一项。

至于 a_{15}、a'_{25} 以及其他动力系数的物理意义，根据上述分析方法，同样可以做出解释。

当给定的气动力和力矩系数导数 c_y^{α}，$c_y^{\delta_z}$，$m_{z_t}^{\alpha}$，$m_{z_t}^{\delta_z}$，…的单位为 1/(°) 时，在计算时，必须化为 rad^{-1}。

10.3.3 动力系数的确定

由动力系数表达式可知，动力系数的大小取决于导弹的结构参数、几何参数、气动参数以及未扰动弹道参数。例如，为了确定动力系数 a_{22}、a_{24}、a'_{24}、a_{25}、a'_{25}、a_{34}、a_{35}、a_{15}、a_{16}、a_{26}、a_{36}，

除气动参数外，还必须知道 P、m、J_{z_t}、v_0、y_{D_0}，为了算出系数 a_{11}、a_{14}、a_{15}、a_{21}、a_{31}，除与 P、m、J_{z_t}、v_0、y_{D_0} 有关外，还需知道 α_0、δ_{z_0}，系数 a_{13}、a_{33} 还与 θ_0 有关。

上述参数都是由未扰动弹道决定的。为了求得未扰动弹道，应求解非线性微分方程组式(2－86)。由于方程组式(2－86)的求解比较复杂，并且在进行导弹总体和制导系统设计时，需要对各种不同的典型弹道上的不同特征点进行计算与分析，所以，对未扰动运动的弹道要进行多次的计算，计算工作量是相当可观的，为此，应设法对未扰动弹道进行简化计算。

利用"瞬时平衡"假设条件得到的质心运动方程组式(5－4)，用于计算未扰动弹道参数十分简便。由这组方程求得的未扰动弹道称为理想弹道。理想弹道是理论弹道的一种简化情况，也是一种理论弹道。

动力系数主要取决于未扰动弹道上的速压 q 和马赫数 Ma，即取决于飞行高度和速度，这些通过方程组式(5－4)所求得的弹道参数，其误差不会太大。

10.3.4　自由扰动运动的一般特性

10.3.4.1　纵向自由扰动运动

为将纵向扰动运动方程组式(10－6)用矩阵形式表示，取俯仰角速 $\Delta\dot{\vartheta}=\Delta\omega_{z_t}$，并消去弹道倾角偏量 $\Delta\theta$ 及其角速度 $\Delta\dot{\theta}$，取 $\Delta\dot{\theta}=\Delta\dot{\vartheta}-\Delta\dot{\alpha}$，则方程组式(10－6)可以写成如下矩阵形式：

$$\begin{bmatrix}\Delta\dot{v}\\ \Delta\dot{\omega}_{z_t}\\ \Delta\dot{\alpha}\\ \Delta\dot{\vartheta}\end{bmatrix}=\begin{bmatrix}a_{11} & 0 & a_{14}-a_{13} & a_{13}\\ a_{21}-a_{24}'a_{31} & a_{22}+a_{24}' & a_{24}'a_{34}+a_{24}'a_{33}+a_{24} & -a_{24}'a_{33}\\ -a_{31} & 1 & -a_{34}+a_{33} & -a_{33}\\ 0 & 1 & 0 & 0\end{bmatrix}\begin{bmatrix}\Delta v\\ \Delta\omega_{z_t}\\ \Delta\alpha\\ \Delta\vartheta\end{bmatrix}+\begin{bmatrix}0\\ a_{25}-a_{24}'a_{35}\\ -a_{35}\\ 0\end{bmatrix}\Delta\delta_z+\begin{bmatrix}a_{16}F_{gx}\\ a_{26}M_{gz_t}-a_{24}'a_{36}F_{gy}\\ -a_{36}F_{gy}\\ 0\end{bmatrix}\quad(10-17)$$

设四阶动力系数矩阵为

$$\boldsymbol{L}=\begin{bmatrix}a_{11} & 0 & a_{14}-a_{13} & a_{13}\\ a_{21}-a_{24}'a_{31} & a_{22}+a_{24}' & a_{24}'a_{34}+a_{24}'a_{33}+a_{24} & -a_{24}'a_{33}\\ -a_{31} & 1 & -a_{34}+a_{33} & -a_{33}\\ 0 & 1 & 0 & 0\end{bmatrix}\quad(10-18)$$

于是式(10－17)变为

$$\underset{(1)}{\begin{bmatrix}\Delta\dot{v}\\ \Delta\dot{\omega}_{z_t}\\ \Delta\dot{\alpha}\\ \Delta\dot{\vartheta}\end{bmatrix}}=\boldsymbol{L}\underset{(2)}{\begin{bmatrix}\Delta v\\ \Delta\omega_{z_t}\\ \Delta\alpha\\ \Delta\vartheta\end{bmatrix}}+\underset{(3)}{\begin{bmatrix}0\\ a_{25}-a_{24}'a_{35}\\ -a_{35}\\ 0\end{bmatrix}}\Delta\delta_z+\underset{(4)}{\begin{bmatrix}a_{16}F_{gx}\\ a_{26}M_{gz_t}-a_{24}'a_{36}F_{gy}\\ -a_{36}F_{gy}\\ 0\end{bmatrix}}\quad(10-19)$$

如果式(10－19)中(3)和(4)两个列矩阵为零,则式(10－19)就是一个齐次线性微分方程,这时矩阵描述的是导弹的纵向自由扰动运动,产生扰动的原因是导弹受到偶然干扰的作用,使某些运动参数出现了偏差,如偶然阵风引起的攻角初始偏量 $\Delta\alpha_0$。导弹纵向自由扰动运动的性质与方阵 $\boldsymbol{L}$ 有关。这个方阵由动力系数组成,因此 $\boldsymbol{L}$ 代表导弹的动力学性质。

当升降舵偏转($\Delta\delta_z\neq0$)时,式(10－19)中列矩阵(3)必然存在,这时矩阵方程代表一个非齐次的线性微分方程组,它描述了导弹在舵面偏转时的纵向强迫扰动运动。由矩阵方程可以明显看出,舵面偏转时,即使无偶然干扰,强迫扰动运动也是由两个分量组成,一个是自由分量,另一个是强迫分量,而方阵 $\boldsymbol{L}$ 同样影响着扰动运动的性质。

在经常干扰力和力矩作用下,即式(10－19)中列矩阵(4)元素有值,导弹也会产生强迫扰动运动。

在线性代数中,列矩阵可以表示一个空间矢量,因此由矩阵方程可知,导弹纵向扰动运动至少要由一个四维空间矢量来表示。由矩阵或空间矢量描述导弹纵向扰动运动,虽然书写方便,概括性很强,但不易了解扰动运动的物理概念,因此,在分析导弹动态特性的物理性质时,主要还是采用动力学形式的微分方程组,而在进行数学推导时,则采用矩阵形式。当然,用矩阵形式表示导弹的运动,对于学习和应用现代控制理论是必须的。

研究动态性质,一般分为三个步骤进行:第一步是研究导弹受到偶然干扰作用时,未扰动运动是否具有稳定性,这就要求分析自由扰动运动的性质,求解齐次线性微分方程组。第二步是研究导弹对控制作用(舵偏角 $\Delta\delta_z\neq0$)的反应,也就是操纵性问题,这时除了要分析自由扰动运动的性质,更重要的是分析过渡过程的品质。第三步是研究在常值干扰作用下,可能产生的参数误差。

10.3.4.2 自由扰动运动方程组

在方程组式(10－6)中,令 $\Delta\delta_z=0, F_{gx}=F_{gy}=M_{gz_t}=0$,则可得到自由扰动运动方程组为

$$\left.\begin{aligned}&\frac{\mathrm{d}\Delta v}{\mathrm{d}t}-a_{11}\Delta v-a_{13}\Delta\theta-a_{14}\Delta\alpha=0\\&-a_{21}\Delta v+\frac{\mathrm{d}^2\Delta\vartheta}{\mathrm{d}t^2}-a_{22}\frac{\mathrm{d}\Delta\vartheta}{\mathrm{d}t}-a_{24}\Delta\alpha-a_{24}'\frac{\mathrm{d}\Delta\alpha}{\mathrm{d}t}=0\\&-a_{31}\Delta v-a_{33}\Delta\theta+\frac{\mathrm{d}\Delta\theta}{\mathrm{d}t}-a_{34}\Delta\alpha=0\\&-\Delta\vartheta+\Delta\theta+\Delta\alpha=0\end{aligned}\right\}\tag{10-20}$$

方程组式(10－20)是常系数线性齐次微分方程组,其变量为 Δv、$\Delta\vartheta$、$\Delta\theta$、$\Delta\alpha$,只要有初始条件,就能求出 $\Delta v(t)$、$\Delta\vartheta(t)$、$\Delta\theta(t)$、$\Delta\alpha(t)$的变化规律。

10.3.4.3 特征方程式及其根的特性

现在求方程组式(10－20)的如下指数函数形式的特解:

$$\left.\begin{aligned}\Delta v&=A\mathrm{e}^{\lambda t}\\\Delta\vartheta&=B\mathrm{e}^{\lambda t}\\\Delta\theta&=C\mathrm{e}^{\lambda t}\\\Delta\alpha&=D\mathrm{e}^{\lambda t}\end{aligned}\right\}\tag{10-21}$$

式中：A、B、C、D 和 λ 都是常数。它们需要根据式(10－21)满足方程组式(10－20)的条件来确定。

将式(10－21)及其相应的变量 Δv、$\Delta\vartheta$、$\Delta\theta$、$\Delta\alpha$ 对于时间的导数 $\frac{\mathrm{d}\Delta v}{\mathrm{d}t}=A\lambda e^{\lambda t}$，$\frac{\mathrm{d}\Delta\vartheta}{\mathrm{d}t}=B\lambda e^{\lambda t}$，$\frac{\mathrm{d}^2\Delta\vartheta}{\mathrm{d}t^2}=B\lambda^2 e^{\lambda t}$，$\frac{\mathrm{d}\Delta\theta}{\mathrm{d}t}=C\lambda e^{\lambda t}$，$\frac{\mathrm{d}\Delta\alpha}{\mathrm{d}t}=D\lambda e^{\lambda t}$ 代入方程组式(10－20)中，消去共同因子 $e^{\lambda t}$ 后，则得到如下的代数方程组：

$$\left.\begin{aligned}&(\lambda-a_{11})A-a_{13}C-a_{14}D=0\\&-a_{21}A+\lambda(\lambda-a_{22})B-(a_{24}'\lambda+a_{24})D=0\\&-a_{31}A-(a_{33}-\lambda)C-a_{34}D=0\\&-B+C+D=0\end{aligned}\right\}\tag{10-22}$$

式(10－22)可以看作对于 A、B、C、D 而言的四阶线性齐次代数方程，其中未知数 λ 是作为参变量出现的，显然方程组具有一个很明显的解：

$$A=B=C=D=0$$

为了得到非明显解，应当要求方程组的系数行列式等于零，即

$$\Delta(\lambda)=\begin{vmatrix}(\lambda-a_{11}) & 0 & -a_{13} & -a_{14}\\ -a_{21} & \lambda(\lambda-a_{22}) & 0 & -(a_{24}'\lambda+a_{24})\\ -a_{31} & 0 & -(a_{33}-\lambda) & -a_{34}\\ 0 & -1 & 1 & 1\end{vmatrix}=0\tag{10-23}$$

这个方程是对应于 λ 而言的四次代数方程，称为特征方程。于是，只有当 λ 是特征方程的根时，常系数线性齐次微分方程组式(10－20)的解才有如同方程式(10－21)的解的形式。将式(10－23)展开后，得到特征方程式为

$$\Delta(\lambda)=\lambda^4+P_1\lambda^3+P_2\lambda^2+P_3\lambda+P_4=0\tag{10-24}$$

式中

$$\left.\begin{aligned}P_1&=-a_{33}+a_{34}-a_{22}-a_{24}'-a_{11}\\P_2&=a_{31}a_{14}-a_{31}a_{13}+a_{22}a_{33}-a_{22}a_{34}-a_{24}+a_{33}a_{24}'+a_{33}a_{11}-\\&\quad a_{34}a_{11}+a_{22}a_{11}+a_{24}'a_{11}\\P_3&=-a_{21}a_{14}-a_{31}a_{22}a_{14}+a_{22}a_{31}a_{13}-a_{22}a_{34}+a_{24}'a_{31}a_{13}+\\&\quad a_{24}a_{33}-a_{22}a_{33}a_{11}+a_{24}a_{11}-a_{33}a_{11}a_{24}'\\P_4&=a_{21}a_{33}a_{14}-a_{13}a_{21}a_{34}+a_{24}a_{31}a_{13}-a_{24}a_{33}a_{11}\end{aligned}\right\}\tag{10-25}$$

系数 P_1、P_2、P_3、P_4 为实数，它们取决于扰动运动方程组的系数。

特征方程有四个根：λ_1、λ_2、λ_3、λ_4。如果四个根都不相同(对于导弹常是如此)，则每一个根 $\lambda_i(i=1,2,3,4)$ 对应方程组式(10－20)有如下形式的特解：

$$\left.\begin{aligned}\Delta v_i&=A_i e^{\lambda_i t}\\\Delta\vartheta_i&=B_i e^{\lambda_i t}\\\Delta\theta_i&=C_i e^{\lambda_i t}\\\Delta\alpha_i&=D_i e^{\lambda_i t}\end{aligned}\right\}\tag{10-26}$$

方程组式(10－20)的通解将是四个特解之和,即

$$\left.\begin{aligned}\Delta v&=A_1e^{\lambda_1 t}+A_2e^{\lambda_2 t}+A_3e^{\lambda_3 t}+A_4e^{\lambda_4 t}\\\Delta\vartheta&=B_1e^{\lambda_1 t}+B_2e^{\lambda_2 t}+B_3e^{\lambda_3 t}+B_4e^{\lambda_4 t}\\\Delta\theta&=C_1e^{\lambda_1 t}+C_2e^{\lambda_2 t}+C_3e^{\lambda_3 t}+C_4e^{\lambda_4 t}\\\Delta\alpha&=D_1e^{\lambda_1 t}+D_2e^{\lambda_2 t}+D_3e^{\lambda_3 t}+D_4e^{\lambda_4 t}\end{aligned}\right\}\tag{10-27}$$

因特征方程系数 P_1、P_2、P_3、P_4 为实数,所以该方程的根 λ_1、λ_2、λ_3、λ_4 可能是实数,也可能是共轭复数。因此,自由扰动运动只可能有下列几种情况:

(1)四个根都是实数。这时导弹的自由扰动运动由四个非周期运动组成。对应于正根的运动参数随着时间的增大而增大,对应于负根的运动参数随着时间的增大而减小。四个根中即使有一个是正根,则所有的偏量(Δv、$\Delta\vartheta$、$\Delta\theta$、$\Delta\alpha$)均随时间的增大而无限增大。

(2)两个根为实数和两个根为共轭复数。一对共轭复根 $\lambda_{1,2}=\chi\pm i\nu$ 与下列形式的特解相对应:

$$\Delta\vartheta_{1,2}=B_1e^{\lambda_1 t}+B_2e^{\lambda_2 t}$$

式中:$B_{1,2}=a\mp bi$ 为常数(共轭复数)。

利用欧拉公式:

$$\left.\begin{aligned}e^{\nu it}+e^{-\nu it}&=2\cos\nu t\\e^{\nu it}-e^{-\nu it}&=2i\sin\nu t\end{aligned}\right\}\tag{10-28}$$

将与 λ_1 和 λ_2 相对应的特解变换一下,则有

$$\begin{aligned}\Delta\vartheta_{1,2}&=B_1e^{\lambda_1 t}+B_2e^{\lambda_2 t}\\&=(a-bi)e^{(\chi+i\nu)t}+(a+bi)e^{(\chi-i\nu)t}\\&=ae^{\chi t}(e^{i\nu t}+e^{-i\nu t})-ibe^{\chi t}(e^{i\nu t}-e^{-i\nu t})\\&=2e^{\chi t}(a\cos\nu t+b\sin\nu t)\\&=Be^{\chi t}\sin(\nu t+\psi)\end{aligned}\tag{10-29}$$

式中:B 和 ψ——新的任意常数,其中:

$$\left.\begin{aligned}B&=2\sqrt{a^2+b^2}\\\psi&=\arctan\frac{a}{b}\end{aligned}\right\}\tag{10-30}$$

于是,一对共轭复根给出了具有振幅为 $Be^{\chi t}$、角频率为 ν 和相位为 ψ 的振荡运动。当 $\chi>0$ 时,振幅 $Be^{\chi t}$ 随时间的增大而增大;当 $\chi<0$ 时,振幅 $Be^{\chi t}$ 将是衰减的;当 $\chi=0$ 时,$Be^{\chi t}\equiv\text{const}$,如图 10－4 所示,在这种情况下,导弹自由扰动运动由两个非周期运动和一个振荡运动叠加而成,即

$$\left.\begin{aligned}\Delta v&=A'e^{\chi t}\sin(\nu t+\psi_1)+A_3e^{\lambda_3 t}+A_4e^{\lambda_4 t}\\\Delta\vartheta&=B'e^{\chi t}\sin(\nu t+\psi_2)+B_3e^{\lambda_3 t}+B_4e^{\lambda_4 t}\\\Delta\theta&=C'e^{\chi t}\sin(\nu t+\psi_3)+C_3e^{\lambda_3 t}+C_4e^{\lambda_4 t}\\\Delta\alpha&=D'e^{\chi t}\sin(\nu t+\psi_4)+D_3e^{\lambda_3 t}+D_4e^{\lambda_4 t}\end{aligned}\right\}\tag{10-31}$$

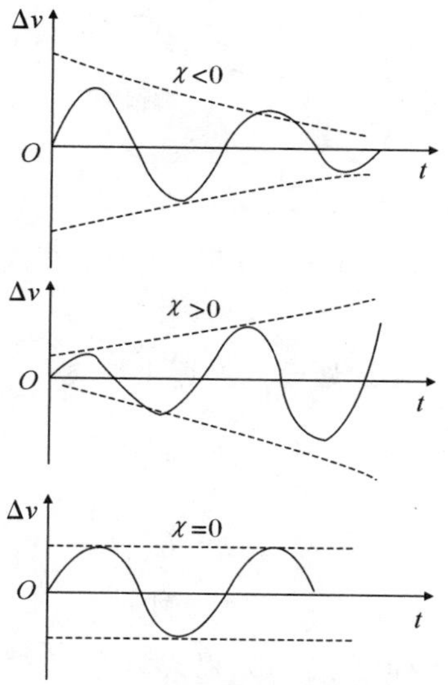

图 10-4　不同 χ 所确定的扰动运动特性

如果在实根或复根实部中，有一个符号为正，则增量（Δv、$\Delta\vartheta$、$\Delta\theta$、$\Delta\alpha$）将随时间的增大而增大。

(3)四个根为两对共轭复根。这时导弹的自由扰动运动由两个振荡运动叠加而成，即

$$\left.\begin{aligned}\Delta v&=A'e^{\chi t}\sin(\nu t+\psi_1)+A''e^{\xi t}\sin(\eta t+\gamma_1)\\\Delta\vartheta&=B'e^{\chi t}\sin(\nu t+\psi_2)+B''e^{\xi t}\sin(\eta t+\gamma_2)\\\Delta\theta&=C'e^{\chi t}\sin(\nu t+\psi_3)+C''e^{\xi t}\sin(\eta t+\gamma_3)\\\Delta\alpha&=D'e^{\chi t}\sin(\nu t+\psi_4)+D''e^{\xi t}\sin(\eta t+\gamma_4)\end{aligned}\right\}\tag{10-32}$$

在这种情况下，如果任何一个复根的实部为正值，则增量（Δv、$\Delta\vartheta$、$\Delta\theta$、$\Delta\alpha$）将随时间的增大而增大。

总之，导弹运动的纵向稳定性可以由特征方程式(10-24)的根来描述，即

(1)所有实根或复根的实部为负，则导弹的运动是稳定的；

(2)只要有一个实根或一对复根的实部为正，则导弹的运动是不稳定的；

(3)在所有实根或复根的实部中，只要有一个等于零而其余均为负，则导弹的运动是中立稳定的。

也就是说，如果特征方程诸根均位于复平面上虚轴的左边，则扰动运动是衰减的，也就是稳定的；反之，则是不稳定的。举例说明如下：

【例 10-1】　已知某地空导弹在 $H=5\ 000$ m 的高空上飞行，飞行速度 $v=641$ m/s，动力系数由计算得到为下列数值：

$a_{11}=-0.003\ 98\ \mathrm{s}^{-1}$，$a_{13}=-7.73\ \mathrm{m/s^2}$，$a_{14}=-32.05\ \mathrm{m/s^2}$，$a_{21}\approx0$，

$a_{22}=-1.01\ \mathrm{s}^{-1}$，$a_{24}=-102.2\ \mathrm{s}^{-2}$，$a'_{24}=-0.153\ 3\ \mathrm{s}^{-1}$，$a_{25}=-67.2\ \mathrm{s}^{-1}$，

$a_{31}=-0.000\ 061\ 5\ \mathrm{m}^{-1}$，$a_{33}=-0.009\ 41\ \mathrm{s}^{-1}$，$a_{34}=1.152\ \mathrm{s}^{-1}$，$a_{35}=0.014\ 35\ \mathrm{s}^{-1}$

根据式(10-24)和式(10-25)得到特征方程式为

$$\lambda^4+2.329\lambda^3+103.385\lambda^2+1.375\lambda-0.0448=0$$

求得根值为

$$\lambda_{1,2}=-1.158\pm i10.1$$

$$\lambda_3=-0.0285,\quad \lambda_4=0.0152$$

特征方程的根为一对具有负实部的共轭复根、一个负小实根和一个正小实根。因此，导弹弹体运动具有一个小的不稳定根。

【例 10-2】 某反坦克导弹在贴近地面并接近水平飞行的某时刻，飞行速度 $v=118$ m/s，动力系数由计算得到为下列数值：

$a_{11}=-0.1102\ \mathrm{s^{-1}}$，$a_{13}=-9.786\ \mathrm{m/s^2}$，$a_{14}=-17.256\ \mathrm{m/s^2}$，$a_{21}-0.000487\ \mathrm{m^{-1}\cdot s^{-1}}$，$a_{22}=-1.3415\ \mathrm{s^{-1}}$，$a_{24}=-126.78\ \mathrm{s^{-2}}$，$a_{24}'\approx 0$，$a_{25}=-16.508\ \mathrm{s^{-1}}$，$a_{31}=0.00162\ \mathrm{m^{-1}}$，$a_{33}=0.00582\ \mathrm{s^{-1}}$，$a_{34}=1.4764\ \mathrm{s^{-1}}$，$a_{35}=0.01935\ \mathrm{s^{-1}}$

根据式(10-24)和式(10-25)得到特征方程式为

$$\lambda^4+2.922\lambda^3+129.07\lambda^2+13.426\lambda+1.622=0$$

求得根值为

$$\lambda_{1,2}=-1.40905\pm i11.2595$$

$$\lambda_{3,4}=-0.015195\pm i0.1106$$

特征方程的根是两对具有负实部的共轭复根。因此，导弹弹体运动是稳定的。

【例 10-3】 某岸-舰导弹在高度 $H=100$ m 接近水平等速飞行的某时刻，弹道倾角 $\theta=-0.69°$，飞行速度 $v=312.7$ m/s，动力系数由计算得到下列数值：

$a_{11}=-0.00601\ \mathrm{s^{-1}}$，$a_{13}=-9.8\ \mathrm{m/s^2}$，$a_{14}=-0.064\ \mathrm{m/s^2}$，$a_{21}=-0.007\ \mathrm{m^{-1}\cdot s^{-1}}$，$a_{22}=-45.397\ \mathrm{s^{-1}}$，$a_{24}=-45.3973\ \mathrm{s^{-2}}$，$a_{24}'=-0.5716\ \mathrm{s^{-1}}$，$a_{31}=-0.00007107\ \mathrm{m^{-1}}$，$a_{33}=0$，$a_{34}=0.943\ \mathrm{s^{-1}}$，$a_{35}=0.1135\ \mathrm{s^{-1}}$

根据式(10-24)和式(10-25)得到特征方程式为

$$\lambda^4+3.646\lambda^3+47.424\lambda^2+0.2648\lambda-0.0392=0$$

求得的根值为

$$\lambda_{1,2}=-1.823\pm i6.64$$

$$\lambda_3=-0.03167,\quad \lambda_4=0.02606$$

特征方程的根为一对具有负实部的共轭复根、一个负小实根和一个正小实根。因此，导弹弹体运动具有一个小的不稳定根。

【例 10-4】 某无人驾驶飞行器，飞行高度 $H=18000$ m，飞行速度 $v=200$ m/s，动力系数由计算得到为下列数值：

$a_{11}=-0.0074\ \mathrm{s^{-1}}$，$a_{13}=9.8\ \mathrm{m/s^2}$，$a_{14}=-9.17\ \mathrm{m/s^2}$，$a_{21}-0.001\ \mathrm{m^{-1}\cdot s^{-1}}$，$a_{22}=-0.28\ \mathrm{s^{-1}}$，$a_{24}=-5.9\ \mathrm{s^{-2}}$，$a_{24}'\approx 0$，$a_{31}=0.00066\ \mathrm{m^{-1}}$，$a_{33}\approx 0$，$a_{34}=0.47\ \mathrm{s^{-1}}$

根据式(10-24)和式(10-25)得到特征方程式为

$$\lambda^4+0.75\lambda^3+6.038\lambda^2+0.036\lambda+0.034=0$$

求得根值为

$$\lambda_{1,2}=-0.376\pm i2.426$$

$$\lambda_{3,4}=-0.03\pm i0.075$$

特征方程的根是两对具有负实部的共轭复根。因此，飞行器运动是稳定的。

由上述四例可以看出，虽然导弹或飞行器的类型不同，且具有不同的高度和速度，但表示纵向自由扰动运动型态的特征方程根却存在一定的规律性，即一对复根的实部和虚部的绝对值远远超过另一对复根的实部和虚部的绝对值（或实根绝对值）。这一点，对于其他形式的导弹和飞行器，也得到了相同的结果。关于根的规律性，下面还要作进一步的讨论。

10.3.4.4　振荡周期及衰减程度

特征方程的每一对共轭复根 $\lambda_{1,2}=\chi\pm i\nu$ 均与方程式（10-20）的一个特解相对应，如

$$\Delta\alpha=De^{\chi t}\sin(\nu t+\psi)$$

式中：ν——振荡角频率（rad/s）。

而振荡周期为

$$T=\frac{2\pi}{\nu} \tag{10-33}$$

振荡衰减（发散）的程度通常由振幅（如果是实根则为扰动偏量值）减小一半（或发散一倍）的时间 $\Delta t=t_2-t_1$ 来表示。

当 $t=t_1$ 时，振幅 $|\Delta\alpha_1|=De^{\chi t_1}$；

当 $t=t_2$ 时，振幅 $|\Delta\alpha_2|=De^{\chi t_2}$。

如果 $\chi<0$，则可从条件：

$$\frac{|\Delta\alpha_2|}{|\Delta\alpha_1|}=e^{\chi(t_2-t_1)}=\frac{1}{2} \tag{10-34}$$

求出 Δt 的大小，即

$$\Delta t=t_2-t_1=-\frac{\ln 2}{\chi}=-\frac{0.693}{\chi} \tag{10-35}$$

则 $|\chi|$ 愈大时，衰减的程度愈大。如果 $\chi>0$，在不稳定的情况下，振幅增大一倍的时间为

$$\Delta t=t_2-t_1=\frac{0.693}{\chi} \tag{10-36}$$

特征方程的实根 $\lambda=\chi$ 与方程式（10-20）的特解相对应，如

$$\Delta\alpha=De^{\chi t}$$

在非周期运动情况下，同样可以用式（10-35）和式（10-36）计算衰减（发散）程度。

振荡衰减（发散）程度也可以由一个周期内幅值的衰减（发散）程度来表示，如

$$\frac{De^{\chi(n+1)T}}{De^{\chi nT}}=e^{\chi t}=e^{\frac{2\pi\chi}{\nu}} \tag{10-37}$$

式中：$De^{\chi(n+1)T}$ 和 $De^{\chi nT}$——相邻两周期所对应的幅值。数值 $\dfrac{\chi}{\nu}$ 的绝对值越大，在一个周期中

幅值衰减(发散)也越厉害。

10.3.4.5 长短周期运动

对各种导弹及其他飞行器的计算和飞行试验结果表明,一对复根的实部和虚部的绝对值均远远超过另一对复根的实部和虚部(或两个实根)的绝对值。复根的实数大小表征扰动运动的衰减程度,而虚数的大小表征振荡频率。由此可见,一对大复根(就其模值而言)对应于快衰减运动,而一对小复根对应于慢衰减运动。不论扰动运动具有怎样的性质(由两个振荡运动结合,或由四个非周期运动相结合),上面所述根于根之间关系的结论总是正确的。

如果导弹纵向自由扰动运动由两个振荡运动所组成,则一对大复根(λ_1,λ_2)所对应的高频快衰减运动称为短周期运动,一对小复根(λ_3,λ_4)所对应的低频慢衰减运动称为长周期运动。

通常,短周期运动由于衰减很快与快衰减的非周期运动实际上没有多大差别。此外,短周期运动用得更多些。因此,快衰减的非周期运动也人为地称为短周期运动。

对于不同类型的导弹及其他飞行器,在不同的扰动情况下,其自由扰动运动方程的解表明,不仅特征方程式跟的数值具有一定的规律性,而且解的系数也存在着规律性。

假设式(10-24)(若λ_i均为实根)、式(10-31)、式(10-32)中的快衰减的各项中的常数对应为A_1、B_1、C_1、D_1、A_2、B_2、C_2、D_2及A、B、C、D、A'、B'、C'、D',而慢衰减的各项中常数对应为A_3、B_3、C_3、D_3、A_4、B_4、C_4、D_4、A''、B''、C''、D''。因为$\sin(\nu t+\psi)\leqslant 1$和$e^{\chi t}\leqslant 1$(若弹体角运动是稳定的),在初始时刻($t=0$)以及以后的时间中,解中任何项如$Ae^{\chi t}$或者$A'e^{\chi t}\sin(\nu t+\psi)$的数值在很大程度上取决于解的系数。任何一个参数的解都同时包含了长周期运动和短周期运动,但是按照相加项前面系数的大小不同,所起的作用并不相同。

对应于Δv的表达式中,快衰减项的系数$|A_1|$、$|A_2|$和$|A'|$比慢衰减项的系数$|A_3|$、$|A_4|$和$|A''|$要小得多,如

$$\Delta v=A'e^{\chi t}\sin(\nu t+\psi_1)+A''e^{\xi t}\sin(\eta t+\gamma_1)$$

式中:$|\chi|\gg|\xi|$,$|v|\gg|\eta|$,而$|A'|\ll|A''|$。因此,Δv的变化主要取决于慢衰减项。

对应于$\Delta\vartheta$和$\Delta\theta$的表达式中,快衰减项和慢衰减项都起着重要作用。

对应于$\Delta\alpha$的表达式中,快衰减项的系数D_1、D_2、D'比慢衰减项的系数D_3、D_4、D''要大得多,如

$$\Delta\alpha=D'e^{\chi t}\sin(\nu t+\psi_4)+D''e^{\xi t}\sin(\eta t+\gamma_4)$$

式中:$|D'|\gg|D''|$。因此,$\Delta\alpha$的变化主要取决于快衰减项。

【例10-5】 由例10-2可知某反坦克导弹在近地面且接近水平飞行的某时刻,速度$v=118$ m/s,特征方程式的根为

$$\lambda_{1,2}=-1.409\ 05\pm i11.259\ 5,\lambda_{3,4}=-0.015\ 195\pm i0.110\ 6$$

若导弹受偶然干扰的作用,使攻角初始偏差$\Delta\alpha_0=2°$,弹道倾角初始偏差$\Delta\theta_0=-2°$,则自由扰动运动解的表达式如下:

$$\begin{cases}\Delta v(t)=0.052\mathrm{e}^{-1.409t}\sin(645.2t+169.54°)+3.056\mathrm{e}^{-0.052t}\sin(6.337t-0.21°)\\ \Delta\vartheta(t)=1.994°\mathrm{e}^{-1.409t}\sin(645.2t+82.8°)-2.229°\mathrm{e}^{-0.052t}\sin(6.337t+62.52°)\\ \Delta\theta(t)=0.265°\mathrm{e}^{-1.409t}\sin(645.2t-6.7°)-2.212°\mathrm{e}^{-0.052t}\sin(6.337t+62.2°)\\ \Delta\alpha(t)=1.999\,8°\mathrm{e}^{-1.409t}\sin(645.2t+89.66°)-0.003\,4°\mathrm{e}^{-0.052t}\sin(6.337t+1.53°)\end{cases}$$

图 10－5 所示为以上表达式画成扰动运动过程的曲线。扰动运动的最初阶段 Δv、$\Delta\vartheta$、$\Delta\theta$、$\Delta\alpha$ 的变化如图 10－6 所示。

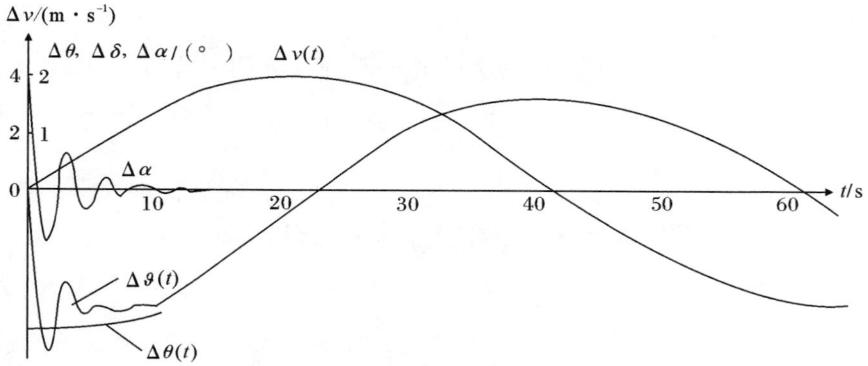

图 10－5　导弹纵向自由扰动运动

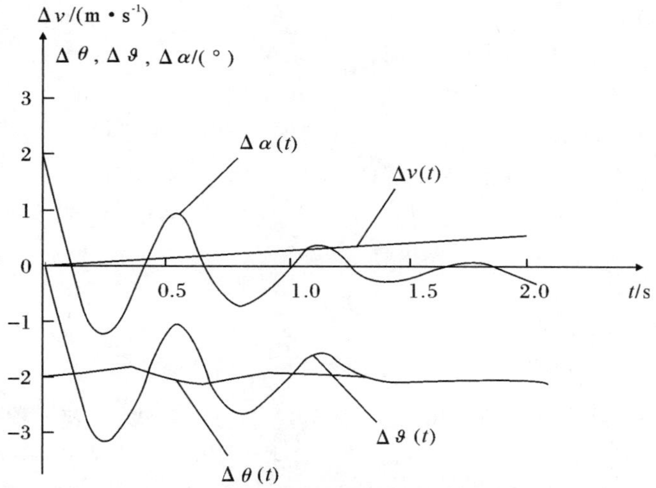

图 10－6　导弹纵向自由扰动运动(运动的前几秒)

例 10－5 中短周期运动的周期为 0.558 s，振幅减小一半的时间等于 0.429 s，长周期运动的周期为 57.14 s，振幅减小一半的时间等于 13.34 s。

在所讨论的例子中，有

$$|A'|=0.052,\ |A''|=3.048,\ |A'|\ll|A''|$$

$$|B'|=1.994,\ |B''|=2.229,\ |B'|\text{和}|B''|\text{数量级相近；}$$

$$|C'|=0.265,\ |C''|=2.212,\ |C'|\text{和}|C''|\text{数量级相近；}$$

$$|D'|=1.998\,8,\ |D''|=0.003\,4,\ |A'|\gg|A''|$$

由图 10－6 可以看出，具有周期 0.558 s 的短周期运动很快就衰减了。经过几秒之后，偏

量 Δv、$\Delta\vartheta$、$\Delta\theta$、$\Delta\alpha$ 相当于一对大根的项都减到零的附近。而具有周期 56.81 s 的长周期运动衰减是很慢的。可见，导弹自由扰动运动可分为两个阶段。在第一阶段里，快衰减的短周期运动占主要地位。在这段时间里偏量 $\Delta\vartheta$、$\Delta\theta$、$\Delta\alpha$ 的变化剧烈，而偏量 Δv 的变化并不大。在第一阶段终结前，与偏量 Δv、$\Delta\vartheta$、$\Delta\theta$、$\Delta\alpha$ 表达式中一对大根所对应的项已经减小到零，偏量 $\Delta\alpha$ 主要取决于这些项，因此到第一阶段结束时，实际上它已经衰减掉。在第二阶段里，只有慢衰减的长周期运动存在。在这一阶段的时间里，主要是偏量 Δv、$\Delta\vartheta$、$\Delta\theta$ 变化着，而具有不大振幅的偏量 $\Delta\alpha$ 实际上已经不存在了。

偏量 $\Delta\omega_{z_t}=\dfrac{\mathrm{d}\Delta\vartheta}{\mathrm{d}t}$ 的变化与偏量 $\Delta\alpha$ 的变化相类似，不仅在第一阶段，而且在第二阶段也是如此。

10.4 导弹的稳定性和操纵性

在研究导弹制导系统时，导弹运动方程组应包括描述制导系统工作状态的控制方程，称此方程组为导弹系统方程组。在这种情况下，操纵机构的偏转角 δ_x、δ_y、δ_z 也同 v、θ 等参数一样均作为未知变量看待。

在设计导弹制导系统时，必须知道作为制导系统一个环节的弹体动态特性。为此，在导弹运动方程组中，设操纵机构偏转角 $\delta_x(t)$、$\delta_y(t)$、$\delta_z(t)$ 为已知的时间函数，把它们作为输入量以确定弹体的动态特性。此时，由式(10－4)和式(10－5)构成的方程组是封闭的(未知数的数目与方程数目相等)，也不需要加入制导系统的控制方程。

导弹弹体的动态特性是指它在受到扰动作用后或当操纵机构产生偏转时所产生的扰动运动特性，也称为导弹弹体的稳定性和操纵性。

10.4.1 稳定性概念

导弹在运动时，受到外界扰动作用，使之离开原来的飞行状态，若干扰取消后，导弹能恢复到原来状态，则称导弹的运动是稳定的。如果在干扰取消以后，导弹并不恢复到原来的飞行状态，甚至偏差越来越大，则称导弹是不稳定的。例如在某一有限时间间隔内，由阵风引起的干扰力作用在导弹上，而且该力在时刻 t_0 又消失了(时刻 t_0 称为初始时刻)。由于干扰力短时间作用的结果，在 $t=t_0$ 时，导弹运动参数不同于在未扰动飞行中的数值，即

$$v(t_0)=v_0(t_0)+\Delta v(t_0)$$
$$\alpha(t_0)=\alpha_0(t_0)+\Delta\alpha(t_0)$$
$$\cdots\cdots$$

偏量值 $\Delta v(t_0)$，$\Delta\alpha(t_0)$，…等称为初始扰动。当 $t>t_0$，即在干扰力作用消失后，偏量 Δv，$\Delta\alpha$，…的变化取决于导弹弹体及其控制系统(这时起稳定作用)的动态特性。

为了评价导弹弹体的稳定性，假设在扰动运动的过程中，即当 $t>t_0$ 时，操纵机构一直保持在不变的位置上。此时，导弹对阵风的反应就表现为由运动参数初始扰动所引起的固有运

动，也就是对应线性方程组式（10－4）和式（10－5）中 $\Delta\delta_x=\Delta\delta_y=\Delta\delta_z=0$，$F_{gx}=F_{gy}=F_{gz}=M_{gx_t}=M_{gy_t}=M_{gz_t}=0$ 时的齐次方程组的通解，这种固有运动亦称为自由运动。

图 10－7(a)(b)所示为干扰力和干扰力矩消失后，攻角偏量随时间变化的各种情况。图中 $\Delta\alpha_0$ 为扰动引起的初始攻角偏量，显然图 10－7(a)中 1 和 2 是稳定的，图 10－7(b)中 3、4 和 5 都是不稳定的。

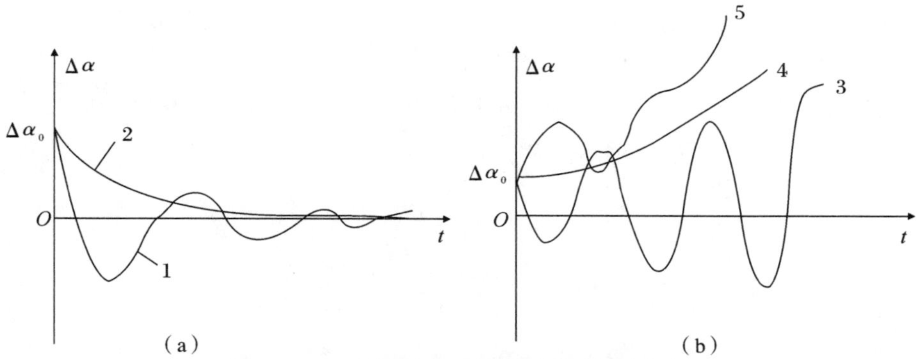

图 10－7　受扰动后，攻角偏量随时间的变化

(a)稳定运动；(b)不稳定运动

对于导弹运动的稳定性，更为确切的提法是指某些运动参数的稳定性。导弹运动参数可以分为导弹质心运动参数（如 v，x_D，y_D）和导弹绕质心转动的运动参数，又称角运动参数（如 α，β，γ，ϑ，θ，ω_{x_t}，…），因此，在研究导弹运动的稳定性时，往往不是笼统说研究它的稳定性，而是针对哪一类运动参数或哪几个运动参数而言的，如导弹飞行高度的稳定性，攻角 α、俯仰角 ϑ、倾斜角 γ 的稳定性等。

必须指出，导弹弹体的稳定性是指导弹没有控制作用时抗干扰的能力，这与制导系统参与工作时的闭环回路中的导弹系统稳定性是不同的。如无控情况下导弹是不稳定的，但在控制作用下可以变成稳定的。当然，也可能出现这种情况，即导弹在无控时是稳定的，而由于控制系统设计的不合理，反而在闭环时不稳定了。对于战术导弹，一般总是希望在无控时具有良好的稳定性和动态品质，以降低对控制系统的要求。也有的导弹完全依靠弹体自身的稳定性来保证导弹的飞行稳定性。

还需指出，这里所说的导弹的稳定性（即运动稳定性）和静稳定性的概念是不同的。静稳定性是指干扰力和干扰力矩消失后最初瞬间（$t=t_0$）导弹的运动趋势。如果运动的趋势是恢复到原来的飞行状态，则导弹具有静稳定性。当 $m_{z_t}^{\alpha}<0$ 时，则导弹具有纵向静稳定性。

10.4.2　稳定性准则

在经典的自动控制理论中，根据特征方程的系数来决定根的性质，从而判断动力学系统的稳定性，常用的有几种不同的方法，如劳斯（Routh）判据、霍尔维茨（Hurwitz）判据、奈奎斯特（Nyquist）判据以及根轨迹法等。在分析导弹动态特性时，如果特征方程式的阶次不高于四次，采用霍尔维茨判据最为方便。霍尔维茨判据可以用来判断代数形式描述的特征方程式

$$\Delta(\lambda)=a_0\lambda^m+a_1\lambda^{m-1}+\cdots+a_m=0 \qquad (10-38)$$

的根的符号。

霍尔维茨判据为：要使特征方程式所有的根都具有负实部，必要和充分条件是霍尔维茨行

列式 Δm 及所有主子式 $\Delta_1,\Delta_2,\cdots,\Delta_{m-1}$ 具有同系数 a_0 一样的符号。
其中

$$\Delta_1=a_1,\ \Delta_2=\begin{vmatrix} a_1 & a_3 \\ a_0 & a_2 \end{vmatrix},\ \Delta_3=\begin{vmatrix} a_1 & a_3 & a_5 \\ a_0 & a_2 & a_4 \\ 0 & a_1 & a_3 \end{vmatrix},\quad \Delta_m=\begin{vmatrix} a_1 & a_3 & a_5 & \cdots & 0 \\ a_0 & a_2 & a_4 & \cdots & 0 \\ \vdots & \vdots & \vdots & & \vdots \\ 0 & 0 & 0 & a_{m-2} & a_m \end{vmatrix}$$

即当 $a_0>0$ 时，$\Delta_1,\Delta_2,\cdots,\Delta_m$ 都大于零。

对于阶次不高的特征方程式($m\leqslant 5$)，霍尔维茨判据的要求可以简化，并具有如下形式：

$$\left.\begin{array}{l} \text{当 } m=1 \text{ 时}: a_0>0,a_1>0 \\ \text{当 } m=2 \text{ 时}: a_0>0,a_1>0,a_2>0 \\ \text{当 } m=3 \text{ 时}: a_0>0,a_1>0,a_2>0,a_3>0,\Delta_2>0 \\ \text{当 } m=4 \text{ 时}: a_0>0,a_1>0,\cdots,a_4>0,\Delta_3>0 \\ \text{当 } m=5 \text{ 时}: a_0>0,a_1>0,\cdots,a_5>0,\Delta_4>0 \end{array}\right\} \tag{10-39}$$

【例 10-6】 由例 10-2 中特征方程式：

$$\Delta(\lambda)=\lambda^4+2.922\lambda^3+129.07\lambda^2+13.426\lambda+1.622=0$$

可见，$m=4$：$a_0>0,a_1>0,\cdots,a_4>0,\Delta_3=a_1a_2a_3-a_1^2a_4-a_0a_3^2=4\ 866.85>0$，满足霍尔维茨判据，特征方程根 $\lambda_1,\lambda_2,\lambda_3,\lambda_4$ 具有负的实数部分，因此导弹的未扰动运动是稳定的。

10.4.3 飞行弹道的稳定性

如果导弹弹体是稳定的，则当遇到外界偶然干扰(如阵风等)且在干扰消失以后，运动参数的偏量(Δv、$\Delta\vartheta$、$\Delta\theta$、$\Delta\alpha$)将逐渐趋于零。但是，在操纵机构固定的情况下，飞行弹道是否能够恢复到原来的弹道上去？现在来分析这个问题。

由纵向扰动运动方程组式(10-4)中第 5 和 6 式得到相应的扰动运动方程组如下：

$$\left.\begin{array}{l} \dfrac{\mathrm{d}\Delta x_D}{\mathrm{d}t}=\cos\theta\Delta v-v\sin\theta\Delta\theta \\ \dfrac{\mathrm{d}\Delta y_D}{\mathrm{d}t}=\sin\theta\Delta v+v\cos\theta\Delta\theta \end{array}\right\} \tag{10-40}$$

在已知起始扰动(如 $\Delta\alpha_0$)条件下，通过以上各节所述的扰动运动方程组，可以求出运动参数偏量 $\Delta v(t)$ 和 $\Delta\theta(t)$，然后代入方程组式(10-40)中，就很容易通过数值积分法求出弹道的偏离量 Δx_D 和 Δy_D 为

$$\left.\begin{array}{l} \Delta y_D=\int_{t_0}^{t}(\sin\theta\Delta v+v\cos\theta\Delta\theta)\Delta\theta \\ \Delta x_D=\int_{t_0}^{t}(\cos\theta\Delta v-v\sin\theta\Delta\theta)\Delta\theta \end{array}\right\} \tag{10-41}$$

当 $t=t_0$ 时，$\Delta v=0,\Delta\theta=0(\Delta\alpha_0\neq 0)$；当 $t=t_1$ 时，$\Delta v\neq 0,\Delta\theta\neq 0$，则 $\Delta y_D\neq 0,\Delta x_D\neq 0$；当时间继续增加，偏离量($\Delta v$、$\Delta\vartheta$、$\Delta\theta$、$\Delta\alpha$)趋于零时，而 Δx_D 和 Δy_D 并不趋于零，亦即弹道有偏离。

因此，导弹弹体对于弹道参数 x_D 和 y_D(z_D 也一样)并不具有稳定性。在控制飞行中，弹道的稳定性一定要依靠制导系统(亦称轨迹控制系统)加以保证。而在无控飞行时，则会由于干扰而造成弹道偏离。

10.4.4　操纵性概念

为了使导弹按预定的弹道飞行，操纵机构需要不时地进行偏转。导弹的操纵性可以理解为当操纵机构偏转后，导弹改变其原来飞行状态（如攻角、侧滑角、俯仰角、弹道倾角、滚动角等）的能力以及反应的快慢程度。

研究操纵机构偏转时的导弹运动，即导弹弹体的操纵性时，不考虑控制系统的工作过程，也就是在给定偏量 $\Delta\delta_x(t)$、$\Delta\delta_y(t)$、$\Delta\delta_z(t)$的条件下求解线性非齐次微分方程组式（10－21）和式（10－22）。这种方程组的一般解由齐次方程组的通解与非齐次方程组的特解所组成。

齐次方程组的通解对应于导弹的自由运动，非齐次方程组的特解对应于导弹的强迫运动。因此，操纵机构偏转时所产生的扰动运动由自由运动和强迫运动组合而成。

在研究导弹弹体操纵性时，通常只研究导弹对操纵机构三种典型偏转方式的反应。这三种方式就是阶跃偏转、谐波偏转和脉冲偏转。

（1）单位阶跃偏转：

$$\Delta\delta_z(\text{或 } \Delta\delta_y, \Delta\delta_x)=\begin{cases}0, & t<t_0\\ 1, & t\geqslant t_0\end{cases}$$

研究操纵机构作阶跃偏转的必要性是因为在这种情况下，导弹的响应最强烈，引起过渡过程中的超调量最大。图 10－8 所示为操纵机构作阶跃偏转时导弹的攻角响应过程。

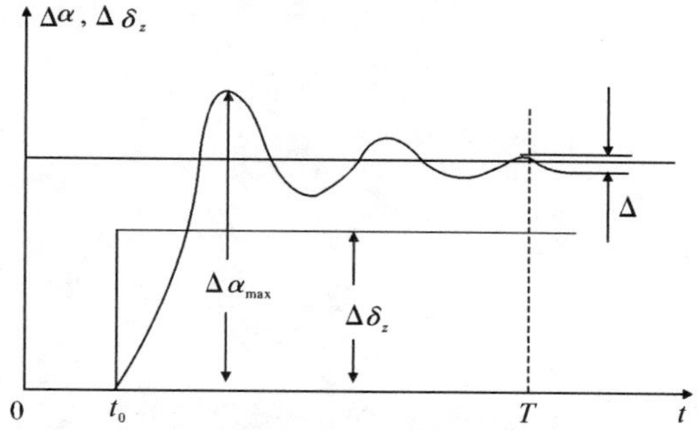

图 10－8　操纵机构作阶跃偏转时攻角的响应

实际上操纵机构不可能作瞬时的阶跃偏转，因为如果是这样，操纵机构的偏转速度将是无限大，从而舵机的功率也需要无限大。但是，在舵机快速作用下，操纵机构的偏转是接近于阶跃偏转的情况。

（2）谐波偏转：

$$\Delta\delta(t)=\Delta\delta_0\sin\omega t$$

在这种情况下，导弹的响应称为导弹对操纵机构偏转的跟随性如图 10－9 所示。

当操纵结构作谐波偏转时，导弹的响应具有延迟、放大或缩小的现象。图 10－9 中 $\Delta\alpha$ 和 $\Delta\delta_z$ 有相位差，振幅之间也有一定的比例关系。

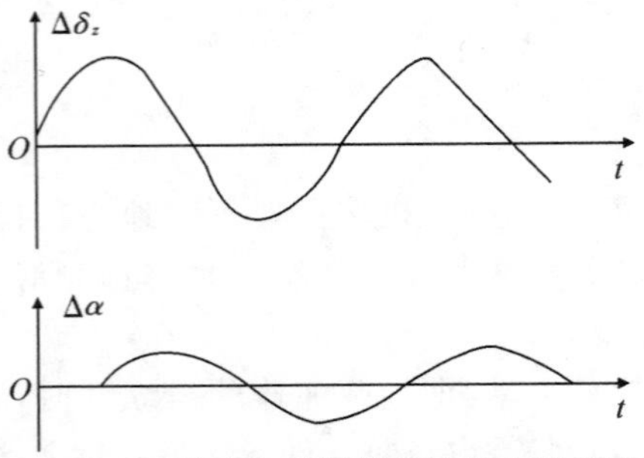

图 10-9　导弹攻角对操纵机构偏转的跟随性

当然，在实际飞行过程中，操纵机构不可能出现谐波偏转规律(除非在飞行试验中，为了测出导弹的频率特性，人为地使操纵机构作谐波偏转)。但是由自动控制理论可知，用频率法研究动力学系统时，必须知道各元件(或环节)的频率特性，因此，规定操纵机构作谐波偏转规律正是为了求得导弹的频率特性。

(3)脉冲偏转：

$$\Delta\delta(t)=\begin{cases}A, 0<t<t_0\\0, t<0, t>t_0\end{cases}$$

式中：A——常数。

图 10-10 所示为操纵机构作脉冲偏转时攻角的响应。舵面在实际飞行中的偏转，可以说是上述典型情况的某种组合。

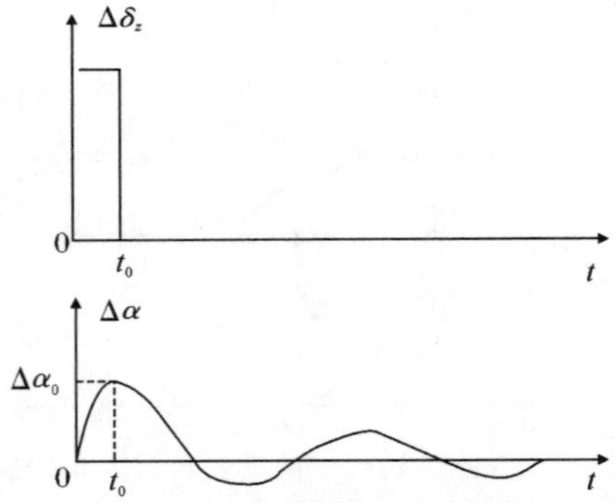

图 10-10　操纵机构作脉冲偏转时攻角的响应

10.5　导弹弹体的纵向动态特性分析

10.5.1　描述导弹操作性的运动方程组

在建立短周期扰动运动近似方程组时，由扰动运动方程组式(10-6)中去掉描述 Δv 变化的第一个方程，在其余的方程式中，令 $\Delta v=0$，于是，得到简化后的扰动运动方程组为

$$\left.\begin{aligned}&\frac{d^2\Delta\vartheta}{dt^2}-a_{22}\frac{d\Delta\vartheta}{dt}-a_{24}\Delta\alpha-a_{24}'\Delta\dot{\alpha}=a_{25}\Delta\delta_z+a_{26}M_{gz_t}\\&\frac{d\Delta\theta}{dt}-a_{33}\Delta\theta-a_{34}\Delta\alpha=a_{35}\Delta\delta_z+a_{36}F_{gy}-\Delta\vartheta+\Delta\theta+\Delta\alpha=0\end{aligned}\right\}\tag{10-42}$$

方程组式(10－42)主要是描述导弹的角运动。注意该方程组的假设前提为小扰动、未扰动的侧向参数及纵向角速度足够小，同时只适用于不超过几秒的短暂时间。

由式(10－42)可以得到短周期扰动运动的特征行列式为

$$\Delta(\lambda)=\begin{vmatrix}\lambda(\lambda-a_{22}) & 0 & -(a_{24}'\lambda+a_{24})\\ 0 & \lambda-a_{33} & -a_{34}\\ -1 & 1 & 1\end{vmatrix}=\lambda^3+P_1\lambda^2+P_2\lambda+P_3\tag{10-43}$$

式中

$$\left.\begin{aligned}&P_1=-a_{33}+a_{34}-a_{22}-a_{24}'\\&P_2=a_{22}(a_{33}-a_{34})-a_{24}+a_{33}a_{24}'\\&P_3=a_{22}a_{33}\end{aligned}\right\}\tag{10-44}$$

同样地，以例 10－1～例 10－4 为例，将各动力系数代入式(10－43)和式(10－44)，求得短周期扰动运动特征方程式的根，并与一般情况下求得的特征方程根进行比较，见表 10－3。

表 10－3　不同简化条件特征方程根值的比较

例题序号	纵向扰动运动特征方程根	纵向短周期扰动运动特征方程根	最简单的短周期扰动运动特征方程根
某地-空导弹	$\lambda_{1,2}=-1.158\pm i10.1$ $\lambda_3=-0.0285$ $\lambda_4=0.0152$	$\lambda_{1,2}=-1.163\pm i10.101$ $\lambda_3=-0.0093$	$\lambda_{1,2}=-1.081\pm i10.9$ $\lambda_3=0$
某反坦克导弹	$\lambda_{1,2}=-1.40905\pm i11.2595$ $\lambda_{3,4}=-0.05195\pm i0.1106$	$\lambda_{1,2}=-1.406\pm i11.23$ $\lambda_3=0.00582$	$\lambda_{1,2}=-1.409\pm i11.26$ $\lambda_3=0$
某地-舰导弹	$\lambda_{1,2}=-1.823\pm i6.64$ $\lambda_3=-0.03167$ $\lambda_4=+0.0206$	$\lambda_{1,2}=-1.8201\pm i6.64$ $\lambda_3=0$	—
某无人驾驶飞行器	$\lambda_{1,2}=-0.376\pm i2.426$ $\lambda_{3,4}=-0.003\pm i0.075$	$\lambda_{1,2}=-0.376\pm i2.427$ $\lambda_3=0$	—

由表 10－3 可知，短周期扰动运动特征方程根的一对大根 $\lambda_{1,2}$ 与扰动运动特征方程根中的一对大根 $\lambda_{1,2}$ 相比，其误差不超过 0.4%，对于小根 $\lambda_{3,4}$ 就有一定的差别，然而小根在短周期阶段起的作用是极其微小的。因此用方程组来分析短周期阶段的扰动运动是足够精确的。

10.5.2　导弹弹体的传递函数

在导弹的制导系统中，导弹弹体是其中的一个环节，也就是控制对象，因此在设计导弹制导系统时，必须了解导弹弹体的动态特性。在经典的自动控制理论中要用传递函数和频率特性来表征系统的动态特性，因此当设计导弹制导系统时，需要建立弹体的传递函数。

10.5.2.1 纵向运动的传递函数

在纵向制导系统中，弹体环节的输出量是Δv、$\Delta \vartheta$、$\Delta \theta$、$\Delta \alpha$，而输入量为$\Delta \delta_z$。若存在外界干扰，输入量除$\Delta \delta_z$外，还有经常作用的干扰力F_{gx}、F_{gy}和干扰力矩M_{gz_t}。

在自动控制理论中，传递函数$W(s)$是初始条件为零时，输出量与输入量的拉普拉斯变换式之比。因此，为了得到导弹的传递函数，应首先将扰动运动方程组式(10-6)进行拉普拉斯变换，将原函数变为象函数，经整理后可写成下列矩阵方程：

$$\begin{bmatrix} s-a_{11} & 0 & -a_{13} & -a_{14} \\ -a_{21} & s(s-a_{22}) & 0 & -(a'_{24}s+a_{24}) \\ -a_{31} & 0 & s-a_{33} & -a_{34} \\ 0 & -1 & 1 & 1 \end{bmatrix} \begin{bmatrix} \Delta v(s) \\ \Delta \vartheta(s) \\ \Delta \theta(s) \\ \Delta \alpha(s) \end{bmatrix} = \begin{bmatrix} 0 \\ a_{25} \\ a_{35} \\ 0 \end{bmatrix} \Delta \delta_z(s) + \begin{bmatrix} a_{16}F_{gx}(s) \\ a_{26}M_{gz_t}(s) \\ a_{36}F_{gy}(s) \\ 0 \end{bmatrix} \tag{10-45}$$

这是运动参数偏量象函数的代数方程，右端有两列矩阵，因此$\Delta v(s)$、$\Delta \vartheta(s)$、$\Delta \theta(s)$、$\Delta \alpha(s)$的解由两部分组成。若假定操纵机构的偏转以及干扰力和力矩都是相互独立的，则它们对导弹纵向扰动运动的影响可以分别独立求解，然后进行线性叠加。利用克莱姆定理，每一部分解可表示为

$$\Delta v(s)=\frac{\Delta_v(s)}{\Delta(s)},\Delta \vartheta(s)=\frac{\Delta_\vartheta(s)}{\Delta(s)},\Delta \theta(s)=\frac{\Delta_\theta(s)}{\Delta(s)},\Delta \alpha(s)=\frac{\Delta_\alpha(s)}{\Delta(s)} \tag{10-46}$$

式中：$\Delta(s)$——方程组式(10-45)的主行列式；

$\Delta_v(s)$、$\Delta_\vartheta(s)$、$\Delta_\theta(s)$、$\Delta_\alpha(s)$——伴随行列式，是由方程组式(10-45)右端所组成的各列代入主行列式中相应各列得到的行列式。

主行列式由齐次方程的系数组成，即

$$\Delta(s)=\begin{vmatrix} (s-a_{11}) & 0 & -a_{13} & -a_{14} \\ -a_{21} & s(s-a_{22}) & 0 & -(a'_{24}s+a_{24}) \\ -a_{31} & 0 & s-a_{33} & -a_{34} \\ 0 & -1 & 1 & 1 \end{vmatrix} \tag{10-47}$$

它与式(10-45)左边矩阵排列形式相同，还与纵向自由扰动运动的特征行列式(10-23)形式相同，所以有

$$\Delta(s)=s^4+P_1s^3+P_2s^2+P_3s+P_4 \tag{10-48}$$

式中：系数P_1、P_2、P_3、P_4由式(10-25)确定。

将式(10-45)右端第一列数值代替主行列式的每一列，可得相应的伴随行列式为

$$\Delta_v(s)=\begin{vmatrix} 0 & 0 & -a_{13} & -a_{14} \\ a_{25} & s(s-a_{22}) & 0 & -(a'_{24}s+a_{24}) \\ a_{35} & 0 & s-a_{33} & -a_{34} \\ 0 & -1 & 1 & 1 \end{vmatrix} \Delta \delta_z(s) \tag{10-49}$$

根据传递函数的定义，并由式(10-46)求出以升降舵偏角$\Delta \delta_z(s)$为输入量，以$\Delta v(s)$、$\Delta \vartheta(s)$、$\Delta \theta(s)$、$\Delta \alpha(s)$为输出量的弹体传递函数。书写传递函数时，以下标表示输入量，上标表

示输出量，为了简便，略去标号中的“Δ”，则有

$$W_{\delta_z}^{v}(s)=\frac{\Delta v(s)}{\Delta\delta_z(s)}=\frac{\dfrac{\Delta_v(s)}{\Delta(s)}}{\Delta\delta_z(s)}=\frac{\Delta_v(s)}{\Delta(s)\Delta\delta_z(s)}=\frac{A_1 s^2+A_2 s+A_3}{s^4+P_1 s^3+P_2 s^2+P_3 s+P_4} \tag{10-50}$$

式中

$$\left.\begin{aligned}A_1&=a_{35}(a_{13}-a_{14})\\A_2&=a_{22}a_{35}(a_{14}-a_{13})-a_{13}a_{35}a_{24}'+a_{25}a_{14}\\A_3&=a_{25}(a_{34}a_{13}-a_{14}a_{33})-a_{24}a_{35}a_{13}\end{aligned}\right\} \tag{10-51}$$

用同样的方法，可以求出其他传递函数为

$$W_{\delta_z}^{\vartheta}(s)=\frac{\Delta\vartheta(s)}{\Delta\delta_z(s)}=\frac{B_1 s^2+B_2 s+B_3}{s^4+P_1 s^3+P_2 s^2+P_3 s+P_4} \tag{10-52}$$

式中

$$\left.\begin{aligned}B_1&=a_{25}-a_{35}a_{24}'\\B_2&=a_{35}(a_{11}a_{24}'-a_{24})+a_{25}(a_{34}-a_{11}-a_{33})\\B_3&=a_{35}(a_{11}a_{24}-a_{21})(a_{14}-a_{13})+a_{25}[a_{31}(a_{14}-a_{13})-a_{11}(a_{34}-a_{33})]\end{aligned}\right\} \tag{10-53}$$

$$W_{\delta_z}^{\theta}(s)=\frac{\Delta\theta(s)}{\Delta\delta_z(s)}=\frac{C_1 s^3+C_2 s^2+C_3 s+C_4}{s^4+P_1 s^3+P_2 s^2+P_3 s+P_4} \tag{10-54}$$

式中

$$\left.\begin{aligned}C_1&=a_{35}\\C_2&=-a_{35}(a_{11}+a_{22}+a_{24}')\\C_3&=a_{35}[a_{11}(a_{22}+a_{24}')-a_{24}]+a_{25}a_{34}\\C_4&=a_{35}(a_{11}a_{24}'-a_{21}a_{14})-a_{25}(a_{11}a_{34}-a_{14}a_{31})\end{aligned}\right\} \tag{10-55}$$

$$W_{\delta_z}^{\alpha}(s)=\frac{\Delta\alpha(s)}{\Delta\delta_z(s)}=\frac{D_1 s^3+D_2 s^2+D_3 s+D_4}{s^4+P_1 s^3+P_2 s^2+P_3 s+P_4}$$

式中

$$\left.\begin{aligned}D_1&=-a_{35}\\D_2&=a_{35}(a_{11}+a_{22})+a_{25}\\D_3&=-a_{35}a_{11}a_{22}-a_{25}(a_{11}-a_{33})\\D_4&=-a_{35}a_{21}a_{13}-a_{25}(a_{13}a_{31}-a_{11}a_{33})\end{aligned}\right\} \tag{10-56}$$

以同样的方法，可以得到以经常干扰作用的力和力矩为输入量，以 $\Delta v(s)$、$\Delta\vartheta(s)$、$\Delta\theta(s)$、$\Delta\alpha(s)$为输出量的弹体纵向传递函数 $W_{M_{gz_t}}^{v}(s)$、$W_{M_{gz_t}}^{\vartheta}(s)$、$W_{M_{gz_t}}^{\theta}(s)$、$W_{M_{gz_t}}^{\alpha}(s)$、$W_{F_{gy}}^{v}(s)$、$W_{F_{gy}}^{\vartheta}(s)$、$W_{F_{gy}}^{\theta}(s)$、$W_{F_{gy}}^{\alpha}(s)$、$W_{F_{gx}}^{v}(s)$、$W_{F_{gx}}^{\vartheta}(s)$、$W_{F_{gx}}^{\theta}(s)$、$W_{F_{gx}}^{\alpha}(s)$。

$$W_{M_{gz_t}}^{v}(s)=\frac{\Delta v(s)}{M_{gz_t}(s)}=\frac{A_{1M}s+A_{2M}}{s^4+P_1 s^3+P_2 s^2+P_3 s+P_4} \tag{10-57}$$

式中

$$\left.\begin{aligned}A_{1M}&=a_{26}a_{14}\\A_{2M}&=a_{26}(a_{13}a_{34}-a_{33}a_{14})\end{aligned}\right\} \tag{10-58}$$

$$W_{M_{gz_t}}^{\vartheta}(s)=\frac{\Delta\vartheta(s)}{M_{gz_t}(s)}=\frac{B_{1M}s^2+B_{2M}s+B_{3M}}{s^4+P_1 s^3+P_2 s^2+P_3 s+P_4} \tag{10-59}$$

式中

$$\left.\begin{aligned} &B_{1M}=a_{26} \\ &B_{2M}=a_{26}(a_{34}-a_{11}-a_{33}) \\ &B_{2M}=a_{26}a_{11}(a_{33}-a_{34})+a_{26}a_{31}(a_{14}-a_{13}) \end{aligned}\right\} \tag{10-60}$$

$$W_{M_{gz_t}}^{\theta}(s)=\frac{\Delta\theta(s)}{M_{gz_t}(s)}=\frac{C_{1M}s+C_{2M}}{s^4+P_1s^3+P_2s^2+P_3s+P_4} \tag{10-61}$$

式中

$$\left.\begin{aligned} &C_{1M}=a_{26}a_{34} \\ &C_{2M}=a_{26}(a_{14}a_{31}-a_{11}a_{34}) \end{aligned}\right\} \tag{10-62}$$

$$W_{M_{gz_t}}^{\alpha}(s)=\frac{\Delta\alpha(s)}{M_{gz_t}(s)}=\frac{D_{1M}s^2+D_{2M}s+D_{3M}}{s^4+P_1s^3+P_2s^2+P_3s+P_4} \tag{10-63}$$

式中

$$\left.\begin{aligned} &D_{1M}=a_{26} \\ &D_{2M}=-a_{26}(a_{11}+a_{33}) \\ &D_{2M}=a_{26}(a_{33}a_{11}-a_{31}a_{13}) \end{aligned}\right\} \tag{10-64}$$

当运动参数初始偏量为零时，可以得到纵向扰动运动参数偏量表达式，如俯仰角偏量表达式为

$$\Delta\vartheta(s)=W_{\delta_z}^{\vartheta}(s)\Delta\delta_z(s)+W_{F_{gx}}^{\vartheta}(s)F_{gx}(s)+W_{F_{gy}}^{\vartheta}(s)F_{gy}(s)+W_{M_{gz_t}}^{\vartheta}(s)M_{gz_t}(s)$$

式中：传递函数 $W_{\delta_z}^{\vartheta}(s)$、$W_{F_{gx}}^{\vartheta}(s)$、$W_{F_{gy}}^{\vartheta}(s)$、$W_{M_{gz_t}}^{\vartheta}(s)$表示俯仰角对相应输入的反应。

建立导弹控制系统结构图时，干扰力矩可以通过相应的传递函数 $W_{M_{gz_t}}^{\vartheta}(s)$来表示，如图 10-11(a)所示。也可以利用相应的传递函数 $W_{M_{gz_t}}^{\delta_z}(s)$将干扰力矩 M_{gz_t} 折算为操纵面偏角 δ_{gz}，如图 10-11(b)所示。

$$W_{M_{gz_t}}^{\delta_z}(s)=\frac{\Delta\delta_{gz}(s)}{M_{gz_t}(s)}=\frac{\Delta\vartheta(s)\Delta\delta_{gz}(s)}{M_{gz_t}(s)\Delta\vartheta(s)}=\frac{W_{M_{gz_t}}^{\vartheta}(s)}{W_{\delta_z}^{\vartheta}(s)}=\frac{B_{1M}s^2+B_{2M}s+B_{3M}}{B_1s^2+B_2s+B_3}$$

式中：δ_{gz}——等效干扰舵偏角。

则有

$$W_{M_{gz_t}}^{\vartheta}(s)=W_{M_{gz_t}}^{\delta_z}(s)W_{\delta_z}^{\vartheta}(s)$$

其他由于干扰力矩引起的传递函数也可以变换成上面的形式。

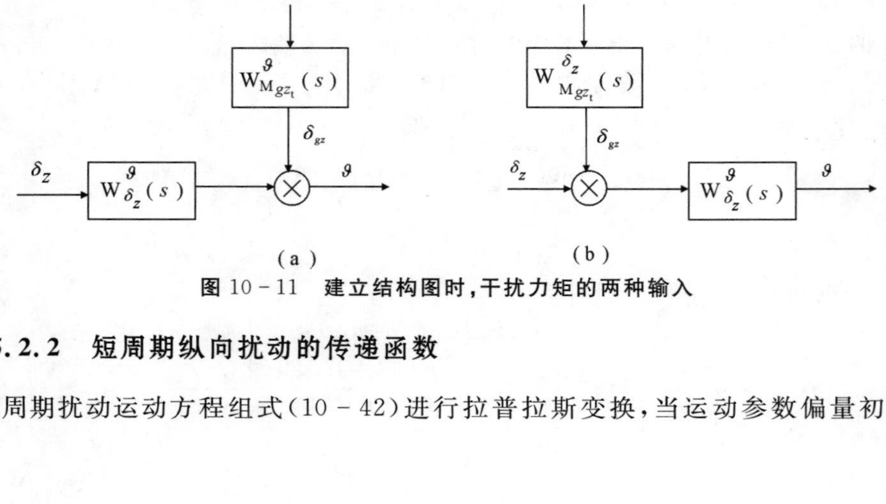

图 10-11 建立结构图时，干扰力矩的两种输入

10.5.2.2 短周期纵向扰动的传递函数

对短周期扰动运动方程组式(10-42)进行拉普拉斯变换，当运动参数偏量初始值为零时，得

$$\begin{bmatrix} s(s-a_{22}) & 0 & -(a_{24}'s+a_{24}) \\ 0 & s-a_{33} & -a_{34} \\ -1 & 1 & 1 \end{bmatrix}\begin{bmatrix} \Delta\vartheta(s) \\ \Delta\theta(s) \\ \Delta\alpha(s) \end{bmatrix}=\begin{bmatrix} a_{25} \\ a_{35} \\ 0 \end{bmatrix}\Delta\delta_z(s)+\begin{bmatrix} a_{26}M_{gz_t}(s) \\ a_{36}F_{gy}(s) \\ 0 \end{bmatrix} \tag{10-65}$$

采用上面所叙述的方法，同样可以得到短周期运动的传递函数如下：

$$W_{\delta_z}^{\vartheta}(s)=\frac{\Delta\vartheta(s)}{\Delta\delta_z(s)}=\frac{(-a_{35}a_{24}'+a_{25})s+a_{25}(a_{34}-a_{33})-a_{35}a_{24}}{s^3+P_1s^2+P_2s+P_3} \tag{10-66}$$

$$W_{\delta_z}^{\theta}(s)=\frac{\Delta\theta(s)}{\Delta\delta_z(s)}=\frac{a_{35}s^2-a_{35}(a_{24}'+a_{22})s+a_{25}a_{34}-a_{35}a_{24}}{s^3+P_1s^2+P_2s+P_3} \tag{10-67}$$

$$W_{\delta_z}^{\alpha}(s)=\frac{\Delta\alpha(s)}{\Delta\delta_z(s)}=\frac{-a_{35}s^2+(a_{35}a_{22}+a_{25})s-a_{25}a_{33}}{s^3+P_1s^2+P_2s+P_3} \tag{10-68}$$

式中：P_1、P_2、P_3 表达式与式(10－44)相同。

根据上面所述，对于有翼式导弹，假设不计重力影响，即 $a_{33}=0$，则可得到短周期阶段经过简化的传递函数，并通过因子分解得到以典型基本环节表示的传递函数为

$$W_{\delta_z}^{\vartheta}(s)=\frac{(-a_{35}a_{24}'+a_{25})s+a_{25}(a_{34}-a_{33})-a_{35}a_{24}}{s[s^2+(a_{34}-a_{22}-a_{24}')s+(-a_{22}a_{34}-a_{24})]}=\frac{K_M(T_1s+1)}{s(T_M^2s^2+2T_M\xi_Ms+1)} \tag{10-69}$$

式中

$$\begin{cases} K_M=\dfrac{-a_{25}a_{34}+a_{35}a_{24}}{a_{22}a_{34}+a_{24}}(\mathrm{s}^{-1}) \\ T_M=\dfrac{1}{\sqrt{-a_{22}a_{34}-a_{24}}}(\mathrm{s}) \\ \xi_M=\dfrac{-a_{22}-a_{24}'+a_{34}}{2\sqrt{-a_{22}a_{34}-a_{24}}} \\ T_1=\dfrac{-a_{35}a_{24}'+a_{25}}{a_{25}a_{34}-a_{35}a_{24}}(\mathrm{s}) \end{cases}$$

式中：K_M——导弹的传递系数；

T_M——导弹的时间常数；

ξ_M——导弹的相对阻尼系数；

T_1——导弹气动力时间常数。

同样可以求得

$$W_{\delta_z}^{\theta}(s)=\frac{a_{35}s^2-a_{35}(a_{24}'+a_{22})s+a_{25}a_{34}-a_{35}a_{24}}{s[s^2+(a_{34}-a_{22}-a_{24}')s+(-a_{22}a_{34}-a_{24})]}=\frac{K_M(T_{1\theta}s+1)(T_{2\theta}s+1)}{s(T_M^2s^2+2T_M\xi_Ms+1)} \tag{10-70}$$

式中

$$\begin{cases} T_{1\theta}T_{2\theta}=\dfrac{a_{35}}{a_{25}a_{34}-a_{35}a_{24}} \\ T_{1\theta}+T_{2\theta}=\dfrac{-a_{35}(a_{24}'+a_{22})}{a_{25}a_{34}-a_{35}a_{24}} \end{cases}$$

同理，有

$$W_{\delta_z}^{\alpha}(s)=\frac{-a_{35}s^2+(a_{35}a_{22}+a_{25})s}{s[s^2+(a_{34}-a_{22}-a_{24}')s+(-a_{22}a_{34}-a_{24})]}=\frac{K_\alpha(T_\alpha s+1)}{s(T_M^2s^2+2T_M\xi_Ms+1)} \tag{10-71}$$

式中

$$\begin{cases} K_\alpha = \dfrac{-(a_{35}a_{22}+a_{25})}{a_{22}a_{34}+a_{24}} \\ T_\alpha = \dfrac{-a_{35}}{a_{35}a_{22}+a_{25}}(\mathrm{s}) \end{cases}$$

式中：K_α——导弹攻角传递系数；

T_α——导弹攻角时间常数。

如果下洗动力系数 a'_{24} 可以略去，上述传递函数又可进一步简化为

$$W_{\delta_z}^{\vartheta}(s)=\frac{K_{\mathrm{M}}(T_1 s+1)}{s(T_{\mathrm{M}}^2 s^2+2T_{\mathrm{M}}\xi_{\mathrm{M}}s+1)} \tag{10-72}$$

$$W_{\delta_z}^{\theta}(s)=\frac{K_{\mathrm{M}}\left[1+T_1\dfrac{a_{35}}{a_{25}}s(s-a_{22})\right]}{s(T_{\mathrm{M}}^2 s^2+2T_{\mathrm{M}}\xi_{\mathrm{M}}s+1)} \tag{10-73}$$

$$W_{\delta_z}^{\alpha}(s)=\frac{K_{\mathrm{M}}T_1\left[1-\dfrac{a_{35}}{a_{25}}(s-a_{22})\right]}{T_{\mathrm{M}}^2 s^2+2T_{\mathrm{M}}\xi_{\mathrm{M}}s+1} \tag{10-74}$$

这时，参数 ξ_{M} 和 T_1 的表达式中 $a'_{24}=0$。

法向过载 n_y 是导弹运动参数之一。通常用过载来评定导弹的机动性，法向过载的变化情况对导弹的结构强度和制导系统的影响很大。下面来推导法向过载的传递函数。法向过载为

$$n_y=\frac{v}{g}\frac{\mathrm{d}\theta}{\mathrm{d}t}+\cos\theta$$

线性化取偏量后，有

$$\Delta n_y=\frac{\Delta v}{g}\frac{\mathrm{d}\theta_0}{\mathrm{d}t}+\frac{v_0}{g}\frac{\mathrm{d}\Delta\theta}{\mathrm{d}t}-\sin\theta_0\Delta\theta$$

略去二次微量 $\dfrac{\Delta v}{g}\dfrac{\mathrm{d}\theta_0}{\mathrm{d}t}$，而 $\sin\theta_0\Delta\theta$ 中 $\sin\theta_0\leqslant 1$，$\Delta\theta$ 为小量，因此 $\sin\theta_0\Delta\theta$ 与 $\dfrac{v_0}{g}\dfrac{\mathrm{d}\Delta\theta}{\mathrm{d}t}$ 相比是小量，可以略去，有

$$\Delta n_y\approx\frac{v_0}{g}\frac{\Delta\theta}{\mathrm{d}t}$$

因此，法向过载的传递函数为

$$W_{\delta_z}^{n_y}(s)=\frac{\Delta n_y(s)}{\Delta\delta_z(s)}=\frac{v}{g}W_{\delta_z}^{\theta}(s)s \tag{10-75}$$

导弹弹体纵向传递函数式(10-69)～式(10-70)和式(10-75)可用开环状态的方框图表示，如图 10-12 所示。图中

$$W_{\theta}^{\dot\vartheta}(s)=\frac{W_{\delta_z}^{\dot\vartheta}(s)}{W_{\delta_z}^{\theta}(s)}=\frac{T_1 s+1}{(T_{1\theta}s+1)(T_{2\theta}s+1)} \tag{10-76}$$

$$W_{\theta}^{\alpha}(s)=\frac{W_{\delta_z}^{\alpha}(s)}{W_{\delta_z}^{\theta}(s)}=\frac{K_\alpha(T_\alpha s+1)}{K_{\mathrm{M}}(T_{1\theta}s+1)(T_{2\theta}s+1)} \tag{10-77}$$

对于正常式导弹，在一般情况下动力系数 $a_{35}\ll a_{24}$，于是当同时忽略 a_{33}、a'_{24} 和 a_{35} 时，导弹弹体纵向传递函数可简化为

$$\left.\begin{aligned}
W_{\delta_z}^{\vartheta}(s)&=\frac{K_M(T_1 s+1)}{s(T_M^2 s^2+2T_M\xi_M s+1)}\\
W_{\delta_z}^{\theta}(s)&=\frac{K_M}{s(T_M^2 s^2+2T_M\xi_M s+1)}\\
W_{\delta_z}^{\alpha}(s)&=\frac{K_M T_1}{T_M^2 s^2+2T_M\xi_M s+1}\\
W_{\delta_z}^{n_y}(s)&=\frac{\frac{v}{g}K_M}{T_M^2 s^2+2T_M\xi_M s+1}
\end{aligned}\right\}\tag{10-78}$$

式中

$$\begin{cases}K_M=\dfrac{-a_{25}a_{34}}{a_{22}a_{34}+a_{24}}\\[2mm] T_1=\dfrac{1}{a_{34}}\end{cases}$$

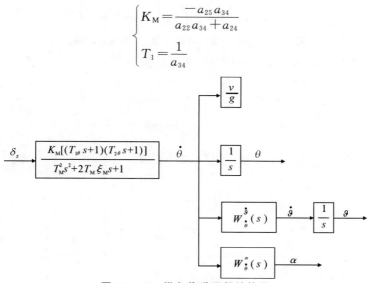

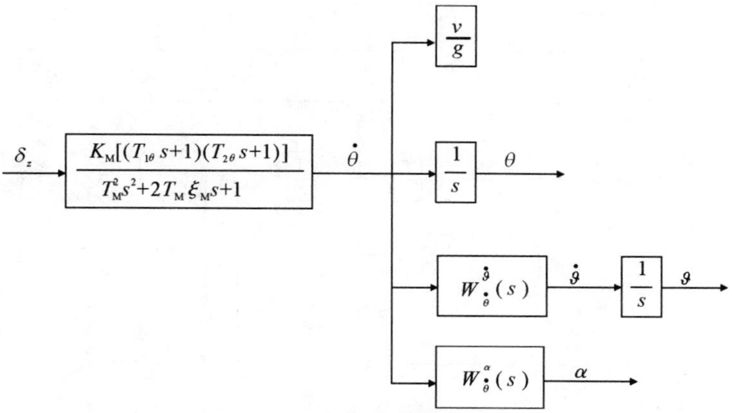

图 10－12　纵向传递函数结构图

在这种情况下，图 10－12 中各式也要作相应的改变，其中运动参数的转换函数变为

$$\left.\begin{aligned}
W_{\dot\theta}^{\alpha}(s)&=T_1\\
W_{\dot\theta}^{\dot\vartheta}(s)&=T_1 s+1
\end{aligned}\right\}\tag{10-79}$$

由于干扰力矩 M_{gz_t} 产生弹体纵向传递函数，当不考虑动力系数 a_{33} 和 a_{24}' 时，经推导得

$$W_{M_{gz_t}}^{\vartheta}(s)=\frac{T_M a_{26}(s+a_{34})}{s(T_M^2 s^2+2T_M\xi_M s+1)}\tag{10-80}$$

$$W_{M_{gz_t}}^{\theta}(s)=\frac{T_M a_{26}a_{34}}{s(T_M^2 s^2+2T_M\xi_M s+1)}\tag{10-81}$$

$$W_{M_{gz_t}}^{\alpha}(s)=\frac{T_M a_{26}}{T_M^2 s^2+2T_M\xi_M s+1}\tag{10-82}$$

$$W_{M_{gz_t}}^{\delta_z}(s)=\frac{a_{26}}{a_{25}}\tag{10-83}$$

即

$$\delta_{gz}=\frac{M_{gz_t}}{M_{z_t}^{\delta_z}}$$

则图 10－11(b)可画成图 10－13，而对干扰力矩 M_{gz_t} 的传递函数可写为

$$\begin{cases} W^{\vartheta}_{M_{gz_t}}(s)=W^{\delta_z}_{M_{gz_t}}(s)W^{\vartheta}_{\delta_z}(s)=W^{\vartheta}_{\delta_z}(s)\dfrac{1}{M^{\delta_z}_{z_t}} \\ W^{\theta}_{M_{gz_t}}(s)=W^{\delta_z}_{M_{gz_t}}(s)W^{\theta}_{\delta_z}(s)=W^{\theta}_{\delta_z}(s)\dfrac{1}{M^{\delta_z}_{z_t}} \\ W^{\alpha}_{M_{gz_t}}(s)=W^{\delta_z}_{M_{gz_t}}(s)W^{\alpha}_{\delta_z}(s)=W^{\alpha}_{\delta_z}(s)\dfrac{1}{M^{\delta_z}_{z_t}} \end{cases}$$

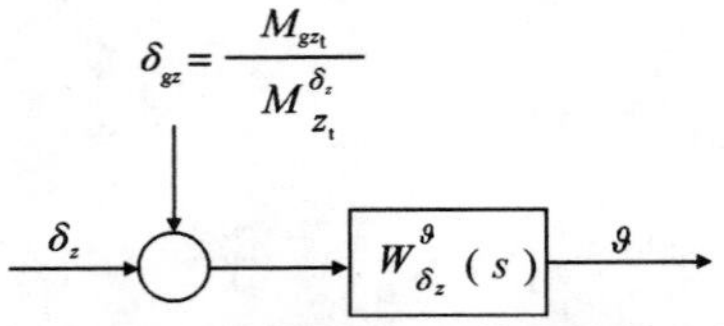

图 10－13　建立结构图时，干扰力矩输入的简化

反映导弹纵向短周期运动的结构方块图由方程组式(10－42)直接描述，其组成如图 10－14所示。

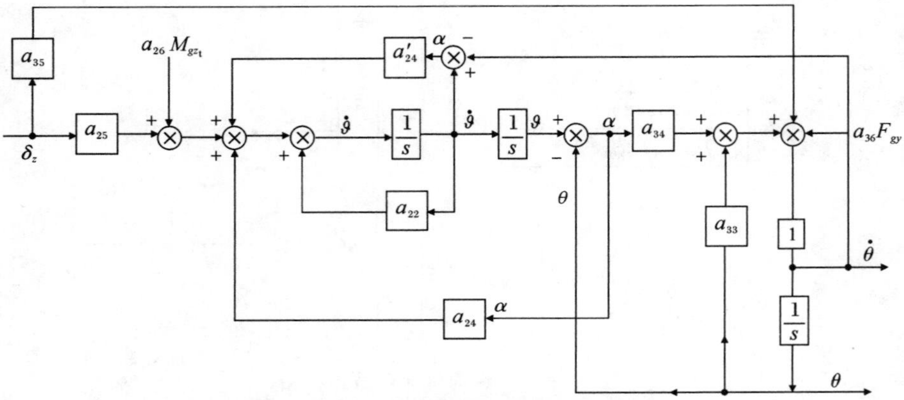

图 10－14　纵向短周期运动的结构图

利用图 10－14 分析导弹弹体的气动布局、质心位置对动态特性的影响，进行模拟求解很方便。

10.5.3　操纵机构阶跃偏转时纵向动态特性分析

本节采用短周期扰动运动方程组及由此推出的纵向传递函数，讨论短周期扰动运动阶段的纵向动态特性。

10.5.3.1　稳定性分析

1. 重力对稳定性的影响

由对短周期扰动运动方程组式(10－42)的特征方程式(10－43)求根的结果(见表 10－3)可知，它由一对具有负实部的大复根和一个小实根组成。一对大复根与没有简化的纵向扰动运动方程组的特征方程根中的一对大复根接近。一个小实根根据计算条件不同可为正小实

根、负小实根或零根。

由式(10－43)和式(10－44)可知，特征方程式为

$$\Delta(\lambda)=\lambda^3+(a_{34}-a_{33}-a_{22}-a_{24}')\lambda^2+[a_{22}(a_{33}-a_{34})-a_{24}+a_{33}a_{24}']\lambda+a_{24}a_{33}=0$$

如果导弹具有稳定性，则动力系数 $a_{24}<0$。当导弹未扰动运动是定态爬高时，即弹道倾角 $\theta_0>0$，则动力系数 $a_{33}>0$，因此系数 $a_{24}a_{33}<0$，则不能满足霍尔维茨准则，特征方程根具有一个正小实根。因为特征方程系数 $P_3=a_{24}a_{33}$ 和 P_1、P_2 相比很小，所以这个根值很小。当未扰动运动是下滑飞行时，情况则完全相反，得到一个负小实根，其根值同样很小。当导弹未扰动运动是作水平直线飞行时，因为 $\theta_0=0$，所以系数 $a_{24}a_{33}=0$，特征方程有零根。但是这个小实根的正、负值，并不完全反映导弹的实际情况。由表 10－3 可见：例 10－2 中不简化的特征方程根 $\lambda_{1,2}$ 是一对具有负实部的小复根，而短周期的特征方程根 λ_3 却是正根；例 10－3 特征方程根为一个负小实根和一个正小实根，而简化后为一个零根。这些都是由于简化误差所造成的。但是，由于这个根值很小，所以无论是正值还是负值对短暂几秒的弹体动态特性影响均很小。

当导弹未扰动运动是水平直线飞行($\theta_0=0$)时，由短周期扰动运动的计算表明，在偶然干扰作用下短周期扰动运动结束时，俯仰角将保持一个常值偏量，而攻角则衰减到未受干扰前的状态，如例 10－4 中的飞行器，在它受到偶然干扰后，通过方程组式(10－42)计算运动参数偏量的过渡过程，得到

$$\begin{cases}\Delta\vartheta(t)=1.98^\circ e^{-0.376t}\sin(139.054^\circ t-1.22^\circ)+1.956^\circ\\ \Delta\alpha(t)=2.0021^\circ e^{-0.376t}\sin(139.01^\circ t+87.76^\circ)\end{cases}$$

实际上，俯仰角的常值偏量项是由于简化了长周期运动所造成的。如果考虑长周期运动，运动参数偏量应为

$$\begin{cases}\Delta\vartheta(t)=1.98^\circ e^{-0.376t}\sin(139.01^\circ t-1.16^\circ)+1.964^\circ e^{-0.003t}\sin(4.297t+1.28^\circ)\\ \Delta\alpha(t)=2.003^\circ e^{-0.376t}\sin(139.01^\circ t+87.93^\circ)+0.05^\circ e^{-0.003t}\sin(4.297t-0.2^\circ)\end{cases}$$

因此，在进入长周期运动阶段后，$\Delta\vartheta$ 并不是一个常数，而是缓慢变小的。在短周期运动阶段，这一项也不是常数项，而是在缓慢变小，但是由于它的变化很微小，所以在短暂的几秒内，把它看作常数的误差不大。

2. 动态稳定的极限条件

当不考虑重力影响，即 $a_{24}a_{33}=0$ 时，特征方程的一个小根近似为零，但对其余两个大根影响不大，见表 10－3。这时 $W_{\delta_z}^{\alpha}(s)$、$W_{\delta_z}^{\dot\vartheta}(s)$、$W_{\delta_z}^{\vartheta}(s)$ 的特征方程式为

$$\Delta(\lambda)=\lambda^2+(a_{34}-a_{22}-a_{24}')\lambda+(a_{22}a_{34}+a_{24})=0 \tag{10-84}$$

或

$$T_M^2\lambda^2+2T_M\xi_M\lambda+1=0 \tag{10-85}$$

它的根为

$$\lambda_{1,2}=\frac{-\xi_M\pm\sqrt{\xi_M^2-1}}{T_M}=-\frac{1}{2}(a_{34}-a_{22}-a_{24}')\pm\sqrt{\frac{1}{4}(a_{34}-a_{22}-a_{24}')^2+(a_{22}a_{34}+a_{24})} \tag{10-86}$$

如果 $\frac{1}{4}(a_{34}-a_{22}-a_{24}')^2+(a_{22}a_{34}+a_{24})\geqslant 0$(即 $\xi_M\geqslant 1$)，$\lambda_{1,2}$ 为两个实根；当 $a_{22}a_{34}+a_{24}=0$ 时，则出现一个零根，这时，导弹的扰动运动将是中立稳定的；当 $a_{22}a_{34}+a_{24}>0$ 时，因为 $a_{34}-a_{22}-$

$a'_{24}>0$,所以必然出现一个正实根,导弹的未扰动运动是不稳定的。因此,导弹具有纵向稳定性的条件为

$$a_{22}a_{34}+a_{24}<0 \tag{10-87}$$

这个不等式称为动态稳定的极限条件。

特别指出,这里讨论的是指两个大根所对应的 $\Delta\dot{\vartheta}$、$\Delta\dot{\theta}$、Δn_y、$\Delta\alpha$ 的动态稳定性。

将动力系数表达式代入式(10-87),得到

$$\frac{M_{z_t}^{\alpha}}{J_{z_t}}<\frac{M_{z_t}^{\omega_{z_t}}}{J_{z_t}}\frac{P+Y^{\alpha}}{mv}\text{或}-M_{z_t}^{\alpha}>M_{z_t}^{\omega_{z_t}}\frac{P+Y^{\alpha}}{mv} \tag{10-88}$$

因为 $M_{z_t}^{\omega_{z_t}}$ 总是负值,而$\dfrac{P+Y^{\alpha}}{mv}$为正值,所以不等式(10-88)的右端是一个负数。因此,如果导弹具有稳定性,即 $M_{z_t}^{\alpha}<0$,那么,不等式(10-88)一定成立,也就是说导弹的运动一定是稳定的。如果导弹虽然是静不稳定的($M_{z_t}^{\alpha}>0$),但是静不稳定度很小,而导弹阻尼 $M_{z_t}^{\omega_{z_t}}$ 及法向力$\dfrac{P+Y^{\alpha}}{mv}$却很大,也有可能满足不等式(10-88),导弹的运动还是稳定的。但是实际上不等式(10-88)的右边数值是有限的,而且由于飞行过程中速度、高度、质心等的变化,使得 $M_{z_t}^{\alpha}$ 变化较大,很难保证静不稳定导弹在飞行弹道上各特征点都满足不等式(10-88)。因此,对于有翼式导弹,一般都设计成静稳定的。例如例 10-1 某地空导弹动力系数变化范围为

$$\begin{cases}a_{24}=-14.47\sim-158\ \mathrm{s}^{-2}\\ a_{22}=-0.109\sim-1.755\ \mathrm{s}^{-1}\\ a_{34}=0.196\,6\sim2.412\ \mathrm{s}^{-1}\end{cases}$$

则 $a_{22}a_{34}+a_{24}<0$,即此导弹在飞行过程中始终是稳定的。

3. 产生振荡过渡过程的条件

如果$\dfrac{1}{4}(a_{34}-a_{22}-a'_{24})^2+(a_{22}a_{34}+a_{24})<0$(即 $\xi_M<1$),$\lambda_{1,2}$ 为一对共轭复根,扰动运动是振荡运动,这时有

$$\begin{aligned}\lambda_{1,2}&=\frac{-\xi_M}{T_M}\pm\mathrm{i}\,\frac{\sqrt{1-\xi_M^2}}{T_M}\\&=-\frac{1}{2}(a_{34}-a_{22}-a'_{24})\pm\mathrm{i}\sqrt{-\frac{1}{4}(a_{34}-a_{22}-a'_{24})^2-(a_{22}a_{34}+a_{24})}\end{aligned} \tag{10-89}$$

其中

$$\frac{-\xi_M}{T_M}=-\frac{1}{2}(a_{34}-a_{22}-a'_{24})<0 \tag{10-90}$$

由式(10-89)可知,只要满足产生振荡过渡过程的条件,短周期扰动运动一定是稳定的。

当忽略下洗时,产生振荡过渡过程的条件为

$$\frac{1}{4}(a_{34}-a_{22})^2+(a_{22}a_{34}+a_{24})<0$$

展开后整理得

$$-a_{24}>\left(\frac{a_{34}+a_{22}}{2}\right)^2 \tag{10-91}$$

将动力系数表达式代入不等式(10－91)后求得

$$\frac{-M_{z_t}^{\alpha}}{J_{z_t}}>\left(\frac{\dfrac{P+Y^{\alpha}}{mv}+\dfrac{M_{z_t}^{\omega_{z_t}}}{J_{z_t}}}{2}\right)^2$$

这个不等式右端总是正值。不难看出，要使其产生振荡运动，就需要静稳定度足够大，以满足不等式(10－91)，而且只要满足不等式(10－91)，扰动运动一定是稳定的振荡运动。

由上述讨论可知，产生稳定的振荡运动对静稳定度 $M_{z_t}^{\alpha}$ 的要求比产生非周期稳定运动对静稳定度 $M_{z_t}^{\alpha}$ 的要求要严格得多。

对例 10－1 某地空导弹的动力系数变化范围进行计算结果表明，在飞行过程中总是满足不等式(10－91)，由此可见，该地空导弹的飞行过程不仅是稳定的，而且是稳定的振荡运动。

根据上面讨论，可以把传递函数式(10－69)～式(10－71)的分母中的二次三项式的因式分解及其特征方程根总结成表 10－4。

表 10－4　传递函数分母的因式分解及其特征方程根

$a_{22}a_{34}+a_{24}$	ξ_M	As^2+Bs+1	特征方程根	根的情况
"<0"稳定	<1	$T_M^2s^2+2T_M\xi_Ms+1$	$\lambda_{1,2}=\dfrac{-\xi_M\pm i\sqrt{1-\xi_M^2}}{T_M}$	共轭复根，实部为负
	$=1$	$(Ts+1)^2$	$\lambda_{1,2}=-\dfrac{1}{T}$	两个负重根
	>1	$(T's+1)(T''s+1)$	$\lambda_1=-\dfrac{1}{T'},\lambda_2=-\dfrac{1}{T''}$	两个负实根
"=0"中立稳定	—	$s(Ts+1)$	$\lambda_1=0,\lambda_2=-\dfrac{1}{T}$	有一个零根
">0"不稳定	—	$-(T's-1)(T''s+1)$	$\lambda_1=\dfrac{1}{T'},\lambda_2=-\dfrac{1}{T''}$	有一个正实根

下面只限于讨论 $a_{22}a_{34}+a_{24}<0$ 的情况。

4. 振荡运动的衰减程度和振荡频率

式(10－90)中的$\dfrac{\xi_M}{T_M}$表示短周期运动的衰减程度，称为阻尼系数(或衰减系数)。$\dfrac{\xi_M}{T_M}$越大，扰动运动衰减得越快。将动力系数表达式代入式(10－90)，求得

$$\frac{\xi_M}{T_M}=\frac{1}{4}\left(\frac{\dfrac{2P}{v}+C_y^{\alpha}\rho vS}{m}-\frac{m_{z_t}^{\omega_{z_t}}\rho vSb_A^2}{J_{z_t}}-\frac{m_{z_t}^{\dot{\alpha}}\rho vSb_A^2}{J_{z_t}}\right)\approx\left(\frac{\dfrac{2P}{v}+C_y^{\alpha}\rho vS}{m}-\frac{m_{z_t}^{\omega_{z_t}}\rho vSb_A^2}{J_{z_t}}\right) \tag{10-92}$$

当速度 v 增加时，马赫数 Ma 增加。当 $Ma>1$ 时，$m_{z_t}^{\omega_{z_t}}$ 和 C_y^{α} 稍有降低，对衰减系数$\dfrac{\xi_M}{T_M}$的影响没有速度直接影响大，因此增大速度 v 将增加衰减系数，而使短周期扰动运动的衰减程度变大。

增加飞行高度 H，空气密度 ρ 将减小，如 $H=10$ km，空气密度为海平面的 0.337 倍；

$H=20\ \mathrm{km}$ 时，空气密度为海平面的 0.072 5 倍，因此，导弹纵向短周期扰动运动的衰减程度随着飞行高度 H 的增加而迅速减小，也就是说导弹高空的稳定性要比低空稳定性差得多。

随着高度 H 的增加，虽然降低了声速，提高了马赫数，当 $Ma>1$ 时，Ma 的增加可能引起 $m_{z_t}^{\omega_{z_t}}$ 和 C_y^{α} 的下降，但是由于声速下降不多，仅此一点，不会使系数 $m_{z_t}^{\omega_{z_t}}$ 和 C_y^{α} 发生很大的变化。

例如例 10-1 中的地空导弹，对于攻击高空(22 km)目标的大发射角典型弹道，随着飞行高度的增加，阻尼系数下降 90%左右，这主要是由于 ρ 随着飞行高度的增加一直降到海平面的 0.05 倍，虽然随飞行高度的增加(即飞行时间增加)，飞行速度也有所增加，但是空气密度的下降对阻尼系数 $\frac{\xi_M}{T_M}$ 的下降起主要作用。而同一地空导弹，对于攻击低空(3 km)目标的小发射角典型弹道，随着飞行时间的增加，飞行速度增加，飞行高度也有增加，阻尼系数则略有增加 $\left(\frac{\xi_M}{T_M}\text{由 1.79 增加到 1.88}\right)$，这是由于飞行速度的增加起了主要作用，空气密度仅降到海平面的 0.742 倍。这个地空导弹阻尼系数总的变化范围为 $\frac{\xi_M}{T_M}=1.9\sim0.156$。

由式(10-92)可以看出，静稳定度对导弹自由振荡的衰减并无影响。

由式(10-89)的虚部可得振荡角频率 ω 为

$$\omega=\sqrt{-\frac{1}{4}(a_{34}-a_{22}-a_{24}')^2-(a_{22}a_{34}+a_{24})}$$

$$\approx\sqrt{-\frac{1}{4}(a_{34}-a_{22})^2-(a_{22}a_{34}+a_{24})}=\sqrt{-\frac{1}{4}(a_{34}+a_{22})^2-a_{24}} \tag{10-93}$$

把动力系数表达式代入式(10-93)，求得

$$\omega=0.707\sqrt{-\frac{1}{8}\left(\frac{\frac{2P}{v}+C_y^{\alpha}\rho vS}{m}+\frac{m_{z_t}^{\omega_{z_t}}\rho vSb_A^2}{J_{z_t}}\right)-\frac{m_{z_t}^{\dot{\alpha}}\rho vSb_A^2}{J_{z_t}}}\ (\mathrm{rad/s}) \tag{10-94}$$

飞行速度和高度对振荡角频率的影响与对衰减程度的影响一样，增大速度将提高振荡角频率，增加高度则会降低振荡角频率。

影响导弹自由振荡频率的主要是静稳定系数 a_{24}，当 $|a_{24}|$ 值增大时，振荡频率会增高。

当阻尼系数：

$$\frac{\xi_M}{T_M}=\frac{1}{2}(a_{34}-a_{22}-a_{24}')=0$$

则在过渡过程中振荡频率为

$$\omega_c=\sqrt{-(a_{22}a_{34}+a_{24})}=\frac{1}{T_M}\ (\mathrm{rad/s}) \tag{10-95}$$

没有阻尼时的自由振荡频率 ω_c 称为振荡的固有角频率。以赫兹为单位的固有频率为

$$f=\frac{\omega_c}{2\pi}\ (\mathrm{H_Z})$$

由于 $a_{22}a_{34}\ll a_{24}$，所以有

$$\omega_c\approx\sqrt{-a_{24}}=\sqrt{\frac{-m_{z_t}^{\alpha}\rho v^2Sb_A}{2J_{z_t}}} \tag{10-96}$$

由式(10-96)可见，导弹的固有频率主要取决于惯性矩、静稳定度和动压头。

随着飞行速度以及导弹质心位置的变化，导弹固有频率可能变化若干倍。例如某地空导

弹在攻击高空目标的典型弹道上，其固有频率变化范围为 $\omega_c \approx 4 \sim 11$ rad/s。

10.5.3.2　操纵机构阶跃偏转时的过渡过程

当俯仰操纵机构阶跃偏转时，导弹由一种飞行状态过渡到另一种飞行状态。如果不考虑惯性，则该过渡过程瞬时完成。实际上由于导弹的惯性，参数 $\dot{\vartheta}$、$\dot{\theta}$、n_y 和 α 是在某一时间间隔内变化的。这个变化的过程称为过渡过程。在过渡过程结束时，参数 $\dot{\vartheta}$、$\dot{\theta}$、n_y 和 α 稳定在与操纵机构新位置相对应的状态。

下面研究当忽略 a_{33}、a_{35} 和 a_{24}' 等动力系数时导弹的过渡过程。

表达式(10－78)就输出量 $\dot{\theta}$、n_y 和 α 而言，是一个二阶环节，其传递函数可以写为

$$\frac{\Delta X(s)}{\Delta\delta_z(s)}=\frac{K}{T_M^2 s^2+2T_M\xi_M s+1} \tag{10-97}$$

式中：ΔX ——$\Delta\dot{\theta}$、Δn_y 和 $\Delta\alpha$ 中任何一个值；

K ——与 ΔX 相应的系数 K_M、$K_M v/g$ 和 $K_M T_1$，则有

$$\Delta X(s)=\frac{K}{T_M^2 s^2+2T_M\xi_M s+1}\Delta\delta_z(s)$$

当 $\xi_M>1$ 时，用反拉普拉斯变换法求出过渡过程 $\Delta X(t)$ 为

$$\Delta X(t)=\left[1-\frac{1}{2\xi_M\sqrt{\xi_M^2-1}-\xi_M+1}e^{-\left(\frac{\xi_M-\sqrt{\xi_M^2-1}}{T_M}\right)t}+\frac{1}{2\xi_M\sqrt{\xi_M^2-1}-\xi_M+1}e^{-\left(\frac{\xi_M+\sqrt{\xi_M^2-1}}{T_M}\right)t}\right]K\Delta\delta_z \tag{10-98}$$

这时过渡过程是由两个衰减的非周期运动所组成的。

当 $\xi_M<1$ 时，用反拉普拉斯变换法求出过渡过程 $\Delta X(t)$ 为

$$\Delta X(t)=\left[1-\frac{e^{-\frac{\xi_M}{T_M}t}}{\sqrt{1-\xi_M^2}}\cos\left(\frac{\sqrt{1-\xi_M^2}}{T_M}t-\varphi_1\right)\right]K\Delta\delta_z \tag{10-99}$$

式中：$\varphi_1=\arctan\left(\frac{\xi_M}{\sqrt{1-\xi_M^2}}\right)$。

俯仰角速度 $\Delta\dot{\vartheta}(t)$ 的过渡函数由式(10－78)第一式可得

$$\frac{\Delta\dot{\vartheta}(t)}{K\Delta\delta_z}=1-e^{-\frac{\xi_M}{T_M}t}\frac{\sqrt{1-2\xi_M\frac{T_1}{T_M}+\left(\frac{T_1}{T_M}\right)^2}}{1-\xi_M^2}\cos\left(\frac{\sqrt{1-\xi_M^2}}{T_M}t+\varphi_1+\varphi_2\right) \tag{10-100}$$

式中：$\varphi_1+\varphi_2=\arctan\left(\frac{\frac{T_1}{T_M}-\xi_M}{\sqrt{1-\xi_M^2}}\right)$。

积分式(10－100)和式(10－99)可得 $\xi_M<1$ 时俯仰角 $\Delta\vartheta$ 和弹道倾角 $\Delta\theta$ 的过渡函数为

$$\frac{\Delta\vartheta}{K\Delta\delta_z}=T_M\left[\frac{t}{T_M}-2\xi_M+\frac{T_1}{T_M}-e^{-\left(\frac{\xi_M}{T_M}\right)t}\frac{\sqrt{1-2\xi_M\frac{T_1}{T_M}+\left(\frac{T_1}{T_M}\right)^2}}{1-\xi_M^2}\sin\left(\frac{\sqrt{1-\xi_M^2}}{T_M}t+\varphi_2\right)\right] \tag{10-101}$$

式中：$\varphi_2=\arctan\left(\dfrac{\sqrt{1-\xi_M^2}\left(\dfrac{T_1}{T_M}-2\xi_M\right)}{1-2\xi_M^2+\xi_M\dfrac{T_1}{T_M}}\right)$。

式(10－100)和式(10－101)所描述的过渡过程图线绘于图10－15(a)中。

$$\frac{\Delta\theta}{K\Delta\delta_z}=T_M\left[\frac{t}{T_M}-2\xi_M-\frac{e^{-\frac{\xi_M}{T_M}t}}{1-\xi_M^2}\sin\left(\frac{\sqrt{1-\xi_M^2}}{T_M}t-2\varphi_1\right)\right] \tag{10-102}$$

式中：$2\varphi_1=\arctan\left(\dfrac{2\xi_M\sqrt{1-\xi_M^2}}{1-2\xi_M^2}\right)$。

式(10－102)所描述的过渡过程图线绘于图10－15(b)中。

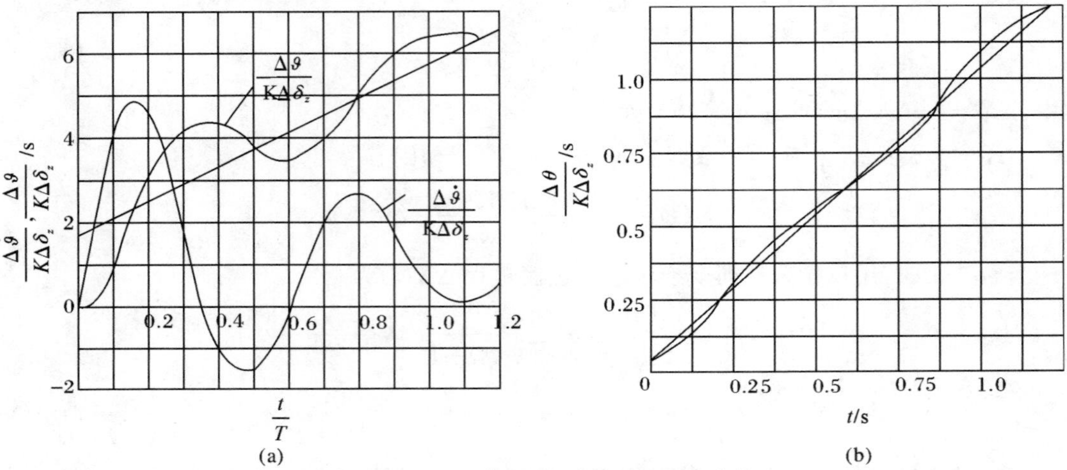

图10－15　$\Delta\vartheta$、$\Delta\dot\vartheta$、$\Delta\theta$在过渡过程中的变化

(a)$\Delta\vartheta$和$\Delta\dot\vartheta$在过渡过程中的变化；(b)$\Delta\theta$在过渡过程中的变化

下面比较$\Delta\alpha$和$\Delta\theta$角振荡项的振幅。攻角的振荡过程用式(10－99)来描述，而式中K应代入攻角的传递系数K_MT_1。比较式(10－102)和式(10－99)后可以看出，弹道倾角的振荡项振幅是攻角振荡项振幅的T_M/T_1倍。对于大多数固定机翼式导弹来说，数值$\dfrac{T_1}{T_M}=\dfrac{\sqrt{-(a_{22}a_{34}+a_{24})}}{a_{34}}$是很大的，以致于纵轴的振动实质上可以归结为攻角的振动。

由图10－15可见，导弹操纵机构在阶跃偏转后如不变化，只能使攻角、俯仰角速度和弹道倾角角速度达到稳定状态，而俯仰角和弹道倾角则是随时间而增大的。

在自动控制理论中，阶跃作用下的过渡过程的主要品质指标有传递系数、过渡过程的时间、过渡过程中输出量的最大偏量、超调量和振荡次数等。下面分别进行讨论。

10.5.3.3　导弹的传递系数

1. 导弹传递系数的表达式及其简化

传递系数(即放大系数)为稳态时输出变量与输入变量之比值。对于给定的传递函数$W(s)$，传递系数K由如下关系式确定，即

$$K=\lim_{s\to 0}W(s) \tag{10-103}$$

导弹纵向传递系数K为过渡过程结束时导弹纵向运动参数偏量的稳态值与舵偏角之比。

根据式(10－103),可直接由式(10－69)～式(10－71)得到导弹传递系数为

$$K_M=\frac{\Delta\dot{\vartheta}_s}{\Delta\delta_z}=\frac{\Delta\dot{\theta}_s}{\Delta\delta_z}=\frac{-a_{25}a_{34}+a_{24}a_{35}}{a_{24}+a_{22}a_{34}} \tag{10-104}$$

当 $|a_{22}a_{34}|\ll|a_{24}|$,$|a_{35}a_{24}|\ll|a_{25}a_{34}|$ 时,有

$$K_M\approx\frac{-a_{25}}{a_{24}}a_{34}=\frac{-m_{z_t}^{\delta_z}}{m_{z_t}^{\alpha}}\frac{P+Y^{\alpha}}{mv} \tag{10-105}$$

例如,某地空导弹攻击高空目标(22 km)的典型弹道,经计算得到动力系数值见表 10－5。导弹纵向传递系数 K_M 分别用式(10－104)和式(10－105)进行计算,其结果如表中所列,所得近似值与精确值差别不大,说明用式(10－105)近似公式来进行初步讨论是可行的。

导弹法向过载的传递系数为

$$K_{n_y}=\frac{\Delta n_{y_s}}{\Delta\delta_z}=\frac{v}{g}\left(\frac{\Delta\dot{\theta}_s}{\Delta\delta_z}\right)=\frac{v}{g}K_M=\frac{-a_{25}a_{34}+a_{24}a_{35}}{a_{24}+a_{22}a_{34}}\frac{v}{g}\approx-\frac{a_{25}a_{34}}{a_{24}}\frac{v}{g} \tag{10-106}$$

导弹攻角传递系数为

$$K_{\alpha}=\frac{\Delta\alpha_s}{\Delta\delta_z}=-\frac{a_{25}+a_{22}a_{35}}{a_{24}+a_{22}a_{34}} \tag{10-107}$$

当 $|a_{22}a_{35}|\ll|a_{25}|$,$|a_{22}a_{34}|\ll|a_{24}|$ 时,有

$$K_{\alpha}\approx\frac{-a_{25}}{a_{24}}=-\frac{m_{z_t}^{\delta_z}}{m_{z_t}^{\alpha}} \tag{10-108}$$

$$\frac{\Delta\dot{\vartheta}_s}{\Delta\alpha_s}=\frac{\Delta\dot{\theta}_s}{\Delta\alpha_s}=\frac{-a_{24}a_{35}+a_{25}a_{34}}{a_{25}+a_{22}a_{35}}\approx a_{34}=\frac{P+Y^{\alpha}}{mv}(1/\mathrm{s}) \tag{10-109}$$

对于具有静稳定性的正常式或“无尾”式导弹,因为 $a_{24}<0$,$a_{25}<0$,而 $a_{34}>0$,且 $|a_{25}a_{34}|>|a_{24}a_{35}|$,所以传递系数 K_M、K_{n_y} 和 K_{α} 为负。对于具有静稳定性的“鸭”式和旋转机翼式导弹,因为 $a_{25}>0$,所以这些传递系数均为正。

表 10－5　某地空导弹传递函数精确值与近似值的比较

H/m	1 067.7	4 526	8 210	14 288	22 038
v/(m·s^{-1})	546.9	609.2	701.5	880.3	1 090.9
a_{22}/s^{-1}	−1.488	−0.132	−0.774 8	−0.352 8	0.112 7
a_{24}'/s^{-1}	−0.270 9	−0.175 4	−0.097 8	−0.030 0	0.006 4
a_{25}/s^{-2}	−66.54	−54.93	−41.52	−21.59	7.967
a_{34}/s^{-1}	1.296	1.126	0.900	0.514	0.206
a_{24}/s^{-2}	−104.7	−91.97	−76.51	−46.44	17.70
a_{35}/s^{-1}	0.129	0.106	0.076	0.036	0.012
K_M精确值/s^{-1}	0.681 5	0.559 3	0.408 8	0.202 4	0.080 5
K_M近似值/s^{-1}	0.823 6	0.672 5	0.488 4	0.239 0	0.092 6

2. 传递系数的物理意义

传递系数 K_M 表示操纵机构偏转角与弹道倾角角速度变化之间的关系,即

$$\Delta\dot{\vartheta}_s=K_M\Delta\delta_z \tag{10-110}$$

K_M 越大,$\Delta\dot{\vartheta}_s$ 则越大,导弹的机动性能越好。

当操纵机构偏转 $\Delta\delta_z$ 角时，则过渡过程结束后稳态法向过载为

$$\Delta n_{y_s}=K_M\frac{v}{g}\delta_z \tag{10-111}$$

显然，最大可能的稳态过载，即可用过载为

$$\Delta n_{y_p}=K_M\frac{v}{g}\delta_{z\max}+(n_{y_s})_{\delta_z=0}$$

式中：　n_{y_p}——法向可用过载；

$(n_{y_s})_{\delta_z=0}$——$\delta_z=0$ 产生的法向过载。

对于气动轴对称型导弹，$(n_{y_s})_{\delta_z=0}$ 为零；对于面对称型导弹，$(n_{y_s})_{\delta_z=0}$ 或者等于零，或者很小，一般可不考虑。

过载传递系数 $K_M\dfrac{v}{g}$ 的值应当足够大，以便使任意弹道上每一点的可用过载都超过需用过载，并具有必需的裕量。

操纵机构偏转 $\Delta\delta_z$ 角使攻角改变的值为

$$\Delta\alpha_s=K_\alpha\Delta\delta_z$$

攻角传递系数 K_α 表征着操纵机构的效率，也就是操纵机构改变攻角的能力。

由式(10-109)说明，过渡过程结束后，攻角稳态值与弹道倾角角速度稳态值之比取决于动力系数 a_{34}。换言之，如果力矩系数之比 $m_{z_t}^{\alpha}/m_{z_t}^{\delta_z}$ 已定，在同样舵偏角下，虽然攻角稳态值不变，但是随着动力系数 a_{34} 的增大，弹道倾角角速度稳态值会增加，也就是导弹的机动性会增加。

3. 传递系数与飞行高度 *H*、速度 *v* 及质心位置等的关系

对于同一导弹，如果飞行情况不同，它的传递系数 K_M 也会有很大变化，由表 10-5 可见，导弹在低空飞行时，$H=1\ 067.7$ m，传递系数 $K_M=0.681\ 5$，而在高空飞行时，当 $H=22\ 038$ m，则 $K_M=0.080\ 5$，传递系数下降为原先的 0.118 1 倍，可见传递系数随飞行状态的变化很大。

传递系数 K_M 随着飞行状态的变化原因可由式(10-105)进行分析。考虑到多数有翼式导弹，推力 P 要比升力 Y^α 导数小得多，可将传递系数进一步简化为

$$K_M\approx-\frac{m_{z_t}^{\delta_z}}{m_{z_t}^{\alpha}}\frac{Y^\alpha}{mv}=\frac{-m_{z_t}^{\delta_z}}{m_{z_t}^{\alpha}}\frac{\rho vC_y^\alpha S}{2m} \tag{10-112}$$

由式(10-112)可见，当飞行高度增加时，因空气密度 ρ 减小，使得 Y^α 下降，当其他参数都不发生变化时，则传递系数 K_M 下降。这就意味着飞行高度增加，导弹的操纵性能变坏。

当飞行速度 v 增加，而其他参数不发生变化时，传递系数 K_M 增加。

当静稳定度 $|m_{z_t}^{\alpha}|$ 增加时，使得传递系数 K_M 下降，这就意味着静稳定性的增加会使导弹的操纵性能变坏。为了保证导弹具有一定的操纵性和稳定性，就必须把 $m_{z_t}^{\alpha}$ 限制在一定的范围之内，即限制导弹质心在一定范围内。质心的后限是为了保证导弹具有一定的静稳定性，质心的前限应满足必要的操纵性能。

导弹随着飞行时间的增加、飞行高度和速度的增加以及导弹质量的减小而使导弹传递系数 K_M 降低。这是因为空气密度 ρ 的减小对 K_M 的影响大大超过飞行速度 v 的增加和质量的减小对 K_M 的影响。但是，在攻击低空目标（3 km）的典型弹道上，传递系数 K_M 却随飞行高度的增加，由 $K_M=0.6883$ 增加到 $K_M=0.9607$。这是因为随着飞行时间的增加，飞行高度增加，但 ρ 下降较小，而 v 增加起主要作用。

传递系数 K_M 决定导弹的机动性能，一般要求在飞行弹道上 K_M 变化不太大。通常可以采取以下两种方法来满足：

（1）对弹体进行部位安排时，使质心位置 x_m 和焦点的位置 x_F 变化以抵消飞行速度和高度的影响。因为式（10－112）可以写为

$$K_M \approx \frac{-m_{z_t}^{\delta_z}}{\bar{x}_m-\bar{x}_F}\frac{\rho v S}{2m} \tag{10-113}$$

所以，如果所设计的导弹在飞行过程中能使比值 $\dfrac{\rho v}{\bar{x}_m-\bar{x}_F}$ 变化不大，则可减小传递系数 K_M 的变动范围，从而有利于提高操纵性。

（2）在飞行过程中改变弹翼的形状和位置，以便调节导弹焦点 $\bar{x}_F$ 来适应飞行速度和高度的改变，从而减小传递系数 K_M 的变化。如“奥利康”地空导弹在主动段飞行时，弹翼可以沿弹体纵轴移动。当然也可采用自适应控制系统，使系统自动修正以适应被控对象性能的变化。

10.5.3.4　过渡过程时间

由描述过渡过程式（10－98）和式（10－99）不难看出，固有频率 $\omega_c=\dfrac{1}{T_M}$ 为独立变量 t 的一个系数。因此，可以改变时间的比例尺度，并引入无量纲时间 $\bar{t}=\dfrac{t}{T_M}$，于是，方程式（10－97）可以写为

$$(s^2+2\xi_M s+1)\Delta X(s)=K\Delta\delta_z(s) \tag{10-114}$$

由式（10－114）可以看出，过渡过程的特性仅由相对阻尼系数 ξ_M 决定，而过渡过程时间轴的比例尺则由固有频率 ω_c 来决定。图 10－16 所示为由该方程求出的各种不同 ξ_M 值时的过渡过程曲线。由 $\dfrac{\Delta X}{\Delta\delta}=f\left(\dfrac{t}{T_M}\right)$ 看出，当 $\xi_M=0.75$ 时，得到的过渡过程最短（以无量纲时间计）。在这种情况下，过渡过程的延续时间等于 $t_p\approx 3T_M=\dfrac{3}{\omega_c}$。当给定 ξ_M 值时，过渡过程时间与振荡的固有频率 ω_c 成反比，或者说与时间常数 T_M 成正比。而

$$T_M=\frac{1}{\sqrt{-(a_{22}a_{34}+a_{24})}} \tag{10-115}$$

式（10－115）表明，增大 $|a_{22}|$、$|a_{24}|$ 和 a_{34}，将使 T_M 减小（$|a_{24}|$ 影响是主要的），从而有利于缩短过渡过程的时间而提高操纵性。但是增加动力系数 $|a_{24}|$，则要降低传递系数 K_M，这对操纵性又是不利的。因此，设计导弹和制导系统时，必须合理地确定导弹静稳定度。

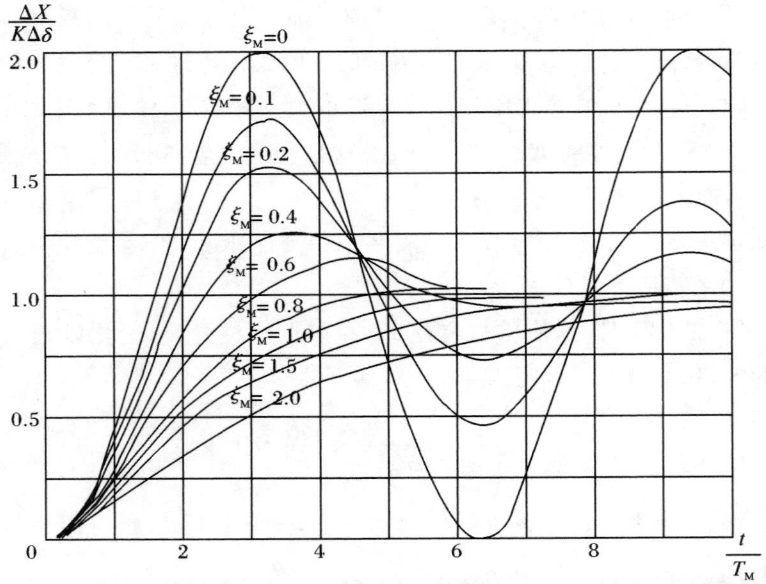

图 10-16　$\Delta\dot{\theta}(t)$、Δn_y 和 $\Delta\alpha(t)$的阶跃偏转过渡过程特性与相对阻尼系数的关系

由式(10-95)可知时间常数 T_M 与导弹固有频率的关系为

$$\omega_c=\frac{1}{T_M}\approx\sqrt{-a_{24}}$$

以 Hz 为单位的导弹固有频率为

$$f_c=\frac{1}{2\pi}\sqrt{\frac{-m_{z_t}^{\alpha}qSb_A}{J_{z_t}}}=\frac{1}{2\pi}\sqrt{\frac{-(\bar{x}_G-\bar{x}_F)C_y^{\alpha}qSb_A}{J_{z_t}}} \tag{10-116}$$

式(10-116)说明，导弹静稳定性大小决定了它的固有频率。增加静稳定性可以减小时间常数，而增大固有频率。

时间常数 T_M 和固有频率 f_c 还与飞行状态有关，随着飞行高度的增加，f_c 会减小；随着飞行速度的增加，f_c 会增大。为了减小 f_c 和 T_M 的变化范围，要求$(\bar{x}_m-\bar{x}_F)$的差值与速压 q 成反比；但是这一要求与传递系数 K_M 的要求，即和 ρv 成正比相反。因此，设计弹体与控制系统时，只能采取折中方案，综合照顾对各传递参数的要求。

10.5.3.5　最大偏差和超调量

下面利用以上所得结论来分析操纵机构阶跃偏转后参数 $\Delta\dot{\theta}$、$\Delta\alpha$、Δn_y的最大值。正如上面所指出的，过渡过程特性仅由相对阻尼系数 ξ_M 决定，即

(1)当 $\xi_M>1$ 时，运动参数的最大偏差等于它的稳态值，即

$$\Delta X_{\max}=\Delta X_s=K\Delta\delta \tag{10-117}$$

(2)当 $\xi_M<1$ 时，利用式(10-99)写出：

$$\Delta X=\Delta X_s\left[1-\frac{e^{-\frac{\xi_M}{T_M}t}}{\sqrt{1-\xi_M^2}}\cos\left(\frac{\sqrt{1-\xi_M^2}}{T_M}t-\varphi_1\right)\right] \tag{10-118}$$

在过渡过程中，ΔX 达到最大的时刻是由条件 $\Delta\dot{X}$ 所确定的时刻，即

$$t_p=\frac{\pi}{\omega_c\sqrt{1-\xi_M^2}} \tag{10-119}$$

这是过渡过程开始经过半个周期的时刻。这时，ΔX 的最大值为

$$\Delta X_{max}=\Delta X_s(1+e^{-\frac{\xi_M}{T_M}\frac{\pi}{\omega}}) \tag{10-120}$$

运动参数（过载、攻角等）超过稳态值的增量通常称为超调量，即

$$\Delta X_P=\Delta X_{max}-\Delta X_s \tag{10-121}$$

相对超调量 σ 等于超调量与稳态值之比，即

$$\sigma=\frac{\Delta X_{max}-\Delta X_s}{\Delta X_s} \tag{10-122}$$

则有

$$\Delta X_{max}=(1+\sigma)\Delta X_s \tag{10-123}$$

显然，当舵作阶跃偏转时，有

$$\sigma=e^{-\frac{\xi_M}{T_M}\frac{\pi}{\omega}}=e^{-\frac{\pi\xi_M}{\sqrt{1-\xi_M^2}}} \tag{10-124}$$

由此可见，在操纵机构阶跃偏转时，相对超调量只取决于相对阻尼系数 ξ_M。通常导弹的 ξ_M 很小，尤其是在高空飞行时 ξ_M 更小，因此相对超调量 σ 是很大的。ΔX_{max} 是导弹在所研究的弹道点上操纵机构瞬时偏转 $\Delta\delta_z$ 角后产生的。在一般情况下。σ 值取决于操纵机构的偏转规律 $\delta(t)$，特别取决于操纵机构的偏转速度。

导弹在飞行过程中的最大过载是导弹结构强度设计中需要考虑的一个重要参数。对于攻击活动目标的导弹，常有可能要求操纵机构急剧偏转到极限位置的控制信号。在弹体响应的过渡过程中，会使导弹产生很大的攻角或侧滑角，从而产生大的过载。利用式（10－123）可以确定过渡过程中的最大过载。一般来说，导弹过载的相对超调量取决于导弹-自动驾驶仪系统的阻尼特性和操纵机构的偏转速度。相对超调量的大小或通过计算，或由模拟的结果确定，或从飞行试验数据中取得。

作为第一次近似，导弹过载的相对超调量可按式（10－124）计算，这时假设操纵机构偏转速度为无限大（操纵机构偏转速度达 100°/s～150°/s 时，偏转速度可以看作无限大）。相对阻尼系数值可以通过典型弹道上的特征点计算求出。于是，过渡过程中最大过载偏量为

$$\Delta n_{ymax}=\Delta n_{ys}(1+\sigma)=\frac{v}{g}K_M\Delta\delta_z(1+\sigma) \tag{10-125}$$

如果未扰动运动是在可用过载下飞行，那么导弹在飞行过渡过程中最大法向过载值应为

$$n_{ymax}=n_{yp}+\Delta n_{ys}(1+\sigma) \tag{10-126}$$

式中

$$n_{yp}=\frac{P\alpha+Y}{G}=-\left(\frac{P\alpha+C_y^\alpha qS}{G}\frac{m_{z_t}^{\delta_z}}{m_{z_t}^\alpha}\right)\delta_{max} \tag{10-127}$$

最严重的情况是，当导弹在可用过载下飞行时，舵偏角由一个极限位置突然偏转到另一个极限位置，即由原来 $-\delta_{zmax}$ 变为 $+\delta_{zmax}$，或由 $+\delta_{zmax}$ 变为 $-\delta_{zmax}$，这时，舵偏角相当于突然偏转了两倍最大值，即

$$\Delta\delta_z=\pm 2\delta_{max}$$

最大过载偏量为

$$\Delta n_{y\max} = \mp 2n_{yp}(1+\sigma) \tag{10-128}$$

最大过载为

$$n_{y\max} = \pm n_{yp} \mp 2n_{yp}(1+\sigma) = \mp n_{yp}(1+2\sigma) \tag{10-129}$$

或

$$n_{y\max} = n_{yp}\left(1+2\mathrm{e}^{-\frac{\pi\xi_M}{\sqrt{1-\xi_M^2}}}\right) \tag{10-130}$$

这时过渡过程中的超调量增大一倍。

由于 σ 值可能达到比较大的数值，所以，在上述情况下，相应的最大过载比可用过载要大得多。

当操纵机构以不大的速度偏转时，出现的过载超调量要小得多。根据操纵机构偏转速度的不同，对于同一导弹，在飞行弹道的某一点上可以得到不同的过载与时间的关系。图 10－17 所示为舵偏转角由零转到最大值时，不同偏转速度对过载超调量的影响。

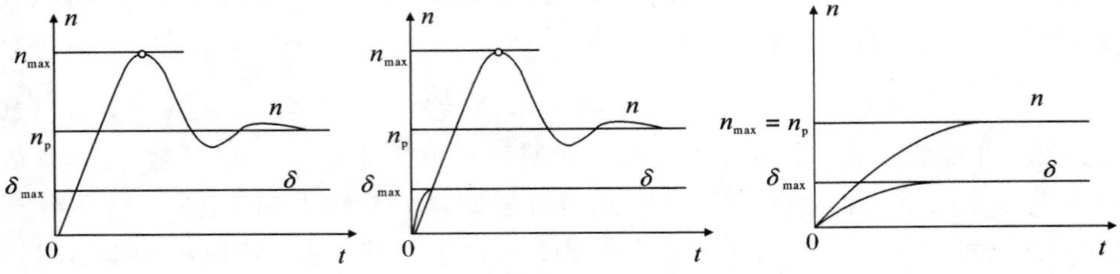

(a) (b) (c)

图 10－17　操纵机构偏转速度对过载超调量的影响

在设计导弹及其控制系统时，希望尽可能减小超调量。但是从制导系统的精度要求来讲，操纵机构的偏转应当没有延迟，并且偏转是非常迅速的，这对于地空导弹尤其如此。

为了减小过载的最大值，希望导弹具有比较大的相对阻尼系数 ξ_M：

$$\xi_M = \frac{a_{34} - a_{22} - a_{24}'}{2\sqrt{-(a_{24} + a_{22}a_{34})}} \approx \frac{-a_{22} + a_{34}}{2\sqrt{-a_{24}}} \tag{10-131}$$

式(10－131)说明，增大动力系数 $|a_{22}|$ 和 a_{34} 对提高 ξ_M 值是有利的，而 $|a_{24}|$ 却不能太大。这与传递系数 K_M 对 $|a_{24}|$ 的要求相同。但是 $|a_{24}|$ 太小时，将使时间常数 T_M 增大。这又会使过渡过程时间增加。

将相应的动力系数表达式代入式(10－131)后得到

$$\xi_M = \frac{\frac{1}{2J_{z_t}} m_{z_t}^{\omega_{z_t}} \rho v S b_A^2 + \frac{P}{mv} + \frac{1}{2m} C_y^{\alpha} \rho v S}{2\sqrt{\frac{1}{2J_{z_t}} m_{z_t}^{\alpha} \rho v^2 S b_A}} \tag{10-132}$$

式中：$\frac{P}{mv}$ 与其他项相比可以略去，则式(10－132)可进一步简化为

$$\xi_M = \frac{\frac{1}{J_{z_t}} m_{z_t}^{\omega_{z_t}} \sqrt{\rho S} b_A^2 + \frac{1}{m} C_y^{\alpha} \sqrt{\rho S}}{2\sqrt{\frac{2}{J_{z_t}} m_{z_t}^{\alpha} b_A}} \tag{10-133}$$

由式(10－133)可以看出，导弹因受气动外形布局的限制，以及不可能选择过大的弹翼面积，相对阻尼系数 ξ_M 的数值不可能接近 0.75。如某地空导弹 $\xi_M = 0.04 \sim 0.13$；某反坦克导弹

$\xi_M = 0.12 \sim 0.19$。

相对阻尼系数 ξ_M 与飞行速度无直接关系，因此超调量 σ 也不随飞行速度的变化而发生明显的改变。但是 ξ_M 与空气密度有关，随着飞行高度的增加，它将明显地下降。如例 10－1 的地空导弹相对阻尼系数 ξ_M 随高度的变化列于表 10－6。

表 10－6　某地空导弹相对阻尼系数随高度的变化

$H/10^3$ m	5.03	9.19	13.1	16.17	19.67	22.0
ξ_M	0.121	0.095	0.072	0.056	0.044	0.035

由表 10－6 可见，虽然随着飞行时间的增加，飞行高度增加，空气密度 ρ 下降，静稳定度 $m_{z_t}^{\alpha}$ 减小，但是空气密度 ρ 的影响是主要的。

为了提高导弹的相对阻尼系数 ξ_M，改善过渡过程品质，特别是为了减小超调量，多数导弹都是通过自动驾驶仪的作用来补偿弹体阻尼的不足的。

10.6　导弹侧向运动动态分析

对于具有气动轴对称型和倾斜自动稳定的导弹，当重力影响可以忽略不计时，侧向扰动运动又可以分为偏航和倾斜两个独立的扰动运动，而偏航扰动运动的特性与纵向扰动运动完全一致。但是，在研究具有面对称型导弹（如飞机型导弹）的侧向扰动运动时，导弹的偏航扰动运动和倾斜扰动运动不能分开研究。在这种情况下，研究侧向动态特性是比较复杂的问题，因此，本节的重点是讨论具有面对称型导弹的侧向动态特性。

10.6.1　侧向扰动运动方程组

从方程组式（10－2）中很容易看出扰动运动方程组的另外一组方程就是描述侧向运动参数偏量 $\Delta\beta$、$\Delta\gamma$、$\Delta\gamma_v$、$\Delta\omega_{x_t}$、$\Delta\omega_{y_t}$、$\Delta\psi_v$、$\Delta\psi$、Δz_D 的变化的方程组，即侧向扰动运动方程组：

$$\left.\begin{aligned}
&\cos\theta\frac{\mathrm{d}\Delta\psi_v}{\mathrm{d}t}=\frac{P-Z^{\beta}}{mv}\Delta\beta-\frac{P\alpha+Y}{mv}\Delta\gamma_v-\frac{Z^{\delta_y}}{mv}\Delta\delta_y-\frac{F_{gz}}{mv}\\
&\frac{\mathrm{d}\Delta\omega_{x_t}}{\mathrm{d}t}=\frac{M_{x_t}^{\beta}}{J_{x_t}}\Delta\beta+\frac{M_{x_t}^{\omega_{x_t}}}{J_{x_t}}\Delta\omega_{x_t}+\frac{M_{x_t}^{\omega_{y_t}}}{J_{x_t}}\Delta\omega_y+\frac{M_{x_t}^{\delta_x}}{J_{x_t}}\Delta\delta_x+\frac{M_{x_t}^{\delta_y}}{J_{x_t}}\Delta\delta_y+\frac{M_{gx_t}}{J_{x_t}}\\
&\frac{\mathrm{d}\Delta\omega_{y_t}}{\mathrm{d}t}=\frac{M_{y_t}^{\beta}}{J_{y_t}}\Delta\beta+\frac{M_{y_t}^{\omega_{x_t}}}{J_{y_t}}\Delta\omega_{x_t}+\frac{M_{y_t}^{\omega_{y_t}}}{J_{y_t}}\Delta\omega_{y_t}+\frac{M_{y_t}^{\dot{\beta}}}{J_{y_t}}\Delta\dot{\beta}+\frac{M_{y_t}^{\delta_y}}{J_{y_t}}\Delta\delta_y+\frac{M_{gy_t}}{J_{y_t}}\\
&\frac{\mathrm{d}\Delta\psi}{\mathrm{d}t}=\frac{1}{\cos\vartheta}\Delta\omega_{y_t}\\
&\frac{\mathrm{d}\Delta\gamma}{\mathrm{d}t}=\Delta\omega_{x_t}-\tan\vartheta\Delta\omega_{y_t}\\
&\frac{\mathrm{d}\Delta z_D}{\mathrm{d}t}=-v\cos\theta\Delta\psi_v\\
&\Delta\beta=\cos\theta\Delta\psi-\cos\theta\Delta\psi_v+\alpha\Delta\gamma\\
&\Delta\gamma_v=\mathrm{tam}\theta\Delta\beta+\frac{\cos\vartheta}{\cos\theta}\Delta\gamma
\end{aligned}\right\}\quad(10-134)$$

在方程组式(10－134)中，$\frac{\mathrm{d}\Delta z_{\mathrm{D}}}{\mathrm{d}t}=-v\cos\theta\Delta\psi_v$ 可以单独求解。方程组的第一式可消去偏量 $\Delta\gamma_v$，为此，变换 $\frac{P\alpha+Y}{mv}\Delta\gamma_v$ 项，其中 $\frac{P\alpha+Y}{mv}$ 是未扰动运动的参数。如果以方程组式(2－86)描述未扰动运动，则其中的第二式为

$$mv\frac{\mathrm{d}\theta}{\mathrm{d}t}=P(\sin\alpha\cos\gamma_v+\cos\alpha\sin\beta\sin\gamma_v)+Y\cos\gamma_v-Z\sin\gamma_v-G\cos\theta$$

前面已假定在未扰动飞行中，侧向参数是足够小，因此，可以忽略这些参数的乘积，例如 $\sin\beta\sin\gamma_v\approx\beta\gamma_v\approx0$，同时，令 $\sin\alpha\approx\alpha$，$\cos\gamma_v\approx1$，这样，可得到侧向参数为小量的空间的未扰动飞行的简化方程为

$$mv\frac{\mathrm{d}\theta}{\mathrm{d}t}=P\alpha+Y-G\cos\theta$$

利用此方程，以及方程组式(10－134)中 $\Delta\gamma_v$ 的表达式，可得

$$\left(\frac{P\alpha+Y}{mv}\right)\Delta\gamma_v=\left(\frac{\mathrm{d}\theta}{\mathrm{d}t}+\frac{g}{v}\cos\theta\right)\left(\tan\theta\Delta\beta+\frac{\cos\vartheta}{\cos\theta}\Delta\gamma\right)$$

再忽略小量乘积，并如以前所假定的，即认为未扰动飞行中的导数 $\dot{\theta}=\dot{\vartheta}-\dot{\alpha}$ 为小量。于是得到

$$\left(\frac{P\alpha+Y}{mv}\right)\Delta\gamma_v=\frac{g}{v}(\sin\theta\Delta\beta+\cos\vartheta\Delta\gamma)$$

则方程组式(10－134)可改写为

$$\left.\begin{aligned}
&\cos\theta\frac{\mathrm{d}\Delta\psi_v}{\mathrm{d}t}=\left(\frac{P-Z^{\beta}}{mv}-\frac{g}{v}\sin\theta\right)\Delta\beta-\frac{g}{v}\cos\vartheta\Delta\gamma-\frac{Z^{\delta_y}}{mv}\Delta\delta_y-\frac{F_{gz}}{mv}\\
&\frac{\mathrm{d}\Delta\omega_{x_t}}{\mathrm{d}t}=\frac{M_{x_t}^{\beta}}{J_{x_t}}\Delta\beta+\frac{M_{x_t}^{\omega_{x_t}}}{J_{x_t}}\Delta\omega_{x_t}+\frac{M_{x_t}^{\omega_{y_t}}}{J_{x_t}}\Delta\omega_y+\frac{M_{x_t}^{\delta_x}}{J_{x_t}}\Delta\delta_x+\frac{M_{x_t}^{\delta_y}}{J_{x_t}}\Delta\delta_y+\frac{M_{gx_t}}{J_{x_t}}\\
&\frac{\mathrm{d}\Delta\omega_{y_t}}{\mathrm{d}t}=\frac{M_{y_t}^{\beta}}{J_{y_t}}\Delta\beta+\frac{M_{y_t}^{\omega_{x_t}}}{J_{y_t}}\Delta\omega_{x_t}+\frac{M_{y_t}^{\omega_{y_t}}}{J_{y_t}}\Delta\omega_{y_t}+\frac{M_{y_t}^{\dot{\beta}}}{J_{y_t}}\Delta\dot{\beta}+\frac{M_{y_t}^{\delta_y}}{J_{y_t}}\Delta\delta_y+\frac{M_{gy_t}}{J_{y_t}}\\
&\frac{\mathrm{d}\Delta\psi}{\mathrm{d}t}=\frac{1}{\cos\vartheta}\Delta\omega_{y_t}\\
&\frac{\mathrm{d}\Delta\gamma}{\mathrm{d}t}=\Delta\omega_{x_t}-\tan\vartheta\Delta\omega_{y_t}\\
&\cos\theta\Delta\psi_v=\cos\theta\Delta\psi-\Delta\beta+\alpha\Delta\gamma
\end{aligned}\right\}\qquad(10-135)$$

由式(10－135)可见，导弹的侧向扰动运动是由5个一阶微分方程和1个几何关系式所组成的方程组来描述的。该方程组包含6个未知数：$\Delta\omega_{x_t}$、$\Delta\omega_{y_t}$、$\Delta\psi_v$、$\Delta\psi$、$\Delta\beta$、$\Delta\gamma$。

为了使方程组式(10－135)书写简便，引入方程系数的简化形式，即用 b_{ij} 表示侧向力系数，注脚 i 表示方程序号，注脚 j 表示运动参数偏量序号。表10－7所列为运动参数偏量的编号，表10－8为动力系数 b_{ij} 的表达式。这样，侧向扰动运动方程组就可写成如下的形式：

$$\left.\begin{aligned}
&\frac{\mathrm{d}\Delta\omega_{x_t}}{\mathrm{d}t}=b_{11}\Delta\omega_{x_t}+b_{12}\Delta\omega_{y_t}+b_{14}\Delta\beta+b_{15}\Delta\delta_y+b_{17}\Delta\delta_x+b_{18}M_{gx_t}\\
&\frac{\mathrm{d}\Delta\omega_{y_t}}{\mathrm{d}t}=b_{21}\Delta\omega_{x_t}+b_{22}\Delta\omega_{y_t}+b_{24}\Delta\beta+b_{24}'\Delta\dot{\beta}+b_{25}\Delta\delta_y+b_{28}M_{gy_t}
\end{aligned}\right\}\qquad(10-136)$$

$$\left.\begin{aligned}&\cos\theta\frac{\mathrm{d}\Delta\psi_v}{\mathrm{d}t}=(b_{34}-a_{33})\Delta\beta-b_{36}\Delta\gamma-b_{35}\Delta\delta_y-b_{38}F_{gz}\\&\frac{\mathrm{d}\Delta\psi}{\mathrm{d}t}=\frac{1}{\cos\vartheta}\Delta\omega_{y_t}\\&\frac{\mathrm{d}\Delta\gamma}{\mathrm{d}t}=\Delta\omega_{x_t}-\tan\vartheta\Delta\omega_{y_t}\\&\cos\theta\Delta\psi_v=\cos\theta\Delta\psi-\Delta\beta+\alpha\Delta\gamma\end{aligned}\right\}\qquad(10-136)$$

表 10-7　侧向运动参数偏量的编号

运动参数偏量序号 j	1	2	3	4
运动参数偏量	$\Delta\omega_{x_t}$	$\Delta\omega_{y_t}$	$\Delta\psi_v$	$\Delta\beta$
运动参数偏量序号 j	5	6	7	8
运动参数偏量	$\Delta\delta_y$	$\Delta\gamma$	$\Delta\delta_x$	M_{gx_t}，M_{gy_t}，F_{gz}

表 10-8　导弹侧向扰动运动方程中的动力系数的符号和表达式

运动方程式序号 i		1	2	3
运动方程式序号 j	1	$b_{11}=\frac{M_{x_t}^{\omega_{x_t}}}{J_{x_t}}(\mathrm{s}^{-1})$	$b_{21}=\frac{M_{y_t}^{\omega_{x_t}}}{J_{y_t}}(\mathrm{s}^{-1})$	$b_{31}=0$
	2	$b_{12}=\frac{M_{x_t}^{\omega_{y_t}}}{J_{x_t}}(\mathrm{s}^{-1})$	$b_{22}=\frac{M_{y_t}^{\omega_{y_t}}}{J_{y_t}}(\mathrm{s}^{-1})$	$b_{32}=\frac{-\cos\theta}{\cos\vartheta}$
	3	$b_{13}=0$	$b_{23}=0$	$b_{33}=0$
	4	$b_{14}=\frac{M_{x_t}^{\beta}}{J_{x_t}}(\mathrm{s}^{-2})$	$b_{24}=\frac{M_{y_t}^{\beta}}{J_{y_t}}(\mathrm{s}^{-2})$，$b_{24}'=\frac{M_{y_t}^{\dot\beta}}{J_{y_t}}(\mathrm{s}^{-1})$	$b_{34}=\frac{(P-Z^{\beta})}{mv}(\mathrm{s}^{-1})$
	5	$b_{15}=\frac{M_{x_t}^{\delta_y}}{J_{x_t}}(\mathrm{s}^{-2})$	$b_{25}=\frac{M_{y_t}^{\delta_y}}{J_{y_t}}(\mathrm{s}^{-2})$，$b_{25}'=\frac{M_{y_t}^{\dot\delta_y}}{J_{y_t}}(\mathrm{s}^{-1})$	$b_{35}=\frac{-Z^{\delta_y}}{mv}(\mathrm{s}^{-1})$
	6	$b_{16}=0$	$b_{26}=0$	$b_{36}=\frac{-g\cos\vartheta}{v}(\mathrm{s}^{-1})$
	7	$b_{17}=\frac{M_{x_t}^{\delta_x}}{J_{x_t}}(\mathrm{s}^{-2})$	$b_{27}=0$	$b_{37}=0$
	8	$b_{18}=\frac{1}{J_{x_t}}(\mathrm{kg}^{-1}\cdot\mathrm{m}^{-2})$	$b_{28}=\frac{1}{J_{y_t}}(\mathrm{kg}^{-1}\cdot\mathrm{m}^{-2})$	$b_{38}=-\frac{1}{mv}(\mathrm{s/kg}\cdot\mathrm{m})$

还可以把方程组式(10-136)简化，使其降为四阶，利用关系式：

$$\cos\theta\Delta\psi_v=\cos\theta\Delta\psi-\Delta\beta+\alpha\Delta\gamma$$

消去方程式(10-136)中未知数 $\Delta\psi_v$，先微分该等式并去掉小量的乘积$\frac{\mathrm{d}\theta}{\mathrm{d}t}\Delta\psi_v$、$\frac{\mathrm{d}\theta}{\mathrm{d}t}\Delta\psi$、$\frac{\mathrm{d}\alpha}{\mathrm{d}t}\Delta\gamma$，再利用方程组式(10-136)的第四式，则得到

$$\cos\theta\frac{\mathrm{d}\Delta\psi_v}{\mathrm{d}t}=\cos\theta\frac{\mathrm{d}\Delta\psi}{\mathrm{d}t}-\frac{\mathrm{d}\Delta\beta}{\mathrm{d}t}+\alpha\frac{\mathrm{d}\Delta\gamma}{\mathrm{d}t}=\frac{\cos\theta}{\cos\vartheta}\Delta\omega_{y_t}-\frac{\mathrm{d}\Delta\beta}{\mathrm{d}t}+\alpha\frac{\mathrm{d}\Delta\gamma}{\mathrm{d}t}$$

这样，方程组式(10-136)的第三式可以写为

$$b_{32}\Delta\omega_{y_t}+(b_{34}-a_{33})\Delta\beta+\frac{d\Delta\beta}{dt}-\alpha\frac{d\Delta\gamma}{dt}+b_{36}\Delta\gamma=-b_{35}\Delta\delta_y-b_{38}F_{gz} \tag{10-137}$$

式中：$b_{32}=-\dfrac{\cos\theta}{\cos\vartheta}$。

方程组式(10-136)中第四式在解出基本方程组后，可直接求出增量 $\Delta\psi$ 为

$$\Delta\psi=\frac{1}{\cos\vartheta}\int_0^t\Delta\omega_{y_t}(t)dt+\Delta\psi_0 \tag{10-138}$$

于是扰动运动方程组为

$$\left.\begin{aligned}
&\frac{d\Delta\omega_{x_t}}{dt}-b_{11}\Delta\omega_{x_t}-b_{12}\Delta\omega_{y_t}-b_{14}\Delta\beta=b_{15}\Delta\delta_y+b_{17}\Delta\delta_x+b_{18}M_{gx_t}\\
&\frac{d\Delta\omega_{y_t}}{dt}-b_{21}\Delta\omega_{x_t}-b_{22}\Delta\omega_{y_t}-b_{24}\Delta\beta-b'_{24}\Delta\dot\beta=b_{25}\Delta\delta_y+b_{28}M_{gy_t}\\
&b_{32}\Delta\omega_{y_t}+(b_{34}-a_{33})\Delta\beta+\frac{d\Delta\beta}{dt}-\alpha\frac{d\Delta\gamma}{dt}+b_{36}\Delta\gamma=-b_{35}\Delta\delta_y-b_{38}F_{gz}\\
&\Delta\omega_{x_t}-\tan\vartheta\Delta\omega_{y_t}-\frac{d\Delta\gamma}{dt}=0
\end{aligned}\right\} \tag{10-139}$$

将式(10-139)第二式中 $\Delta\dot\beta$ 用第三式代替，第三式中 $\Delta\dot\gamma$ 用第四式代替，则方程组可以写成如下形式：

$$\begin{bmatrix}\Delta\dot\omega_{x_t}\\ \Delta\dot\omega_{y_t}\\ \Delta\dot\beta\\ \Delta\dot\gamma\end{bmatrix}=\boldsymbol{N}\begin{bmatrix}\Delta\omega_{x_t}\\ \Delta\omega_{y_t}\\ \Delta\beta\\ \Delta\gamma\end{bmatrix}+\begin{bmatrix}b_{17}\\0\\0\\0\end{bmatrix}\Delta\delta_x+\begin{bmatrix}b_{15}\\ b_{25}-b'_{24}b_{35}\\ -b_{35}\\ 0\end{bmatrix}\Delta\delta_y+\begin{bmatrix}b_{18}M_{gx_t}\\ -b_{38}b'_{24}F_{gz}+b_{28}M_{gy_t}\\ -b_{38}F_{gz}\\ 0\end{bmatrix} \tag{10-140}$$

式中：动力系数四阶方阵 $\boldsymbol{N}$ 为

$$\boldsymbol{N}=\begin{bmatrix}b_{11} & b_{12} & b_{14} & 0\\ b_{21}+b_{24}\alpha & b_{22}-b'_{24}b_{32}-b'_{24}\alpha\tan\vartheta & b_{24}-b'_{24}(b_{34}-a_{33}) & -b_{36}b'_{24}\\ \alpha & -(\alpha\tan\vartheta+b_{32}) & -(b_{34}-a_{33}) & -b_{36}\\ 1 & -\tan\vartheta & 0 & 0\end{bmatrix} \tag{10-141}$$

在式(10-140)中，若等式右端舵偏角和干扰力矩、干扰力的列矩阵等于零，这时矩阵方程描述侧向自由扰动运动。如果舵偏角和干扰力矩、干扰力的列矩阵不为零，则矩阵方程描述侧向强迫扰动运动。

10.6.2 侧向自由扰动运动分析

10.6.2.1 特征方程式及根的形态

与纵向扰动运动一样，式(10-139)的齐次方程组的特解为

$$\left\{\begin{aligned}\Delta\omega_{x_t}&=Ae^{\lambda t}\\ \Delta\omega_{y_t}&=Be^{\lambda t}\\ \Delta\beta&=Ce^{\lambda t}\\ \Delta\gamma&=De^{\lambda t}\end{aligned}\right.$$

式中：A、B、C、D 都是常数。

将这些解代入方程组式(10－139)中，消去共同因子 $e^{\lambda t}$ 后，则得到由 4 个相对于未知数 A、B、C、D 的线性齐次方程所组成的方程组。如果特征行列式等于零，即

$$\Delta(\lambda)=\begin{vmatrix}(\lambda-b_{11}) & b_{12} & -b_{14} & 0\\ -b_{21} & \lambda-b_{22} & -(b_{24}'\lambda+b_{24}) & 0\\ 0 & b_{32} & \lambda+b_{34}-a_{33} & -\alpha\lambda+b_{36}\\ 1 & -\tan\vartheta & 0 & -\lambda\end{vmatrix}=0 \tag{10-142}$$

则该方程组具有非零解。展开此行列式，得到方程组的特征方程为

$$\Delta(\lambda)=\lambda^4+P_1\lambda^3+P_2\lambda^2+P_3\lambda+P_4=0 \tag{10-143}$$

式中

$$\left.\begin{aligned}P_1&=-a_{33}-b_{22}+b_{34}-b_{11}+\alpha\tan\vartheta b_{24}'+b_{32}b_{24}'\\ P_2&=-b_{22}b_{34}+a_{33}b_{22}+b_{22}b_{11}-b_{11}b_{34}+a_{33}b_{11}+b_{24}b_{32}-b_{24}'b_{32}b_{11}-b_{21}b_{12}+\\ &\quad(-b_{14}+b_{24}\tan\vartheta-b_{24}'b_{11}\tan\vartheta-b_{24}'b_{12})\alpha-b_{24}'b_{36}\tan\vartheta\\ P_3&=\alpha(-b_{22}b_{14}+b_{21}b_{14}\tan\vartheta-b_{24}b_{11}\tan\vartheta-b_{24}b_{12})-b_{36}(b_{24}\tan\vartheta-b_{24}'b_{11}\tan\vartheta-\\ &\quad b_{24}'b_{12}-b_{14})+b_{11}b_{34}b_{22}-a_{33}b_{22}b_{11}+b_{21}b_{32}b_{14}+a_{33}b_{21}b_{12}-b_{34}b_{21}b_{12}-b_{24}b_{32}b_{11}\\ P_4&=-b_{36}(b_{22}b_{14}+b_{21}b_{14}\tan\vartheta-b_{24}b_{11}\tan\vartheta-b_{24}b_{12})\end{aligned}\right\} \tag{10-144}$$

特征方程的根决定了导弹自由扰动运动的特性。如果根 λ 为实数，则与它相应的特解为非周期运动，至于运动是发散的还是衰减的，则取决于根的正、负号。在复根 $\lambda_2=\chi+i\nu$ 的情况下，特征方程有与之共轭的复根 $\lambda_2=\chi-i\nu$。一对共轭复根相当于周期 $T=2\pi/\nu$ 和衰减系数为 χ 的振荡运动。振幅随时间的增加是增大或缩小取决于 χ 的正、负号。

在研究导弹的侧向扰动运动时，经常遇到的情况是特征方程式(10－143)具有一对共轭复根 $\chi\pm i\nu$ 和两个实根。这时式(10－139)的齐次方程组的通解具有以下形式：

$$\left.\begin{aligned}\Delta\omega_{x_t}&=A_1e^{\lambda_1t}+A_2e^{\lambda_2t}+A'e^{\chi t}\sin(\nu t+\psi_1)\\ \Delta\omega_{y_t}&=B_1e^{\lambda_1t}+B_2e^{\lambda_2t}+B'e^{\chi t}\sin(\nu t+\psi_2)\\ \Delta\beta&=C_1e^{\lambda_1t}+C_2e^{\lambda_2t}+C'e^{\chi t}\sin(\nu t+\psi_3)\\ \Delta\gamma&=D_1e^{\lambda_1t}+D_2e^{\lambda_2t}+D'e^{\chi t}\sin(\nu t+\psi_4)\end{aligned}\right\} \tag{10-145}$$

侧向自由扰动由三个运动叠加而成，两个是非周期的，一个是振荡的。通常，按绝对值来说，两个实根有一个很大，另一个很小，复根的实部则处于两者之间。

【例 10－7】 已知某飞机型飞行器在 $H=12\ 000$ m，以 $v=222$ m/s($Ma=0.75$)，$\theta\approx0$ 飞行时，方程组式(10－139)的系数：$b_{11}=-1.66\ \mathrm{s^{-1}}$，$b_{12}=-0.56\ \mathrm{s^{-1}}$，$b_{14}=-6.2\ \mathrm{s^{-2}}$，$b_{15}=-0.75\ \mathrm{s^{-2}}$，$b_{17}=-5.7\ \mathrm{s^{-2}}$，$b_{21}=-0.019\ 8\ \mathrm{s^{-1}}$，$b_{22}=-0.19\ \mathrm{s^{-1}}$，$b_{24}'=0\ \mathrm{s^{-2}}$，$b_{24}=-2.28\ \mathrm{s^{-2}}$，$b_{25}=-0.835\ \mathrm{s^{-2}}$，$b_{32}=-1$，$b_{34}=0.059\ \mathrm{s^{-1}}$，$b_{35}=0.015\ 2\ \mathrm{s^{-1}}$，$b_{36}=-0.044\ 2\ \mathrm{s^{-1}}$，$a_{33}=0$。将这些系数代入式(10－144)求得

$$P_1=1.909,P_2=2.69,P_3=3.95,P_4=-0.004\ 37$$

从而得到特征方程式为

$$\lambda^4+1.909\lambda^3+2.69\lambda^2+3.95\lambda-0.004\ 37=0$$

所得系数 P_4 为负。因此，所研究的飞机型飞行器在侧向运动中是不稳定的，解出特征方程的根如下：

$$\lambda_1=-1.695,\ \lambda_2=0.001\ 105,\ \lambda_{3,4}=-0.107\pm1.525\mathrm{i}$$

由此可见，飞行器侧向自由运动是以两个实根(λ_1 为特征方程的大根，λ_2 为特征方程的小根)和一对复根 $\lambda_{3,4}$ 所组成的。

在初始条件 $t=0$ 时，$\Delta\omega_{x_t}=\Delta\omega_{y_t}=\Delta\beta=\Delta\gamma=0$ 和 $\Delta\delta_y=5.73°$，$\Delta\delta_x=0$，则扰动运动方程的解如下：

$$\begin{cases}\Delta\omega_{x_t}(t)=-0.008\ 5\ \mathrm{e}^{-1.695t}+0.088\ 1\mathrm{e}^{0.001\ 105t}+0.102\ 6\mathrm{e}^{-0.107\ 5t}\cos(87.5t+140.8°)\\ \Delta\omega_{y_t}(t)=3.502-0.000\ 15\mathrm{e}^{-1.695t}-3.51\mathrm{e}^{0.001\ 105t}+0.036\ 4\mathrm{e}^{-0.107\ 5t}\cos(87.5t+92.5°)\\ \Delta\beta(t)=-0.326\ 1+0.292\ 3\mathrm{e}^{0.001\ 105t}+0.035\ 3\mathrm{e}^{-0.107\ 5t}\cos(87.5t-3.1°)\\ \Delta\gamma(t)=-79.95+0.005\mathrm{e}^{-1.695t}+79.85\mathrm{e}^{0.001\ 105t}+0.066\ 8\mathrm{e}^{-0.107\ 5t}\cos(87.5t+47.5°)\end{cases}$$

计算结果曲线如图 10－18 所示。

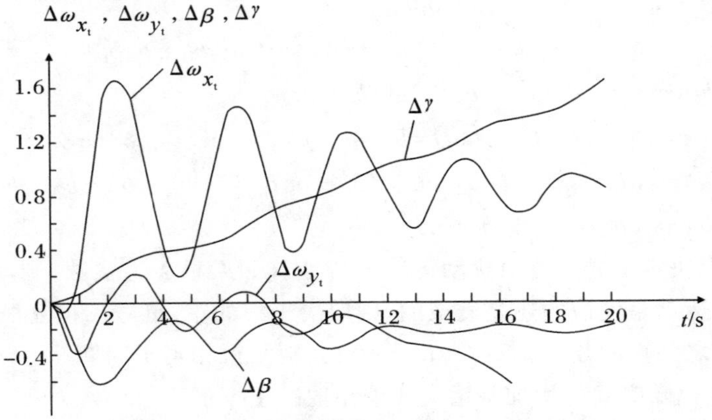

图 10－18　方向舵单位阶跃偏转的过渡过程

10.6.2.2　侧向自由扰动运动的一般性质

通过例 10－7 的分析，可以了解到侧向自由扰动运动的一般性质，也就是特征方程根和系数的规律性。

1. 大实根 λ_1(指 λ_i 中绝对值最大者)主要取决于动力系数 $b_{11}=\dfrac{M_{x_t}^{\omega_{x_t}}}{J_{x_t}}$ 的数值

由式(10－144)第一式可知：

$$P_1=-a_{33}-b_{22}+b_{34}-b_{11}+\alpha\tan\vartheta b_{24}'+b_{32}b_{24}'$$

代入动力系数的表达式可得

$$P_1=-\frac{g}{v}\sin\theta-\frac{M_{y_t}^{\omega_{y_t}}}{J_{y_t}}+\frac{P-Z^\beta}{mv}-\frac{M_{x_t}^{\omega_{x_t}}}{J_{x_t}}+\alpha\tan\vartheta\frac{M_{y_t}^{\dot\beta}}{J_{y_t}}+\left(-\frac{\cos\theta}{\cos\vartheta}\right)\left(\frac{\dot M_{y_t}^{\beta}}{J_{y_t}}\right)$$

由于式中 $M_{y_t}^{\omega_{y_t}}>M_{y_t}^{\dot\beta}$，$J_{y_t}\gg J_{x_t}$，而 α 以弧度表示，故 α 值很小；而高速飞行时导弹的 v 值很大，即其倒数很小，因此上式中$\dfrac{M_{x_t}^{\omega_{x_t}}}{J_{x_t}}$与其他项相比是大项，故 P_1 可近似表示为

$$P_1\approx-\frac{M_{x_t}^{\omega_{x_t}}}{J_{x_t}}\tag{10-146}$$

对于大实根(通常大于 1)下列关系式总是成立的，即

$$|\lambda_1|^4>|\lambda_1|^3>|\lambda_1|^2>|\lambda_1|$$

而

$$P_4=\lambda_1\lambda_2\lambda_3\lambda_4$$

由于其中有小根 λ_2，所以 P_4 亦很小，这样后三项与前两项相比可以忽略不计，则有

$$\lambda_1^4+P_1\lambda_1^3+P_2\lambda_1^2+P_3\lambda_1+P_4\approx\lambda_1^4+P_1\lambda_1^3\approx 0$$

$$\lambda_1+P_1\approx 0$$

$$\lambda_1\approx -P_1=b_{11}=\frac{M_{x_t}^{\omega_{x_t}}}{J_{x_t}} \tag{10-147}$$

一般按此式求得的近似解误差不大，例如在例 10-7 中，$\lambda_1=-1.695$，$b_{11}=-1.66$，$\lambda_1\approx b_{11}=-1.66$，误差只有 2%。

因为一般在正常攻角下，$b_{11}=\dfrac{M_{x_t}^{\omega_{x_t}}}{J_{x_t}}$较大，所以$|\lambda_1|$较大，故大实根所对应的非周期运动很快衰减，通常延续时间不到 1 s(在例 10-7 中，其衰减一半的时间只有 0.41 s)。

从 $M_{x_t}^{\omega_{x_t}}=m_{x_t}^{\bar{\omega}_{x_t}}qSl^2/2v$ 中可知，当飞行高度 H 增加时，空气密度减小，q 随之减小，$|M_{x_t}^{\omega_{x_t}}|$减小，收敛的程度减慢；当飞行速度增加时，q/v 增加，$|M_{x_t}^{\omega_{x_t}}|$增加，收敛程度加快。

大实根 λ_1 所对应的非周期运动只对倾斜运动 $\Delta\omega_{x_t}$ 有显著影响，而对 $\Delta\omega_{y_t}$、$\Delta\beta$ 则影响不大，这由例 10-7 中侧向扰动运动偏量解的系数值：

$$|A_1|=0.008\,5,\ |A_2|=0.088\,1,\ |A'|=0.102\,6$$

$$|B_1|=0.000\,15,\ |B_2|=3.51,\ |B'|=0.036\,4$$

$$|C_1|=0,\ |C_2|=0.292\,3,\ |C'|=0.035\,3$$

可见，$|B_1|\ll|B_2|$，$|C_1|\ll|C_2|$。可以看出，大根 λ_1 对 $\Delta\omega_{y_t}$、$\Delta\beta$ 的影响是很小的。

2. 对应于小实根 λ_2 的运动形式为螺旋运动

当 λ_2 为正时，飞行器沿螺旋线运动，所有的侧向参数 $\Delta\omega_{x_t}$、$\Delta\omega_{y_t}$、$\Delta\beta$、$\Delta\gamma$ 均随时间而缓慢地增加。由小实根 λ_2 的正值所决定的这种不稳定性叫作螺旋不稳定。这种运动形态是由 3 种飞行状态叠加而形成的，即倾斜角 γ 随时间很快地增加。当$(P\alpha+Y)\cos\gamma$不能和导弹本身的重力 G 平衡时，导弹便开始下坠，同时 $\Delta\omega_{y_t}$ 亦随时间的增加而增加。

对于这个绝对值很小的根，也可以用近似方法迅速求出。因为通常 λ_2 总是远小于 1，所以有

$$\lambda_2^4<\lambda_2^3<\lambda_2^2<\lambda_2$$

于是有

$$\lambda_2^4+P_1\lambda_2^3+P_2\lambda_2^2+P_3\lambda_2+P_4\approx P_3\lambda_2+P_4\approx 0$$

$$\lambda_2\approx -\frac{P_4}{P_3} \tag{10-148}$$

通常 $P_3\gg P_4$，因此在一般情况下，按式(10-148)求得的近似解误差也不大，例如在例 10-7中，$\lambda_2=0.001\,105$，$\lambda_2\approx -\dfrac{P_4}{P_3}=0.001\,1$，误差只有 0.45%。

3. 一对复根对应于导弹的振荡运动

在这种运动中，导弹时而向这一方，时而又向另一方倾斜和偏航，类似于滑冰运动中“荷兰滚”花式动作，因此，也称为“荷兰滚”运动。由于它的振荡频率比较高，如果不稳定，难以纠正，所以，要求必须是稳定的，并希望很快地衰减。

对于复根近似求法，由于已近似求出 λ_1 和 λ_2，四次特征方程式就很容易化为二次方程式，因此，求解非常简单。例如例 10－7：

$$\lambda^4+1.909\lambda^3+2.69\lambda^2+3.95\lambda-0.004\ 37=(\lambda+1.66)(\lambda-0.001\ 1)(\lambda^2+A\lambda+B)=0$$

即

$$\lambda^2+0.250\ 1\lambda+2.39=0$$

$$\lambda_{3,4}=-0.125\pm i1.54$$

与精确根（$\lambda_{3,4}=-0.107\pm i1.525$）比较，结果相当接近。

由于导弹以较高的速度飞行时，弹翼面积和展弦比都比较小，所以 $|b_{11}|$ 值相对于 P_1 中其他各项的数值可能大得不多，这时，采用近似求根方法会产生较大的误差。但是，为了迅速地估计出导弹的侧向动态特性，这样的方法还是可行的。

综上所述，具有面对称飞机型导弹的侧向自由扰动运动是由两个非周期和一个振荡运动状态叠加而成的。例 10－7 中 $\Delta\omega_{x_t}$ 的三部分运动分别表示在图 10－19 上。

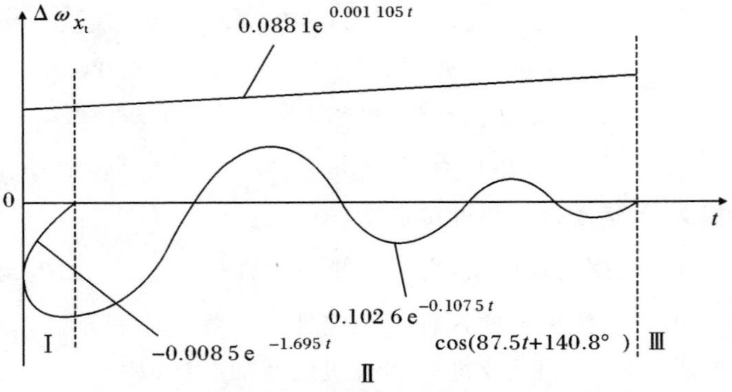

图 10－19　侧向扰动运动偏量 $\Delta\omega_{x_t}$ 的三部分组成

侧向自由扰动运动若按时间划分，可以分为以下三个阶段。

(1)第一阶段，对应于大实根快衰减时间。在这一阶段，三个部分的运动都是存在的，但主要是大实根对应的倾斜扰动运动，它很快衰减而消失。由于这一阶段延续的时间很短，另两部分的扰动运动变化还不大。

(2)第二阶段，因大根对应的倾斜运动已基本消失，只剩下振荡运动和螺旋运动。此阶段主要为振荡运动，当偏航静稳定性较大时，延续时间约为几秒。

(3)此后即进入第三阶段，只剩下对应于小实根的螺旋运动。该运动出现时间很长，虽然是螺旋不稳定运动，但只须将方向舵或副翼偏转很小的角度，就能使飞机型导弹脱离螺旋运动。

10.6.3　侧向稳定边界

判别侧向稳定性和纵向一样，可以采用霍尔维茨准则。侧向扰动运动特性主要取决于偏航静稳定度 $m_{y_t}^{\beta}$ 和横向静稳定度 $m_{x_t}^{\beta}$。在设计过程中为了便于了解它们对侧向稳定性的影响，最方便的方法是绘制侧向稳定边界图。

侧向稳定边界图是以 $-b_{24}=-\dfrac{M_{y_t}^{\beta}}{J_{y_t}}$ 和 $-b_{14}=-\dfrac{M_{x_t}^{\beta}}{J_{x_t}}$ 作为坐标轴绘出的，如图 10-20 所示。

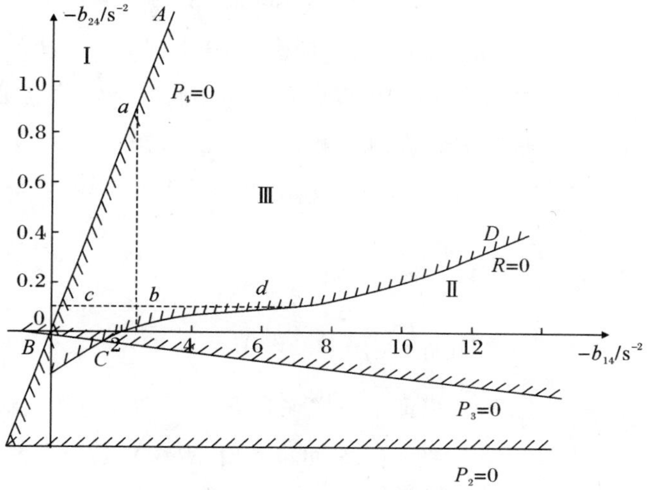

图 10-20　侧向稳定边界图

根据霍尔维茨准则，要使其运动是稳定的，则要求下述不等式同时满足：

$$\left.\begin{aligned}&P_1>0,P_2>0,P_3>0,P_4>0\\&R=P_1P_2P_3-P_1^2P_4-P_3^2>0\end{aligned}\right\}\tag{10-149}$$

由式(10-144)中 P_1 的表达式可知，P_1 与 b_{24} 和 b_{14} 无关，且由式(10-146)可知

$$P_1\approx-\frac{M_{x_t}^{\omega_{x_t}}}{J_{x_t}}$$

故 $P_1>0$ 的条件总是可以满足的。故此条件不在讨论之列。这样，要使导弹侧向运动满足稳定的临界条件为

$$\left.\begin{aligned}&P_2=0,P_3=0,P_4=0\\&R=P_1P_2P_3-P_1^2P_4-P_3^2=0\end{aligned}\right\}\tag{10-150}$$

由式(10-144)中可以看出，在 $P_2=0,P_3=0,P_4=0$ 这些稳定边界方程式中 $-b_{24}$ 和 $-b_{14}$ 之间是线性关系，而在稳定边界方程式 $R=0$ 中 $-b_{24}$ 和 $-b_{14}$ 之间关系则为二次方程。

这里用例 10-7 给出的飞机型飞行器的侧向动力系数来绘制侧向扰动运动的稳定域。将各侧向动力系数代入式(10-144)求得

$$P_1=1.909,P_2=0.424\,2-b_{24},P_3=-0.024\,4b_{14}-1.66b_{24}+0.017\,9,$$

$$P_4 = -0.008\ 4b_{14} + 0.02\ 4b_{24}$$

将上述结果代入 $R = P_1P_2P_3 - P_1^2P_4 - P_3^2$，求得

$$R = 0.413\ 3b_{24}^2 - 0.000\ 595\ 4b_{14}^2 - 0.034\ 42b_{14}b_{24} + 0.011\ 72b_{24} - 1.409\ 4b_{14} + 0.014\ 175$$

将 P_1，P_2，P_3，P_4 和 R 的计算结果代入式(10-150)，求得稳定的边界条件为

$$\begin{cases} b_{24} = 0.424\ 2(P_2 = 0) \\ b_{24} = -0.014\ 7b_{14} + 0.010\ 78(P_3 = 0) \\ b_{24} = 0.338\ 7b_{14}(P_4 = 0) \\ b_{24}^2 - 0.001\ 44b_{14}^2 - 0.083\ 3b_{14}b_{24} + 0.028\ 36b_{24} - 3.410\ 7b_{14} + 0.034\ 3(R = 0) \end{cases}$$

前3个式子分别表示3个直线方程，对应于图10-20中的 $P_2=0$，$P_3=0$，$P_4=0$ 的3条边界线，第4个方程为一般的二次曲线方程，可以由它求出不同的 $-b_{14}$ 值满足 $R=0$ 条件的 $-b_{24}$ 的解，图中只画出它的一半。带有阴影线的一侧分别满足 $P_1>0$，$P_2>0$，$P_3>0$ 和 $R>0$。这个区域称为侧向稳定域。只要导弹的 $-b_{24}$ 和 $-b_{14}$ 的组合落入此区域内，导弹的侧向扰动运动就是稳定的。

由于进行简化之后的特征方程式为

$$(\lambda - b_{11})\left(\lambda + \frac{P_4}{P_3}\right)(\lambda^2 + A\lambda + B) = 0$$

则在 $P_3>0$，$P_4>0$ 的阴影区之内，就保证了小实根为负值，即保证螺旋运动是一个稳定的运动。$P_3=0$，$P_4=0$ 称为螺旋不稳定边界。由图10-20可以看出，$R=0$ 的边界是 $\lambda^2+A\lambda+B=0$ 所对应的侧向扰动运动边界，即振荡运动的稳定边界。

应当指出，霍尔维茨准则只能确定系统是否稳定，却不能确定稳定程度。同样，在稳定边界图上，也不能判别导弹侧向稳定的程度。如果导弹的外形略加改变，例如加大垂直尾翼或减小导弹的上反角，则可以使 $-b_{14}$ 和 $-b_{24}$ 有较大的变化，其他侧向动力系数虽然相应地也有变化，但是实践证明，图上稳定边界线变化并不显著。在飞行弹道上每一点都有一定的 $-b_{14}$ 和 $-b_{24}$ 值，它们对应于稳定边界图的一个点，根据这个点的位置就可以判断导弹在该弹道特征点上是否稳定。因此，在初步设计中确定导弹外形时，侧向稳定边界图十分有用。例如图中虚线 ab 代表 $-b_{14}$ 不变时，$-b_{24}$ 改变多大就达到了稳定的边界；虚线 cd 代表 $-b_{24}$ 不变时，$-b_{14}$ 改变多大就达到了稳定的边界。此外，考虑到计算和风洞实验所得的 $m_{y_t}^{\beta}$ 和 $m_{x_t}^{\beta}$ 值总是有一定误差，通过稳定边界图可以估计误差对导弹侧向稳定性的影响。

通过对侧向稳定边界图的讨论，可以得到一些重要的结论。

(1)关于侧向运动的稳定性。由稳定边界图可以看出，飞机型导弹虽然具有偏航静稳定性($m_{y_t}^{\beta}<0$)和横向静稳定性($m_{x_t}^{\beta}<0$)，但并不一定就具有侧向稳定性。由图10-20可见，在Ⅰ区 $-b_{14}$ 和 $-b_{24}$ 同时大于零，由于 $-b_{24} \gg -b_{14}$，应有可能出现螺旋不稳定。在Ⅱ区，因 $-b_{14} \gg -b_{24}$，就有可能发生振荡不稳定。这些情况可以通过运动的物理过程加以说明。

在第Ⅰ区内，即

$$\begin{cases} -b_{24} \gg -b_{14} \\ -\dfrac{M_{y_t}^{\beta}}{J_{y_t}} \gg -\dfrac{M_{x_t}^{\beta}}{J_{x_t}} \end{cases}$$

假设导弹在纵向平面运动，受到偶然干扰作用，具有初始倾斜角 γ_0，这时 $\gamma_0 \approx \gamma_v$。由于 $P\alpha+Y$ 在 Oz 轴上的投影使$(\mathrm{d}\psi_v/\mathrm{d}t)<0$，导弹向右侧滑，即 $\beta>0$，于是产生 $M_{x_t}^{\beta}\beta<0$，它力图使倾斜角 γ 减少，如图 10－21 所示。与此同时，由于 $\beta>0$，还产生力矩 $M_{y_t}^{\beta}\beta<0$，使导弹绕 y_t 轴向右旋转，即角速度 $\omega_{y_t}<0$，在这种情况下，由于交叉力矩 $M_{x_t}^{\omega_{y_t}}\omega_{y_t}>0$，又使倾斜角 γ 增大，综合上述两个因素，又考虑到

$$\left|\frac{M_{y_t}^{\beta}}{J_{y_t}}\beta\right| \gg \left|\frac{M_{x_t}^{\beta}}{J_{x_t}}\beta\right|$$

使得

$$|M_{x_t}^{\omega_{y_t}}\omega_{y_t}| > |M_{x_t}^{\beta}\beta|$$

所以，倾斜角将越来越大，导弹的重力将大于平衡它的举力在垂直面内的投影，于是导弹便开始下降，并缓慢增大倾斜角和旋转角速度。

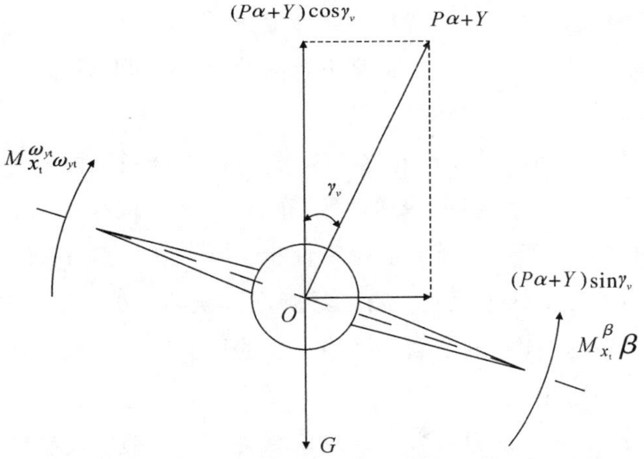

图 10－21　具有初始扰动角 γ 时，作用于导弹上的力矩

在第Ⅱ区内，即

$$\begin{cases} -b_{14} \geqslant -b_{24} \\ -\dfrac{M_{x_t}^{\beta}}{J_{x_t}} \geqslant -\dfrac{M_{y_t}^{\beta}}{J_{y_t}} \end{cases}$$

如果导弹的 $|b_{24}|$ 的数值较小或者 b_{24} 数值为负时，则在第二阶段螺旋运动就会衰减，而振荡运动在第三阶段仍继续进行。在这种情况下，导弹在倾斜后的侧滑会引起很大的力矩 $M_{x_t}^{\beta}<0$，该力矩迅速地消除了导弹的倾斜，并使导弹向另一方向倾斜。这一倾斜又出现负的侧滑角，导弹又向右倾斜。如此往复循环，使导弹一会儿向右、一会儿向左作交替的倾斜，即使导弹产生不稳定的振荡运动。设计时应设法使动力系数 $-b_{14}$ 和 $-b_{24}$ 位于Ⅲ区，即稳定域内。

对于即使是装有稳定自动器的导弹，过于缓慢衰减或发散的振荡运动，都是不希望产

生的。

还应该指出，如果偏航静稳定性太小，倾斜静稳定性太大，还可能出现对操纵不利的"副翼反逆"效应。这是因为当副翼偏转时，假如 $\delta_x<0$，因为 $M_{x_t}^{\delta_x}\delta_x>0$，导弹滚转产生倾斜角 $\gamma>0$，于是侧滑角 $\beta>0$，由此形成倾斜静稳定力矩 $M_{x_t}^{\beta}>0$，它与力矩 $M_{x_t}^{\delta_x}>0$ 方向相反，因而降低了副翼效率。在严重情况下，甚至可能使导弹发生方向相反的滚转，即所谓"副翼反逆"效应。因此，在倾斜静稳定性比较大的情况下，为了克服副翼反逆效应，在偏转副翼的同时，要相应地偏转方向舵。

(2)气动外形对侧向稳定性的影响。根据以上分析可知，在选择飞机型导弹气动外形时，为了保证侧向稳定性，导弹除了具有横向稳定性外，还必须具备较大的偏航静稳定性。但是，对于超声速飞机型导弹来说，具有足够的偏航静稳定性并不容易，原因如下：

1)飞机型导弹偏航静稳定度是由垂直尾翼形成的静稳定度和弹身的静不稳定度之和所组成的。由于高速导弹的重心一般都离弹身头部较远，所以弹身的静不稳定度很大。

2)垂直弹身的 C_z^{β} 随 Ma 的增大而减小，因此，垂直尾翼的静稳定度也将随 Ma 的增大而减小。

3)为了避免垂直尾翼跨声速气动特性的剧烈变化，以及减小声速时的波阻，垂直尾翼总是采用相对厚度较小的薄翼型。但是，在高速飞行时，由于气动载荷而形成的弹性变形可能很大，所以又将进一步降低垂直尾翼的效率。

由于上述原因，以及下面将要涉及的攻角影响，对偏航静稳定性都是不利的，所以，为了在各种速度、高度和攻角条件下都能有必要的偏航静稳定性，只能采用后掠角很大、面积很大的垂直尾翼。而这样的尾翼所产生的横向静稳定性也会比较大。为了减小横向静稳定性，就应该将弹翼上反角减小，甚至做成下反角。有的导弹在弹身的尾部的下方装有小的腹鳍，这样可以同时达到增加偏航静稳定性和减小横向静稳定性的目的。

(3)飞行状态对侧向稳定性的影响。

1)攻角的影响。许多侧向动力系数都与攻角有关。例如采用大后掠弹翼时，增大攻角，则横向静稳定性将显著增大，而偏航静稳定性则可能减小。这是由于小展弦比和大根梢比弹翼形成的尾流、细长弹身产生的游涡对垂直尾翼产生了不利的影响。在大攻角下，由弹翼、弹身或发动机舱所产生的干扰气流，在侧滑情况下产生侧洗效应，也会降低垂直尾翼的效率。因此，如果飞机型导弹在小攻角时是螺旋不稳定的，则在大攻角时有可能是稳定的。

2)弹道倾角的影响。假若未扰动飞行攻角不大，则 $\vartheta=\theta$，$b_{22}=-1$，因此，改变弹道倾角 θ，只引起下列动力系数发生变化：

$$a_{33}=\frac{g}{v}\sin\theta,\ a_{36}=-\frac{g}{v}\cos\theta,\ \tan\theta$$

而由方程式(10-144)的第四式中可见，当交叉动力系数 b_{21} 可以忽略不计时，P_4 可以改写为

$$P_4\approx-b_{36}(b_{22}b_{14}-b_{24}b_{11}\tan\vartheta-b_{24}b_{12})=0 \tag{10-151}$$

因此有

$$\frac{b_{24}}{b_{14}}=\frac{b_{22}}{b_{11}\tan\vartheta+b_{12}} \tag{10-152}$$

由式(10－152)可以看出，俯仰角 ϑ 直接影响 $P_4=0$ 的斜率。当 ϑ 处在 $0\sim\pi/2$ 之间时，随着 ϑ 的增加，使得 $P_4=0$ 这条边界线的斜率越来越小，因而稳定域越小；ϑ 越小，则稳定域越大，甚至有可能出现 $\frac{b_{24}}{b_{14}}<0$，即 $P_4=0$ 所决定的稳定边界线落入Ⅱ～Ⅳ象限内。因此，在其他飞行参数相同的条件下，弹道倾角 θ 最大时，螺旋运动一定是稳定的，且在其他弹道倾角时，也一定是稳定的。

改变弹道倾角 θ 对 $R=0$ 边界线的影响，可以由系数 P_1、P_2、P_3 和 P_4 看出，其中有若干小项在初步近似中可以略去不计，最后得出

$$\begin{cases}P_1\approx -b_{11}\\ P_2=b_{22}b_{11}\\ P_3\approx b_{22}b_{11}b_{34}+b_{24}b_{11}+(-b_{21}+b_{36}+\alpha b_{22})b_{14}\\ P_4\approx -b_{36}(b_{22}b_{14}-b_{24}b_{11}\tan\vartheta-b_{24}b_{12})\end{cases}$$

从上式可以看出，弹道倾角的变化只是通过 b_{36} 影响 P_3，通过 b_{36}、$\tan\vartheta$ 影响 P_4。考虑到 $-b_{36}b_{14}$ 这一项对 P_3 的影响并不显著，而 P_4 本身又非常小，可以认为：

$$R=P_1P_2P_3-P_3^2-P_1P_4\approx P_1P_2P_3-P_3^2$$

因此 θ 和 ϑ 的变化，对于 $R=0$ 这条稳定边界曲线的移动影响不大。

3）推力的影响。在加速器发动机点火或熄火的瞬间，推力有突然变化，从而会影响动力系数 b_{34}，在其他飞行条件不变的情况下，研究推力对稳定域的影响是具有实际意义的。

由于特征方程系数 $P_4=0$ 中不包含 b_{34}，所以推力的改变对于 $P_4=0$ 的边界线并无影响。

b_{34} 的变化对于 $R=0$ 的边界线是有显著影响的。通过繁杂的分析，可以得出 b_{34} 增大将使稳定域随之增大，因此，如果其他飞行条件相同或接近时，应当考虑的危险情况是推力较小的情况。

(4)对侧向稳定性的要求。前面已经提及用霍尔维茨准则或稳定边界图只能确定导弹弹体是否具有稳定性，但是不能确定稳定的程度。

若要较精确地评定几个设计方案的稳定性，应当解出各典型弹道上若干特征点的自由扰动的过渡过程，这需要花费相当多的时间和人力。为了初步评定稳定程度，可以提出以下几点参考要求。

1）快收敛的倾斜运动。对于这个运动形态，一般要求是衰减得快一些，这样，一方面可以有较好的倾斜稳定性，另一方面可以改善对副翼偏转的操纵性能。这一运动形态的指标，一般用 $T_1=1/|\lambda_1|$ 来表示。

2）慢发散的螺旋不稳定运动。对于慢发散运动，侧向稳定自动器完全有能力将它纠正过来。因此，一般并不严格要求它一定是稳定的，而只要求发散得不太快。这一运动形态的指标，一般用 $T_2=1/|\lambda_2|$ 来表示。

3）稳定的荷兰滚运动。荷兰滚运动是特征方程中共轭复根 $\lambda_{3,4}=\chi\pm\nu i$ 所对应的振荡运

动。此运动的半衰期为 $t_2-t_1=-0.693/\chi$，振荡周期为 $T=2\pi/\nu$。要求 t_2-t_1 和 T 都小些，以保证导弹的振荡运动能较快地稳定下来。

对荷兰滚运动，有时还要求倾斜角速度的最大振荡幅值 $\omega_{xt\max}$ 和偏航角速度的最大振幅值 $\omega_{yt\max}$ 之比：

$$\kappa=\left|\frac{\omega_{xt\max}}{\omega_{yt\max}}\right|$$

不大于某一数值。

根据上述要求，对于飞机型导弹，为了获得比较好的侧向动态特性，在稳定边界图上代表点的位置往往靠近 $P_4=0$ 的线，甚至可以允许位于 P_4 稍小于零的区域。这是因为微小的螺旋不稳定运动发展得很缓慢，对自动驾驶仪的工作，并没有任何不利的影响，而它却可以改善荷兰滚运动的动态特性。

10.6.4 侧向扰动运动方程组的简化

10.6.4.1 方程组的简化过程

假定未扰动运动的俯仰角 ϑ、弹道倾角 θ 和攻角 α 足够小，取 $\cos\vartheta\approx\cos\theta\approx1$，并去掉小量的乘积 $\alpha\Delta\gamma$ 和 $\tan\vartheta\Delta\omega_{y_t}$ 后，侧向扰动运动方程组可以大为简化，最后三式简化为

$$\left.\begin{aligned}\frac{d\Delta\psi}{dt}&=\Delta\omega_{y_t}\\ \frac{d\Delta\gamma}{dt}&=\Delta\omega_{x_t}\\ \Delta\psi_v&=\Delta\psi-\Delta\beta\end{aligned}\right\}\qquad(10-153)$$

在方程组式(10－136)的前两式中，将 $\Delta\omega_{y_t}$ 和 $\Delta\omega_{x_t}$ 替换成 $\Delta\dot{\psi}$ 和 $\Delta\dot{\gamma}$，并在第三式中去掉乘积 $\sin\theta\Delta\beta$(即 $a_{33}\Delta\beta=0$)，得到

$$\left.\begin{aligned}&\frac{d^2\Delta\gamma}{dt^2}-b_{11}\frac{d\Delta\gamma}{dt}-b_{12}\frac{d\Delta\psi}{dt}-b_{14}\Delta\beta=b_{15}\Delta\delta_y+b_{17}\Delta\delta_x+b_{18}M_{gx_t}\\ &\frac{d^2\Delta\psi}{dt^2}-b_{21}\frac{d\Delta\gamma}{dt}-b_{22}\frac{d\Delta\psi}{dt}-b_{24}\Delta\beta-b_{24}'\Delta\dot{\beta}=b_{25}\Delta\delta_y+b_{28}M_{gy_t}\\ &\frac{d\Delta\psi_v}{dt}-b_{34}\Delta\beta-b_{36}\Delta\gamma=b_{35}\Delta\delta_y+b_{38}F_{gz}\\ &-\Delta\psi+\Delta\psi_v+\Delta\beta=0\end{aligned}\right\}\qquad(10-154)$$

此方程组包含四个未知数 ψ_v、ψ、β、γ。通常用来研究飞机型导弹作接近水平飞行时的侧向稳定性。

上述方程组的进一步简化则取决于导弹的气动布局和操纵机构类型。

10.6.4.2 特定条件下简化方程组

下面来讨论轴对称型导弹接近水平飞行时侧向扰动运动简化方程组。

对于气动轴对称型导弹，系数 $b_{12}=\dfrac{M_{x_t}^{\omega_{y_t}}}{J_{x_t}}$ 和 $b_{21}=\dfrac{M_{y_t}^{\omega_{x_t}}}{J_{y_t}}$ 与其他系数相比是很小的，因此，与它们相对应的 $b_{12}\Delta\dot{\psi}$ 和 $b_{21}\Delta\dot{\gamma}$ 项可以略去。

如果导弹在自动驾驶仪偏转副翼的作用下，具有良好的倾斜稳定性，能够使倾斜角 γ 很小，则可以略去重力的侧向分量 $b_{36}\Delta\gamma$。此时，侧向扰动运动方程组可以分为偏航扰动运动方程组和倾斜扰动运动方程：

$$\left.\begin{aligned}&\frac{d^2\Delta\psi}{dt^2}-b_{22}\frac{d\Delta\psi}{dt}-b_{24}\Delta\beta-b'_{24}\Delta\dot{\beta}=b_{25}\Delta\delta_y+b_{28}M_{gy_t}\\&\frac{d\Delta\psi_v}{dt}-b_{34}\Delta\beta=b_{35}\Delta\delta_y+b_{38}F_{gz}\\&-\Delta\psi+\Delta\psi_v+\Delta\beta=0\end{aligned}\right\}\tag{10-155}$$

$$\frac{d^2\Delta\gamma}{dt^2}-b_{11}\frac{d\Delta\gamma}{dt}b_{14}\Delta\beta=b_{14}\Delta\beta+b_{15}\Delta\delta_y+b_{17}\Delta\delta_x+b_{18}M_{gx_t}\tag{10-156}$$

方程组式(10-155)和式(10-156)用于研究偏航和倾斜扰动运动是很方便的。偏航扰动运动方程组是独立的，它与描述纵向短周期扰动运动的方程组式(10-42)(忽略重力项 a_{33})完全相对应，即偏航运动参数的偏量 ψ_v、ψ、β 对应与纵向运动参数偏量 θ、ϑ、α，动力系数也一一对应。对于气动轴对称型导弹，动力系数：

$$a_{22}=b_{22}，\ a_{24}=b_{24}，\ a'_{24}=b'_{24}，\ a_{25}=b_{25}$$

$$a_{26}=b_{28}，\ a_{34}=b_{34}，\ a_{35}=b_{35}，\ a_{36}=b_{38}$$

因此，研究纵向扰动运动所得到的结论，包括干扰作用和控制作用下的动态特性，对于偏航扰动运动也是适合的，不再重述。

倾斜扰动运动方程式(10-156)可以在偏航扰动运动方程组式(10-155)求解后单独求解。右边两项 $b_{14}\Delta\beta$ 和 $b_{15}\Delta\delta_y$ 是偏航扰动运动对倾斜扰动运动的影响，可以看作已知干扰力矩，如果忽略此两项。则方程式(10-156)可以写为

$$\frac{d^2\Delta\gamma}{dt^2}-b_{11}\frac{d\Delta\gamma}{dt}b_{14}\Delta\beta=b_{17}\Delta\delta_x+b_{18}M_{gx_t}\tag{10-157}$$

这样，偏航扰动运动和倾斜扰动运动就相互完全独立。对气动轴对称型导弹，这样的近似处理具有相当好的精确性，可以满足初步设计的要求。

10.6.5　侧向传递函数

对方程组式(10-139)进行拉普拉斯变换后得到

$$\left.\begin{aligned}&(s-b_{11})\Delta\omega_{x_t}-b_{12}\Delta\omega_{y_t}-b_{14}\Delta\beta=b_{15}\Delta\delta_y+b_{17}\Delta\delta_x+b_{18}M_{gx_t}\\&-b_{21}\Delta\omega_{x_t}+(s-b_{22})\Delta\omega_{y_t}-(b'_{24}s+b_{24})\Delta\beta=b_{25}\Delta\delta_y+b_{28}M_{gy_t}\\&b_{32}\Delta\omega_{y_t}+(s+b_{34}-a_{33})\Delta\beta+(-\alpha s+b_{36})\Delta\gamma=-b_{35}\Delta\delta_y-b_{38}F_{gz}\\&\Delta\omega_{x_t}-\tan\vartheta\Delta\omega_{y_t}-s\Delta\gamma=0\end{aligned}\right\}\tag{10-158}$$

用求纵向传递函数相同的方法，可以求得侧向传递函数。方向舵偏转的传递函数如下：

$$\left.\begin{aligned}
W_{\delta_y}^{\omega_{x_t}}(s)&=\frac{A_1 s^3+A_2 s^2+A_3 s+A_4}{s^4+P_1 s^3+P_2 s^2+P_3 s+P_4}\\
W_{\delta_y}^{\omega_{y_t}}(s)&=\frac{B_1 s^3+B_2 s^2+B_3 s+B_4}{s^4+P_1 s^3+P_2 s^2+P_3 s+P_4}\\
W_{\delta_y}^{\beta}(s)&=\frac{D_1 s^3+D_2 s^2+D_3 s+D_4}{s^4+P_1 s^3+P_2 s^2+P_3 s+P_4}\\
W_{\delta_y}^{\gamma}(s)&=\frac{E_2 s^2+E_3 s+E_4}{s^4+P_1 s^3+P_2 s^2+P_3 s+P_4}
\end{aligned}\right\}\tag{10-159}$$

式中

$$\left.\begin{aligned}
A_1&=-b_{15}\\
A_2&=-b_{15}(b_{34}-a_{33})-b_{22}-b_{24}'(-\alpha\tan\vartheta-b_{32})-\\
&\quad b_{12}(-b_{24}'b_{35}+b_{25})+b_{35}b_{14}\\
A_3&=-b_{15}[-b_{22}(b_{34}-a_{33})-b_{24}'b_{36}\tan\vartheta+\alpha b_{24}\tan\vartheta+b_{24}b_{32}]-\\
&\quad b_{12}[-b_{35}b_{24}+b_{25}(b_{34}-a_{33})]-b_{14}[b_{35}b_{22}+b_{25}(-\alpha\tan\vartheta-b_{32})]\\
A_4&=b_{24}b_{36}\tan\vartheta b_{15}+b_{25}b_{36}\tan\vartheta b_{14}
\end{aligned}\right\}\tag{10-160}$$

$$\left.\begin{aligned}
B_1&=-b_{25}+b_{24}'b_{35}\\
B_2&=-b_{15}(b_{21}-\alpha b_{24}')-b_{25}(b_{34}-a_{33}-b_{11})+b_{35}(b_{24}-b_{24}'b_{11})\\
B_3&=-b_{15}[b_{21}(b_{34}-a_{33})-b_{24}'b_{36}+\alpha b_{24}]-\\
&\quad b_{25}[-b_{11}(b_{34}-a_{33})-\alpha b_{14}]+b_{35}(b_{24}'b_{14}-b_{24}b_{11})\\
B_4&=b_{36}(b_{24}b_{15}-b_{25}b_{14})
\end{aligned}\right\}\tag{10-161}$$

$$\left.\begin{aligned}
D_1&=b_{35}\\
D_2&=-\alpha b_{15}-b_{25}(-\alpha\tan\vartheta-b_{32})+b_{35}(-b_{22}-b_{11})\\
D_3&=-b_{15}[-b_{21}b_{32}-b_{36}-\alpha(b_{21}\tan\vartheta+b_{22})]-b_{25}[\alpha b_{12}+b_{36}\tan\vartheta-\\
&\quad b_{11}(-\alpha\tan\vartheta-b_{32})]+b_{35}(b_{22}b_{11}-b_{12}b_{21})\\
D_4&=-b_{15}b_{36}(b_{21}\tan\vartheta+b_{22})+b_{25}b_{36}(\tan\vartheta b_{11}+b_{12})
\end{aligned}\right\}\tag{10-162}$$

$$\left.\begin{aligned}
E_2&=-b_{15}+b_{25}\tan\vartheta-b_{24}'b_{35}\tan\vartheta\\
E_3&=-b_{15}[(b_{34}-a_{33})-(b_{21}\tan\vartheta+b_{22})+b_{24}'b_{34}]-\\
&\quad b_{25}[-\tan\vartheta(b_{34}-a_{33})+(\tan\vartheta b_{11}+b_{12})]+\\
&\quad b_{35}[b_{14}-b_{24}\tan\vartheta+b_{24}'(\tan\vartheta b_{11}+b_{12})]\\
E_4&=-b_{15}[-(b_{34}-a_{33})(b_{21}\tan\vartheta+b_{22})+b_{24}b_{32}]-\\
&\quad b_{25}[(b_{34}-a_{33})(\tan\vartheta b_{11}+b_{12})-b_{32}b_{14}]+\\
&\quad b_{35}[-b_{14}(b_{21}\tan\vartheta+b_{22})+b_{24}(\tan\vartheta b_{11}+b_{12})]
\end{aligned}\right\}\tag{10-163}$$

P_1,P_2,P_3,P_4 可以根据式(10-144)求出。

副翼偏转的传递函数如下：

$$\left.\begin{aligned}
W_{\delta_x}^{\omega_{x_t}}(s)&=\frac{-b_{17}(s^3+A_2's^2+A_3's+A_4')}{s^4+P_1s^3+P_2s^2+P_3s+P_4}\\
W_{\delta_x}^{\omega_{y_t}}(s)&=\frac{-b_{17}(B_2's^2+B_3's+B_4')}{s^4+P_1s^3+P_2s^2+P_3s+P_4}\\
W_{\delta_x}^{\beta}(s)&=\frac{-b_{17}(D_2's^2+D_3's+D_4')}{s^4+P_1s^3+P_2s^2+P_3s+P_4}\\
W_{\delta_x}^{\gamma}(s)&=\frac{-b_{17}(s^2+E_3's+E_4')}{s^4+P_1s^3+P_2s^2+P_3s+P_4}
\end{aligned}\right\}\tag{10-164}$$

式中

$$\left.\begin{aligned}
A_2'&=(b_{34}-a_{33})-b_{22}-b_{24}'(-\alpha\tan\vartheta-b_{32})\\
A_3'&=b_{22}(b_{34}-a_{33})-b_{24}'b_{36}\tan\vartheta-b_{24}(-\alpha\tan\vartheta-b_{32})\\
A_4'&=-b_{24}b_{36}\tan\vartheta
\end{aligned}\right\}\tag{10-165}$$

$$\left.\begin{aligned}
B_2'&=b_{21}+\alpha b_{24}'(-\alpha\tan\vartheta-b_{32})\\
B_3'&=b_{21}(b_{34}-a_{33})-b_{24}'b_{36}-\alpha b_{24}\\
B_4'&=b_{24}b_{36}
\end{aligned}\right\}\tag{10-166}$$

$$\left.\begin{aligned}
D_2'&=\alpha\\
D_3'&=b_{21}b_{32}-b_{36}-\alpha(b_{21}\tan\vartheta+b_{22})\\
D_4'&=b_{36}(b_{21}\tan\vartheta+b_{22})
\end{aligned}\right\}\tag{10-167}$$

$$\left.\begin{aligned}
E_3'&=(b_{34}-a_{33})-(b_{21}\tan\vartheta+b_{22})+b_{24}'b_{32}\\
E_4'&=b_{24}b_{32}-(b_{21}\tan\vartheta+b_{22})(b_{34}-a_{33})
\end{aligned}\right\}\tag{10-168}$$

如果采用简化条件，则由式(10－165)～式(10－168)化简即可得到。

对于轴对称导弹，如果侧向扰动运动方程采用式(10－155)和式(10－156)，则偏航传递函数与纵向传递函数完全相同，只是动力系数 a_{ij} 和 b_{ij} 互相置换即可（$a_{36}=b_{38}$除外）。

利用方程式(10－157)来求倾斜运动的传递函数。先进行拉普拉斯变换，得到

$$s(s-b_{11})\Delta\gamma(s)=b_{17}\Delta\delta_x(s)+b_{18}M_{gx_t}\tag{10-169}$$

显然，传递函数为

$$W_{\delta_x}^{\gamma}(s)=\frac{b_{17}}{s(s-b_{11})}=\frac{K_{M_x}}{s(T_{M_x}s+1)}\tag{10-170}$$

式中：K_{M_x}——导弹倾斜传递系数；

T_{M_x}——导弹倾斜时间常数。

特征方程的根为一个零根和一个实根。实根 $\lambda_2=b_{11}<0$，代表稳定的非周期运动，另一根 $\lambda_1=0$，代表中立情况。其物理意义是：若某一偶然原因，使得导弹产生一个倾斜角 γ_0，如果不进行操纵（即副翼不偏转），导弹将一直保持着一定的倾斜角 γ 飞行。

将式(10－169)改写为 δ_x 对 $\dot{\gamma}$ 的传递函数：

$$W_{\delta_x}^{\dot{\gamma}}(s)=\frac{K_{M_x}}{T_{M_x}s+1} \tag{10-171}$$

显然，在零起始条件时，副翼作阶跃偏转情况下的解为

$$\frac{\dot{\gamma}}{\delta_x}=K_{M_x}(1-\mathrm{e}^{-\frac{t}{T_{M_x}}}) \tag{10-172}$$

$$\frac{\gamma}{\delta_x}=K_{M_x}[t-T_{M_x}(1-\mathrm{e}^{-\frac{t}{T_{M_x}}})] \tag{10-173}$$

过渡过程的曲线如图 10-22 所示。

从式(10-172)和式(10-173)可以看出，倾斜过渡过程特性仅由两个参数来表征，即 K_{M_x} 传递系数和时间常数 T_{M_x}。于是导弹倾斜角速度的动态特性与非周期环节的特征一致。当 $t\to\infty$ 时，倾斜角速度 $\dot{\gamma}$ 非周期地(按指数规律)趋于稳定值 $\dot{\gamma}_s$。

时间常数 T_{M_x} 表征非周期过渡过程进行的速度，即反映导弹在倾斜动力中的惯性(见图 10-22)。

因为任何导弹的时间常数 T_{M_x} 都是正的，所以在所讨论的过渡过程中，自由运动总是衰减的。

如果导弹上有经常作用的倾斜干扰力矩 M_{gx_t}，当以 M_{gx_t} 为输入量、以 $\dot{\gamma}$ 为输出量时，由式(10-169)可得导弹在倾斜干扰力矩作用下的传递函数为

$$W_{M_{gx_t}}^{\dot{\gamma}}(s)=\frac{K'_{M_x}}{T_{M_x}s+1} \tag{10-174}$$

式中：$K'_{M_x}=-\frac{b_{18}}{b_{16}}$。

当导弹同时受到副翼偏转和干扰力矩作用时，倾斜运动结构图可用图 10-23 所示方块图综合表示。

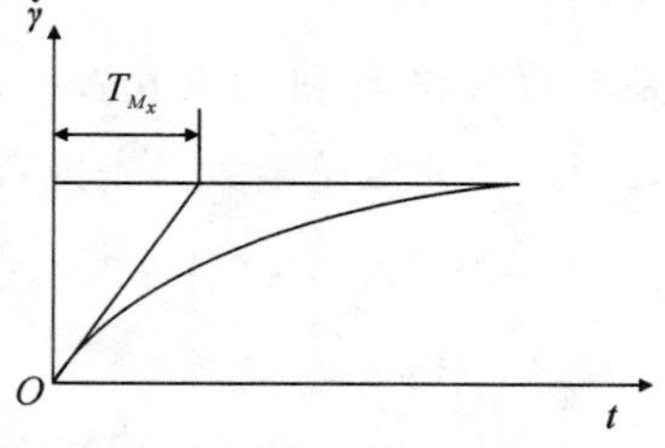

图 10-22 倾斜操纵机构阶跃偏转时倾斜角速度的过渡过程

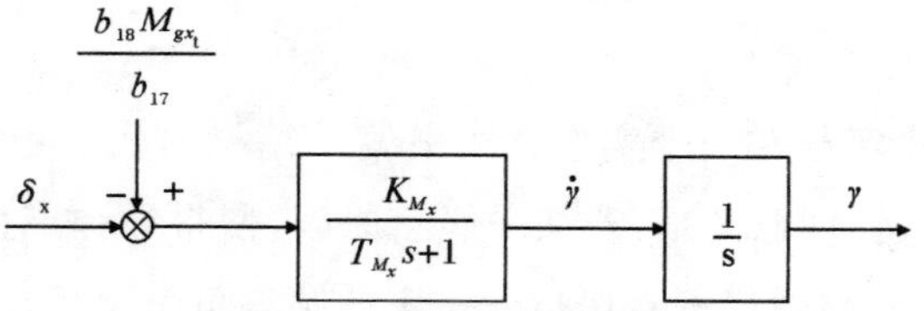

图 10-23 倾斜运动结构图

参 考 文 献

[1] 韩子鹏,赵子华,刘世平,等.弹箭外弹道学[M].北京:北京理工大学出版社,2008.

[2] 张友安.角度控制与时间控制导引律 [M].北京:电子工业出版社,2017.

[3] 钱杏芳,张鸿端,林瑞雄.导弹飞行力学[M].北京:北京工业学院出版社,1987.

[4] 祁载康,曹翟,张天桥,等.制导弹药技术[M].北京:北京理工大学出版社,2002.

[5] 高峰,唐胜景,师娇,等.一种基于落角约束的偏置比例导引律 [J].北京理工大学学报,2014,34(3):277-282.

[6] 张亚松,任宏光,吴震,等.带落角约束的滑模变结构制导律研究 [J].电光与控制,2012,19(1):66-68.

[7] 林德福,祁载康,夏群力.带过重力补偿的比例导引制导律参数设计与辨识 [J].系统仿真学报,2006,18(10):2753-2756.

[8] 张宽桥,杨锁昌,张凯.带落角约束的导引律研究进展 [J].飞航导弹,2016(7):77-82.

[9] 冯艳清,周红丽,程凤舟,等.带末端攻击角度约束的三维最优导引律研究 [J].战术导弹技术,2011(5):81-85.

[10] 杨扬,王长青.一种实现垂直攻击的导弹末制导律研究 [J].战术导弹技术,2006(3):65-68.

[11] 周克栋,李自勇,赫雷,等.弹箭在直升机旋翼下洗流场作用下运动规律研究[J].兵工学报,2003(2):204-208.

[12] KIM M, GRIDER K V. Terminal guidance for impact attitude angle constrained flight trajectories[J]. IEEE Transactions on Aerospace and Electronic Systems,1973,AES-9(6):852-859 .

[13] LEE C H,KIM T H,TAHK M J. Interception angle control guidance using proportional navigation with error feedback[J]. Journal of Guidance, Control and Dynamics,2013,36(1):1556-1561.

[14] LEE C H, KIM T H, TAHK M J. Design of impact angle control guidance laws via high performance sliding mode control[J]. Proceeding of the Institution of Mechanical Engineers,2013,227(2):235-253.

[15] MANCHESTER I R, SAVKIN A V. Circular navigation guidance law for precision missile /target engagements [J]. Journal of Guidance, Control and Dynamics,2006,29(2):314-316.

[16] TAUB I,SHIMA T. Intercept angle missile guidance under time varying acceleration bounds [J]. Journal of Guidance, Control, and Dynamics,2013,36(1):686-699.